计算机网络技术与应用

（第 2 版）

微课视频版

张建忠　徐敬东 / 编著

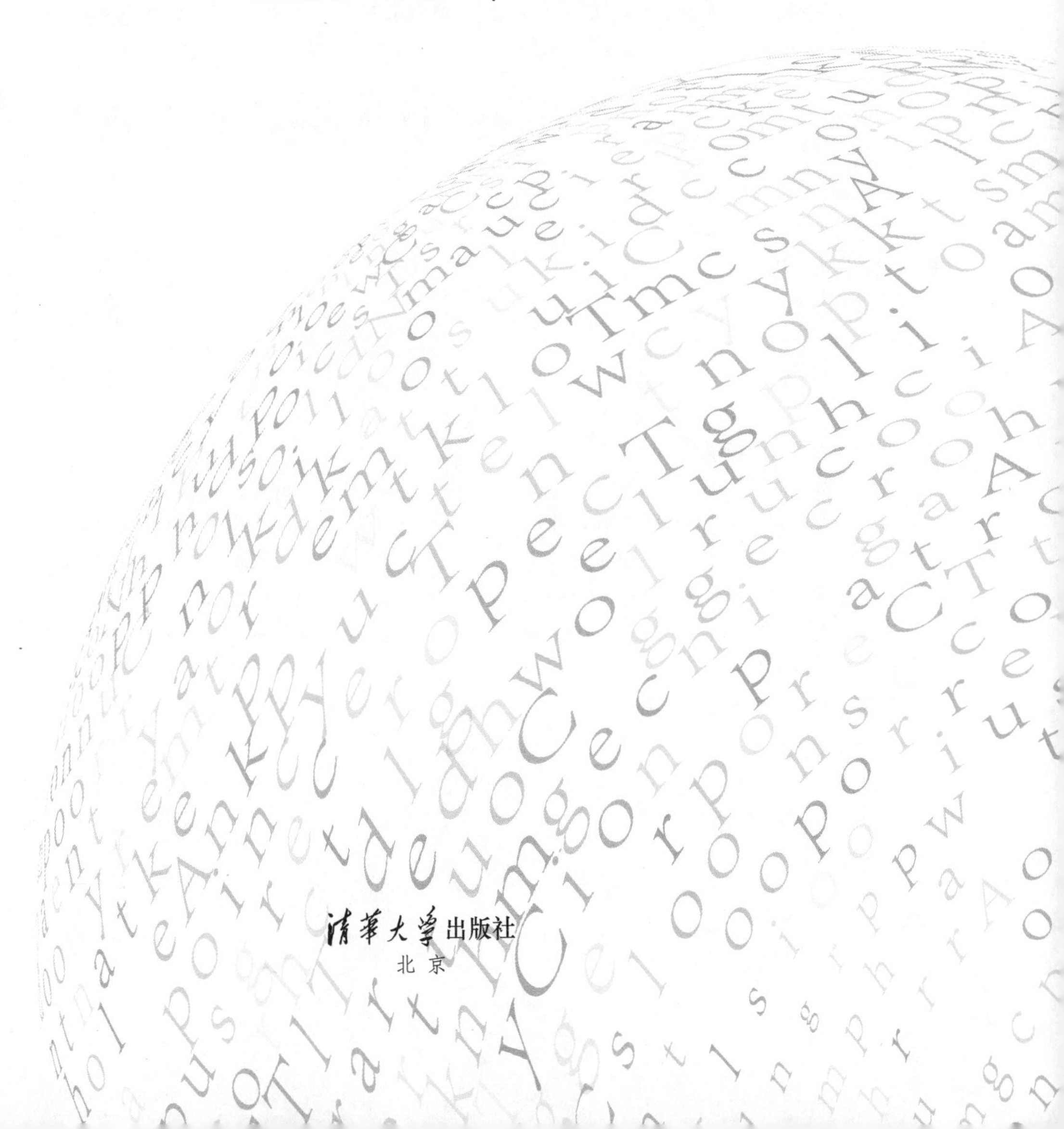

清華大学出版社
北　京

内容简介

本书是面向普通高等学校本科教育的计算机网络教材。全书共16章，主要介绍计算机网络的基本概念，讨论有线和无线局域网的理论知识和组网方法，讲述TCP/IP互联网的概念和主要的应用、服务类型，并介绍网络安全和网络接入等主要技术。本书强调基础理论与实践的结合，因此大部分章节都设置了实验内容。实验环节采取虚实结合的方式，相关的实验内容涵盖了组网方法、网络配置与管理、网络数据包捕获、路由器程序设计和网络接入等。通过本书的学习，读者不但能够深入了解计算机网络原理和网络协议的相关内容，而且能够增强解决实际问题的能力。

本书内容丰富，结构合理，系统性和可操作性强，适合作为普通高等学校计算机科学与技术专业及相关专业计算机网络技术类课程的教材，也可作为计算机网络培训或工程技术人员自学的参考书。

图书在版编目(CIP)数据

计算机网络技术与应用：微课视频版/张建忠，徐敬东编著. —2版. —北京：清华大学出版社，2023.10
ISBN 978-7-302-64474-3

Ⅰ. ①计…　Ⅱ. ①张…　②徐…　Ⅲ. ①计算机网络－高等学校－教材　Ⅳ. ①TP393

中国国家版本馆CIP数据核字(2023)第153673号

责任编辑：张瑞庆
封面设计：刘　乾
责任校对：郝美丽
责任印制：杨　艳

出版发行：清华大学出版社
网　　址：https://www.tup.com.cn，https://www.wqxuetang.com
地　　址：北京清华大学学研大厦A座　　**邮　　编**：100084
社 总 机：010-83470000　　**邮　　购**：010-62786544
投稿与读者服务：010-62776969，c-service@tup.tsinghua.edu.cn
质量反馈：010-62772015，zhiliang@tup.tsinghua.edu.cn
课件下载：https://www.tup.com.cn，010-83470236
印 装 者：三河市铭诚印务有限公司
经　　销：全国新华书店
开　　本：185mm×260mm　　**印　　张**：20.25　　**字　　数**：522千字
版　　次：2019年9月第1版　　2023年12月第2版　　**印　　次**：2023年12月第1次印刷
定　　价：59.99元

产品编号：098989-01

前　言

习近平总书记在党的二十大报告中指出："科技是第一生产力、人才是第一资源、创新是第一动力。"高等学校是培养科技创新人才的主阵地，在国家现代化建设中起着重要的支撑作用。网络强国是国家的发展战略，是"加快构建新发展格局，着力推动高质量发展"的重要组成部分。计算机网络技术作为计算机类专业的主干课程，在网络人才培养、网络知识普及等方面具有重要作用。

计算机网络技术是一门理论性和实践性都很强的课程。只有通过理论联系实际，学生才能真正掌握和深入理解计算机网络的精髓。随着计算机网络技术和应用的深入，出版机构纷纷推出了各种形式的计算机网络教材。这些教材在内容安排、写作方式等方面风格各异，对计算机网络技术人才的培养起到了积极的作用。但是，纵观这些教材，真正适用于计算机网络本科教学的并不多。有的教材以高深的理论知识为主，很少谈及理论知识的具体应用；有的教材以操作层面的实践为主，很少谈及这些操作背后蕴含的理论知识。作为高校一线教师，作者深知教材在计算机网络教学中的重要性。在总结多年理论教学和实践教学经验的基础上，作者完成了本书的写作。

本书强调技能型人才的知识、能力和素质培养，是一本面向普通高等学校本科教育的计算机网络教材，具有较强的系统性和可操作性。在内容组织上将计算机网络基础理论知识与实际应用相结合，在讲解基础理论知识的同时，介绍相应理论知识在计算机网络系统中的具体应用，使读者能够对计算机网络的基本原理、网络协议有直观认识。与此同时，通过动手实践和对实践现象的解释，读者可以加深对理论知识的理解，掌握其背后的理论支撑，从而进一步将理论应用于解决实际问题中。

全书共 16 章，除了讲述基础知识之外，各主要章节还给出了具体的实验内容。这些实验要求的环境相对简单和统一，实验内容可以在大部分学校计算机网络实验室环境中完成。同时，每章的最后都附有拓展性的练习题，读者可以通过完成这些练习题，检查学习效果和对相应知识的理解程度。

第 1 章对计算网络的基本概念进行介绍，讨论计算机网络的概念，介绍存储转发与包交换、协议与分层等基本技术，并且讨论 ISO/OSI 参考模型和 TCP/IP 体系结构。

第 2～4 章介绍底层的物理网技术，对目前常用的有线以太网、无线局域网的理论知识和组网方法进行讨论，同时介绍虚拟局域网组网等相关技术。

第 5～10 章详细介绍互联网技术，其内容涵盖 IP 提供的服务、IP 协议、路由器与路由选择算法、IPv6 技术、TCP 和 UDP 等具体内容。

第 11～14 章讨论互联网提供的主要服务和应用类型，其中包括应用程序交互模型、域名系统、Web 服务、电子邮件系统等内容。

第 15 章和第 16 章分别对网络安全和网络接入技术进行介绍。

与本书第 1 版相比，本版教材结合计算机网络技术的发展和应用现状，对内容做了进一步的修订：①弱化了共享式以太网等一些过时的内容，强化了交换式以太网和虚拟局域网的相关内容；②删除了 3G、4G 接入等内容，增加了应用较为广泛的无源光网络等相关内容；③对书中涉及的实验环境进行了升级和简化,并对部分实验内容进行了改造;④配备了部分实验教学视频,读者可以通过扫描二维码进行观看和学习。除此之外,本版还对部分文字、插图进行了修订和进一步完善。

本版教材继续坚持实体实验与虚拟实验相结合的思路,使读者既能在真实环境下进行网络技术和应用的验证,又能在仿真环境下进行复杂的、大规模的网络实验。对于本书中的每个实验,作者都已经在实验室中亲自动手完成,以保证实验内容的正确性。在写作中,作者力求做到层次清晰、语言简洁流畅、内容深入浅出。希望本书对计算机网络技术教学、对读者掌握计算机网络基础知识有一定的帮助。

限于作者的学术水平,加之时间仓促,在本书的选材、内容安排上如有不妥之处,恳请读者批评指正。

作者的电子邮件地址:zhangjz@nankai.edu.cn;xujd@nankai.edu.cn。

作　者

2023年8月于南开园

目 录

第 1 章　计算机网络的概念

在现代社会中，计算机网络无处不在。工作中，人们利用计算机网络交流协作，提高工作效率；生活中，人们利用计算机网络消遣娱乐，提高生活质量。因此，掌握和运用计算机网络技术是现代社会人们必须具有的技能之一。

计算机网络的产生是社会强烈需求驱动的结果。早期的计算机之间相互独立、自行工作，配备的资源只能自己使用。随着计算机应用的广泛和深入，人们发现这种方式既不高效又不经济，资源浪费非常严重。随着共享计算机资源的呼声越来越高，计算机网络诞生了。

1.1　认识计算机网络

计算机网络是利用通信线路将具有独立功能的计算机连接起来而形成的计算机集合，计算机之间借助通信线路传递信息，共享软件、硬件和数据等资源，如图 1-1 所示。计算机网络建立在通信网络基础上，以资源共享和在线通信为目的。利用计算机网络，不必花费大量资金为每位员工配置打印机，因为网络使共享打印机成为可能；利用计算机网络，不但可以利用多台计算机处理数据、文档、图像等各种信息，而且可以和其他人分享这些信息。在信息化高度发达的社会，在“时间就是金钱，效率就是生命”的今天，计算机网络为团队作业、协同工作提供了强有力的支持平台。

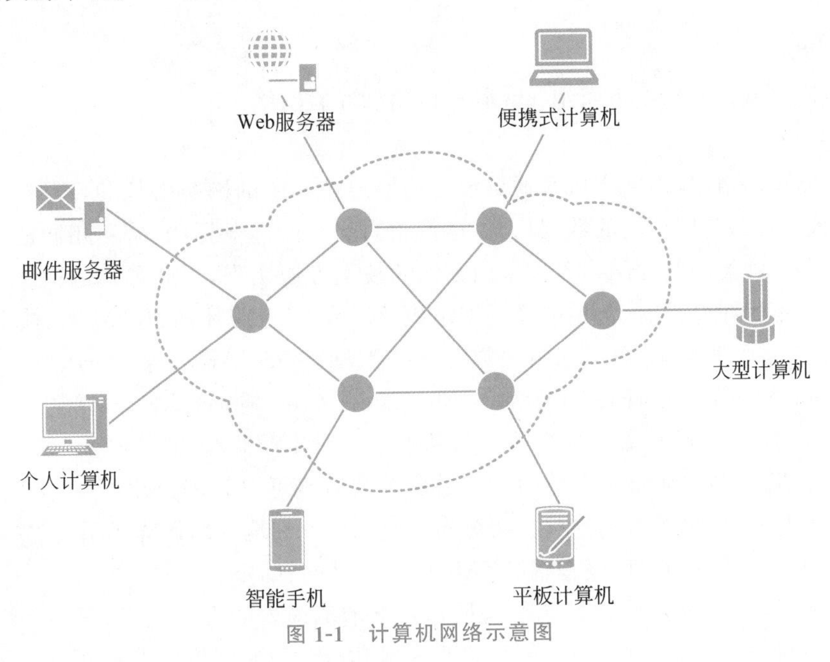

图 1-1　计算机网络示意图

1.1.1　计算机网络的组成部件

计算机网络由三大类部件组成，它们是主机、通信设备和传输介质。

1. 主机

主机是信息资源和网络服务的载体，是对终端处理设备的统称。在计算机网络中，大型计算机、小型计算机、个人计算机（PC）、平板计算机、智能电话等终端设备都被称为主机。人们通过主机向网络提供服务，通过主机使用网络的服务。

按照在计算机网络中扮演的角色不同，主机分为服务器和客户机两类。其中，服务器是网络服务和网络资源的提供者，客户机是网络服务和网络资源的使用者。但是，在对等网络应用中，主机之间地位平等，一台主机身兼两职，既是网络资源的提供者，又是网络资源的消费者。

2. 通信设备

通信设备接收源主机或其他通信设备传入的数据，对数据进行必要的处理（如差错校验、路由选择等）后转发给下一台通信设备或目的主机。

通信设备的种类很多，常见的通信设备包括集线器、网桥、交换机、路由器等。这些设备位于计算机网络路径的交叉口，尽管采用的技术路线和完成的功能不同，但都可以处理接收到的数据，并指挥这些数据按照正确的路径前进。

3. 传输介质

主机和通信设备之间，通信设备和通信设备之间通过传输介质互连。在传输介质上，主机和通信设备之间（或通信设备和通信设备之间）会形成一条（或多条）传输数据的信道，一条信道有时又称为一条链路。

计算机网络中使用的传输介质可以分为有线和无线传输介质两种，有线传输介质包括非屏蔽双绞线、屏蔽双绞线、同轴电缆、光纤等。无线传输介质包括短波信道、微波信道、红外信道、卫星信道等。不同的传输介质具有不同的传输特性，传输距离和传输速度也相差很大。

1.1.2 物理网络与互联网络

计算机网络从技术角度可以细化为物理网络和互联网络。

1. 物理网络

在一种物理网络中，连网主机和通信设备需要遵循共同的网络协议和行动准则。它们拥有相同的地址形式，使用相同的数据格式，运行相同的路由选择算法，采用相同的差错处理方式……由于不同种类的物理网络可以采用不同的技术方法实现，因此形成的网络特征和提供的网络服务各不相同。目前，常用的物理网络包括以太网、令牌环网、ATM网、帧中继网等。

按照覆盖的地理范围，物理网络可以分为广域网（Wide Area Network，WAN）、城域网（Metropolitan Area Network，MAN）和局域网（Local Area Network，LAN）。

（1）广域网：广域网覆盖的地理范围从几十千米到几千千米，可以覆盖一个国家、一个地区或横跨几个洲，形成国际性的计算机网络。广域网通常可以利用公用网络（如公用数据网、公用电话网、卫星通信网等）进行组建，将分布在不同国家和地区的计算机系统连接起来，达到资源共享的目的。常见的广域网包括ATM网、帧中继网、DDN等。

（2）城域网：城域网的设计目标是满足几十千米范围内的大量企业、事业机关共享资源的需要，从而可以使大量用户之间进行高效的数据、语音、图形图像以及视频等多种类型信息的传输。FDDI曾经是比较典型的城域网，但是随着以太网技术的发展，利用交换式以太网组建的城域网日渐增多。

（3）局域网：局域网用于将有限范围内（如一个实验室、一幢大楼、一个校园）的各种计算机、终端与外部设备互连成网，具有传输速率高（一般为10Mb/s～10Gb/s）、误码率低（一般低于10^{-8}）的特点。局域网通常由一个单位或组织建设和拥有，易于维护和管理。根据采用的技术和协议标准的不同，局域网分为共享式局域网与交换式局域网。局域网技术的应用十分广泛，是计算机网络中最活跃的领域之一。典型的局域网包括令牌环网（Token Ring）、令牌总线网（Token Bus）、以太网（Ethernet）等。在激烈的市场竞争中，以太网独占鳌头，凭借其实现简单、部署方便等特点，占据了局域网市场的半壁江山。

2. 互联网络

互联网络（internetwork）简称互联网（internet），是将物理网络相互连接形成的计算机网络，是网络的网络。实现互联网的目的是屏蔽各种物理网络的差异，为用户提供统一的、通用的服务。

Internet（因特网，国际互联网）是世界上最大、最著名的全球互联网，由成千上万的、各种各样的物理网络相互连接而成。Internet互联了遍及全世界的数千万个计算机系统，拥有几亿用户。Internet的发展令人振奋，以至于Internet成了互联网乃至计算机网络的代名词。人们常说的"上网"上的就是Internet。

1.2 存储转发与分组交换

存储转发（store and forward exchanging）和线路交换（circuit exchanging）是计算机网络的两种通信方式。

线路交换方式与电话交换方式的工作过程非常类似。在交换数据信息之前，计算机网络需要通过控制信息在两台主机之间建立一条实际的物理信道。这两台计算机"独占"该物理信道，直至本次通信过程结束。图1-2是一个线路交换方式示意图。在主机A发出与主机B交换数据信息的请求后，计算机网络为它们分配一条实际的物理信道，该信道从主机A开始，经通信结点A、C、E到达主机B。在主机A或主机B请求拆除该信道之前，该物理信道被主机A或主机B独占，即使它们之间的数据交换断断续续。

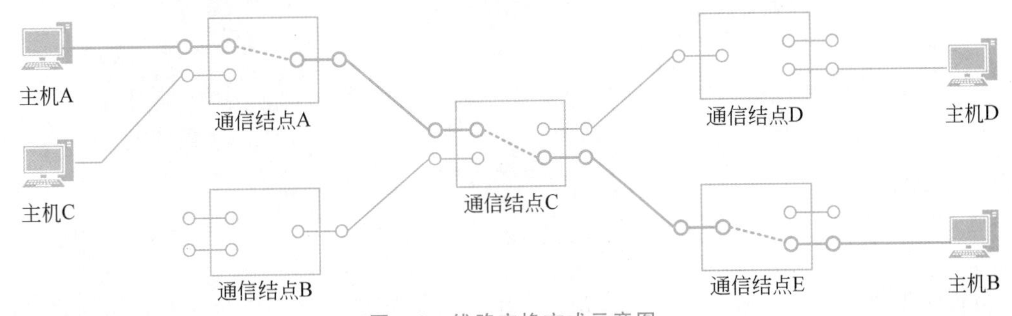

图1-2 线路交换方式示意图

线路交换采用独占信道方式，通信实时性强。但是，独占方式不能充分利用宝贵的信道带宽，通信成本相对较高。如图1-2所示，在主机A和主机B通信过程中，由于通信结点A和通信结点C之间的信道被占用，即使主机A和主机B的通信断断续续，即使通信结点C到通信结点D的信道空闲，主机C和主机D也不能进行通信。因此，计算机网络很少采用线路交换。

与线路交换方式不同，在存储转发方式中，数据从源主机出发，经若干通信结点到达目的主机。途中的通信结点接收整个数据，将数据短暂存储，然后选择合适的路径转发给下一个通信结点（或目的主机）。图1-3显示了采用存储转发方式时，主机A向主机B发送数据I_{AB}，主机C向主机D发送数据I_{CD}的情形。可以看到，通信结点A接收主机A和主机C发送的信息I_{AB}和I_{CD}，并将收到的信息在自己内存中排队。只要通信结点A和通信结点C之间的信道空闲，通信结点A就依次将I_{AB}和I_{CD}转发给通信结点C。同样，通信结点C接收和缓存I_{AB}和I_{CD}，并将I_{AB}转发给通信结点E，将I_{CD}转发给通信结点D。最终，通信结点E和通信结点D分别将收到的I_{AB}和I_{CD}转发给主机B和主机D。在存储转发方式下，如果主机A和主机B的通信断断续续，那么主机C和主机D就能充分利用其空闲时间发送信息，而不必等待主机A和主机B的通信结束。

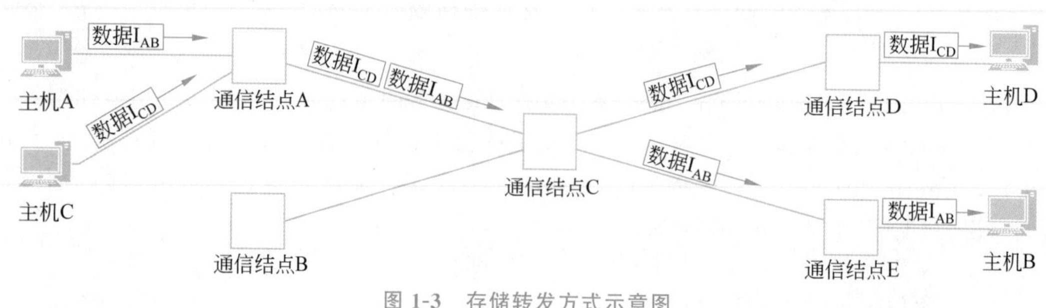

图1-3 存储转发方式示意图

为了使通信结点能够为接收到的数据选择合适的转发路径，存储转发方式要求主机在发送前将数据信息的源地址、目的地址等控制信息添加到信息的前部（或后部），形成所谓的封装数据。同时，为了避免一台主机一次发送大量数据，致使另一主机长时间等待情况的发生，现代计算机网络通常要求发送主机将大块的用户数据分割成多个小块，并为每一小块数据添加源地址、目的地址等控制信息，封装成所谓的数据分组（packet，又称数据包），如图1-4所示。作为一个数据单元，数据分组经通信结点存储转发到达目的主机，并在目的主机重组成分割前的大块数据。

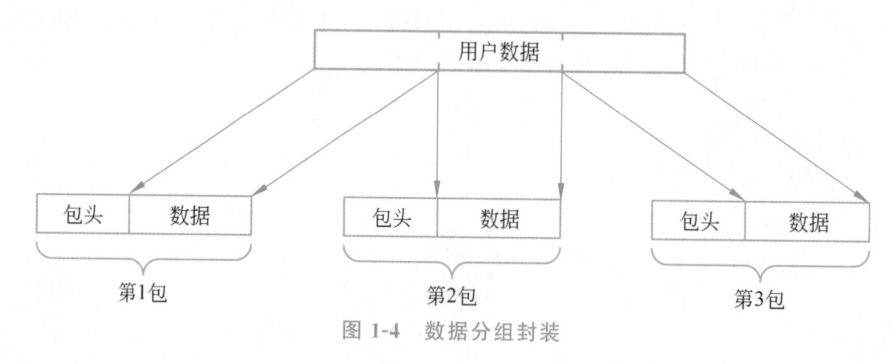

图1-4 数据分组封装

分组交换本质上是一种存储转发交换。由于将大块的数据分割成小块的数据分组，因此与传统的存储转发相比，分组交换具有以下特点。

（1）并发性高：在分组交换中，由于结点按照数据分组到达的先后顺序进行排队转发，而每个分组的长度较短，因此即使一个结点需要传送大量的数据，另一个结点也可以将其数据穿插其中，不会出现类似死机的现象。

（2）出错后重传量小：发现差错时，可以重传出错的数据分组。由于数据分组的长度比较短，因此重传数据量和重传时间相对较少，差错重传的效率比较高。

（3）缓存要求低：在分组交换中，通信结点需要缓存的是数据分组。由于数据分组比较短,因此对缓存的要求也比较低。例如,主机在传送大块数据时,会分解成很多的数据分组。通信结点只要能缓存一定量的数据分组,就能边收边发,将所有数据转发出去。

(4) 传输延迟小:在分组交换中,中间的通信结点只要收到数据分组就能立即开始转发,无须等待发送方的所有数据到来。通信结点一边接收后续的分组,一边转发缓存的分组,整体上形成了一个流水线,降低了传输延迟。

根据处理环境的不同,数据分组有不同的表现形式。本书后面提到的数据链路层的"帧"、互联层的"IP 数据包"等都是数据分组。

1.3 协议与分层

1.3.1 协议的基本概念

协议(protocol)是通信双方为了实现通信进行的约定或所制定的对话规则。实际上,为了实现人与人之间的交互,通信规约无处不在。例如,在使用邮政系统发送信件时,信封必须按照一定的格式书写(如收信人和发信人的地址必须按照一定的位置书写),否则信件可能不能到达目的地;同时,信件的内容也必须遵守一定的规则(如使用中文书写),否则收信人可能不能理解信件的内容。在计算机网络中,信息的传输与交换也必须遵守一定的协议,而且传输协议的优劣直接影响网络的性能,因此,协议的制定和实现是计算机网络的重要组成部分。

网络协议通常由语义、语法和定时关系 3 部分组成。语义定义做什么,语法定义怎么做,而定时关系则定义何时做。例如,在包交换系统中,协议的语法定义分组的长度、分几个字段等内容;协议的语义定义每个字段代表的具体含义;协议的定时关系则定义何时发送何种数据包。

计算机网络是一个庞大、复杂的系统。网络的通信规约和规则也不是一个网络协议可以描述清楚的。因此,在计算机网络中存在多种协议。每种协议都有其设计目标和需要解决的问题,同时,每种协议也有其优点和使用限制。这样做的主要目的是使协议的设计、分析、实现和测试简单化。

协议的划分应保证目标通信系统的有效性和高效性。为了避免重复工作,每个协议应该处理没有被其他协议处理过的通信问题,同时这些协议之间也可以共享数据和信息。例如,有些协议工作在网络的较低层次上,保证数据信息通过网卡到达通信电缆;而有些协议工作在较高层次上,保证数据到达对方主机上的应用进程。这些协议相互作用,协同工作,完成整个网络的信息通信和处理规约,解决所有的通信问题和处理其他异常情况。

1.3.2 网络的层次结构

化繁为简、各个击破是人们解决复杂问题常用的方法。对网络进行层次划分就是将计算机网络这个庞大的、复杂的问题划分成若干较小的、简单的问题。通过"分而治之",解决这些较小的、简单的问题,从而解决计算机网络这个大问题。

计算机网路层次结构划分应按照层内功能内聚、层间耦合松散的原则。也就是说,在网络中,功能相似或紧密相关的模块应放置在同一层;层与层之间应保持松散的耦合,使信息在层与层之间的流动减到最小。

计算机网络采用层次化结构的优越性如下:

(1) 各层之间相互独立。高层并不需要知道低层是如何实现的,仅知道该层通过层间的接口提供的服务即可。

(2) 灵活性好。当任何一层发生变化时,只要接口保持不变,则这层以上或以下各层均不受影响。另外,当某层提供的服务不再需要时,甚至可以将这层取消。

(3) 有利于新技术的采用。各层都可以采用最合适的技术实现,实现技术的改变不影响其他层。

(4) 易于实现和维护。层次化使整个系统分解为若干易于处理的部分,使得一个庞大而又复杂系统的实现和维护变得容易控制。

(5) 有利于网络标准化。因为每一层的功能和所提供的服务都有精确的说明,所以标准化变得较为容易。

1.4 ISO/OSI 参考模型

随着网络应用的广泛和深入,各种组织和机构逐渐认识到网络技术在提高生产效率、节约成本等方面的重要性,于是开始接入互联网,扩大网络应用规模。但是,由于很多网络使用不同的硬件和软件,造成有些网络不能兼容,网络之间很难进行通信。

为了解决这些问题,人们迫切希望出台网络标准。为此,国际标准化组织(International Standards Organization,ISO)和一些规模较大的网络公司、科研机构在网络标准化方面做了大量的工作和努力。ISO/OSI(International Standards Organization/ Open System Interconnect)参考模型和TCP/IP(Transmission Control Protocol/Internet Protocol)体系结构的提出就是其中最重要的成果。

1.4.1 ISO/OSI 参考模型的结构

开放式系统互连(OSI)参考模型是一个描述网络层次结构的模型,其标准保证了各种类型网络技术的兼容性和互操作性。OSI参考模型说明了信息在网络中的传输过程、各层具有的网络功能和它们的架构。

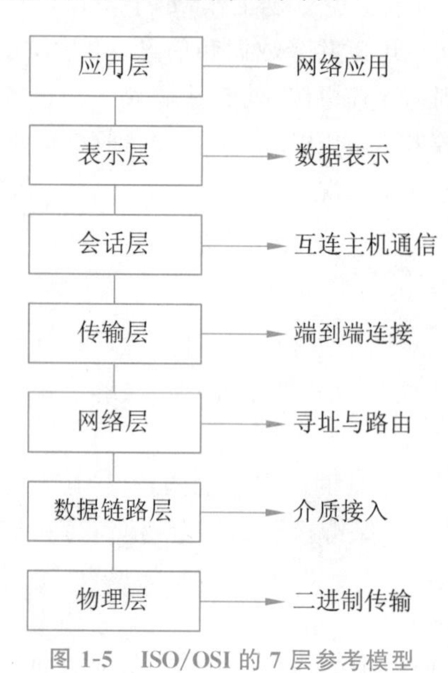

图1-5 ISO/OSI的7层参考模型

OSI参考模型描述了信息或数据是如何从一台主机的一个应用程序进程到达网络中另一台主机的另一个应用程序进程的。当信息在一个OSI参考模型中逐层传送时,它越来越不像人类的语言,变为只有计算机才能明白的数字0和1。

在OSI参考模型中,主机之间传送信息的问题被分为7个较小且容易管理和解决的小问题。每个小问题都由模型中的一层解决。之所以分为7个小问题,是因为它们中的任何一个都囊括了问题本身,不需要太多的额外信息就能很容易地解决。将这7个易于管理和解决的小问题映射为不同的网络功能就称为分层。OSI将这7层从低到高称为物理层、数据链路层、网络层、传输层、会话层、表示层和应用层。图1-5显示了OSI的7层结构和每一层主要解决的问题。

OSI参考模型并非指一个现实的网络,它仅规定了每一层的功能，为网络的设计规划绘制出一张蓝图。各个网络设备或软件生产厂家都可以按照这张蓝图设计和生产自己的网络设备或软件。尽管设计和生产出的网络产品的式样、外观各不相同，但它们应该具有相同的功能。

按照OSI参考模型，网络中的主机应该实现全部7层功能，网络中的通信设备一般应实现下3层的功能，如路由器实现到网络层的功能，交换机实现到数据链路层的功能，集线器实现到物理层的功能。不论是主机，还是通信结点，它们的同等层都应具有相同的功能，如图1-6所示。在OSI参考模型中，主机或通信结点内部的相邻层之间通过接口进行通信，上层可以使用下层提供的服务，并向其上层提供服务。

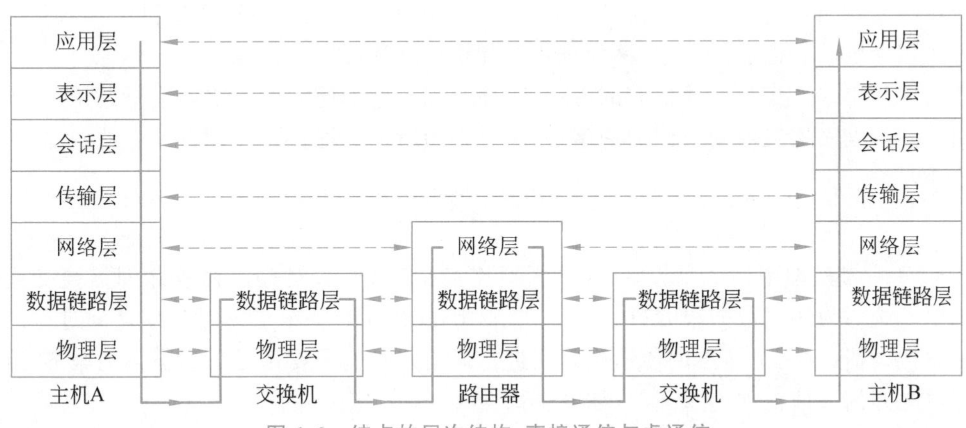

图1-6　结点的层次结构、直接通信与虚通信

1.4.2　OSI各层的主要功能

1. 物理层

物理层处于OSI参考模型的最底层。利用物理传输介质为数据链路层提供物理连接，负责处理数据传输率并监控数据出错率，透明地传送比特流是这一层的主要功能。它定义了激活、维护和关闭终端用户之间电气的、机械的、过程的和功能的特性。物理层的特性包括电压、频率、数据传输速率、最大传输距离、物理连接器及其相关的属性。

2. 数据链路层

在物理层提供比特流传输服务的基础上，数据链路层通过在通信的实体之间建立数据链路连接，传送以“帧”为单位的数据，使有差错的物理线路变成无差错的数据链路，保证点到点(point-to-point)可靠的数据传输。因此，数据链路层关心的主要问题包括物理地址、网络拓扑、线路规划、错误通告、数据帧的有序传输和流量控制。

3. 网络层

网络层的主要功能是为处在不同网络系统中的两个结点设备通信提供一条逻辑通道。其基本任务包括路由选择、拥塞控制与网络互联等。

4. 传输层

传输层的主要任务是向用户提供可靠的端到端(end-to-end)服务，透明地传送报文。它向高层屏蔽了下层数据通信的细节，因而是计算机通信体系结构中最关键的一层。该层关心的主要问题包括建立、维护和中断虚电路，数据的差错校验和恢复，以及信息流量控制机制等。

5. 会话层

就像它的名字一样,会话层建立、管理和终止应用程序进程之间的会话和数据交换。这种会话关系由两个及以上的表示层实体之间的对话构成。

6. 表示层

表示层保证一个系统应用层发出的信息能被另一个系统的应用层读出。如有必要,表示层用一种通用的数据表示格式在多种数据表示格式之间进行转换。它包括数据格式变换、数据加密与解密、数据压缩与恢复等功能。

7. 应用层

应用层是 OSI 参考模型中最靠近用户的一层,它为用户的应用程序提供网络服务。这些应用程序包括电子数据表格程序、字处理程序和银行终端程序等。

应用层识别并证实目的通信方的可用性,使协同工作的应用程序之间进行同步,建立传输错误纠正和数据完整性控制方面的约定,判断是否为所需的通信过程留有足够的资源。

1.4.3 数据的封装与传递

在 OSI 参考模型中,对等层之间经常需要交换信息单元,对等层协议之间需要交换的这些信息单元统称为协议数据单元(Protocol Data Unit,PDU)。结点的对等层之间进行的通信并不是直接通信(如两个结点的传输层之间进行通信),它们需要借助下层提供的服务完成,所以对等层之间的通信也称为虚通信,如图 1-6 所示。

事实上,在某一层需要使用下一层提供的服务传送自己的 PDU 时,其当前层的下一层总是将上一层的 PDU 变为自己 PDU 的一部分,然后利用更下一层提供的服务将信息传递出去。例如,在图 1-7 中,结点 A 的传输层需要将某一 T-PDU 传送到结点 B 的传输层,这时,传输层就需要使用网络层提供的服务,将 T-PDU 交给结点 A 的网络层。结点 A 的网络层在收到 T-PDU 之后,将 T-PDU 变为自己 PDU(N-PDU)的一部分,然后再次利用其下层链路层提供的服务将数据发送出去。以此类推,最终将这些信息变为能够在传输介质上传输的数据,并

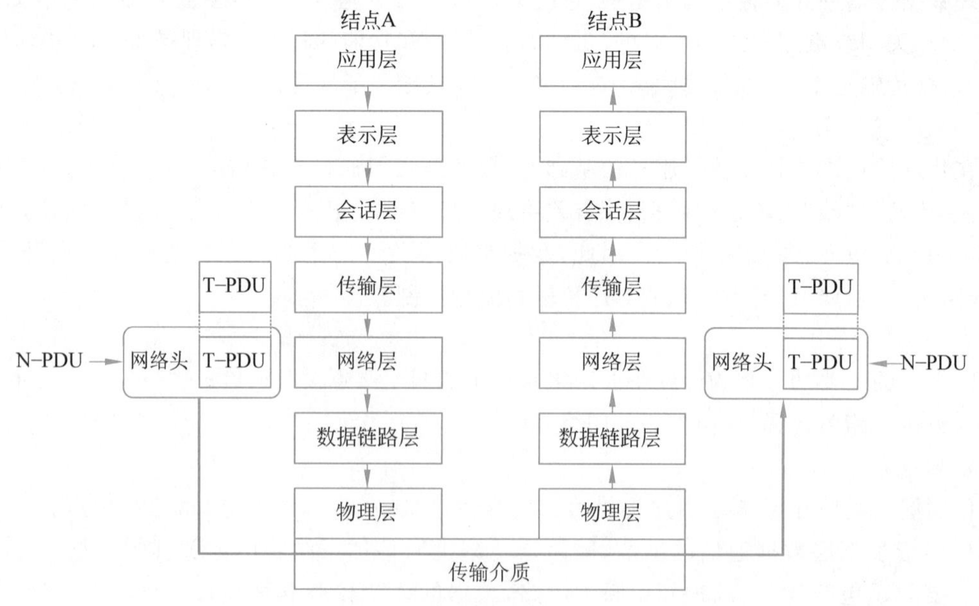

图 1-7 网络中数据的封装与解封

通过传输介质将信息传送到另一通信结点，进而最终到达结点 B。

在网络中，对等层可以相互理解和认识对方信息的具体意义。例如，结点 B 的传输层收到结点 A 的 T-PDU 时，可以理解该 T-PDU 的信息并知道如何处理该信息。如果不是对等层，双方的信息就不可能(也没有必要)相互理解。例如，在结点 B 的网络层收到结点 A 的 N-PDU 时，它不可能(也没有必要)理解 N-PDU 包含的 T-PDU 代表什么意思。它仅需要将 N-PDU 中包含的 T-PDU 通过层间接口提交给上面的传输层。

为了实现对等层通信，当数据需要通过网络从一个结点传送到另一结点前，必须在数据的头部和尾部加入特定的协议头和协议尾。这种增加数据头部和尾部的过程称为数据打包或数据封装。同样，在数据到达接收结点的对等层后，接收方将识别、提取和处理发送方对等层增加的数据头部和尾部。接收方这种将增加的数据头部和尾部去除的过程称为数据拆包或数据解封。图 1-7 显示了网络中数据的封装与解封过程。

实际上，计算机网络中数据封装和解封的过程与人们通过邮局发送信件的过程非常相似，如图 1-8 所示。当一个人需要发送信件时，首先需要将写好的信纸放入信封中，然后按照一定的格式书写收信人姓名、收信人地址及发信人地址，这个过程就是封装。当收信人收到信件后，需要将信封拆开，取出信纸，这个过程就是解封。在信件通过邮局传递的过程中，邮局的工作人员仅需要识别和理解信封上的内容。而对于信封中信纸上书写的内容，他不可能也没有必要知道。

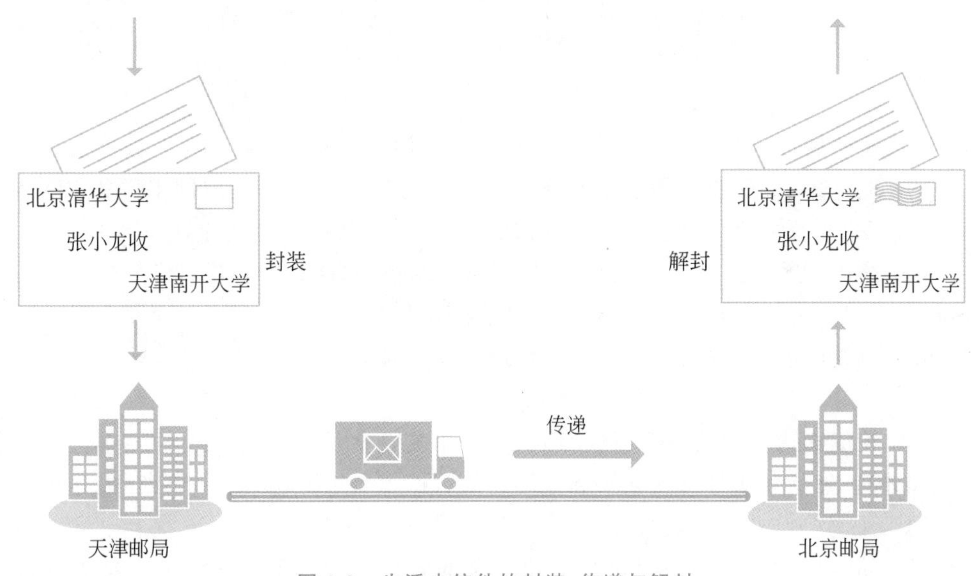

图 1-8 生活中信件的封装、传递与解封

图 1-9 给出了一个较为完整的 OSI 数据传递与流动过程。可以看出，OSI 环境中的数据流动过程如下：

(1) 当发送进程需要发送数据(DATA)至网络中另一结点的接收进程时，应用层为数据加上本层控制包头(AH)后，传递给表示层。

(2) 表示层接收到这个数据单元后，加上本层的控制包头(PH)，然后传送到会话层。

(3) 同样，会话层接收到表示层传来的数据单元后，加上会话层自己的控制包头(SH)，送往传输层。

(4) 传输层接收到这个数据单元后，加上本层的控制包头(TH)，形成传输层的协议数据

图 1-9　OSI 中数据的传递与流动

单元，然后传送给网络层。

（5）由于网络层数据单元长度的限制，从传输层接收到的长报文有可能被分为多个较短的数据字段，每个较短的数据字段加上网络层的控制包头（NH）后，形成网络层的 PDU（即数据包）。这些数据包需要利用数据链路层提供的服务，送往其接收结点的对等层。

（6）分组被送到数据链路层后，加上数据链路层的包头（DH）和包尾（DT），形成一种称为帧（frame）的链路层协议数据单元，帧将被送往物理层处理。

（7）数据链路层的帧传送到物理层后，物理层将以比特流的方式通过传输介质将数据传输出去。

（8）当比特流到达目的结点后，从物理层依次上传。每层对其相应层的控制包头和包尾进行识别和处理，然后将去掉该层包头和包尾后的数据提交给上层处理。最终，发送进程的数据传送到网络中另一结点的接收进程。

尽管发送进程的数据在 OSI 环境中经过复杂的处理过程才能传送到另一结点的接收进程，但对于每台主机的接收进程来说，OSI 环境中数据流的复杂处理过程是透明的。发送进程的数据好像是“直接”传送给接收进程，这是开放系统在网络通信过程中最主要的特点。

1.5　TCP/IP 体系结构

1.5.1　TCP/IP 体系结构的层次划分

ISO/OSI 参考模型的提出在计算机网络发展史上具有里程碑的意义，以致提到计算机网络就不能不提 ISO/OSI 参考模型。但是，OSI 参考模型也有其定义过分繁杂、实现困难等缺点。与此同时，TCP/IP 的提出和广泛使用，特别是 Internet 用户爆炸式的增长，使 TCP/IP 网络的体系结构日益显示其重要性。

TCP/IP 是目前最流行的商业化网络协议，尽管它不是某一标准化组织提出的正式标准，但已经被公认为工业标准或“事实标准”。Internet 之所以能迅速发展，就是因为 TCP/IP 能够适应和满足世界范围内数据通信的需要。

TCP/IP 具有以下 4 个特点：

- 开放的协议标准，可以免费使用，并且独立于特定的计算机硬件与操作系统。
- 独立于特定的网络硬件，可以运行在局域网、广域网以及互联网中。
- 统一的网络地址分配方案，使得整个 TCP/IP 设备在网中都具有唯一的地址。
- 标准化的高层协议，可以提供多种可靠的用户服务。

与 ISO/OSI 参考模型不同，TCP/IP 体系结构将计算机网络分为 4 层，分别是应用层(application layer)、传输层(transport layer)、互联层(internet layer)和主机-网络层(host-to-network layer)，如图 1-10 所示。

实际上，TCP/IP 的分层体系结构不是孤立存在的，它和 OSI 参考模型有一定的对应关系，如图 1-11 所示。其中，TCP/IP 体系结构的应用层与 OSI 参考模型的应用层、表示层及会话层对应；TCP/IP 的传输层与 OSI 的传输层对应；TCP/IP 的互联层与 OSI 的网络层对应；TCP/IP 的主机-网络层与 OSI 的数据链路层及物理层对应。

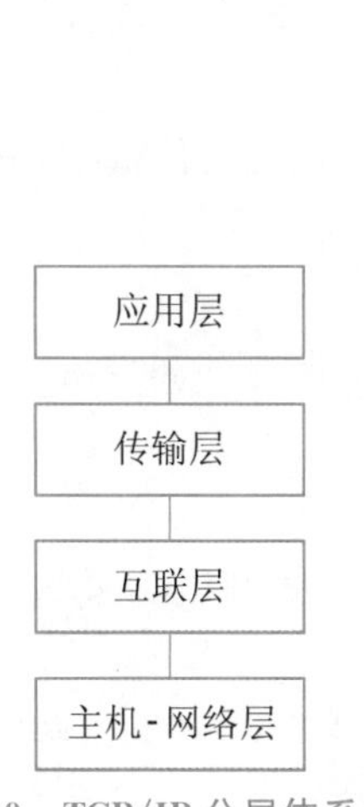

图 1-10 TCP/IP 分层体系结构

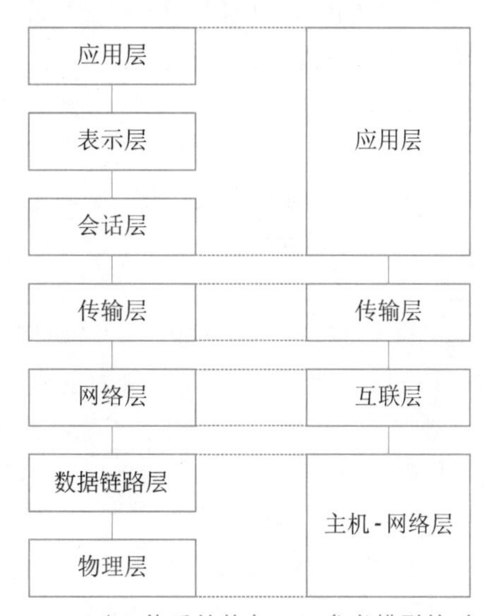

图 1-11 TCP/IP 体系结构与 OSI 参考模型的对应关系

1.5.2 TCP/IP 体系结构中各层的功能

1. 主机-网络层

在 TCP/IP 分层体系结构中，主机-网络层是最低层，负责通过网络发送和接收 IP 数据包。TCP/IP 体系结构并未对主机-网络层使用的协议做出强硬的规定，它允许主机连入网络时使用多种现成的和流行的物理网络协议，如局域网络协议、广域网络协议等。

2. 互联层

互联层是 TCP/IP 体系结构的第二层，它实现的功能相当于 OSI 参考模型网络层的无连接网络服务。互联层负责将源主机封装的数据分组(又称IP数据包)发送到目的主机,源主机与目的主机可以在一个物理网络上,也可以在不同的物理网络上。由于TCP/IP体系结构的互联层协议主要是IP,因此TCP/IP体系结构中的互联层也称为IP层。

互联层的主要功能如下:

- 处理来自传输层的数据发送请求。收到数据发送的请求之后,将数据封装入IP数据包,填充包头,选择发送路径,然后将IP数据包发送到相应的网络输出线路。
- 处理接收的数据包。在接收到其他主机发送的IP数据包之后,检查目的地址,如果需要转发,则选择发送路径转发出去;如果目的地址为本结点IP地址,则除去包头,将IP数据包中封装的数据交送传输层处理。
- 处理互联的路径、流控与拥塞问题。

3. 传输层

传输层位于互联层之上,它的主要功能是负责应用进程之间的端-端通信。在TCP/IP体系结构中,设计传输层的主要目的是在源主机与目的主机的对等实体之间建立用于会话的端-端连接。因此,它与OSI参考模型的传输层功能相似。

TCP/IP体系结构的传输层定义了传输控制协议(Transport Control Protocol,TCP)和用户数据报协议(User Datagram Protocol,UDP)。

TCP是一种可靠的面向连接的协议,它允许将一台主机的字节流(byte stream)无差错地传送到目的主机。TCP将应用层的字节流分成多个字节段(byte segment),然后将每个字节段传送到互联层,利用互联层发送到目的主机。当互联层将接收到的字节段传送给传输层时,传输层再将多个字节段还原成字节流传送到应用层。与此同时,TCP要完成流量控制、协调收发双方的发送与接收速度等功能,以达到正确传输的目的。

UDP是一种不可靠的无连接协议,主要用于不要求分组顺序到达的传输中,分组传输顺序检查与排序由应用层完成。

4. 应用层

在TCP/IP体系结构中,传输层之上是应用层。应用层包含了所有的高层协议,并且总是不断有新的协议加入。下面给出应用层的主要协议。

(1) 网络终端协议(Telnet):用于实现互联网中的远程登录功能。

(2) 文件传输协议(File Transfer Protocol,FTP):用于实现互联网中的交互式文件传输功能。

(3) 简单邮件传输协议(Simple Mail Transfer Protocol,SMTP):用于实现互联网中的电子邮件传送功能。

(4) 域名系统(Domain Name System,DNS):用于实现网络设备名字到IP地址映射的网络服务。

(5) 超文本传输协议(Hyper Text Transfer Protocol,HTTP):用于目前广泛使用的Web服务。

(6) 路由信息协议(Routing Information Protocol,RIP):用于网络设备之间交换路由信息。

(7) 简单网络管理协议(Simple Network Management Protocol,SNMP):用于管理和监视网络设备。

(8) 网络文件系统(Network File System,NFS):用于网络中不同主机间的文件共享。

(9) BT(Bit Torrent):用于文件分发的对等网络协议。

应用层协议有的依赖于面向连接的传输层协议TCP,如Telnet、SMTP、FTP及HTTP;有的依赖于面向非连接的传输层协议UDP,如SNMP;还有一些协议,如DNS,既可以依赖于TCP,也可以依赖于UDP。

1.5.3 TCP/IP中的协议栈

计算机网络的层次结构使网络中每层的协议形成了一种从上至下的依赖关系。在计算机网络中,从上至下相互依赖的各种协议形成了网络中的协议栈。TCP/IP体系结构与TCP/IP协议栈之间的对应关系如图1-12所示。可以看出,FTP依赖于TCP,而TCP又依赖于IP。SNMP依赖于UDP,而UDP也依赖于IP等。

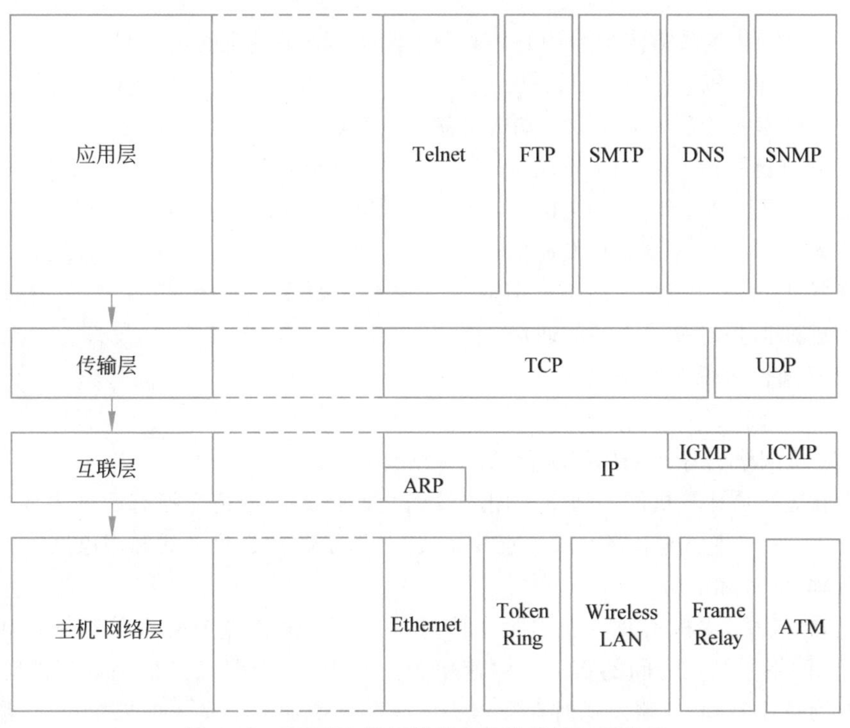

图1-12 TCP/IP体系结构与协议战的对应关系

尽管TCP/IP体系结构与OSI参考模型在层次划分及使用的协议上有很大区别,但它们在设计中都采用了层次结构的思想。无论是OSI参考模型,还是TCP/IP体系结构,都不是完美的,对二者的评论与批评都很多。

OSI参考模型的主要问题包括定义复杂,实现困难,有些同样的功能(如流量控制与差错控制等)在每一层重复出现,效率低下等。而TCP/IP体系结构的缺陷包括主机-网络层本身并不是实际的一层,每一层的功能定义与其实现方法没能分开(这样做使TCP/IP体系结构不适合于其他非TCP/IP协议簇)等。

人们普遍希望计算机网络标准化,但完全符合OSI标准的、成熟的网络产品迟迟没有推出。因此,OSI参考模型与协议没有像专家们预想的那样风靡世界。而TCP/IP体系结构与协议簇在Internet中经受了几十年的风风雨雨,得到IBM、Microsoft、Novell及Oracle等大公司的支持,成为计算机网络中的主要标准体系。

练习与思考

一、填空题

(1) 按照覆盖的地理范围,计算机网络可以分为________、________和________。

(2) ISO/OSI参考模型将网络分为________层、________层、________层、________层、________层、________层和________层。

(3) 人们使用计算机网络的主要目的是________。

(4) 按照在计算机网络中扮演的角色不同,主机可以分为两类,它们是客户机和________。

(5) 在TCP/IP体系结构中,互联层的主要功能是________。

二、单项选择题

(1) 在TCP/IP体系结构中,与OSI参考模型的网络层对应的是(　　)。

a) 主机-网络层　　b) 互联层　　c) 传输层　　d) 应用层

(2) 在OSI参考模型中,保证端-端的可靠性是在(　　)上完成的。

a) 数据链路层　　b) 网络层　　c) 传输层　　d) 会话层

(3) 关于计算机体系结构中的虚通信,正确的是(　　)。

a) 虚通信是一种存储转发通信

b) 虚通信需要采用无线通信信道

c) 虚通信是对等层之间的通信

d) 虚通信表示电路虚接

三、思考和拓展题

(1) 计算机网络为什么采用层次化的体系结构?

(2) 分组交换是计算机网络通常采用的数据交换技术。分组交换有两种主要方式:一种是数据报方式,另一种是虚电路方式。查找相关资料,了解数据报方式和虚电路方式的工作过程,比较两者的优势和劣势。

(3) 在图1-3中,主机A向主机B发送信息需要经过通信结点A、通信结点C和通信结点E。假设这个网络中结点之间的数据传输速率为100Mb/s,忽略结点处理数据的时间和电磁波在线路中的传输时间,忽略发送时在数据头部或尾部增加的信息。如果主机A需要发送的数据为1Gb(1×10^9b),请按如下情况计算主机B需要多长时间能够收到所有数据。同时,对得到的结果进行比较和分析。

- 采用存储转发方式,但不进行数据分组。1Gb作为一块数据发送。
- 采用分组转发方式,分组的长度为1Mb。
- 采用分组转发方式,分组的长度为1Kb。

第 2 章　以太网原理与组网技术

以太网(Ethernet)是目前最具影响力的局域网。从诞生到现在,以太网技术不断发展、创新。这些技术不但具有多样性,而且极具继承性。由于以太网组网简单、建设费用低廉,因此被广泛应用于办公自动化等各个领域,几乎占据了有线局域网整个市场。

以太网由 Xerox 公司 PARC 研究中心的 Bob Metcalfe 和 David Boggs 提出,标准由 IEEE 802 委员会负责审议和制定。其中,IEEE 802.3 系列标准是与以太网联系最密切的标准,它定义了以太网的帧结构、以太网的介质访问控制方法等具体内容。

以太网实现了 ISO/OSI 参考模型的物理层和数据链路层功能,总体上可以分为共享式以太网和交换式以太网两类。

共享式以太网是最早出现的以太网,影响力巨大。但是,随着技术的发展,共享式以太网渐渐淡出了人们的视线,取而代之的是交换式以太网。交换式以太网在继承共享式以太网优点的同时,替换了共享式以太网的介质访问控制方法,使通信效率大幅度提升。交换式以太网是目前最常用的以太网。

由于共享式以太网在很多方面深刻影响着交换式以太网,因此本章在讨论交换式以太网的同时,会简单介绍共享式以太网。

2.1　以太网的帧结构

帧是以太网处理的基本数据单位,是以太网处理的数据分组。无论早期的共享式以太网,还是目前常用的交换式以太网,它们使用的帧结构相同。以太网的帧由前导码、帧前定界符、目的地址、源地址、长度/类型、数据和帧校验码 7 个字段组成[①],如图 2-1 所示。

前导码 (7B)	帧前定界符 (1B)	目的地址 (6B)	源地址 (6B)	长度/类型 (2B)	数据 (可变长度，46~1500B)	帧校验码 (4B)

图 2-1　以太网中数据帧结构

1. 前导码和帧前定界符

设置前导码和帧前定界符的目的是保证接收电路在目的地址字段到达前达到稳定状态,能够正常接收比特流。前导码由 7B(56b)的 10101010…101010 序列组成,在达到稳定状态之前,前几位可能会丢失。帧前定界符可以视为前导码的延续,由 1 字节的 10101011 比特序列组成。如果将前导码与帧前定界符一起考虑,那么在 62b 交替的 1 和 0 比特序列后出现 11。一旦 11 出现,接收方即可准备接收目的地址字段。前导码与帧前定界符通常由硬件处理,主要起到接收同步的作用。因此,收到的前导码和帧前定界符不需要保留和存储。

2. 目的地址与源地址

目的地址和源地址分别表示数据帧接收结点和发送结点的硬件地址。以太网的硬件地址

---

① 以太网标准和 IEEE 802.3 标准定义的数据帧格式稍有不同,本书未对这两种标准的帧格式进行严格区分。

通常也称为MAC地址、物理地址或以太网地址,由6B(48b)组成。为了方便起见,48b的MAC地址通常使用十六进制数表示(如52-54-ab-31-ac-c6)。

连入以太网的每台主机都有唯一的MAC地址,该地址通常预存在网络接口卡(Network Interface Card,NIC)中。为了保证MAC地址的全球唯一性,世界上有一个专门组织(IEEE注册管理委员会)负责为网卡生产厂家分配MAC地址。

源MAC地址通常为发送该帧的网卡拥有的MAC地址。与源MAC地址不同,目的MAC地址可以为单播(unicast)地址、多播(multicast)地址或广播(broadcast)地址3种形式之一。其中,单播MAC地址的第一位为"0",指明以太网中的一台特定的主机。实际上,单播地址就是目的主机网卡中存储的MAC地址;多播MAC地址的第一位为"1",表示以太网中的一组主机。每个多播地址包含的组成员一般通过高层协议进行约定;广播MAC地址使用48位全"1"(即ff-ff-ff-ff-ff-ff)表示,代表一个以太网上的所有主机。

在处理接收到的以太网数据帧时,接收主机首先判定帧的目的地址字段。如果目的地址字段既不与本机的MAC地址相符,也不是全1的广播地址,同时与网卡设置的多播地址也不匹配,就可以抛弃该数据帧。

3. 长度/类型

设置长度/类型字段的主要目的是表示数据字段拥有的长度或者上层使用的协议类型。

长度/类型字段的值小于0800H时,用于说明整个帧的长度。该长度为目的地址字段、源地址字段、长度/类型字段、帧校验字段和数据字段具有的字节之和。

长度/类型字段的值大于或等于0800H时,用于说明所封装数据使用的协议类型。如果该字段的值为0800H,则说明该数据字段中封装的为IP数据包;如果该字段的值为0806H,则说明该数据字段中所封的为ARP数据包。

4. 数据

数据字段是一个可变长度字段,最短为46B,最长为1500B。数据字段用于携带上层传下来的数据。如果实际数据不足46B,需要将其填充到46B。

5.帧校验码

帧校验码用于验证接收到的数据帧是否正确。以太网的帧校验采用32b的循环冗余校验(Cyclic Redundancy Check,CRC),校验的范围包括目的地址字段、源地址字段、长度/类型字段和数据字段。

理论上可以证明,循环冗余校验具有较强的检错能力。在以太网中,接收结点检测到数据帧发生错误的处理方式就是将其抛弃。

2.2 共享式以太网

共享式以太网是人们最早使用的以太网,因此也被称为传统以太网。在共享式以太网中,所有结点通过相应的网络接口适配器直接连接到一条作为公共传输介质的总线上,信息的传输以"共享介质"方式进行。共享式以太网的物理构型通常包括总线构型和星状构型两种,但无论是哪种物理构型,共享式以太网中一定存在一段所有结点共享的传输信道。图2-2(a)显示了一个物理构型为总线构型的共享式以太网,图2-2(b)显示了一个物理构型为星状构型的共享式以太网。从图2-2中可以看到,星状构型的共享式以太网可以看成总线构型共享式以太网的变形。

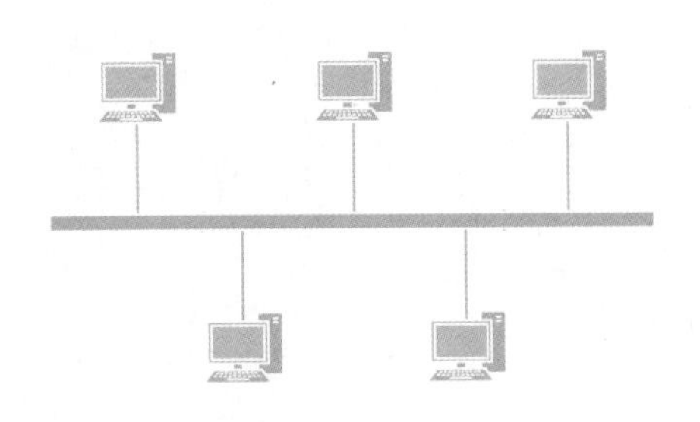

(a) 总线构型的共享式以太网

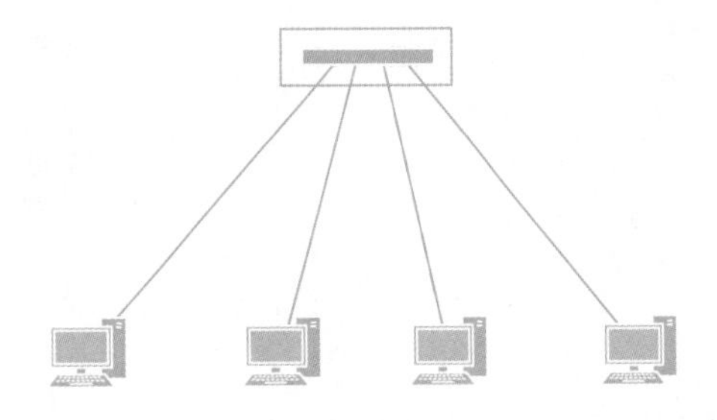

(b) 星状构型的共享式以太网

图 2-2 物理构型为总线和星状的共享式以太网

总线构型的共享式以太网，通常采用同轴电缆进行组网，同轴电缆为共享介质，网络中所有结点通过该介质收发数据。星状构型的共享式以太网，中心结点设备被称为集线器，集线器中集成了一段共享介质，网络中所有结点通过集线器中集成的共享介质收发数据。

在共享式以太网中，所有结点都可以通过共享介质发送和接收数据，但不允许多个结点在同一时刻同时发送数据。也就是说，数据传输应该以“半双工”方式进行。

由于缺乏中心控制结点，以太网中多个(两个及以上)结点同时发送的情况总是存在的。这些“冲突”的信息在共享介质上相互干扰，致使接收结点出现接收错误。“冲突”问题的产生犹如一个多人参加的讨论会，一个人发言不会产生问题，如果多个人同时发言，会场就会出现混乱，听众就会被干扰。图 2-3 所示为共享式以太网中的“冲突”现象示意图。

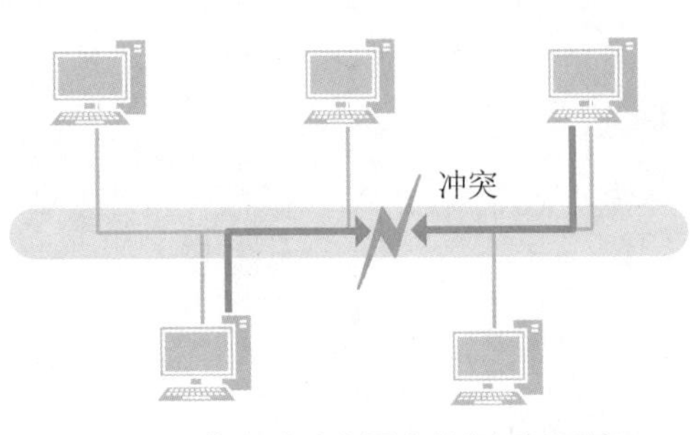

图 2-3 共享式以太网中的“冲突”现象

为了解决“冲突”问题，以太网采用了带有冲突检测的载波侦听多路访问(Carrier Sense Multiple Access with Collision Detection，CSMA/CD)方法对共享介质进行访问控制。CSMA/CD 是一种分散式的介质访问控制方法，它要求以太网中的所有结点都参与对共享介质的访问控制。同时，CSMA/CD 也是一种随机争用式的介质访问控制方法，以太网中的任何结点都没有可预约的发送时间，所有结点都必须平等地争用发送时间。

2.2.1 CSMA/CD 发送流程

共享以太网中的结点在发送数据时，需要通过“广播”方式将数据送往共享信道，因此，连在共享信道上的所有结点都能“收听”到发送结点发送的数据信号。由于共享以太网中的所有结点都可以利用共享信道进行传输并且没有控制中心，因此，冲突的发生将不可避免。为了有效地对共享信道进行控制，共享以太网采用了 CSMA/CD 介质访问控制方法。

CSMA/CD 的发送流程可以概括为“先听后发，边听边发，冲突停止，延迟重发”16 个字。图 2-4 显示了以太网结点的发送流程。

采用 CSMA/CD 的局域网中每个结点利用总线发送数据时，首先需要将发送的数据组装成一个数据帧，然后通过“载波侦听”确定共享信道的忙、闲状态。如果共享信道上已经有数据信号传输，那么发送结点必须等待，直到共享信道空闲为止；在共享信道空闲的状态下，发送结点便可以启动发送过程。

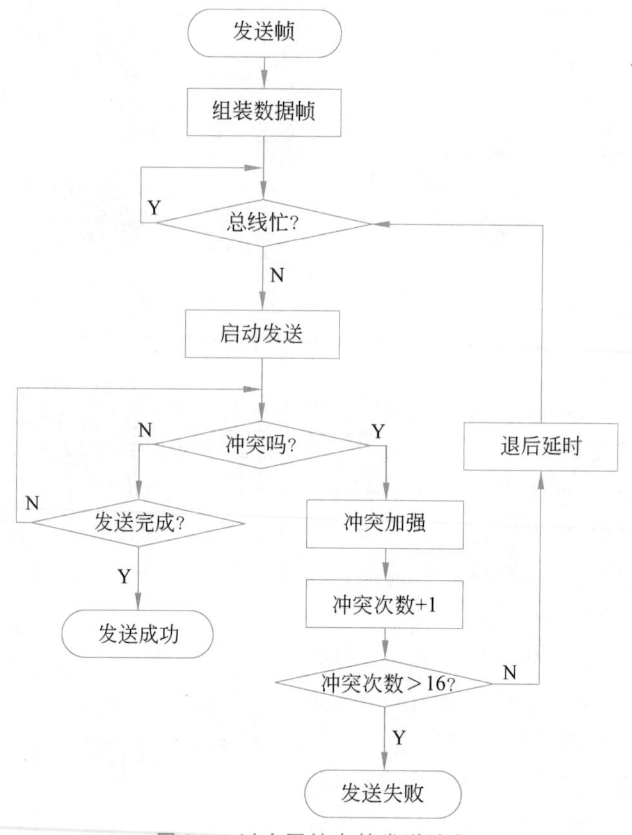

图 2-4 以太网结点的发送流程

虽然载波侦听的方法可以有效地减少冲突的发生,但并不能完全消除冲突。如果两个结点同时或几乎同时发送了一个数据帧,那么冲突的发生就不可避免。因此,CSMA/CD 在发送的过程中,一直需要检测信道的状态。当发送结点检测到有冲突发生时(即检测到共享信道中传输的信号发生畸变时),发送结点停止发送帧数据并开始发送冲突加强信号,然后进入延迟重发流程。发送冲突加强信号的目的是使网中的所有结点都能意识到冲突的发生,进而丢弃接收到的冲突帧。

以太网规定一个帧的最大重发次数为 16。如果重发次数超过 16,系统会认为网络过于繁忙或网络故障,本次发送失败;如果重发次数小于或等于 16,则允许发送结点延迟一段时间后再重新发送该帧。

如果采用固定的延迟时间,那么冲突结点很可能在相同时刻重发各自的数据帧,再次冲突的可能性很大。因此,发送结点在重发前必须采用随机延迟方式,以降低再次冲突的可能性。最典型的后退延迟算法是截断式二进制指数退避(truncated binary exponential backoff)算法。该算法为第 n 次冲突重发选择的后退延迟时间 ρ 是某个时间片 α 的整数倍,即 $\rho=r\times\alpha$。其中,r 是在$\{0,1,2,\cdots,2^k-1\}$中随机选择的一个整数,$k=\min(n,10)$。从截断式二进制指数退避算法可以看到,随着重发次数的增大,后退延迟可选择的范围越来越大,选择到较长延迟的可能性越来越大。

2.2.2 CSMA/CD 的接收流程

按照 CSMA/CD 控制方法的要求,接入共享以太网的结点通常处于侦听状态,随时准备接收共享信道上的帧信息。

在接收过程中，共享以太网中的各结点同样需要监测信道的状态。如果发现信号畸变，则说明信道中有多个结点同时发送数据，冲突发生，这时必须停止接收，并将接收到的数据废弃；如果在整个帧的接收过程中没有发生冲突，结点则通过接收帧的目的地址字段判定该帧的目的地是否是本机（如目的地址字段是否与自己的MAC地址相同、是否是广播地址、是否是自己所在组的多播地址等）。在确认帧的目的地为本接收结点之后，接收结点利用帧校验字段判定帧的完整性。如果校验正确，则接收成功，系统将数据字段中的数据提交上层处理，之后再次进入侦听状态；如果校验错误，则接收失败，系统丢弃接收到的数据帧，重新进入侦听状态，准备下一轮的接收。图2-5是CSMA/CD的接收流程。

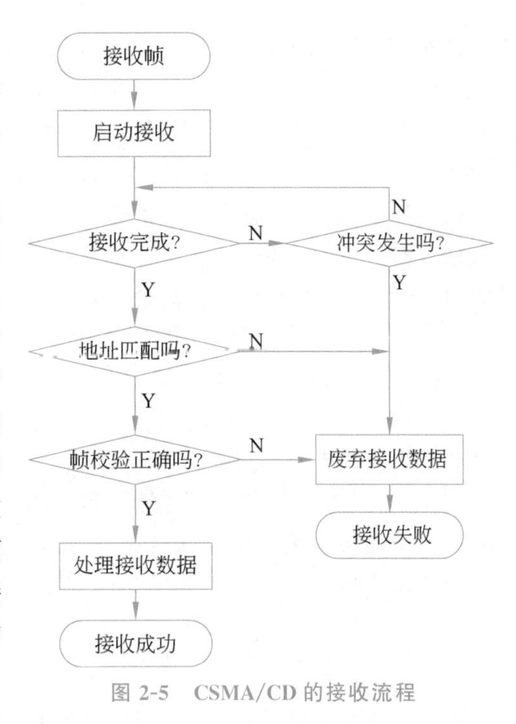

图2-5 CSMA/CD的接收流程

2.2.3 冲突域与冲突窗口

在共享式以太网中，数据通过共享介质发送和接收。即使采用CSMA/CD介质访问控制方法，冲突在某些情况下也不可避免。一个冲突域就是网络中一个可能产生冲突的范围。

在CSMA/CD控制方法中，如果发生冲突，那么必须让网中的每个结点都检测到。但是，发送信号传遍整个共享信道需要一定的时间，若帧的长度很小，则很有可能造成网中有些结点能检测到冲突，有些结点却检测不到冲突的情况。在图2-6给出的示意图中，两个相距较远的主机A和主机B都需要发送数据帧。在主机A发送的帧传输到主机B的前一刻，主机B开始发送自己的帧。这样，当主机A的帧到达主机B时，主机B检测到了冲突。但是，如果在主机B的信号传输到主机A之前，主机A的帧已经发送完毕，那么主机A就检测不到冲突并误认为帧的发送已经成功，不再重发该帧。由此可见，由于信号在信道的传输中具有传播时延，检测到冲突的发生需要一定的时间，因此只有发送的数据帧达到一定的长度，才能保证每个结点（包括发送结点）都能检测到冲突的发生。

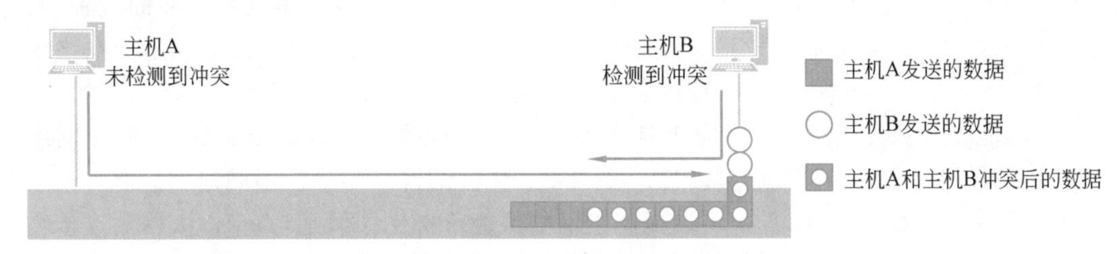

图2-6 发送结点未能检测到冲突示意图

在CSMA/CD方法中，从发送一个帧开始到检测到冲突发生所需的最长时间称为冲突窗口。为了保证冲突发生时一个冲突域中的所有结点都能检测到冲突，发送结点发送数据的时间不能小于冲突窗口。因此，冲突域覆盖的范围、网络的传输速率、最小帧长度形成了相互制约的关系。如果网络的传输速率固定，那么冲突域覆盖范围的增大要求最小帧长度相应增大；

如果最小帧长度固定,那么网络传输速率的提高要求网络覆盖范围相应减小。

按照以太网标准,以太网的最小帧长度固定为512b(即64B)。因此,当网络传输速度提升后,一个共享以太网的覆盖范围就要缩小。例如,如果网络传输速率从10Mb/s增加到100Mb/s,那么一个共享以太网的覆盖范围就要缩小至原来的十分之一左右。

在共享以太网中,冲突不是错误,但合法的冲突只会发生在冲突窗口内。如果发送结点在冲突窗口时间内没有检测到冲突,则意味着网中的其他结点都开始正常的接收,发送结点捕获了信道,这一帧接下来的发送不会再发生冲突。

2.3 交换式以太网的提出

共享式以太网技术简单,造价低廉,曾经被广泛使用。但是,随着网络应用和网络用户的增长,共享式以太网存在的问题越来越突出。同时,电子技术和计算机技术的发展,使得交换式网络设备的交换速度迅速提升,产品造价大幅度降低。目前,以集线器为中心的共享式以太网已经被以交换机为中心的交换式以太网取代。

2.3.1 共享式以太网存在的问题

传统的共享式以太网是最简单、最便宜、最常用的一种局域网。在结点数量少、数据传输量不大的轻负载场景下,共享式以太网运行性能良好。但是,在结点数量众多的大规模组网应用中,共享式以太网也暴露出以下一些严重的问题。

(1) 覆盖的地理范围有限:按照CSMA/CD的有关规定,以太网一个冲突域覆盖的地理范围随网络速度的增加而减小。一旦网络速率固定下来,冲突域的覆盖范围也就固定下来。因此,只要两个结点处于同一个冲突域中,它们之间的最大距离就不能超过一个固定值。多集线器组成的共享式以太网中,由于所有结点仍然处于同一冲突域中,因此,即使采用多集线器组网,结点之间的最大距离也不能超过这个固定值。

(2) 网络总带宽容量固定:传统的以太网是一个共享式的以太局域网,网络上的所有结点共享同一传输介质。在一个结点使用传输介质的过程中,另一结点必须等待。因此,共享式以太网的固定带宽容量被网络上的所有结点共同拥有,随机占用。网络中的结点越多,每个结点平均可以使用的带宽越窄,网络的响应速度越慢。例如,对于一个使用100BASE-TX技术的100Mb/s以太网,如果连接10个结点,则每个结点平均带宽为10Mb/s;如果连接结点增加到100个,则每个结点平均带宽下降为1Mb/s。另外,在发送结点竞争共享介质的过程中,冲突是不可避免的。冲突会造成发送结点随机延迟和重发,进而浪费网络带宽。随着网络中结点数的增加,冲突概率必然加大,相应的带宽浪费也会越大。

(3) 不能支持多种速率:网络应用是多种多样的。有的应用信息传输量小,低速网络就可以满足要求;而有的应用信息传输量大,要求要有快速的网络响应。不同速率的混合型组网不但有其存在的客观要求,而且也可以提高组网的性能价格比。但是,由于以太网共享传输介质,因此,网络中的设备必须保持相同的传输速率,否则一个设备发送的信息另一个设备不可能收到。单一的共享式以太网不可能提供多种速率的设备支持。

2.3.2 交换的提出

集线器中集成了一段总线,集线器从一个端口收到数据会直接传送到集线器的其他端口。

因此，在共享式以太网上，同一时刻只能有一个结点发送数据，否则就会发生冲突。即使采用CSMA/CD介质访问控制方法，冲突的发生也不能完全避免。

图2-7给出了一个利用集线器级联组成的大型共享以太网。尽管部门1、部门2和部门3都通过各自的集线器组网，但是，由于使用共享式集线器X连接各个部门的集线器，因此一台主机发送的数据，有可能会和网上任一台主机发送的数据冲突，各个部门全部处于同一个冲突域中。

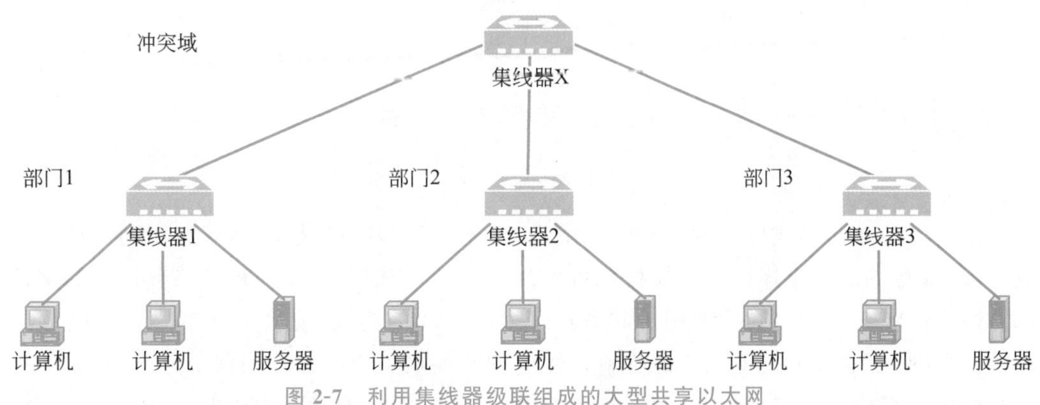

图2-7 利用集线器级联组成的大型共享以太网

为了解决冲突域庞大的问题，一个很自然和朴素的解决思路就是将集线器进行改造，使其在端口上收到数据后并不广播给其他端口，而是将其缓存下来。在分析得到数据帧应该转发的目的端口后，将数据帧送往目的端口的缓存队列。目的端口从自己的缓存队列中取出需要发送的数据帧，再按照CSMA/CD规定的发送流程进行发送。改造后集线器的每个端口好像一台独立的主机，它们在各自的端口上按照CSMA/CD发送和接收数据帧。端口之间通过缓存传递数据帧，不再使用CSMA/CD，如图2-8所示。这样，图2-7显示的一个大冲突域被改造后的集线器X分割成了图2-8所示的3个小冲突域。小冲突域内部采用CSMA/CD收发数据帧，小冲突域之间采用存储转发方式交换数据帧。

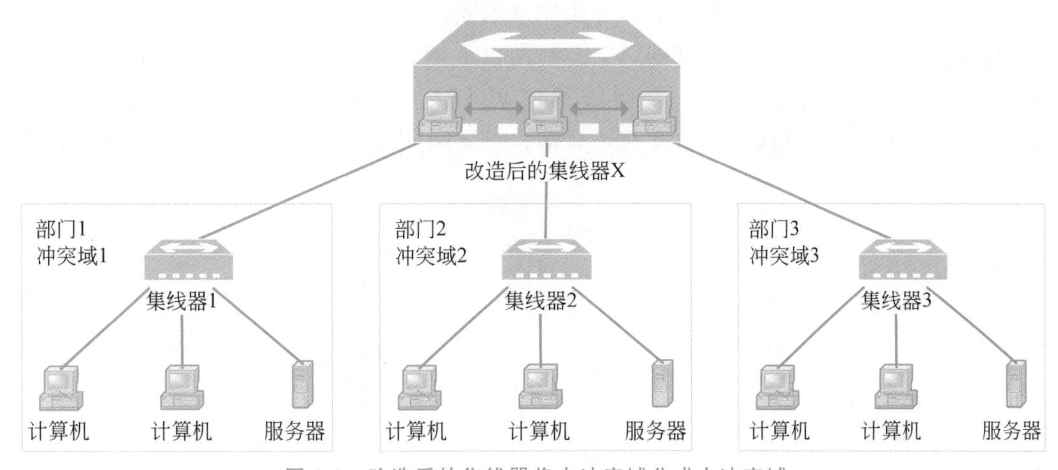

图2-8 改造后的集线器将大冲突域分成小冲突域

按照这种解决思路，改造后的设备抛弃了共享式以太网中的总线，每个端口都能独立地收发并缓存数据帧，数据在端口间并发转发。这种改造后的设备称为以太网交换机（简称交换机，switch），利用交换机组建的以太网称为交换式以太网，如图2-9所示。

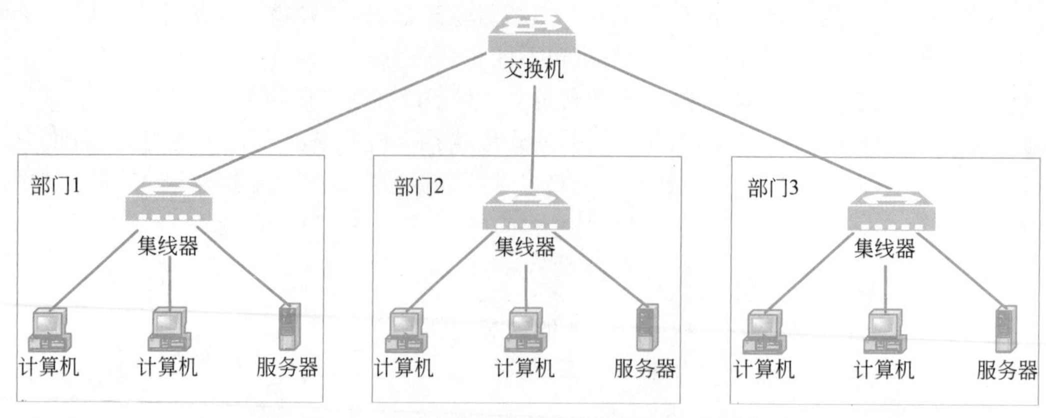

图 2-9　利用交换机分割冲突域组建的以太网

交换的思想在共享式以太网盛行时期就有,只不过受当时的技术限制,以太网交换机的制作成本高,所有主机直接连接到交换机代价太高。因此,当时出现了一种端口数很少的交换设备(通常只有2～3个端口),主要用于共享式以太网之间的连接,将大的共享式以太网分成多个小的以太网,以缩小冲突范围。这种端口较少的交换设备当时被称为网桥(bridge)。

交换机和网桥工作原理相同,都运行于数据链路层,用于连接较为相似的网络(如以太网-以太网)。随着电子技术和计算机技术的发展,交换机的生产成本大幅度下降,交换机的端口连接一台主机(而不是集线器组成的一个共享以太网)成为可能。因此,交换机作为组建以太网的宠儿,逐渐取代了共享式集线器,站在了局域网舞台的中央。

2.4　以太网交换机的工作原理

以太网交换机是较为典型的局域网交换机。以太网交换机可以通过交换机端口之间的多个并发连接,实现多结点之间数据的并发传输。这种并发数据传输方式与共享式以太网在某一时刻只允许一个结点占用共享信道的方式完全不同。

交换式以太网建立在以太网基础之上。利用以太网交换机组网,既可以将主机直接连到交换机的端口,也可以先将主机连入集线器,而后再将这个集线器连到交换机的端口。图2-10给出了一个利用交换机将两台主机和两个共享式以太网连成一个交换式以太网的例子。如果

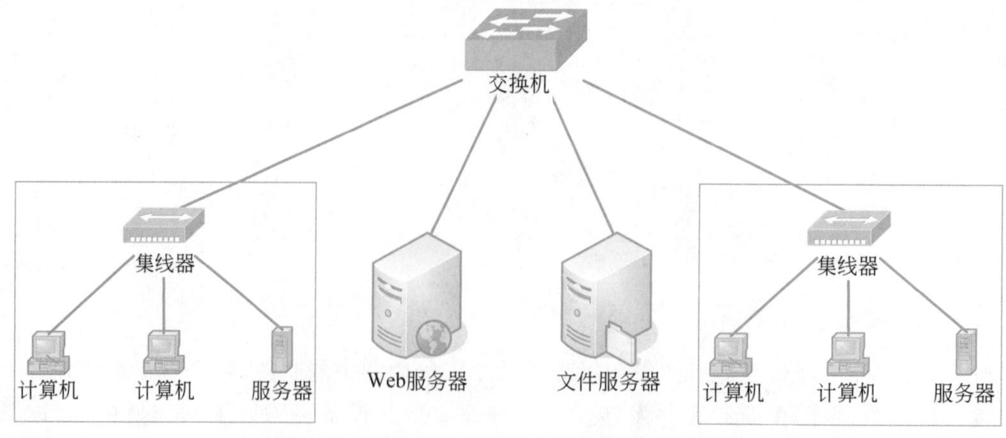

图 2-10　利用交换机连接主机和共享式以太网

将主机直接连到交换机的端口，那么它独享该端口提供的带宽；如果主机通过集线器连入交换机，那么该集线器上的所有主机共享交换机端口提供的带宽。

2.4.1 以太网交换机的工作过程

典型的交换机结构与工作过程如图 2-11 所示。图中的交换机有 6 个端口，其中端口 1、5、6 分别连接了结点（计算机/服务器）A、结点 D 和结点 E。结点 B 和结点 C 通过共享式以太网连入交换机的端口 4。“端口/MAC 地址映射表”位于交换机的内存中，它记录交换机每个端口上连接主机的 MAC 地址。

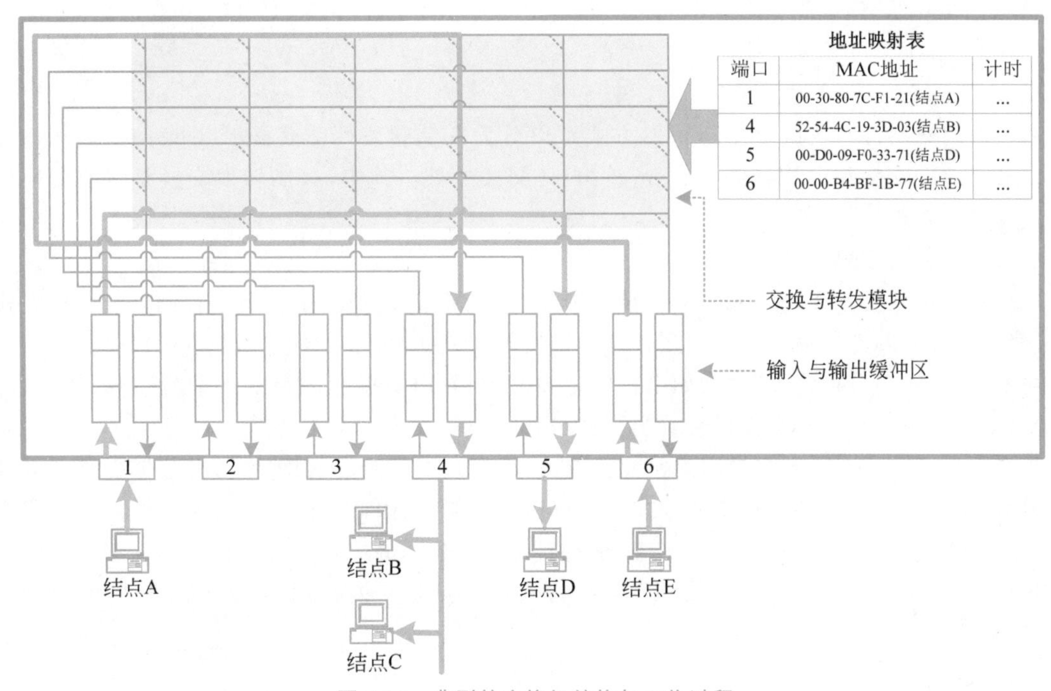

图 2-11 典型的交换机结构与工作过程

当结点 A 需要向结点 D 发送数据帧时，结点 A 首先将带有目的地址＝结点 D 的帧发往交换机端口 1。交换机接收该帧，并在检测到其目的地址＝结点 D 后，在交换机的“端口/MAC 地址映射表”中查找结点 D 所连接的端口号。一旦查到结点 D 所连接的端口号为 5，交换机将在端口 1 与端口 5 之间建立连接，将信息转发到端口 5。

与此同时，结点 E 需要向结点 B 发送信息。按照同样的方式，交换机的端口 6 与端口 4 也建立一条连接，并将端口 6 接收到的信息转发至端口 4。由于端口 4 连接是一个共享式以太网，因此端口 4 按照 CSMA/CD 的方式向结点 B 发送从结点 E 发来的数据帧。

这样，交换机在端口 1 至端口 5 和端口 6 至端口 4 之间建立了两条并发的连接。结点 A 和结点 E 可以同时发送信息，结点 D 和结点 B 可以同时接收信息。根据需要，交换机的各端口之间可以建立多条并发连接。交换机利用这些并发连接，对通过交换机的数据信息进行转发和交换。

如果这时结点 A 向结点 C 发送信息会发生什么情况呢？当结点 A 向结点 C 发送信息时，结点 A 首先将带有目的 MAC 地址＝结点 C 的数据帧发往交换机端口 1。交换机接收该帧，并在检测到目的 MAC 地址＝结点 C 后，在交换机的地址映射表中查找结点 C 所连接的端口号。不幸的是,交换机的地址映射表中并没有结点C连接在哪个端口的信息。这时,交换机将向除输入端口(端口1)之外的所有端口转发信息。也就是说,在这种情况下,结点B、C、D和E都能收到结点A发送的信息。由于该信息的目的MAC地址=结点C,因此结点B、D、E在收到信息后会将其抛弃。

另外,在收到目的MAC地址为广播地址(即目的MAC地址为ff-ff-ff-ff-ff-ff)的数据帧时,交换机会直接向除输入端口之外的所有端口转发,以保证网上的所有结点能够收到该数据帧。

交换机将接收到的数据帧转发到另一个端口的快慢(即交换机的转发速率)是衡量交换机性能的一个重要指标。目前交换机的交换速度一般能满足10Mb/s、100Mb/s或1Gb/s网络的数据转发要求,高性能的交换机甚至能满足10Gb/s或更高的网络数据转发要求。

2.4.2 数据转发方式

以太网交换机的数据交换与转发方式可以分为存储转发(store and forward)交换、直接(cut through)交换和碎片隔离(fragment free)交换3种。其中,存储转发交换是目前交换机的主流交换方式。

1. 存储转发交换

存储转发交换方式是以太网交换技术领域使用最广泛的技术之一。在存储转发交换方式中,交换机首先需要完整地接收并缓存从端口接收的数据帧,然后对数据帧进行校验。如果校验发生错误,那么丢弃该数据帧;如果校验正确,那么取出数据帧的目的地址,通过查找端口/MAC地址映射表确定输出端口号,然后转发出去。

由于存储转发交换方式具有差错校验能力,不会转发出错的数据帧,因此能够提高带宽的利用率。同时,由于存储转发交换方式具有整帧缓存能力,因此它能够支持不同输入输出速率端口之间的数据转发。这样,同一交换机在拥有10Mb/s端口的同时,可以拥有100Mb/s、1Gb/s乃至10Gb/s的端口。存储转发交换方式的缺点是交换延迟(数据帧在交换机的停留时间)相对较长。

2. 直接交换

在直接交换方式中,交换机边接收边检测。一旦检测到目的地址字段,交换机就立即通过端口/MAC地址映射表查找该帧的输出端口,并启动转发功能。直接交换方式不负责数据帧的差错校验,出错检测任务由结点主机完成。由于采用直接交换方式的交换机只检查数据帧头部的前几个字节(通常是前14B),不需要整帧的缓存,因此具有交换速度快、延迟小的特点。但是,由于直接交换方式不进行差错校验,因此,出错的数据帧也会被交换机转发。出错帧的转发势必会占用宝贵的带宽,降低交换机的整体性能。当交换机的端口连接的是共享式以太网时,由于转发出错帧造成的性能下降更为明显。同时,由于没有帧缓存能力,因此,直接交换方式不支持不同输入输出速率的端口之间的直接数据转发。

3. 碎片隔离交换

碎片隔离交换方式是存储转发交换方式和直接交换方式之间的折中,它在转发前先检查接收到的数据帧长度是否达到64B。如果小于64B(小于以太网的最小帧长度),则说明该帧很可能是冲突碎片,应该丢弃该帧;如果大于64B,则立即启动转发程序。

采用碎片隔离交换方式,交换机的数据转发速度比存储转发交换方式快,比直接交换方式慢。但是,由于能够避免冲突碎片的转发,因此,当交换机的端口连接的是共享式以太网时,碎片隔离交换方式比直接交换方式具有更好的整体性能。

2.4.3 地址学习

以太网交换机利用“端口/MAC 地址映射表”进行信息的交换与转发，因此，端口/MAC 地址映射表的建立和维护显得相当重要。一旦地址映射表出现问题，就可能造成信息转发错误。那么，交换机中的地址映射表是怎样建立和维护的呢？

这里有两个问题需要解决：一是交换机怎样知道哪台主机（结点）连接到哪个端口；二是当主机在交换机的端口之间移动时交换机怎样维护地址映射表。显然，通过人工建立交换机的地址映射表是不切实际的，交换机应该采用一种策略自动建立地址映射表。

通常，以太网交换机利用“地址学习”法动态建立和维护端口/MAC 地址映射表。以太网交换机的地址学习是通过读取帧的源地址并记录帧进入交换机的端口进行的。当得到 MAC 地址与端口的对应关系后，交换机将检查地址映射表中是否已经存在该对应关系。如果不存在该对应关系，则交换机就将该对应关系添加到地址映射表；如果已经存在该对应关系，则交换机将更新该表项。因此，在以太网交换机中，地址是动态学习的。只要这台主机发送信息，交换机就能捕获到它的 MAC 地址与其所在端口的对应关系。

由于交换机端口连接的主机有可能发生变化，因此端口/MAC 地址映射表需要不断更新老化过时的表项。为此，在每次添加或更新地址映射表的表项时，添加或更改的表项被赋予一个计时器，这使得该端口与 MAC 地址的对应关系能够存储一段时间。如果在计时器溢出之前没有再次捕获到该端口与 MAC 地址的对应关系，该表项将被交换机删除。通过移走过时的或旧的表项，交换机维护了一个精确的和有用的地址映射表。

2.4.4 半双工通信和全双工通信

早期的共享式以太网组网过程中，使用交换设备的主要目的是分割冲突域，减小每个冲突域覆盖的范围。当时由于交换设备造价昂贵，因此网桥的一个端口通常连接集线器组成的一个共享以太网，以减少组网开支。随着电子技术和计算机技术的发展，交换机的生产成本越来越低。目前，交换机已逐渐取代集线器，主机不经集线器直接连入交换机的一个端口成为以太网组网的主流。

图 2-12 显示了将主机直接连入交换机和通过共享集线器连入交换机的情况。将主机通过集线器连入交换机的一个端口时，连入集线器的所有主机（主机 A、主机 B 和主机 C），以及交换机的连入端口（交换机端口 1）共享一个冲突域，它们需要通过 CSMA/CD 方式竞争集线器中的共享总线进行发送和接收。由于主机 A、主机 B、主机 C 和交换机端口 1 同一时刻只能有一个发送数据，因此它们之间的通信为半双工通信。

将主机不经共享集线器直接连入交换机的一个端口时，该主机（主机 D）与交换机的连入端口（交换机端口 2）形成一个冲突域，它们之间也可以采用 CSMA/CD 方式进行半双工通信。但是仔细观察会发现，主机直接连入交换机时，主机与交换机端口之间并不存在共享介质。主机网卡的发线直接连入交换机端口的收线，主机网卡的收线直接连入交换机端口的发线。主机 D 和端口 2 可以同时发送数据，并不会产生冲突。在这种情况下，主机 D 和端口 2 之间可以采用全双工通信方式，无须使用 CSMA/CD 竞争共享信道。因为全双工通信方式下不再使用 CSMA/CD，不会发生冲突，所以冲突域覆盖地理范围的限制不复存在。同时，与半双工通信方式相比，全双工通信方式的通信效率也会成倍提高。因此，主机不经共享集线器直

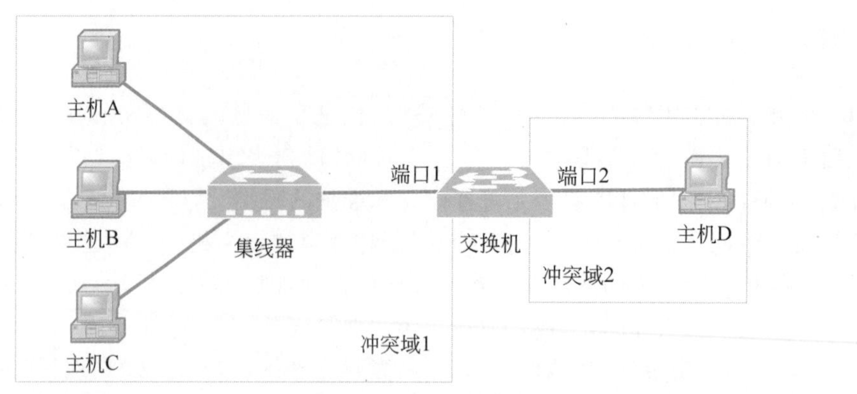

图 2-12　半双工通信和全双工通信

接连入交换机的一个端口时,默认会采用全双工通信方式。

与主机不经共享集线器直接连入交换机的一个端口相同,一台交换机的端口与另一台交换机的端口进行级联时,这两个端口之间同时互发数据也不会产生冲突。因此,这两个端口之间也可以采用全双工通信方式。

2.5　以太网组网技术

以太网组网技术包括组网涉及的主要设备和器件、传输介质及其连接方法、网络设备的级联等内容。

2.5.1　组网涉及的主要设备和器件

以太网组网涉及的主要设备和器件可以分成3类:以太网交换机、网络接口卡和传输介质,如图2-13所示。

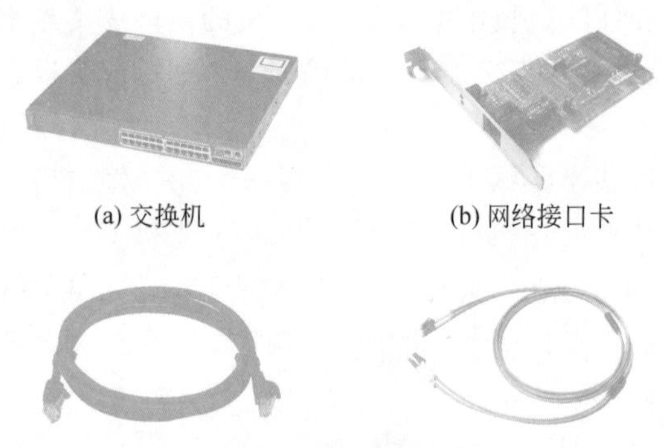

图 2-13　以太网组网设备和器件

1. 以太网交换机

以太网交换机是交换式以太网组网中最重要、最核心的设备之一,如图2-13(a)所示。交换机一方面具有多个网络接口,可以作为以太网的集中连接点;另一方面可以从一个接口接收数据,经分析和处理后交换到另一接口。

交换机一般都配备多个RJ-45标准接口,能够通过非屏蔽双绞线(unshielded twisted paired,UTP)电缆连接主机或其他交换机。有些交换机还配备了光接口,用于通过光纤电缆连接其他网络设备。

按照速率,交换机可以分为10Mb/s、100Mb/s、1Gb/s、10Gb/s等不同类型。由于采用交换方式而非共享方式,因此,同一交换机不同接口运行的速率可能不同。例如,在同一交换机中,一些接口的速率为100Mb/s,而另一些接口的速率可能为1Gb/s。目前,多数交换机的接口可以根据连接设备速率的不同,自动进行协商和适应。

2. 网络接口卡

网络接口卡(network interface card)简称网卡或接口卡,如图 2-13(b)所示。网卡安装在主机之中,用于将主机与通信介质相连,达到主机接入网络的目的。网卡的主要功能包括:①实现主机与传输介质之间的物理连接和电信号匹配,接收和执行主机送来的各种控制命令,完成物理层功能;②实现介质访问控制方法,发送和接收数据帧,实现帧的差错校验等数据链路层的基本功能。

以太网卡大多采用 RJ-45 标准接口,以便与非屏蔽双绞线电缆相连。有些网卡也配备光接口,用于通过光纤电缆与其他设备连接。

按照传输速率,以太网卡分为 10Mb/s、100Mb/s、1Gb/s、10Gb/s 等几类。目前,主流以太网卡都是速率自适应网卡,可以根据网络中使用的以太网交换机的速率,自动调整和适应自己的速率。

以太网卡可以配置为半双工通信模式或全双工通信模式。多数以太网卡可以根据连接的共享式以太网或交换式以太网,自动进行半双工通信模式或全双工通信模式配置。由于目前通常使用交换机进行组网,因此全双工通信模式通常是以太网卡的默认模式。

有些主机的主板中会集成网卡。如果没有集成或需要性能更好的网卡,那么需要单独购置并插入主机中。

3. 传输介质

传输介质是指传输信号经过的各种物理环境。对于计算机网络来说,传输介质就是物理上将各种设备互连接起来的介质。早期以太网组网有些使用同轴电缆作为传输介质,但目前以太网组网主要使用非屏蔽双绞线电缆和光缆,如图 2-13(c)所示。

(1) 非屏蔽双绞线(UTP)电缆:UTP 由 8 根铜缆组成,如图 2-14(a)所示。这 8 根线由绝缘体分开,每两根线通过相互绞合成螺旋状而形成一对线。在这 4 对线的外部是一层外保护套,用于保护内部纤细的铜导体和加强拉伸力。UTP 的主要特点是尺寸小、重量轻、容易弯曲、价格便宜、容易安装和维护。与此同时,UTP 使用标准 RJ-45 连接器,如图 2-14(b)所示,连接牢固、可靠。但是,UTP 的抗干扰能力比光缆差,传输距离也比较短。按照传输质量由低到高,UTP 分为 3 类线、4 类线、5 类线、6 类线等。这些 UTP 虽然看上去基本相同,但它们的传输质量、抗干扰能力有很大区别。如果组建 100Mb/s 以上的以太网,至少需要使用 5 类以上的 UTP。总体上看,UTP 非常适合于楼宇内部的结构化布线。现在大家见到的大部分以太网都是通过 UTP 电缆连接而成的。

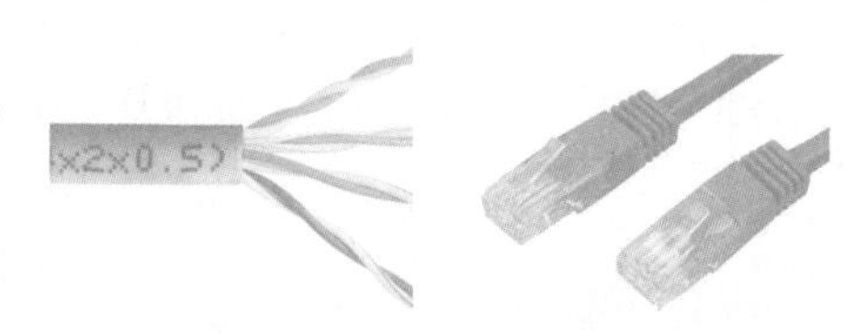

(a) 非屏蔽双绞线　　(b) RJ-45连接器

图 2-14　非屏蔽双绞线与 RJ-45 连接器

(2) 光缆:光缆是另一种常用的网络连接介质,这种介质能传输调制后的光信号。一条光缆中通常含有一条或多条光纤,如图 2-15(a)所示。光纤的结构可以分成 3 层:纤芯、包层和涂覆层。其中,纤芯的折射率较高,包层的折射率较低。这样,导入光纤的光波在纤芯与包层的交界处形成全反射,致使其沿纤芯传播,如图 2-15(b)所示。涂覆层的主要作用是加强光纤的强度和弯曲性。涂覆层不作导光使用,可以将其染成各种颜色对光纤进行区分。为了保护光纤,增强光缆的抗拉性,光缆通常都有一个外保护套,中间添加填充物和抗拉线。与 UTP 电缆相比,光缆具有更高的传输速度,更好的抗干扰性,更低的传输损耗。但是,光缆的制作、安装和维护相对复杂,光电转换等设备造价也比较高。

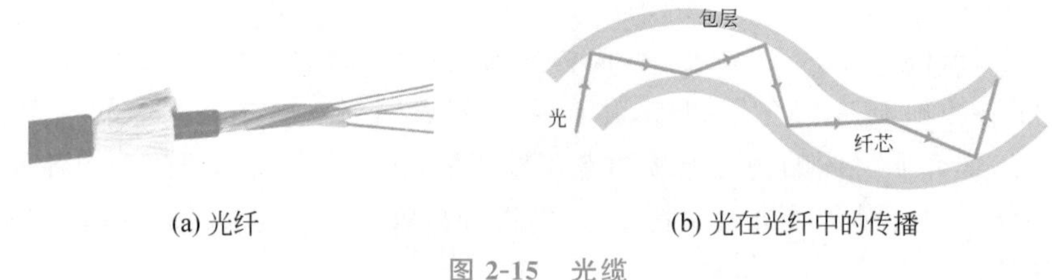

(a) 光纤　　(b) 光在光纤中的传播

图 2-15　光缆

2.5.2　非屏蔽双绞线电缆与 RJ-45 接口

非屏蔽双绞线(UTP)通常由 8 芯导线组成,这 8 芯导线可以用颜色进行区分。其中,橙色和橙白色绞合在一起形成一对,绿色和绿白色绞合在一起形成一对,蓝色和蓝白色绞合在一起形成一对,棕色和棕白色绞合在一起形成一对,如图 2-16 所示。在使用 UTP 电缆连接主机、中继器等设备时,UTP 的两端需要安装 RJ-45 水晶头,形成如图 2-17 所示的 UTP 电缆。

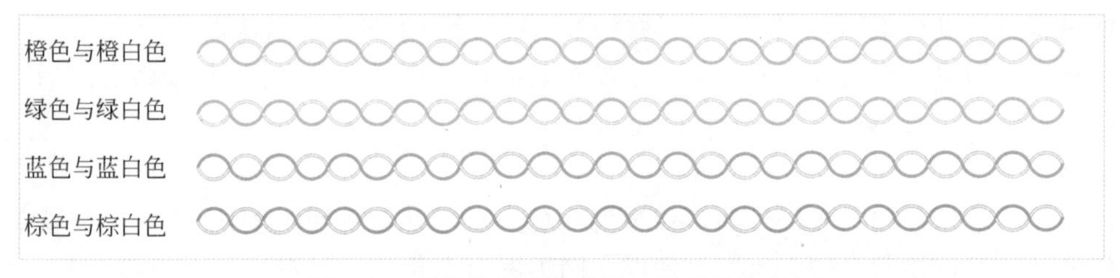

图 2-16　非屏蔽双绞线中的 8 芯导线的颜色

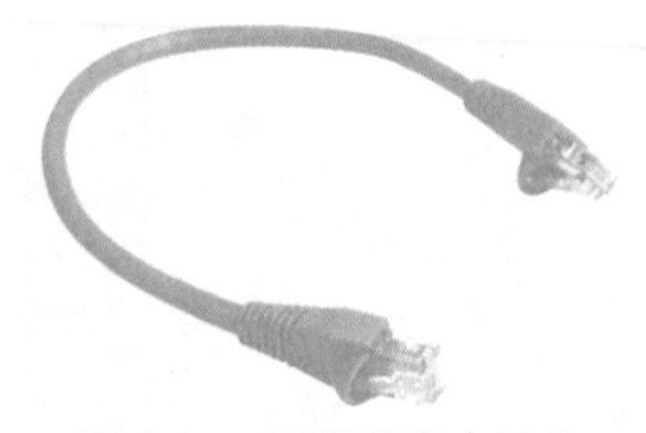

图 2-17　两端带有水晶头的 UTP 电缆

在布线施工和用户使用过程中,通常按照 EIA/TIA 的 568A 标准或 568B 标准制作 UTP 电缆接头。EIA/TIA-568A 和 EIA/TIA-568B 规定了两种 UTP 连接 RJ-45 水晶头的接线线序。

为了区分 RJ-45 水晶头的引脚,可以对 RJ-45 引脚排序。将 RJ-45 插头正面(平面,没有突起的一面)朝自己,有铜针一头朝右方,连接线缆的一头朝左方,从上到下 8 个引脚依次为第 1 引脚、第 2 引脚……第 8 引脚,如图 2-18 所示。

如图 2-18 所示,EIA/TIA-568A 规定的线序为:UTP 的绿白色线接 RJ-45 水晶头的第 1 引脚,绿色线接第 2 引脚,橙白色线接第 3 引脚,蓝色线接第 4 引脚,蓝白色线接第 5 引脚,橙色线接第 6 引脚,棕白色线接第 7 引脚,棕色线接第 8 引脚。而 EIA/TIA-568B 规定的线序为:UTP 的橙白色线接 RJ-45 水晶头的第 1 引脚,橙色线接第 2 引脚,绿白色线接第 3 引脚,蓝色线接第 4 引脚,蓝白色线接第 5 引脚,绿色线接第 6 引脚,棕白色线接第 7 引脚,棕色线接第 8 引脚。

UTP 电缆中具有 4 对导线,它们在不同以太网标准中起的作用不太相同。10Mb/s 以太网和 100Mb/s 以太网利用其中的两对线进行信息传输,一对作为收线,另一对作为发线。1Gb/s 和 10Gb/s 利用全部 4 对线进行信息传输,但具体哪些线对作为收线,哪些线对作为发线,不同标准有不同定义。这里以 10Mb/s 和 100Mb/s 为例,介绍 UTP 电缆的连接方式。

主机使用的网卡接口一般符合介质相关接口(medium dependent interface,MDI)标准。符合 MDI 标准的接口将第 1、2 引脚连接自己的发送线,第 3、6 引脚连接自己的接收线。而交换机的普通接口一般符合 MDIX(MDI crossover)标准。符合 MIDX 标准的接口将第 1、2 引

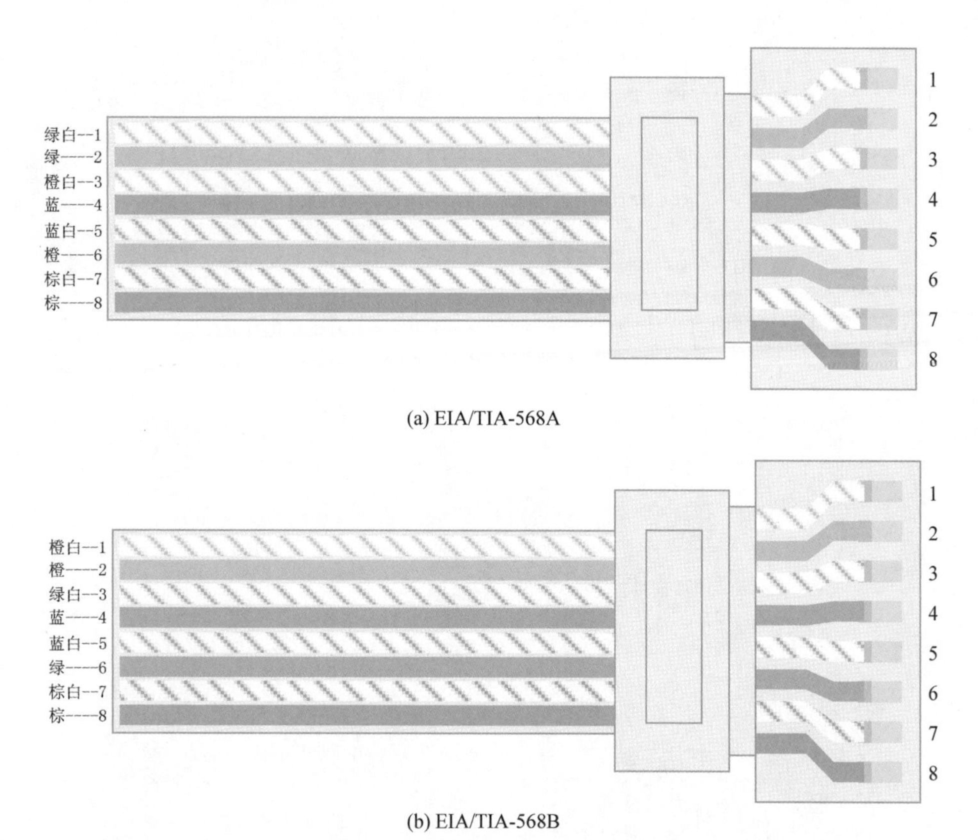

图 2-18 RJ-45 水晶头引脚排序及 EIA/TIA-568A、EIA/TIA-568B 规定的线序

脚连接自己的接收线，第 3、6 引脚连接自己的发送线。如图 2-19 所示。

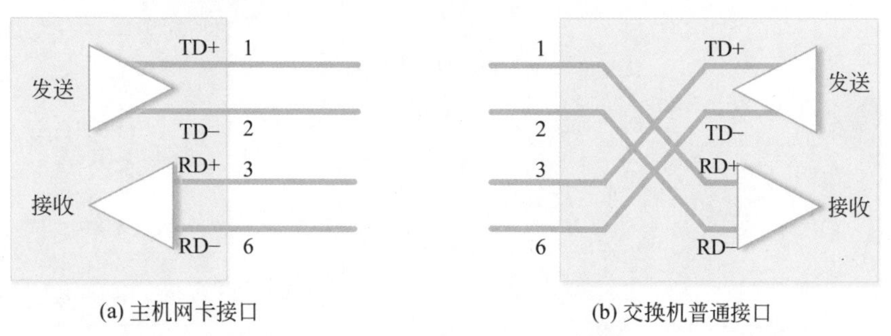

图 2-19 以太网使用的收发线对

按照连接的设备不同，需要的 UTP 电缆也不同。以太网组网过程中用到的 UTP 电缆有两种，一种是直通 UTP 电缆，另一种是交叉 UTP 电缆。

1. 直通 UTP 电缆

在通信过程中，主机的发送线要与交换机的接收线相接，主机的接收线要与交换机的发送线相连。因为主机网卡的第 1、2 引脚连接发送线，第 3、6 引脚连接接收线，而交换机接口的第 1、2 引脚连接接收线，第 3、6 引脚连接发送线(交换机内部发送线和接收线进行了交叉)，所以在将主机连入交换机时需要使用直通 UTP 电缆，如图 2-20 所示。

在制作直通 UTP 电缆时，电缆的两端需要同时按照 EIA/TIA-568A 标准或同时按照 EIA/TIA-568B 标准压制 RJ-45 水晶头。如图 2-21 所示。但是，在实际应用中，电缆的两端同时按照 EIA/TIA-568B 标准制作的直通 UTP 电缆更为多见。

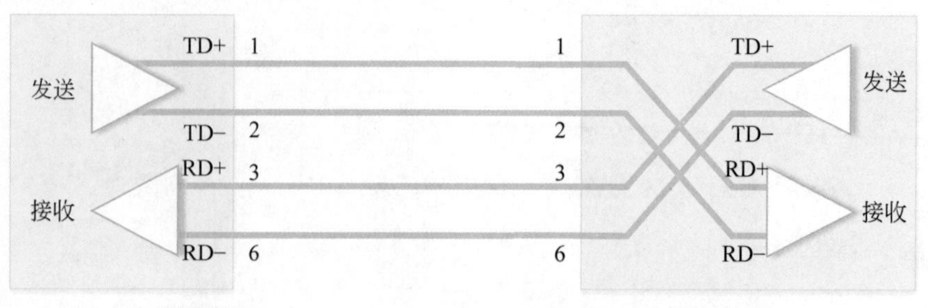

(a) 主机网卡接口　　(b) 交换机普通接口

图 2-20　直通 UTP 电缆的使用

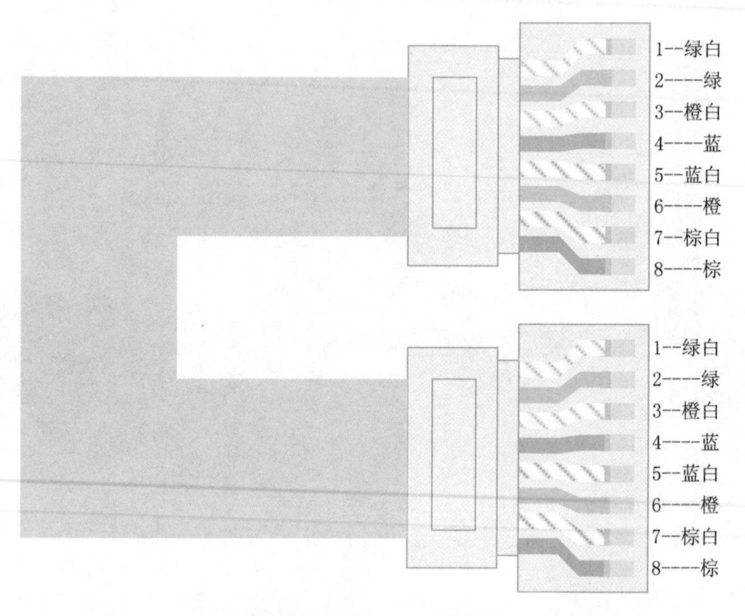

(a) 两端同时按EIA/TIA-568A标准制作

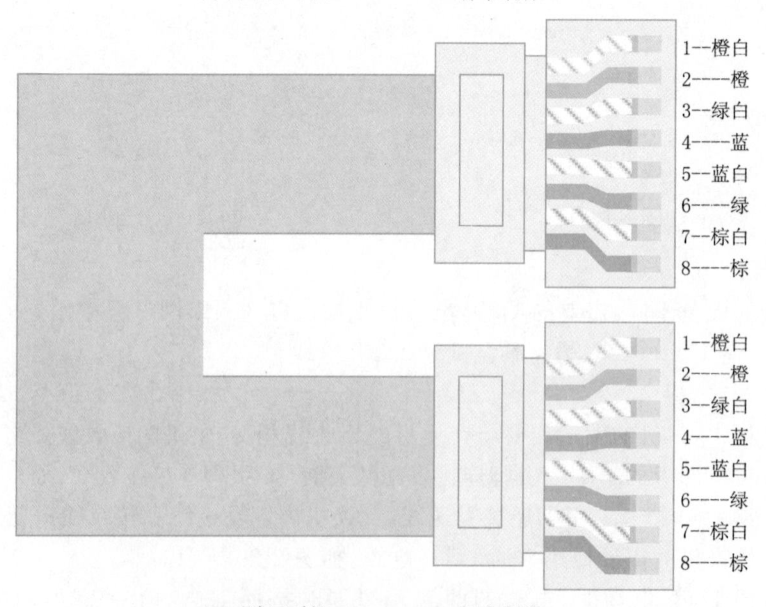

(b) 两端同时按EIA/TIA-568B标准制作

图 2-21　直通 UTP 电缆的线对排列

2. 交叉 UTP 电缆

主机与交换机连接可以使用直通 UTP 电缆,那么交换机与交换机级联使用什么样的电缆呢?

交换机普通接口的第 1、2 引脚连接接收线,第 3、6 引脚连接发送线。如果利用一个交换机普通接口与另一个交换机普通接口进行连接,那么必须使用交叉 UTP 电缆,使一端的第 1、2 引脚连接另一端的第 3、6 引脚,一端的发送接入另一端的接收,如图 2-22 所示。

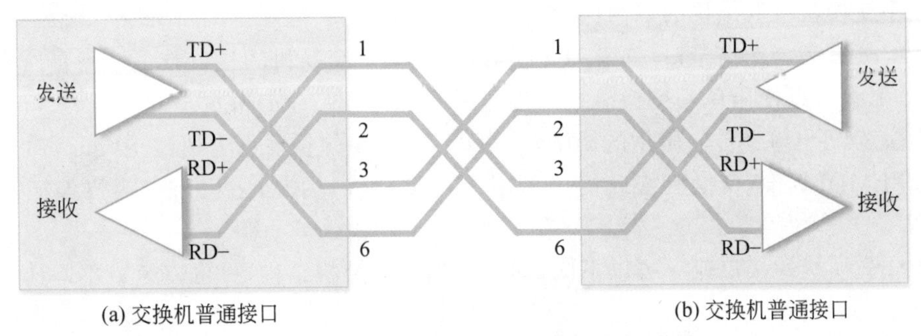

图 2-22 两个交换机使用普通接口级联

在制作交叉 UTP 电缆时,电缆的一端需要按照 EIA/TIA-568A 标准压制 RJ-45 水晶头,另一端按照 EIA/TIA-568B 标准压制 RJ-45 水晶头,如图 2-23 所示。这样一端的发线正好接入另一端的收线,一端的收线正好与另一端的发线相连。

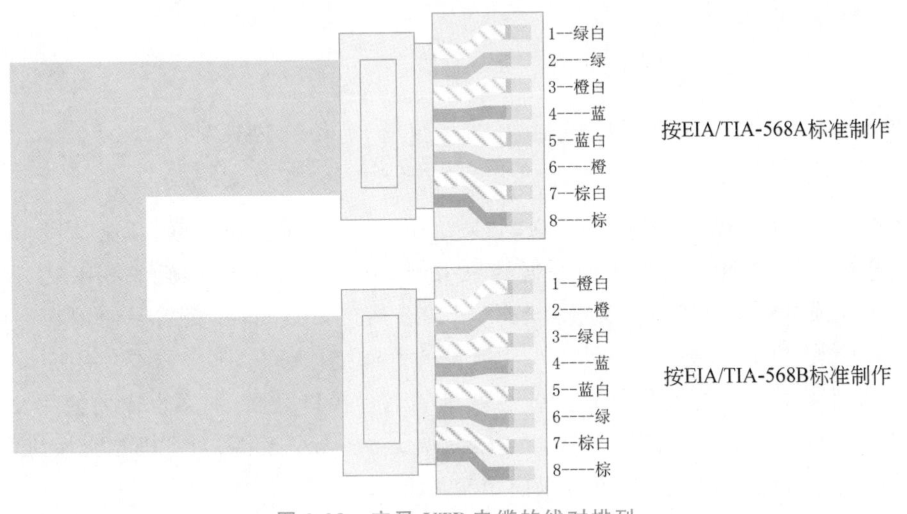

图 2-23 交叉 UTP 电缆的线对排列

为了方便级联,有的交换机会提供一个特殊的接口——上行(up link)接口。与交换机的普通接口不同,上行接口符合 MDI 标准。这个接口的第 1、2 引脚连接发送线,第 3、6 引脚连接接收线。如果使用一个交换机的上行接口与另一个交换机的普通端口进行连接,那么必须使用直通 UTP 电缆,而不是交叉 UTP 电缆。采用上行接口进行交换机之间的连接,使用的 UTP 电缆与主机接入交换机使用的 UTP 相同,减少了交叉 UTP 电缆的使用量,使组网更加方便。

目前,主流的交换机通常具有端口自动翻转(auto-MDI/MDIX)功能。这种功能可以根据另一端是 MDI 或 MDIX,自动将自己的端口转变为合适的 MDI 或 MDIX。这种情况下,主机连接交换机、交换机与交换机的级联既可以使用直通 UTP 电缆,也可以使用交叉 UTP 电缆。但是,在实际应用中推荐使用直通 UTP 电缆。

2.6 多交换机组网

根据网络规模和主机的分布情况,利用交换机和 UTP 电缆(或光缆)可以组建单一交换机结构或多交换机级联结构的以太网。

交换机具有多个网络接口(通常为 2～48 个)。如果交换机的接口数量能满足所有主机的连网需求,那么可以使用单一交换机结构进行组网,如图 2-24(a)所示。

需要注意,受 UTP 传输质量的影响,一段 UTP 电缆的长度不应超过 100m。由于主机网卡接口采用 MDI 标准,交换机普通接口采用 MDIX 标准,因此,主机与交换机连接使用直通 UTP 电缆。

大部分交换机的接口速率可以不同,即使采用单交换机结构,也可以组成不同速率混合的以太网。

当需要连网主机的数量超过一个交换机的网络接口数量,或者主机地理位置比较分散时,可以使用多交换机级联的方式组建以太网,如图 2-24(b)所示。

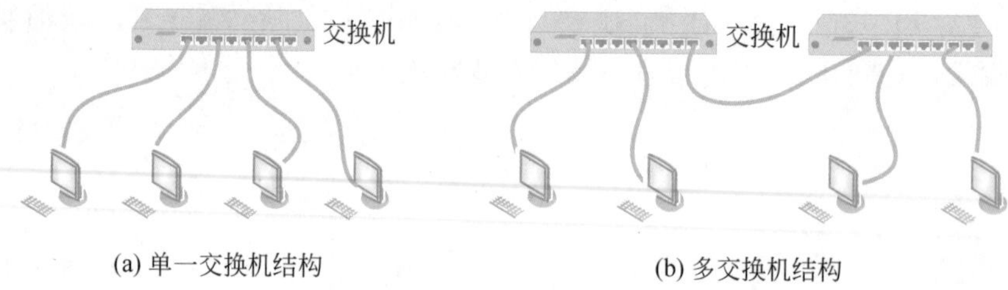

图 2-24 单一交换机结构和多交换机结构以太网

需要注意,受 UTP 传输质量的影响,如果使用 UTP 电缆进行级联,那么这段 UTP 电缆长度不应超过 100m。由于交换机的普通接口采用 MDIX 标准,上行接口采用 MDI 标准,因此如果一个交换机的上行接口与另一个交换机的普通接口级联,那么需要使用直通 UTP 电缆;如果一个交换机的普通接口与另一个交换机的普通接口级联,那么需要使用交叉 UTP 电缆;如果一个交换机的上行接口与另一个交换机的上行接口级联,那么也需要使用交叉 UTP 电缆。如果交换机支持 auto-MDI/MDIX 功能,那么主机与交换机、交换机与交换机之间的连接线既可以使用直通 UTP 电缆,也可以使用交叉 UTP 电缆。

在组网时需要坚持一个原则,如果能使用直通 UTP 电缆,尽量使用直通 UTP 电缆。因此,如果交换机提供上行接口,尽量使用交换机的上行接口与另一个交换机的普通接口级联。即使交换机的端口具有 auto-MDI/MDIX 功能,在组网时也要尽量使用直通 UTP 电缆。

大部分交换机的接口速率可以不同,因此,两个交换机的速率不同,通常也可以级联。

下面,就多交换机的级联结构、多交换机以太网中的生成树协议、多交换机以太网中的数据转发等问题进行说明。

2.6.1 多交换机级联结构

在实际组网中,多交换机级联一般采用平行式级联或树状级联。

平行式级联是用第 1 台交换机的接口与第 2 台交换机的接口相连，第 2 台交换机的接口与第 3 台交换机的接口相连……级联后的交换机形成一条平行线，如图 2-25 所示。如果每个交换机都有一个上行接口，那么可以用上行接口连接下一个交换机普通接口。这样，无论主机与交换机之间的连接还是交换机与交换机之间的连接，整个网络中都可以使用统一的直通 UTP 电缆。

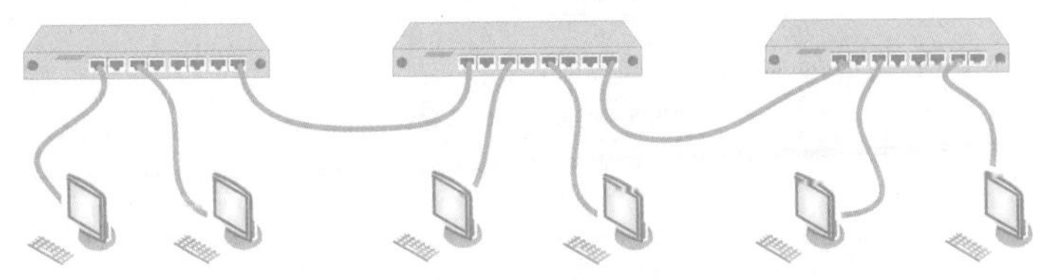

图 2-25 采用平行式结构的多交换机级联

树状级联是一种层次型的级联，第 2 层各个交换机分别通过接口与第 1 层的交换机连接，第 3 层各个交换机分别通过接口与第 2 层的交换机连接……级联后的交换机形成一个树状结构，如图 2-26 所示。在树状级联方式中，如果下层的交换机都使用上行接口与上层的交换机级联，那么整个网络中使用的 UTP 电缆也都是统一的直通 UTP 电缆。

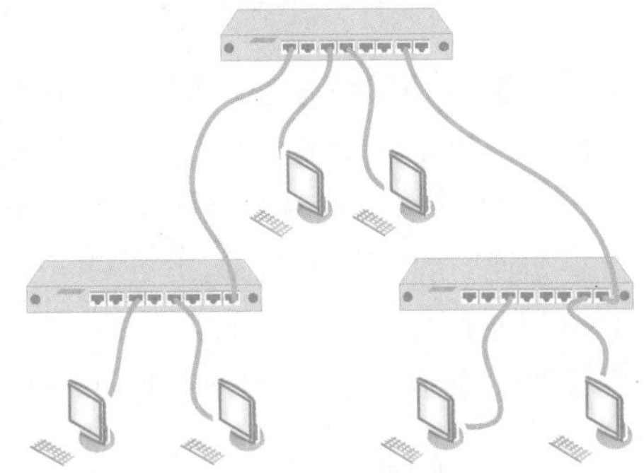

图 2-26 采用树状结构的多交换机级联

2.6.2 生成树协议

在多交换机以太网中，交换机之间通常按照平行式结构或树状结构进行级联。那么，交换机之间是否可以不按平行式结构或树状结构进行级联呢？答案是肯定的。但是，如果级联的过程中出现了环路，那么交换机就需要进行特殊的处理，以防交换的信息在网中无限循环。

在图 2-27 中，交换机 1、2 和 3 相互级联，形成了一个环状结构。按照交换的原理，交换机从一个接口收到数据之后，可以对该数据进行处理，然后根据处理的结果决定是否转发，以及转发到哪里。如果交换机 2 从不向其第 2 接口转发数据，交换机 3 从不向其第 4 接口转发数据，那么交换机 2 的第 2 接口与交换机 3 的第 4 接口的连接线就形同虚设。虽然交换机 2 的第 2 接口与交换机 3 的第 4 接口物理连接，但逻辑上是断开的。

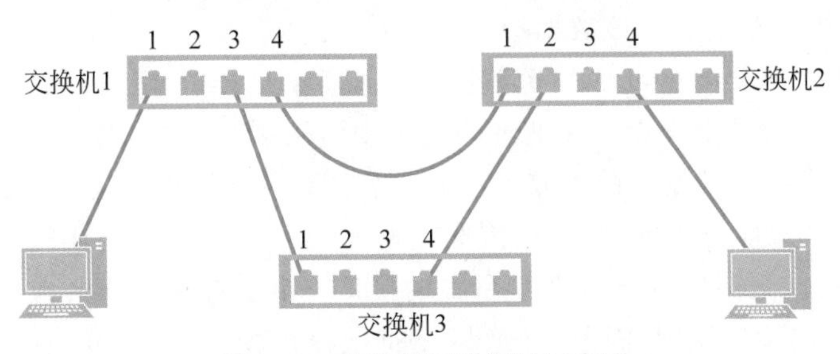

图 2-27 交换机环型级联示意图

为了发现和断开交换以太网中存在的环路，级联式以太网中的所有交换机都需要运行一种称为生成树协议(Spanning tree Protocol，SPF)的软件。利用生成树协议，级联交换机之间相互交换信息，并利用这些信息将网络中的环路断开，从而在逻辑上形成一种树状结构。交换机按照这种逻辑结构转发信息,保证网络上发送的信息不会绕环传播。图 2-27 中的以太网在使用生成树协议后,形成的无环路的树状逻辑结构如图 2-28 所示。

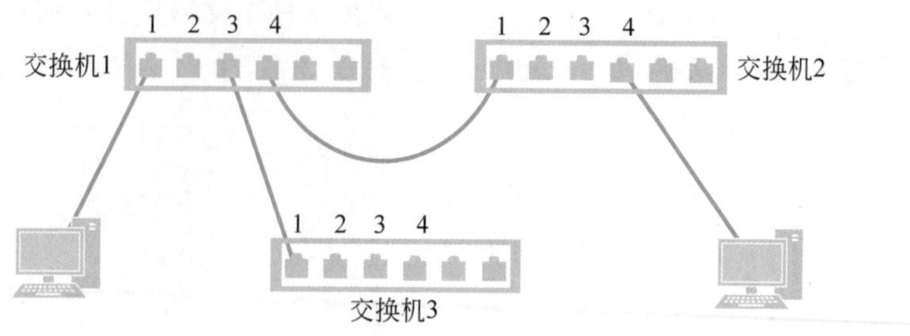

图 2-28 数据转发使用的无环路的树状逻辑结构

2.6.3 多交换机以太网中的数据转发

利用接口/MAC 地址映射表,交换机基于数据帧中的目的 MAC 地址做出是否转发或转发到何处的决定。下面,通过举例的方式介绍在多交换机以太网中,数据帧是如何转发的。

图 2-29 显示了由两个交换机级联组建的以太网。其中,交换机 1 的接口 1 与交换机 2 的接口 1 相连,主机 A、主机 B、主机 C 分别连接在交换机 1 的第 2、3、4 接口,主机 D、主机 E、主机 F 分别连接在交换机 2 的第 2、3、4 接口。经过一段时间的运行,交换机 1 和交换机 2 分别形成了图中所示的接口/MAC 地址映射表。

交换机1的地址映射表

端口	MAC地址
1	52-54-4C-19-3D-03(主机D)
1	00-50-BA-27-5D-A1(主机F)
3	00-30-80-7C-F1-21(主机B)
2	00-00-B4-BF-1B-77(主机A)

交换机2的地址映射表

端口	MAC地址
1	00-30-80-7C-F1-21(主机B)
2	52-54-4C-19-3D-03(主机D)
4	00-50-BA-27-5D-A1(主机F)
1	00-E0-4C-49-21-25(主机C)

交换机1 交换机2 主机A 主机B 主机C 主机D 主机E 主机F

图 2-29 交换机的通信过滤

(1) 假设主机 A 需要向主机 B 发送数据。因为主机 A 连接交换机 1 的接口 2,所以交换机 1 从接口 2 读入数据帧。交换机 1 通过搜索自己的地址映射表,发现主机 B 连接自己的接口 3。于是,交换机 1 将数据帧转发到接口 3,不再向接口 1、接口 2 和接口 4 转发。主机 C、主机 D、主机 E 和主机 F 不会收到该数据帧。

(2) 假设主机 A 需要向主机 C 发送数据。交换机 1 从接口 2 读入 A 发送的数据帧,而后搜索自己的地址映射表。由于没有在地址映射表中发现主机 C 连接的接口,因此交换机 1 向除接口 2 之外的所有接口转发该数据帧。这时,主机 B、主机 C 和交换机 2 都会收到该帧。由于该帧的目的 MAC 地址与主机 B 不符,因此主机 B 会抛弃该帧。交换机 2 从接口 1 收到该帧后,在自己的地址映射表中查找主机 C 所在的接口。由于查找的结果为主机 C 连接自己的接口 1,与接收该帧的接口相同,因此,交换机 2 将抛弃该帧,不再向其他接口转发。主机 D、主机 E 和主机 F 不会收到该数据帧。

(3) 假设主机 A 需要向主机 D 发送数据。交换机 1 从接口 2 接收该数据,通过搜索自己的地址映射表发现主机 D 位于接口 1,于是向接口 1 转发数据。交换机 2 从自己的接口 1 收到数据后,通过搜索自己的地址映射表发现主机 D 位于接口 2,于是向接口 2 转发数据。在这种情况下，主机B、主机C、主机E、主机F都不会收到该数据。

(4) 假设主机A需要向主机E发送数据。交换机1从接口2接收该数据，在搜索自己的地址映射表时未发现主机E连接的接口，于是向除接口2之外的所有接口转发数据。这时，主机B、主机C和交换机2的接口1都会收到该数据。交换机2收到该数据后，也在自己的地址映射表中未发现主机E连接的接口，于是也向除自己接口1之外的所有接口转发数据。这时，主机D、主机E、主机F都会收到该数据。由于该数据帧的目的MAC地址为主机E，因此主机B、主机C、主机D、主机F在收到该帧后会将其抛弃。

(5) 假设主机A需要发送一个目的MAC地址为ff-ff-ff-ff-ff-ff的广播帧。由于接收到广播帧后，交换机会向除接收接口之外的所有接口转发，因此，交换机1在从接口2收到广播帧后，会转发到接口1、3、4。这时，主机B、主机C和交换机2的接口1收到该帧。交换机2在从接口1收到该广播帧后，也会转发到接口2、3、4。这时，主机D、主机E、主机F收到该帧。至此，网络中的所有主机都收到了主机A发送的广播帧。

2.7 实验：以太网组网

组装简单的以太网

以太网组网实验是一个最基本的实验。通过动手组装以太网，可以熟悉以太网使用的基本设备和器件，学习UTP电缆的制作过程，了解网卡和驱动程序的安装步骤，掌握以太网的连通性测试方法。

以太网组网实验需要用到主机、交换机等设备和仪器。如果实验室无法为每个学生提供这些设备和仪器，那么可以采用仿真环境进行实验训练。所谓仿真环境，就是在计算机中运行仿真软件，进而仿真真实的网络环境。本书选用的仿真软件为Cisco公司的Packet Tracer。Packet Tracer使用简单、界面直观，不但能完成绝大部分组网和网络设备配置实验，而且能一步一步地观察网络设备对传输数据的处理过程。

本节介绍如何在真实环境和仿真环境下进行以太网组网实验。

2.7.1 设备、器件的准备和安装

以太网组网的第一步是准备所需的设备和器件，并将设备和器件安装到位。

1. 所需设备和器件

组装以太网之前，需要准备主机、网卡、交换机和其他网络器件。作为练习，可以使用10Mb/s或100Mb/s交换机，但是，准备的交换机应该是可网管的交换机。也就是说，该交换机可以提供一定的方式，使网络管理员能够查看它的状态、配置它的参数。具体所需的设备和配件如表2.1所示。

表2.1 组装交换式以太网所需的设备和器件

设备和器件名称	数　量
主机	两台以上
带有RJ-45端口的以太网卡	两块以上
可网管交换机	一台(如组装级联结构的以太网则需两台以上)
RJ-45水晶接头	4个以上
非屏蔽双绞线	若干米

2. 工具准备

在组装以太网时，除了需要准备构成以太网所需要的设备和器件外，还需要准备必要的工具。最基本的工具包括制作网线的网线钳一把，以及测量电缆连通性的测线仪（也称巡线仪）一台，如图 2-30 所示。

3. 制作直通 UTP 电缆

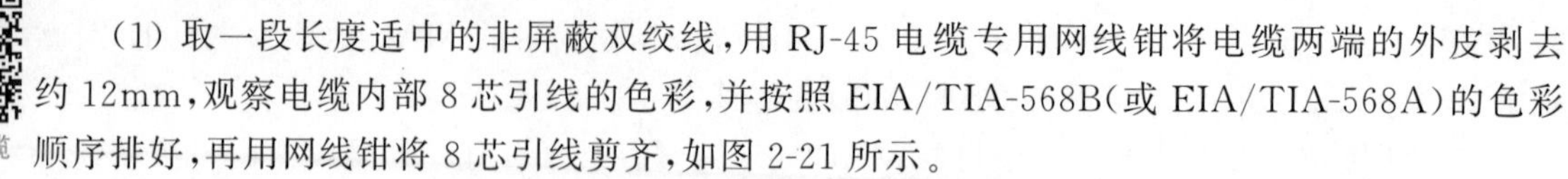

UTP 电缆的制作

(1) 取一段长度适中的非屏蔽双绞线，用 RJ-45 电缆专用网线钳将电缆两端的外皮剥去约 12mm，观察电缆内部 8 芯引线的色彩，并按照 EIA/TIA-568B（或 EIA/TIA-568A）的色彩顺序排好，再用网线钳将 8 芯引线剪齐，如图 2-21 所示。

(2) 取出 RJ-45 水晶头，将排好顺序的非屏蔽双绞线按照插入 RJ-45 接头内，用 RJ-45 专用网线钳将接头压紧，确保无松动现象。在电缆的另一端，按照同样的方法，将 RJ-45 水晶头与非屏蔽双绞线相连，形成一条直通 UTP 电缆。

(3) 利用测线仪测试制作完成的电缆，保证全部接通。

4. 安装以太网卡

网卡是主机与网络的接口，一般都支持即插即用的配置方式，不需要对网卡的参数进行手工配置。

多数主机在出厂时已经集成了以太网卡，实验时直接使用即可。如果需要为主机增加以太网卡，在打开主机的机箱前一定要切断主机的电源。将以太网卡插入主机扩展槽中后，拧上固定网卡用的螺丝，再重新装好机箱。

5. 将主机接入网络

利用制作的直通 UTP 电缆将主机与交换机连接起来，就形成了一个如图 2-31 所示的简单以太网。

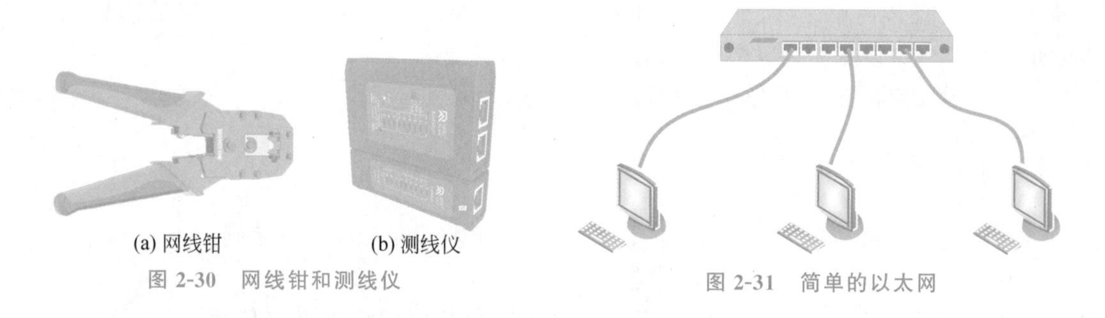

(a) 网线钳　　(b) 测线仪

图 2-30　网线钳和测线仪

图 2-31　简单的以太网

2.7.2　网络软件的安装和连通性测试

网络硬件安装完成后，需要安装网络软件并进行连通性测试。网络软件捆绑在网络操作系统之中，通常在安装操作系统时自动安装。如果安装操作系统时未安装，也可以在需要时安装。Windows、Unix 和 Linux 等操作系统都提供了强大的网络功能。下面以 Windows 10 为例，介绍网络软件的安装和连通性测试方法。

1. 安装网卡驱动程序

网卡驱动程序的主要功能是实现网络操作系统上层程序与网卡的接口。因此，网卡驱动程序随网卡和操作系统的不同而不同。不同种类的网卡在同一种操作系统下需要不同的驱动程序，同一种类的网卡在不同的操作系统上也需要不同的驱动程序。

由于操作系统集成了常用的网卡驱动程序，因此安装这些常见品牌的网卡驱动程序不需要额外的驱动软件。如果选用的网卡较为特殊，那么这块网卡就需要利用随同网卡一起发售的驱动程序进行驱动。

Windows 是一种支持“即插即用”的操作系统。在安装网卡之后启动主机，Windows 系统会自动搜索合适的驱动程序，然后进行安装和配置。如果 Windows 系统找不到合适的驱动程序，那么需要按照网卡的使用手册，手工安装驱动程序。

2. TCP/IP 模块的安装和配置

为了实现资源共享，操作系统需要安装一种称为“网络通信协议”的模块。网络通信协议有多种，TCP/IP 就是其中之一。下面简单介绍如何在 TCP/IP 模块中配置 IP 地址，以便进行连通性测试。TCP/IP 协议的详细内容将在后续章节中进行介绍。

Windows 10 配置 IP 地址的过程如下：

（1）启动 Windows 10，通过“开始→Windows 系统→控制面板→网络和共享中心→更改适配器设置”进入网络连接界面[①]。在装有多块网卡（如即装有有线网卡又装有无线网卡）的主机上，网络连接界面中会出现多个网络连接。双击需要配置的网络连接，在弹出的界面单击“属性”按钮，系统进入网络接口的属性界面，如图 2-32 所示。

（2）选中“此连接使用下列项目”列表中的“Internet 协议版本 4（TCP/IPv4）”，单击“属性”按钮进行 TCP/IP 配置。在“Internet 协议版本 4（TCP/IPv4）属性”对话框中，选中“使用下面的 IP 地址”。在 192.168.0.1～192.168.0.254 中任选一个 IP 地址填入“IP 地址”文本框（注意网络中每台主机的 IP 地址必须不同），同时将“子网掩码”文本框填入 255.255.255.0，如图 2-33 所示。单击“确定”按钮，返回网络连接属性对话框。

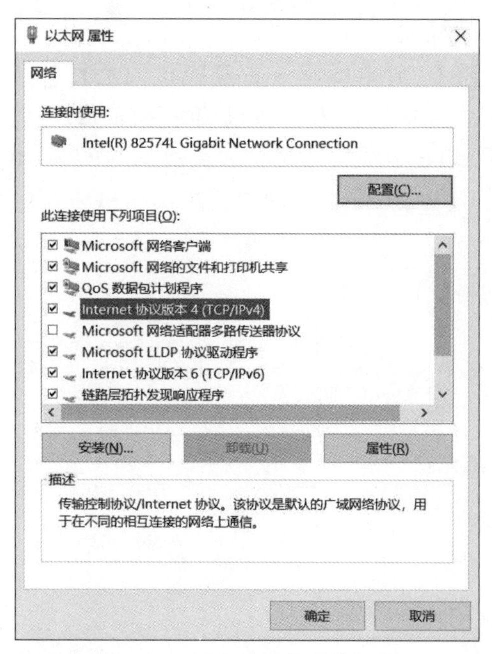

图 2-32　网络接口的属性界面

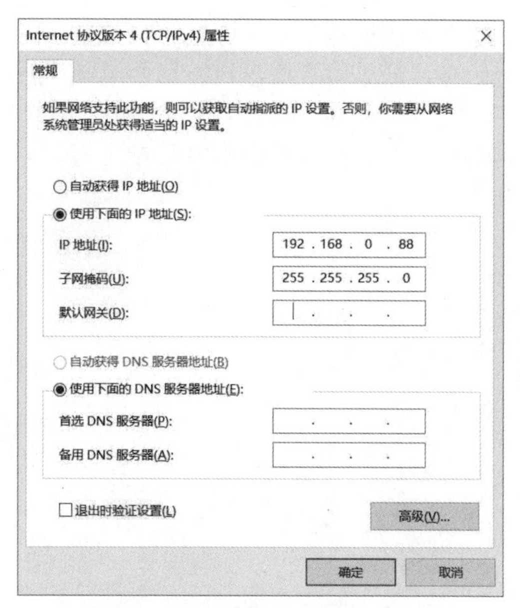

图 2-33　配置 IP 地址和子网掩码

（3）通过单击网络连接属性对话框中的“确定”按钮，完成 IP 地址的配置。

---

① 受 Windows 个性化的影响，进入网络连接界面的步骤可能稍有不同。

3. 用 Ping 命令测试网络的连通性

Ping 命令是测试网络连通性最常用的命令之一。它发送数据到对方主机,并要求对方主机将数据返回。通过判断发送数据与对方回送数据是否一致,测试网络的连通性。Ping 命令的测试成功不仅表示网络的硬件连接是有效的,而且也表示操作系统中网络通信模块的运行是正确的。

Ping 命令需要在 Windows 10 的“命令提示符”程序下运行。通过“开始→Windows 系统→命令提示符”可以找到并运行命令提示符程序。

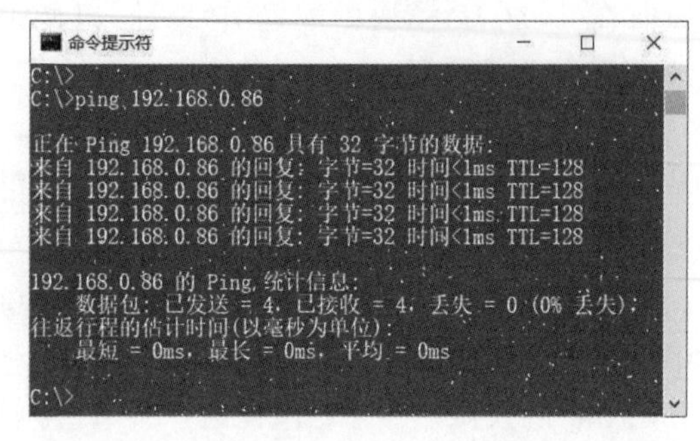

图 2-34　利用 Ping 命令测试网络的连通性

Ping 命令非常容易使用,只要在输入 ping 之后加上对方主机的 IP 地址即可,如图 2-34 所示。如果测试成功,命令将给出测试分组发出到收回所用的时间;如果网络不通,那么 Ping 命令将给出超时提示。这时,需要重新检查网络的硬件和软件,直到 Ping 通过为止。

网络的硬件和软件安装配置完成后,网络便利性就可以体现出来。可以将 Windows 10 中的一个文件夹进行共享,也可以通过网络使用其他主机上的打印机。网络把主机连接起来的同时,也把使用主机的用户连接了起来。

2.7.3　交换机级联实验

如果有两台交换机,可以在实验中尝试交换机的级联。

如果交换机具有上行接口,那么可以通过直通 UTP 电缆将一台交换机的上行接口连入另一台交换机的普通接口。这条直通 UTP 电缆与主机接入交换机使用的 UTP 电缆相同,如图 2-35 所示。由于交换机级联使用的直通 UTP 电缆与主机接入交换机的 UTP 电缆相同,因此,在安装过程中不容易产生混乱,管理较为方便。如果可能,建议尽量采用这种级联方式。

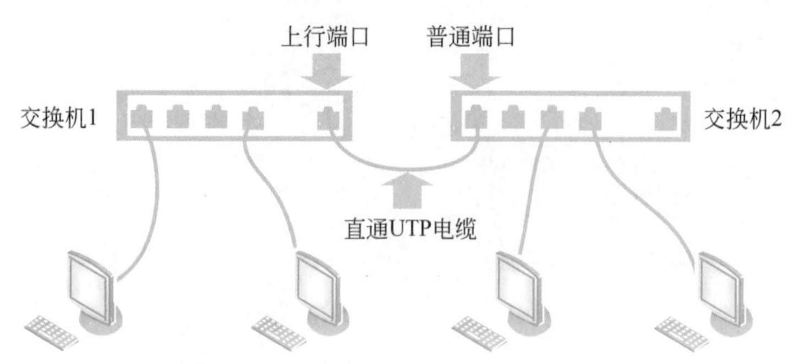

图 2-35　使用直通 UTP 电缆级联交换机

如果交换机没有上行接口,那么可以使用两台交换机的普通接口进行级联。使用普通端口进行级联,一般采用交叉 UTP 电缆(如交换机具有 auto-MDI/MDIX 功能,可使用直通 UTP 电缆),如图 2-36 所示。由于交叉 UTP 电缆与主机接入交换机使用的直通 UTP 电缆不同,因此一定要将级联使用的交叉 UTP 电缆做好标记,以免与主机接入交换机使用的直通 UTP 电缆混淆。

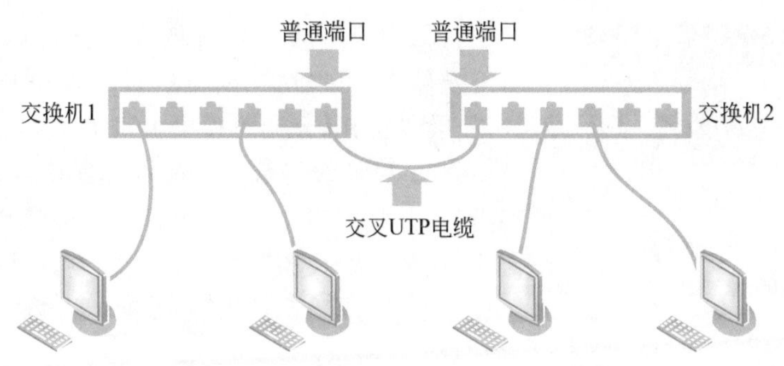

图 2-36 使用交叉 UTP 电缆级联交换机

2.7.4 查看交换机的接口/MAC 地址映射表

可网管交换机都可以通过一定的方式查看它的状态,配置它的参数。其中,使用终端控制台查看交换机的状态,配置交换机的参数是最基本、最常用的一种。按照交换机品牌的不同,配置方法和配置命令也有很大差异。Cisco 2924 是思科公司的一款以太网交换机,它带有 24 个接口,并具有接口速率自适应能力。下面以 Cisco 2924 组成的交换式以太网为例,介绍其简单的配置方法。

1. 终端控制台的连接和配置

通过终端控制台查看和修改交换机的配置需要一台具有串行口的主机,并在该主机上运行串行终端仿真软件。在 Windows 10 系统下,终端仿真软件有很多。例如,Hyper Terminal、PuTTY、SecureCRT 等都可以进行串行终端仿真。早期版本的 Windows 系统(如 Windows XP)都集成了一个称为"超级终端"的终端仿真软件。虽然 Windows 10 没有集成该软件,但是可从网上下载并使用。"超级终端"软件非常小,无须安装,下载后直接使用即可。

连接主机与交换机需要一条串行配置电缆,通常该电缆与交换机一起发售。配置电缆的一端连接交换机的控制接口,另一端连接主机的串行口,如图 2-37 所示。交换机上的控制接口通常是一个 RJ-45 接口,不过需要注意,该接口用于连接主机的串行口,不可用于连接以太网。主机的串行口有多种形式,老主机通常采用 DB25 接口或 DB9 接口,新主机通常采用 USB 接口。如果随交换机发售的配置电缆的接口与主机的接口不一致,就需要使用一个接口转换头(如 DB9-USB 转换头等),如图 2-38 所示。

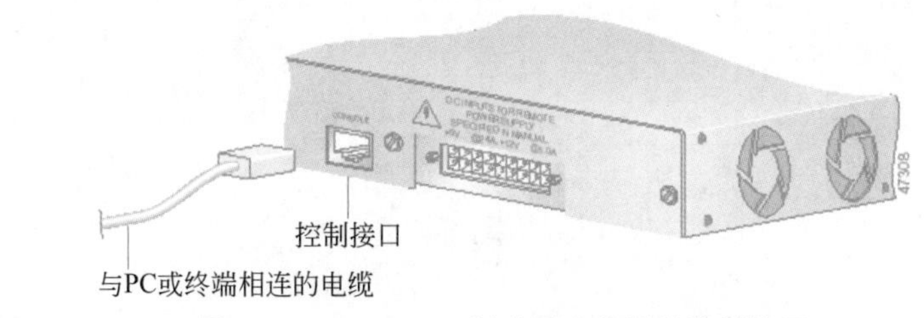

图 2-37 Cisco 2924 以太网交换机的控制接口

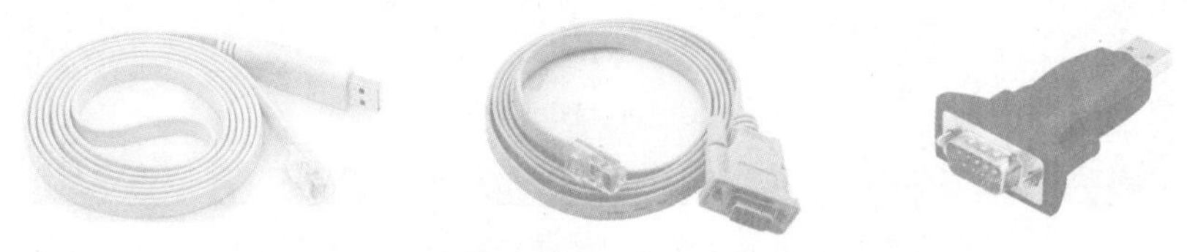

图 2-38 具有不同接口的配置串行电缆和接口转换头

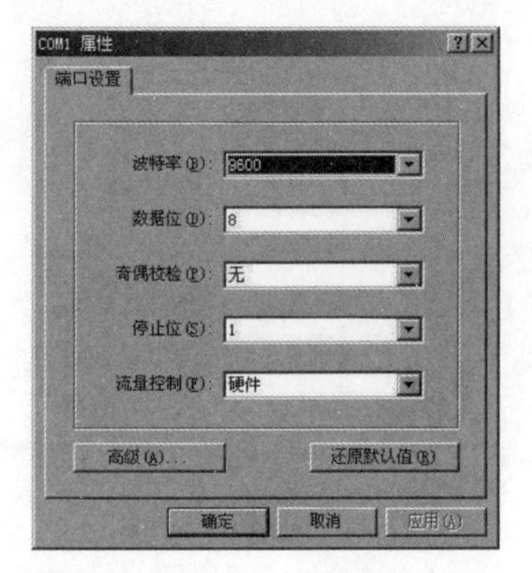

图 2-39　设置超级终端的串行口

主机与交换机通过配置电缆连接之后，运行主机中的仿真终端软件，可以对交换机进行配置和调试。本节以“超级终端”软件为例，介绍思科交换机的基本配置过程。

(1) 启动“超级终端”软件，选择连接以太网交换机使用的串行口，并将该串行口设置为9600波特率、8个数据位、1个停止位、无奇偶校验和硬件流量控制，如图2-39所示。

(2) 按“回车”键，系统将收到以太网交换机的回送信息，如图2-40所示。

2. 查看以太网交换机的接口/MAC地址映射表

在超级终端与以太网交换机连通后，可以查看交换机的配置，并且对交换机的配置进行修改。本实验使用show mac-address-table命令查看交换机的接口/MAC地址映射表。

```
cisco2924>
cisco2924>
cisco2924>
```

图 2-40　超级终端收到交换机的回送信息

输入show mac-address-table命令，交换机将回送当前存储的接口/MAC地址映射表，如图2-41所示。观察图2-41所示的接口/MAC地址映射表，查看主机连接的接口与该表给出的结果是否一致。如果某台主机没有在该表中列出，可以在该主机使用Ping命令Ping网上

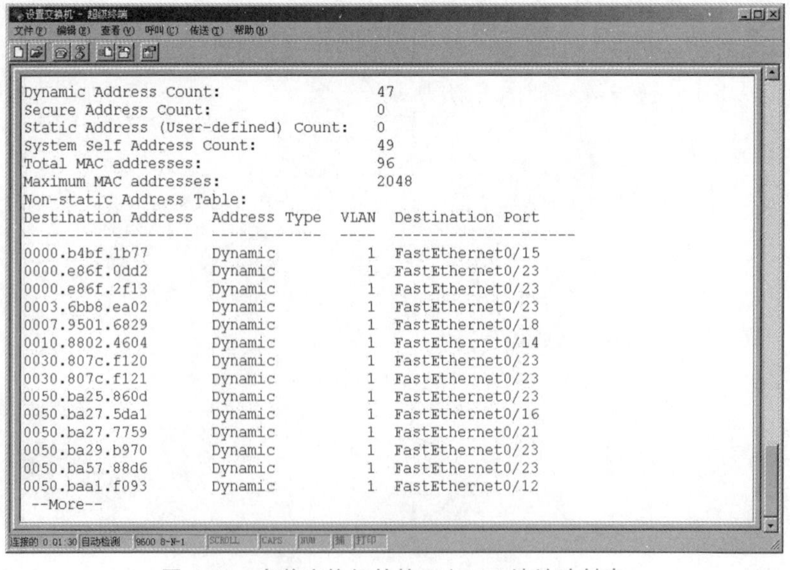

```
Dynamic Address Count:                 47
Secure Address Count:                  0
Static Address (User-defined) Count:   0
System Self Address Count:             49
Total MAC addresses:                   96
Maximum MAC addresses:                 2048
Non-static Address Table:
Destination Address  Address Type  VLAN  Destination Port
-------------------  ------------  ----  --------------------
0000.b4bf.1b77       Dynamic          1  FastEthernet0/15
0000.e86f.0dd2       Dynamic          1  FastEthernet0/23
0000.e86f.2f13       Dynamic          1  FastEthernet0/23
0003.6bb8.ea02       Dynamic          1  FastEthernet0/23
0007.9501.6829       Dynamic          1  FastEthernet0/18
0010.8802.4604       Dynamic          1  FastEthernet0/14
0030.807c.f120       Dynamic          1  FastEthernet0/23
0030.807c.f121       Dynamic          1  FastEthernet0/23
0050.ba25.860d       Dynamic          1  FastEthernet0/23
0050.ba27.5da1       Dynamic          1  FastEthernet0/16
0050.ba27.7759       Dynamic          1  FastEthernet0/21
0050.ba29.b970       Dynamic          1  FastEthernet0/23
0050.ba57.88d6       Dynamic          1  FastEthernet0/23
0050.baa1.f093       Dynamic          1  FastEthernet0/12
 --More--
```

图 2-41　当前交换机的接口/MAC地址映射表

其他主机，然后再使用 show mac-address-table 命令显示交换机的接口/MAC 地址映射表。如果没有差错，表中应该出现这台主机使用的 MAC 地址。

2.7.5 Packet Tracer 与以太网组网

Packet Tracer 是一款由 Cisco 公司开发的网络仿真软件，对于学习网络技术的学生和读者可以免费下载和使用。本节介绍 Packet Tracer 的基本使用方法，并在其环境下进行组网实验。

1. Cisco Packet Tracer 工作界面

Cisco Packet Tracer 工作界面如图 2-42 所示。与常用的软件相似，Cisco Packet Tracer 工作界面中包含了菜单栏、工具栏、工作区和一些快捷键。

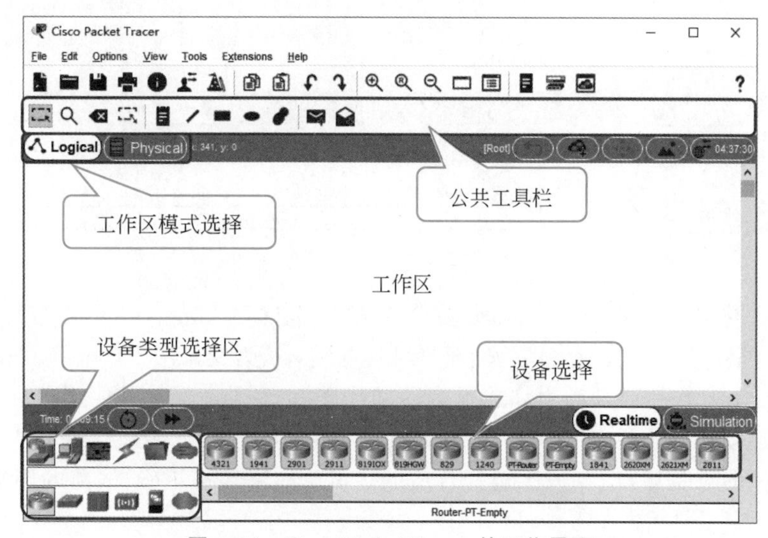

图 2-42 Cisco Packet Tracer 的工作界面

在工作区模式选择栏中，可以将工作区设置为 Logical（逻辑）或 Physical（物理）工作模式。在逻辑工作模式下，工作区中显示各个设备的逻辑连接状况和拓扑结构；在物理工作模式下，工作区中显示设备在各个设备间、建筑物和城市中的物理位置。本书中的实验全部在逻辑工作区中完成。

在设备类型选择区和设备选择区中，可以选择设备类型（如网络设备、主机设备等）、设备的子类型（如在网络设备中可以选择交换机、路由器等）和具体的设备（如哪个型号的交换机等）。

公共工具栏中包括了一些仿真中常用的工具。例如，如果需要删除工作区中的设备或设备间的连线，那么可以在工作区中选择需要删除的设备或连线，然后再单击公共工具栏中的 按钮（删除按钮）即可。

2. 以太网组网

启动 Packet Tracer 仿真软件，保证工作区处于逻辑工作模式。在设备类型中选择 Network Devices（网络设备），子类型选择 Switches（交换机）。这时，设备列表中将显示不同型号的交换机。用鼠标选择一个常用型号的交换机（如 2960），拖入工作区。按照同样方式，在设备选择区选择 End Devices（终端设备），在工作区中放置两台 PC。添加完交换机和主机后,Packet Tracer 的工作界面如图 2-43 所示。

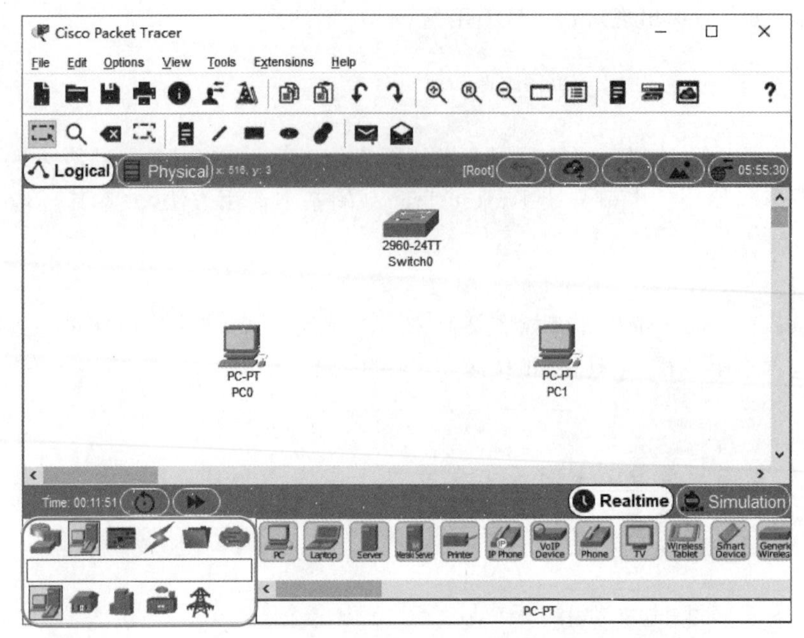

图 2-43　加入主机

为了将主机与交换机进行连接,需要在设备选择区选择 Connections(连接)。在设备列表中给出的连接中,为自动连接,为直通 UTP 电缆,为交叉 UTP 电缆。在使用自动连接时,Packet Tracer 软件会自动为你选择合适的线路和接口。这时只要用鼠标选中,然后分别单击需要连接的两个设备即可。如果使用直通 UTP 电缆或交叉 UTP 电缆,那么在单击需要连接的设备后,需要人工选择合适的接口。如果连接正确,线路的两端会出现绿色的小三角,如图 2-44 所示。

3. 设备的配置和连通性测试

完成网络连接后,需要进行连通性测试。和在真实环境下类似,为了使用 Ping 命令测试网络,需要进行 IP 地址配置等工作。

在 Packet Tracer 环境下,如果需要对某一个设备进行配置,只需要单击该设备即可。例如,单击图 2-44 中的主机 PC0,系统则弹出主机 PC0 的配置和属性界面。选择该界面中的 Desktop 标签,IP 配置等功能即可显示出来,如图 2-45 所示。

单击 IP Configuration,系统进入 IP 配置界面,如图 2-46 所示。与真实环境一样,在 192.168.0.1～192.168.0.254 内任选一个 IP 地址填入图 2-46 中的 IP Address 文本框(注意每台主机必须选用不同的 IP 地址),同时将 Subnet Mask 文本框填入 255.255.255.0。在配置完成后,单击关闭按钮 X,系统返回到图 2-45 所示的界面。

在配置主机 PC0 和 PC1 的 IP 地址后,可以在一台主机上使用 Ping 命令去 Ping 另一条主机。如果信息能够正确返回,那么说明网络的连通性没有问题。在图 2-45 所示的界面中,单击 Command Prompt 图标,系统将弹出"命令提示符"界面,如图 2-47 所示。在该界面中,可以运行 Ping 等各种命令。

用一个主机去 Ping 另一台主机,测试你构建的以太网的连通性。

4. 查看交换机的接口/MAC 地址映射表

在 Packet Tracer 环境下,也可以使用终端控制台查看交换机的状态,配置交换机的参数。

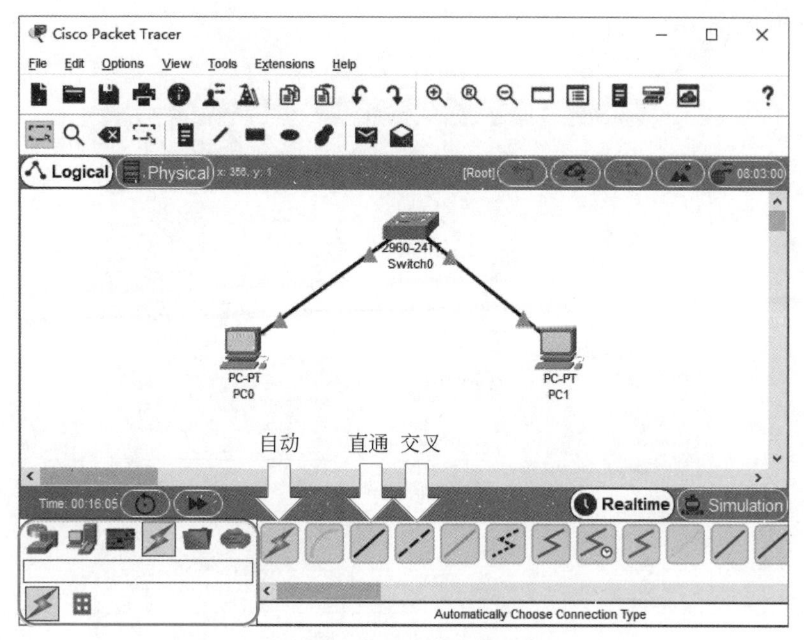

图 2-44 使用线缆连接设备

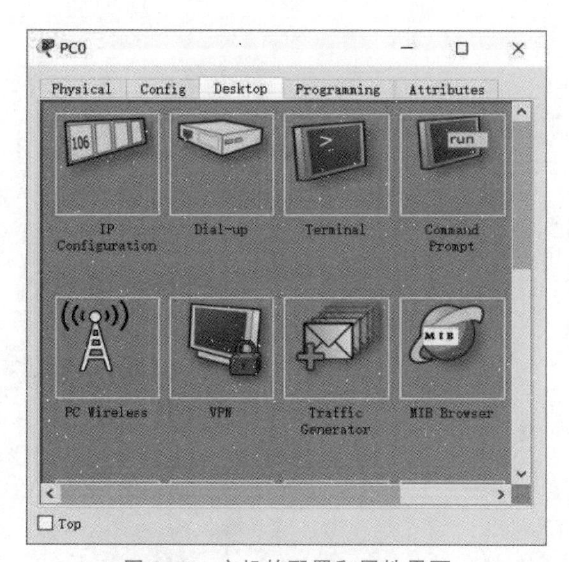

图 2-45 主机的配置和属性界面

Packet Tracer 模拟了真实环境下利用终端控制台对交换机进行配置的方法。在使用这种方法时，需要在图 2-44 的工作区中增加一台主机，并使用串口线将该主机的 RS-232 串行口与交换机的 Console(控制)端口进行连接，如图 2-48 所示。

单击用于控制终端的主机 PC2，在弹出的配置界面中依次选择 Desktop→Terminal 启动终端控制程序。与真实环境相同，仿真环境中的控制终端串行口也需要设置为 9600 波特率、8 个数据位、1 个停止位，如图 2-49(a)所示。单击 OK 按钮，可以像在真实环境一样配置交换机，如图 2-49(b)所示。在这里，可以使用真实环境中介绍的 show mac-address-table 命令，显示交换机中的接口/MAC 地址映射表。

PC0

Physical Config Desktop Programming Attributes

IP Configuration

Interface FastEthernet0

IP Configuration

DHCP Static

IP Address 192.168.0.86

Subnet Mask 255.255.255.0

Default Gateway 0.0.0.0

DNS Server 0.0.0.0

IPv6 Configuration

DHCP Auto Config Static

IPv6 Address /

Link Local Address FE80::2E0:A3FF:FE53:40AB

IPv6 Gateway

IPv6 DNS Server

802.1X

Use 802.1X Security

Top

图 2-46 主机的 IP 地址配置界面

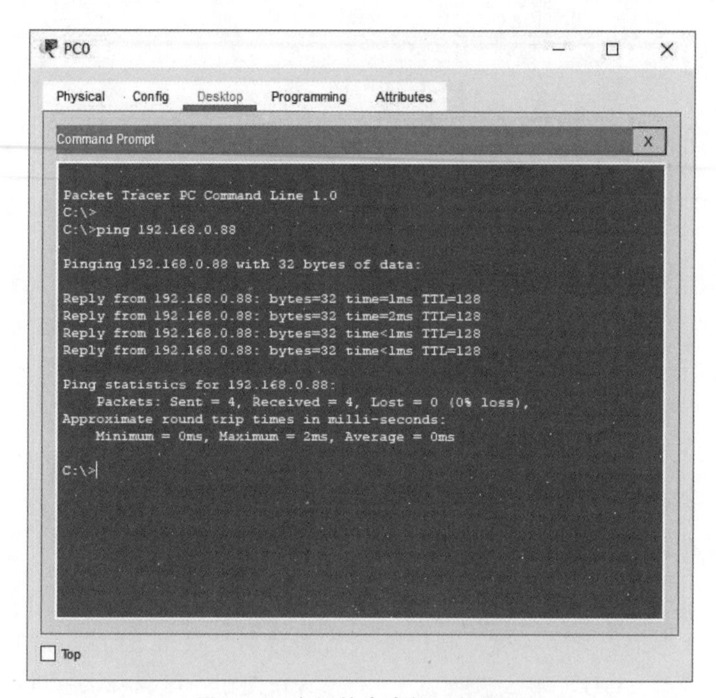

图 2-47 主机的命令提示符界面

练习与思考

一、填空题

(1) CSMA/CD 的发送流程可以概括为________，边听边发，冲突停止，延迟重发。

(2) 在将主机与 100Mb/s 交换机连接时，UTP 电缆的长度不能大于________。

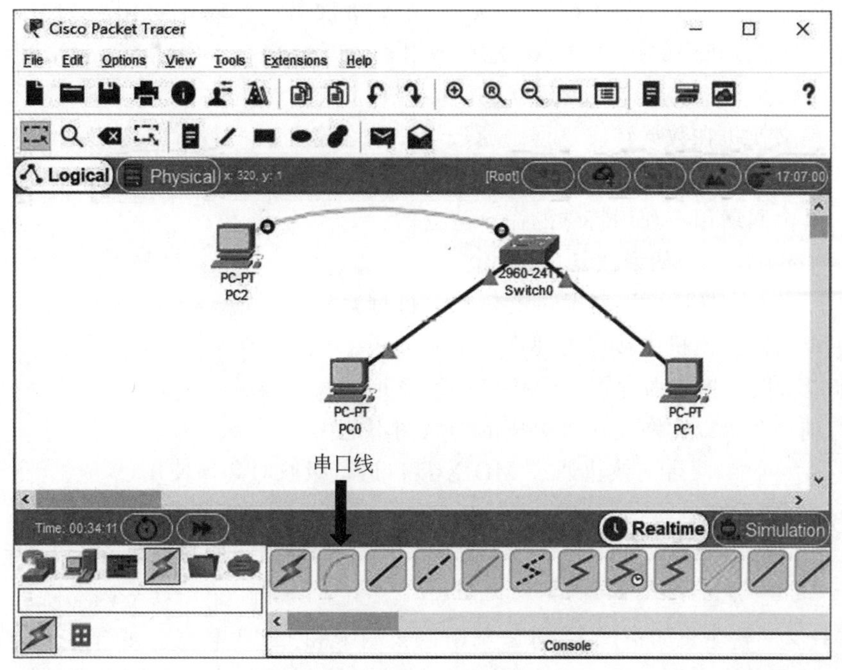

图 2-48 利用控制台对交换机进行配置

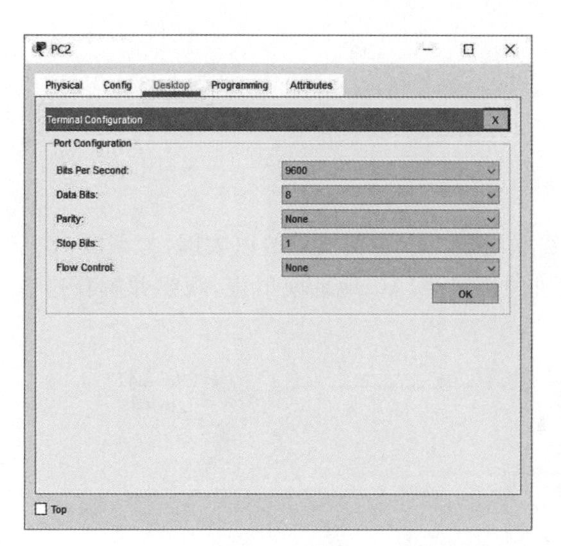

(a) 串口配置界面

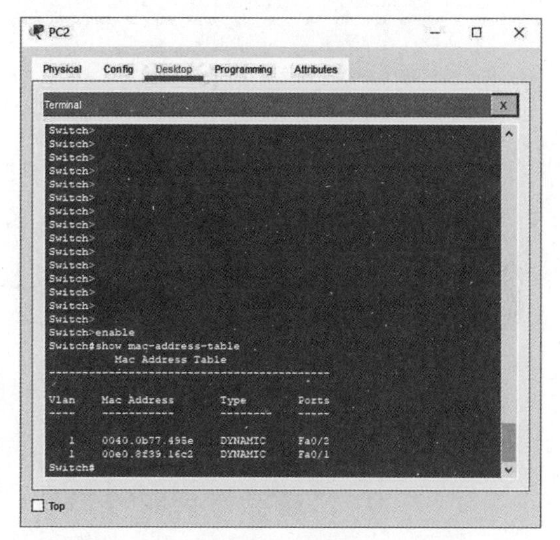

(b) 控制终端界面

图 2-49 启动 PC0 上的控制终端

(3) UTP 电缆由________对导线组成，100Mb/s 以太网用________对进行数据传输。

(4) 以太网交换机的数据转发方式主要可以分为________、________和________ 3 类。

(5) 在以太网交换机的接口/MAC 地址映射表中，每个表项都包含一个计时器。该计时器的作用是________。

(6) 在 Cisco 交换机中，显示接口/MAC 地址映射表可以使用的命令为________。

二、单项选择题

(1) MAC 地址通常存储在主机的(　　)。

a）内存中　　b）网卡上　　c）硬盘上　　d）高速缓冲区

(2) 以太网交换机中的接口/MAC地址映射表(　　)。

a）是由交换机的生产厂商建立的

b）是交换机在数据转发过程中通过学习动态建立的

c）是由网络管理员建立的

d）是由网络用户利用特殊的命令建立的

(3) 下列选项(　　)的说法是错误的。

a）以太网交换机可以对通过的信息进行过滤

b）以太网交换机中接口的速率可能不同

c）以太网交换机保存了一个接口/MAC地址映射表

d）利用多个以太网交换机组成的局域网不能出现环

(4) 在以太网中，两台交换机通过MDIX接口进行级联时必须使用(　　)。

a）直通UTP电缆　　b）交叉UTP电缆

c）相同速率的交换机　　d）相同品牌的交换机

三、动手与思考题

(1) 在只有两台主机的情况下，可以利用以太网卡和UTP电缆直接将它们连接起来，构成如图2-50所示的小网络。想一想，组装这样的小网络需要什么样的网卡和UTP电缆。动手试一试，验证你的想法是否正确。

图2-50　两台主机组成的小网络

(2) 在Packet Tracer环境下，通过交换机级联组建一个多交换机的以太网，如图2-51所示。通过添加终端控制台的方式查看每个交换机的接口/MAC地址映射表，观察并解释这些表项。

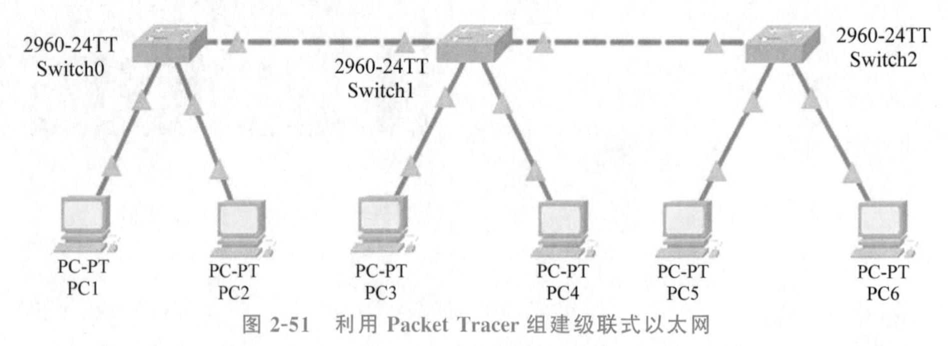

图2-51　利用Packet Tracer组建级联式以太网

(3) 冲突窗口是CSMA/CD中的一个重要概念。如果希望一个共享式网络的冲突域为1km，电磁波在传输介质中的传输速度为2×10^8m/s。请问：①该共享式网络的冲突窗口为多少秒？②如果网络速度为100Mb/s，那么最小帧长度应为多少位？

第 3 章　虚拟局域网

虚拟局域网(Virtual LAN,VLAN)技术是在交换式以太网基础上发展起来的一种技术。利用这种技术,可以进一步提高交换式以太网的传输效率,增强网络的安全性,降低网络的管理成本。本章将对虚拟局域网的工作原理和组网方法进行介绍和讨论。

3.1　VLAN 的提出

交换式以太网是以交换机为中心的以太网。尽管交换式以太网的工作效率比共享式以太网提高很多,但是在应用中也暴露出一些问题。

3.1.1　交换式以太网的主要问题

交换式以太网的主要问题表现为广播风暴、网络安全性和网络的可管理性。

1. 广播风暴

在交换式以太网中,交换机具有一定的处理能力,能够将一个接口收到的数据,转发至另一个接口。交换机可连接共享式以太网,以分割冲突域,减小冲突的范围和冲突概率。但是,利用交换机组网并不能减小广播帧的传播范围。即使全网采用主机直连交换机的全双工方式,不存在冲突的情况下,也不能减小广播帧的传播范围。

对于目的 MAC 地址指向一台特定主机的数据帧,交换机按照接口/MAC 地址映射表进行转发。但是,对于目的 MAC 地址为 ff-ff-ff-ff-ff-ff 广播地址的数据帧,交换机将向除接收接口之外的所有接口转发数据帧,以保证网中的所有主机都能接收到该数据帧。

广播帧能够传播的范围称为广播域。在交换式以太网中,一台主机发送的广播帧总会转发到网络中的所有结点,因此,整个以太网就是一个广播域。无论这个以太网中连接了多少主机,级联了多少交换机,分割成了多少个冲突域,它们都在一个广播域中。

图 3-1 是由 4 台交换机级联而成的以太网。按照交换机转发数据帧的规则,如果其中一台主机(如主机 A)发送广播帧,网中的所有主机都会收到,因此图中所有主机都在一个广播域中。

尽管在设计网络应用时都会对广播帧的使用进行认真的考虑,但是网络中广播帧的出现频率仍然很高,很多功能(如以后将要讨论的 ARP 功能等)需要通过发送广播帧实现。即使有些主机与这些广播帧无关,它们也需要接收并进行处理。在大规模以太网中,频繁出现的广播帧占用了网络带宽和主机的处理资源,降低了网络效率。在有些情况下,同时出现的大量广播帧会造成网络阻塞,瘫痪整个网络,这就是广播风暴。

2. 网络安全性

以太网中的主机处于一个广播域中,因此,一台主机发送的广播帧会转发到所有主机。即使主机发送的不是广播帧,交换机依据接口/MAC 地址映射表进行转发时,也有可能将数据转发给无关的主机。

在图 3-2 中,当主机 A 向主机 E 发送数据时,由于交换机 1 和交换机 2 的接口/MAC 地

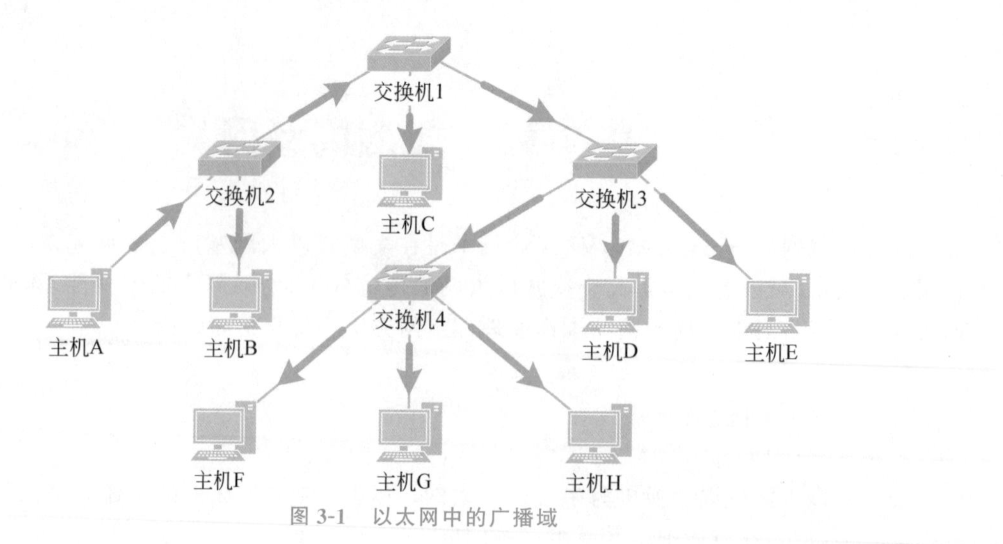

图 3-1　以太网中的广播域

址映射表中都没有关于主机 E 在哪个接口的信息，因此，交换机 1 和交换机 2 都会向接收接口之外的所有接口转发数据。主机 B、主机 C、主机 D、主机 F 都会收到该信息。

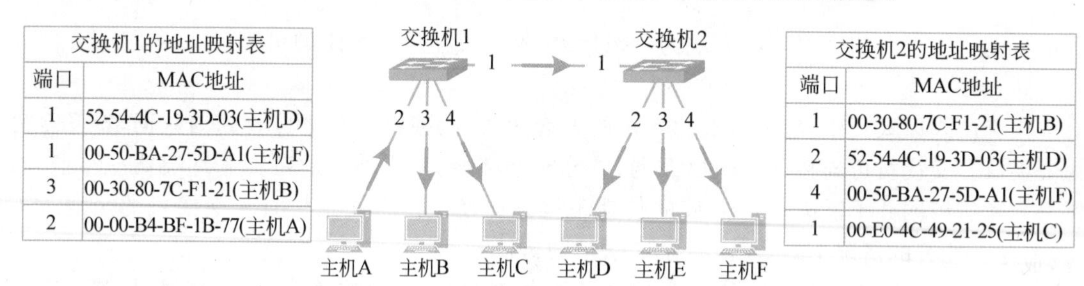

交换机1的地址映射表	
端口	MAC地址
1	52-54-4C-19-3D-03(主机D)
1	00-50-BA-27-5D-A1(主机F)
3	00-30-80-7C-F1-21(主机B)
2	00-00-B4-BF-1B-77(主机A)

交换机2的地址映射表	
端口	MAC地址
1	00-30-80-7C-F1-21(主机B)
2	52-54-4C-19-3D-03(主机D)
4	00-50-BA-27-5D-A1(主机F)
1	00-E0-4C-49-21-25(主机C)

图 3-2　无关主机接收到主机 A 发送给主机 E 的信息

如果网络中存在恶意用户，那么就可以收集和分析这些零零散散的数据，以达到自己的目的。为此，需要对不同类型的用户进行隔离，以防止网络安全问题的发生。

3. 网络的可管理性

以太网的可管理性相对较差，运营和管理成本较高。例如，某单位办公楼的一层为财务部，二层为业务部。为了保证财务部的信息不外流，单位为财务部和业务部分别在一层和二层组建了以太网。这两个以太网不能相互连接，以防财务部的数据转发到业务部的主机中，如图 3-3(a)所示。如果随着业务的发展，单位在一楼为业务部分配了一个房间，那么为了将业务部的主机连入业务部网络，需要重新进行布线，即使这些计算机连入一层财务部的交换机更方便，如图 3-3(b)所示。同样，业务部的人员调入财务部，但办公位置希望不变，那么也需要重新布线，将该人员的主机连入一楼的交换机，如图 3-3(b)所示。

网络运营和管理成本的提高，增加了用户的负担。因此，需要使用新技术简化网络的管理，降低运营和管理成本。

3.1.2　认识虚拟局域网

为了解决交换式以太网的广播风暴问题、网络安全性问题和可管理性问题，人们开始使用虚拟局域网 VLAN 进行以太网组网。

现在，人们对虚拟主机的概念已经非常熟悉。一台实体主机可以运行多个虚拟主机，虚拟

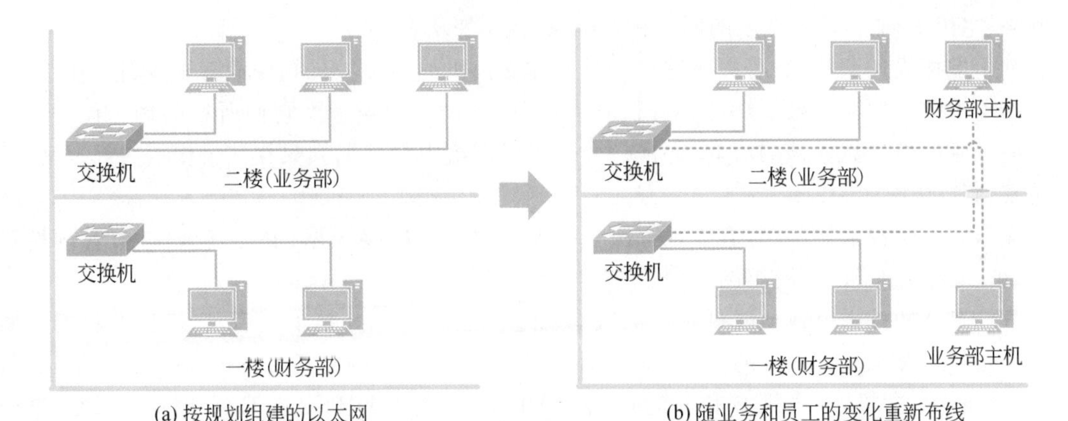

(a) 按规划组建的以太网　　(b) 随业务和员工的变化重新布线

图 3-3　以太网的管理

主机之间相互隔离。人们可以像操作实体机一样操作一台虚拟主机,好像这台实体机上的其他虚拟主机不存在一样。虚拟交换机的概念与虚拟主机的概念类似,它可以在一台实体交换机上运行多个虚拟交换机,多个虚拟交换机之间相互独立。利用一个虚拟交换机组成的网络称为一个虚拟局域网。一个虚拟局域网与另一个虚拟局域网互不影响,好像它们就是用多个实体交换机组成的网络一样。

图 3-4 是一个虚拟局域网示意图。图中,一台实体交换机中虚拟了 3 台虚拟交换机。在用户看来,虚拟交换机 1、虚拟交换机 2 和虚拟交换机 3 相互独立,就好像它们是 3 台独立的实体交换机一样。主机 A 和主机 B 通过实体交换机端口 1 和端口 2 连接到虚拟交换机 1,形成虚拟局域网 VLAN1;主机 C 和主机 D 通过实体交换机端口 3 和端口 4 连接到虚拟交换机 2,形成虚拟局域网 VLAN2;主机 E 和主机 F 通过实体交换机端口 5 和端口 6 连接到虚拟交换机 3,形成虚拟局域网 VLAN3。VLAN1、VLAN2 和 VLAN3 之间互不影响,为 3 个独立的以太网。

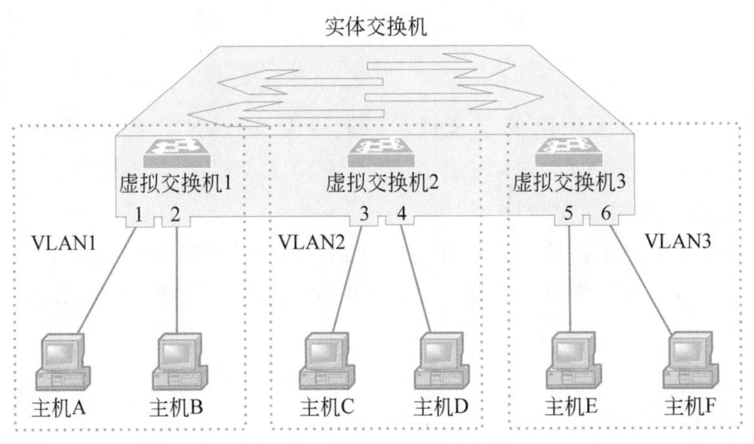

图 3-4　虚拟局域网示意图

交换机具有强大的处理能力,它可以对收到的数据帧进行处理,控制其流动的方向和路径。这种处理能力是实现虚拟局域网的基础。在图 3-4 中,如果实体交换机从端口 1 收到数据帧后不向除端口 2 之外的端口转发,从端口 2 收到数据帧后不向除端口 1 之外的端口转发,那么从用户看来,主机 A 和主机 B 就是一个独立的网络。这个网络与主机 C 和主机 D 形成的网络、主机E和主机F形成的网络相互隔离，互不影响。

利用虚拟局域网技术，可以将连入一台实体交换机的多个主机划分成若干逻辑工作组，逻辑工作组中的主机可以根据功能、部门、应用等因素划分，无须考虑它们所处的物理位置。实体交换机通过控制数据帧的流向，保证一个逻辑工作组中的数据帧只在该工作组内部流动，不会转发到其他逻辑工作组。

虚拟局域网技术的使用，有效地解决了以太网原有的广播风暴、网络安全性、可管理性等问题，被广泛应用于以太网组网之中。

（1）VLAN技术有效地降低了广播风暴风险：使用VLAN技术以后，交换机在收到广播帧后首先判断发送主机所属的VLAN，然后向属于该VLAN的主机转发广播帧。在图3-5显示的以太网中，主机A、主机B和主机C属于VLAN1，主机D和主机E属于VLAN2。当交换机收到主机A发送的广播帧后，只会向主机B和主机C转发。主机D和主机E不会收到该广播帧。由于一个VLAN中的广播帧，不会出现在其他VLAN中，因此一个VLAN就是一个广播域。在使用VLAN之后，原有的大广播域被分割成多个小广播域，有效地降低了广播风暴发生的风险。

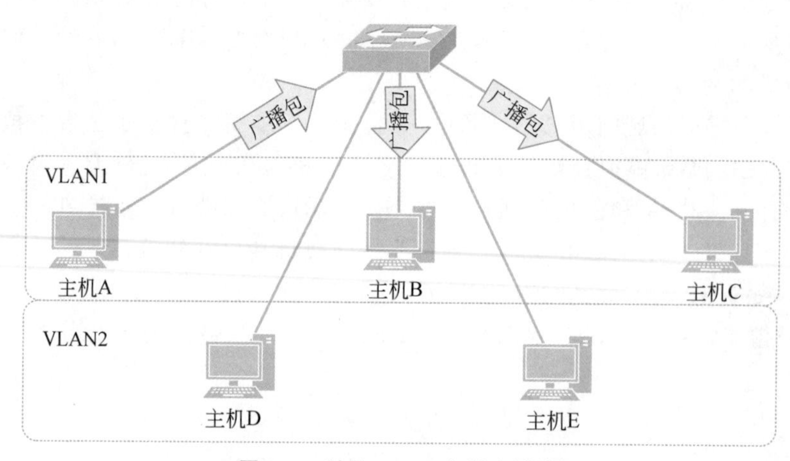

图3-5　利用VLAN分割广播域

（2）VLAN技术增强了网络的安全性：不但一个VLAN中的广播帧不会传播到其他VLAN，一个VLAN中的其他数据帧也不会传播到其他VLAN。不同VLAN之间的数据相互隔离的特性，增强了网络的安全性。

（3）VLAN技术增强了网络的可管理性：在组网完成后，网络管理员利用VLAN技术通过软件就可以对用户进行工作组的划分，无须考虑他们所在的物理位置，节省了重新布线等管理和运营开销。

3.2　VLAN的划分方法

VLAN的划分可以根据功能、部门或应用而无须考虑主机的物理位置。属于同一个VLAN中的主机可以相互发送信息，共享同一个广播域，不同VLAN中的主机不能相互通信。

VLAN的划分方法分为两种，一种是静态VLAN划分方法，另一种是动态VLAN划分方法。其中，动态VLAN划分方法又包括基于MAC地址、基于互联层协议、基于IP组播、基于策略等多种方法。不同的划分方法有不同的特点，其区别主要表现在对 VLAN 成员的定义上。在组建以太网时，网络管理员需要按照网络应用环境的不同选择合适的划分方法。本节对基于接口的静态 VLAN 划分方法、基于 MAC 的动态 VLAN 划分方法和基于互联层协议的动态 VLAN 划分方法进行介绍。

3.2.1 基于接口的静态 VLAN 划分方法

在实际工作中，基于接口的静态 VLAN 是最实用也是最常用的一种 VLAN。静态 VLAN 通过网络管理员静态地将交换机上的接口划分给某个 VLAN，从而把主机划分为不同的部分，实现不同逻辑组之间的相互隔离。划分后的接口与 VLAN 之间一直保持这种配置关系，直到人为改变它们。

在图 3-6 所示基于接口的静态 VLAN 划分方法中，以太网交换机接口 1、2、4、6 被划分到 VLAN1，接口 3、5 被划分到 VLAN2。按照网络管理员的配置指令，交换机形成 VLAN 与其接口的对照表。从一个接口收到数据帧后，交换机首先通过接口/MAC 地址映射表查找需要转发的接口，然后再通过 VLAN 成员对照表判定需要转发的接口是否与接收接口同属一个 VLAN。如果同属一个 VLAN 则转发，否则就抛弃。这样，保证一个 VLAN 中的数据不会转发到另一个 VLAN。例如，在图 3-6 给出的示意图中，由于接口 1 属于 VLAN1，因此交换机从该接口收到的数据帧，只可能转发给 VLAN1 拥有的接口 2、4、6，其他接口(接口 3、5) 不会收到该帧的任何信息。

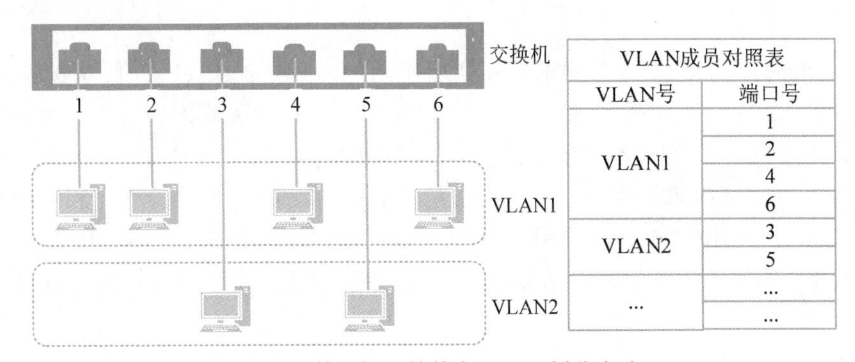

图 3-6 基于接口的静态 VLAN 划分方法

尽管静态 VLAN 划分方法需要网络管理员通过配置交换机进行更改，但这种方法安全性高，配置简单并可以直接监控，因此，很受网络管理人员的欢迎。特别是主机位置相对稳定时，应用基于接口的静态 VLAN 划分方法是一种最佳选择。

3.2.2 基于 MAC 地址的动态 VLAN 划分方法

在以 MAC 地址为基础划分 VLAN 时，网络管理员可以指定一个 VLAN 包含哪些 MAC 地址。如果一台主机的 MAC 地址与 VLAN 包含的一个 MAC 地址相同，那么这台主机就属于这个 VLAN。在图 3-7 给出的例子中，由于 VLAN1 包含的 MAC 地址为 00-30-80-7C-F1-21、52-54-4C-19-3D-03、00-50-BA-27-5D-A1 和 04-05-03-D4-E3-2A，因此拥有这些 MAC 地址的主机属于 VLAN1；由于 LAN2 包含的 MAC 地址为 04-0E-C4-FE-51-3A 和 07-0E-76-BC-CF-3D，因此拥有这两个 MAC 地址的主机属于 VLAN2。在基于 MAC 地址的动态 VLAN

中，判断一台主机属于哪个 VLAN，不是依据它所连接的交换机接口，而是根据它拥有的 MAC 地址。无论是从一个位置移动到另一个位置，还是从一个接口换到另一个接口，只要主机的 MAC 地址不变（即主机使用的网卡不变），这台主机就属于原来的 VLAN。

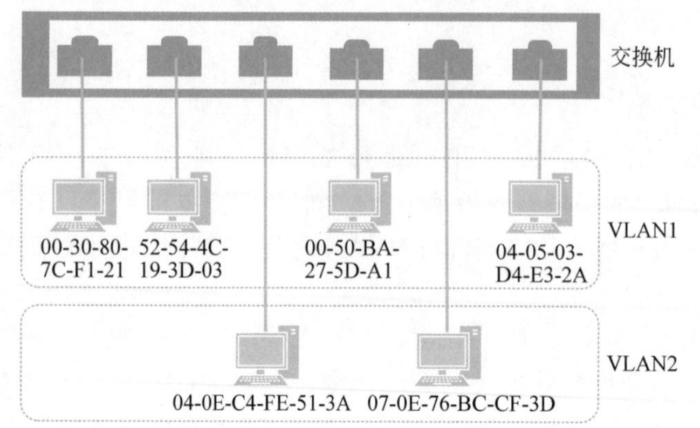

VLAN成员对照表	
VLAN号	MAC地址
VLAN1	00-30-80-7C-F1-21
	52-54-4C-19-3D-03
	00-50-BA-27-5D-A1
	04-05-03-D4-E3-2A
VLAN2	04-0E-C4-FE-51-3A
	07-0E-76-BC-CF-3D
...	...
	...

图 3-7　基于 MAC 地址的 VLAN 划分

采用这种划分方法，需要将网络中每台主机的 MAC 地址绑定到特定的 VLAN。如果网络的规模比较大，网络管理员初始的配置工作量相当大。另外，当用户的主机更换网卡后，网络管理员也需要对 VLAN 的配置进行相应的改变。

3.2.3　基于互联层的 VLAN 划分方法

基于互联层的 VLAN 划分方法根据互联层使用的协议（如 IP、IPX[①]）、互联层的地址（如 IP 地址）定义 VLAN 中的成员。基于互联层的 VLAN 划分方法特别适合于针对具体应用和服务组织用户，用户可以在网络内部自由移动，而不用重新配置交换机。

图 3-8 给出了基于互联层的 VLAN 划分方法示意图。在图 3-8(a)中，使用 IP 的网络用户被划入 VLAN1，使用 IPX 协议的用户被划入 VLAN2。在图 3-8(b)中，IP 地址属于 202.113.25.0/24 的所有结点划归为 VLAN1，IP 地址属于 202.113.27.0/24 的所有结点划归为 VLAN2。

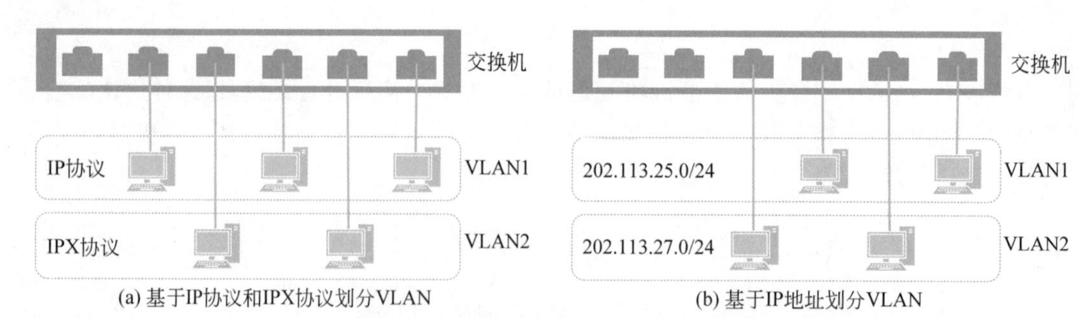

(a) 基于IP协议和IPX协议划分VLAN　　(b) 基于IP地址划分VLAN

图 3-8　基于互联层的 VLAN 划分方法

采用该 VLAN 管理策略，交换机不仅需要分析数据帧的头部信息（如源地址、目的地址等字段），而且还需要深入数据帧的数据区域读取和分析高层协议信息，因此，交换和转发速率会受到一定的影响。

① IPX 是一种与 IP 类似的网络互联协议，主要应用于 Novell 网络的应用中。本书不介绍 IPX 的详细内容。

3.3 跨越交换机的 VLAN

随着 VLAN 应用越来越广泛，人们不再满足在一台交换机上划分 VLAN，很多网络应用环境要求 VLAN 能够跨越交换机。

图 3-9 显示了一个 VLAN 跨越交换机的连网方式。实体交换机 1 和实体交换机 2 分别虚拟了 3 台虚拟交换机，交换机 1 的第 7 端口和交换机 2 的第 7 端口进行级联。其中，虚拟交换机 11 通过实体交换机 1 的端口 7 连接实体交换机 2 的端口 7，而后再连接虚拟交换机 23，形成由虚拟交换机 11 和虚拟交换机 23 构成的虚拟局域网 VLAN1；虚拟交换机 12 通过实体交换机 1 的端口 7 连接实体交换机 2 的端口 7，而后再连接虚拟交换机 22，形成由虚拟交换机 12 和虚拟交换机 22 构成的虚拟局域网 VLAN2；虚拟交换机 13 通过实体交换机 1 的端口 7 连接实体交换机 2 的端口 7，而后再连接虚拟交换机 21，形成由虚拟交换机 13 和虚拟交换机 21 构成的虚拟局域网 VLAN3。

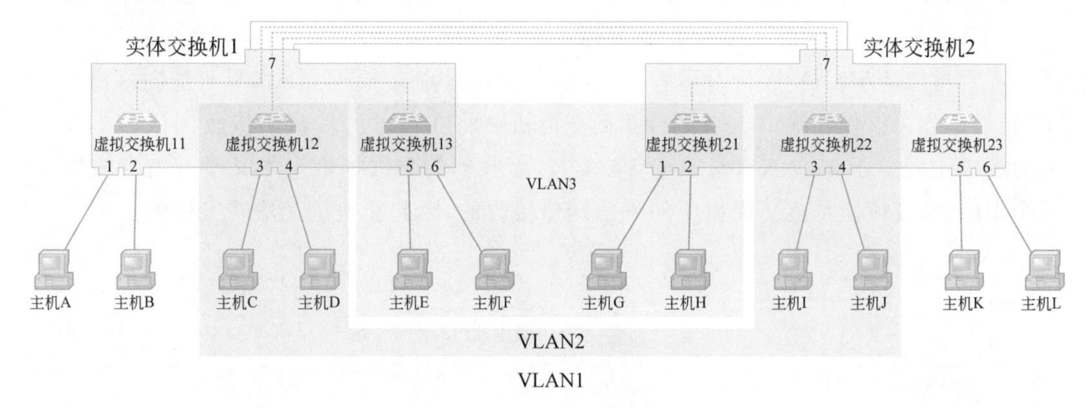

图 3-9 跨越交换机的 VLAN

图 3-9 中实体交换机 1 的端口 7 和实体交换机 2 的端口 7 被 VLAN1、VLAN2 和 VLAN3 共享。但是，这种共享不应被用户感觉到，每个 VLAN 中的用户(如 VLAN1 中的主机 A、主机 B、主机 K 和主机 L)应该觉得实体交换机之间的连接只有这个 VLAN 在使用。因此，VLAN 跨域交换机时，进行交换机级联的实体端口和实体中继线也需要虚拟，形成多个逻辑端口和逻辑中继线，以便跨越交换机的 VLAN 使用。这样，在跨域交换机时，一个 VLAN 中的数据就不会进入另一个 VLAN，实现 VLAN 之间的隔离。

下面，从 VLAN 跨越交换机时遇到的问题出发，讨论其具体的解决方法。为了讨论方便，本节以基于端口的 VLAN 划分方法为例进行介绍。

3.3.1 多交换机上的 VLAN 与 IEEE 802.1Q

与单交换机上划分 VLAN 不同，多交换机上划分 VLAN 时，交换机上存在共享端口，多个 VLAN 的数据可能在这个共享的端口上流动。共享端口的存在，使得单交换机上划分 VLAN 与多交换机上划分 VLAN 有很大的不同。解决跨越交换机 VLAN 的主要方法是在共享端口上运行 IEEE 802.1Q 协议。

1. IEEE 802.1Q 协议的提出

支持 VLAN 的交换机通常需要保存各个 VLAN 与其拥有成员的对照表，如图 3-6 所示。

在采用基于端口的 VLAN 划分方法时,VLAN 与其成员对照表包含了每个 VLAN 拥有的端口号。从一个端口收到的数据帧只可能转发到与该端口处于同一个 VLAN 中的端口上。

当 VLAN 在单一交换机上实现时,交换机接收时即可掌握接收帧的输入端口,从而可以通过 VLAN 成员对照表判定该帧所属的 VLAN 和该帧的转发去向。例如,在图 3-6 中,交换机在端口 1 接收到帧时,可以通过 VLAN 成员对照表知道该帧属于 VLAN1。这个帧只可能转发给端口 2、端口 4 或端口 6。

但是,当 VLAN 跨越两台或多台交换机时,由于连接交换机与交换机的中继线需要传递属于多个 VLAN 的数据帧,因此,仅依靠每个交换机中存储的 VLAN 成员对照表很难知道一个帧属于哪个 VLAN,一个帧应该转发到哪个端口。

例如,在图 3-10 中,VLAN1 包含了交换机 1 的端口 2 和端口 7,交换机 2 的端口 3 和端口 8;VLAN2 包含了交换机 1 的端口 5 和端口 10,交换机 2 的端口 6 和端口 11。交换机 1 的端口 12 与交换机 2 的端口 1 通过中继线相连。由于中继线上既要传输 VLAN1 的数据帧,又要传输 VLAN2 的数据帧,因此,交换机 1 的端口 12 和交换机 2 的端口 1 既属于 VLAN1,又属于 VLAN2,为 VLAN1 和 VLAN2 的共享端口。当交换机 1 收到从端口 2 到来的数据帧时,它通过查看自己的 VLAN 成员对照表,可以判定该数据帧属于 VLAN1,只可能向端口 7 和端口 12 转发。如果该帧向端口 12 转发,那么交换机 2 将在自己的端口 1 接收到该帧。由于交换机的端口 1 既属于 VLAN1,又属于 VLAN2,而收到的数据帧信息中又没有携带该帧从属于哪个 VLAN 或该帧是从交换机 1 的哪个端口接收的,因此交换机无法转发该帧。

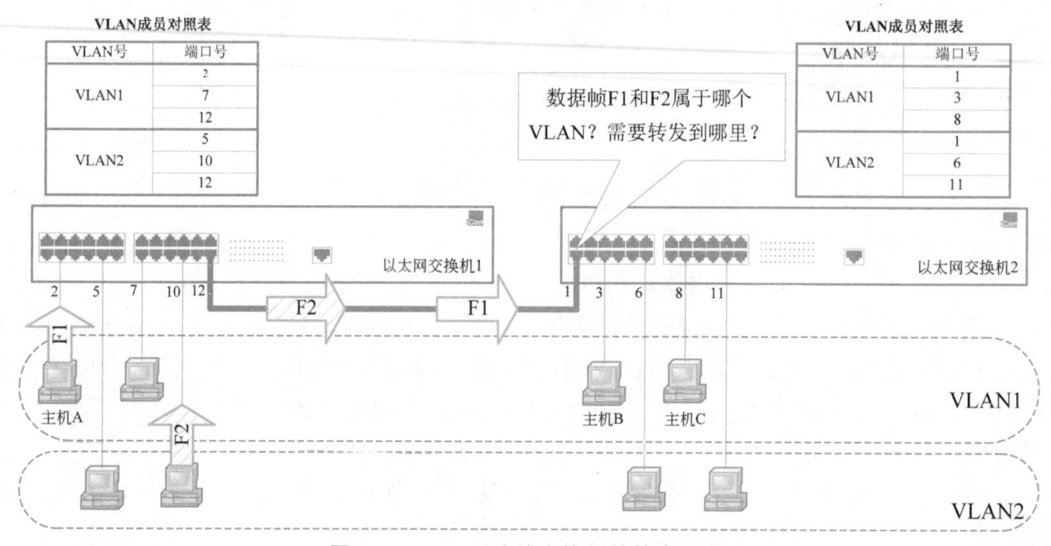

图 3-10 VLAN 跨越交换机的转发问题

为了解决交换机之间的 VLAN 信息交换问题,IEEE 推出了 IEEE 802.1Q 标准。IEEE 802.1Q 标准通过扩展标准的数据帧结构,使交换机之间转发的数据帧中携带所属的 VLAN 信息,从而使接收的交换机能够了解数据帧的转发方向。

2. 802.1Q 的主要内容

IEEE 802.1Q 是与 VLAN 相关的最重要的标准之一,主要用于在交换机和交换机之间、交换机和路由器之间、交换机和服务器之间传递 VLAN 信息和 VLAN 数据流。IEEE 802.1Q 标准是 VLAN 历史上的一块里程碑,由 IEEE 委员会 1999 年 6 月正式颁布实施。

VLAN跨越交换机时出现问题的主要原因,是共享端口的存在使得不能分辨中继线上传输的数据属于哪个VLAN流。为了解决这个问题,IEEE 802.1Q协议要求在向共享端口转发数据帧之前,需要向原有数据帧中添加携带VLAN信息的802.1Q标记,以使得另一台交换机的共享端口能够识别接收到的数据帧属于哪个VLAN。共享端口接收到携带802.1Q标记的数据帧后,如果需要向本机的非共享端口转发,必须将802.1Q标记去掉,以保证与原来的以太网兼容。扩展IEEE 802.1Q标记后的数据帧格式如图3-11所示。

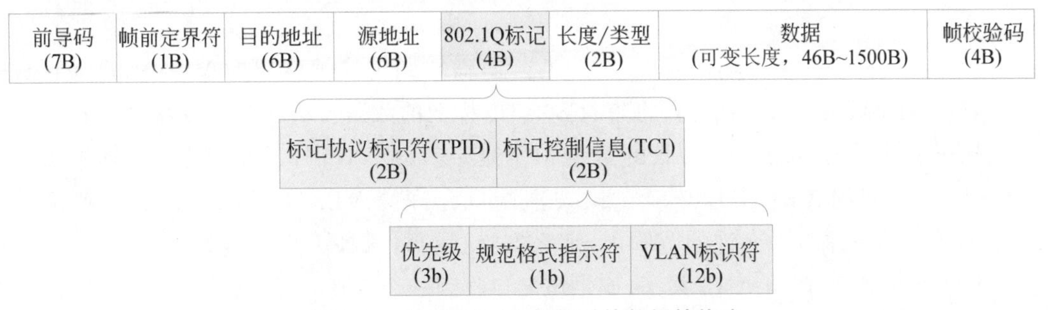

图3-11 添加802.1Q标签后的数据帧格式

从图3-11可以看到,IEEE 802.1Q标记添加在标准数据帧的源地址之后。IEEE 802.1Q标记由标记协议标识符(Tag Protocol Identifier,TPID)和标记控制信息(Tag Control Information,TCI)两部分组成。

(1)标记协议标识符(TPID)占用2B,用于指示所采用协议的协议类型,取值为8100H。当交换机的输入端口检测到该字段为8100H时,就可断定该帧为携带802.1Q标记的数据帧。

(2)标记控制信息(TCI)中包含VLAN的具体信息,由用户优先级(User Priority)、规范格式指示符(Canonical Format Indicator,CFI)和VLAN标识符(VLAN IDentifier,VID)3部分组成,占用2B。其中,用户优先级占3b,可以将用户分为8种不同的级别。交换机可以参考该字段值为帧转发制定不同的优先级别;规范格式指示符(CFI)长度为1b,用于表明该帧是否符合以太网规范。在以太网交换机中,该位总被置为0;VLAN标识符(VID)的长度为12b,用于标识该帧所属的VLAN号。由于VID=0和VID=4095留作他用,因此,IEEE 802.1Q要求VID应该为1~4094。

3.3.2 端口类型与帧处理规则

交换机的端口可通过命令配置为以下3种类型中的1种:①接入端口(access port);②共享端口(trunk port,也称主干端口);③混合端口(hybrid port)。其中,接入端口和共享端口一般交换机都可支持,而混合端口只有部分交换机可以支持。

1. 接入端口

接入类型的端口可用于连接主机等终端设备,也可用于交换机之间的级联。但是,接入类型的端口只能分配给一个VLAN。管理员可以通过命令配置一个接入类型的端口属于哪个VLAN。

交换机从接入类型的端口转发出去的数据帧都是不带802.1Q标记的数据帧,该帧一定是属于这个接入端口所属的VLAN。即使原数据帧是带有802.1Q标记的数据帧,交换机在向接入类型的端口转发之前,也需要将802.1Q标记去掉,而后再从该接入端口发送出去。

交换机从接入类型的端口接收的数据帧都是不带802.1Q标记的数据帧,该帧属于这个接入端口所属的VLAN。如果从接入类型的端口收到了带有802.1Q标记的数据帧,交换机会将其丢弃。

2. 共享端口

共享类型的端口通常用于交换机之间的级联,它被多个VLAN共享,同时属于多个VLAN。管理员可以通过命令配置一个共享类型的端口可以被哪些VLAN共享。

为了区分发送和接收数据帧所属的VLAN,共享类型的端口上收发的数据帧需要添加802.1Q标记。

交换机在向共享类型的端口转发数据帧之前,需要判定该帧所属的VLAN,进而形成带有802.1Q标记的数据帧。而后,再将带有802.1Q标记的数据帧从共享端口发送出去。

交换机从共享类型的端口接收的数据帧都是带有802.1Q标记的数据帧,解析该帧中802.1Q标记得到的VLAN号必须在该共享端口允许的VLAN范围内。如果解析出的VLAN号不在该共享端口允许的范围内,那么交换机会将该帧丢弃。例如,一个共享端口允许VLAN2、VLAN3和VLAN5共享,如果该端口收到一个VID=VLAN3的数据帧,那么交换机正常处理该帧;如果该端口收到一个VID=VLAN4的数据帧,那么交换机会将该帧丢弃。

3. 混合端口

混合类型的端口是接入类型和共享类型的混合,可以同时作为接入端口和共享端口。作为接入类型的端口,它可以被划分到一个VLAN中,传输不带802.1Q标记的数据帧;作为共享类型的端口,它可以被多个VLAN共享,传输带有802.1Q标记的数据帧。管理员可以通过命令配置一个混合端口属于哪个VLAN(传送该VLAN的数据帧时无须携带802.1Q标记),同时,该端口可以被哪些VLAN共享(传送这些VLAN的数据帧时要携带802.1Q标记)。

交换机在从混合类型的端口发送数据帧时,需要判定该帧是否属于该混合端口所属的VLAN。如果是,则向该端口转发不带802.1Q标记的数据帧;如果不是,则继续判定该帧是否属于共享该混合端口的VLAN范畴。如果属于共享VLAN的范畴,则向该端口转发带有802.1Q标记的数据帧;如果不属于共享VLAN的范畴,则丢弃该帧。例如,一个混合类型的端口被划分到VLAN5中,同时该端口被VLAN2、VLAN3和VLAN4共享。如果需要从该端口发送VLAN5的数据帧,那么不需要添加802.1Q标记;如果需要从该端口发送VLAN3的数据帧,那么需要在该数据帧中添加VID=VLAN3的802.1Q标记,然后再发送。

交换机从混合类型接收的数据帧可能不带802.1Q标记,也可能带有802.1Q标记。如果收到的帧不带802.1Q标记,那么该端口作为接入端口使用,收到的帧属于该混合端口所属的VLAN。如果收到的帧带有802.1Q标记,那么该端口作为共享端口使用,收到的帧所属VLAN由802.1Q标记中的VID指定。与共享接口类似,如果收到帧所属VLAN不在共享该端口的VLAN范围之内,那么交换机也会将其丢弃。

3.3.3 802.1Q交换机的数据帧处理过程

在VLAN组网中,网络管理员既可以将交换机的一个端口配置为共享端口,也可以配置为接入端口、混合端口。共享端口用于交换机之间的连接,能够支持802.1Q标记帧的发送和处理。而接入端口用于非802.1Q设备(如主机)的连接,需要发送和处理不带802.1Q标记的数据帧。由于混合端口只有部分交换机支持，因此本节以共享端口和接入端口为例，介绍802.1Q交换机的数据帧处理过程。

图3-12显示了较为典型的802.1Q交换机的数据帧处理过程。假设交换机1的端口12通过中继线与交换机2的端口1相连，交换机1的端口12和交换机2的端口1为共享端口，支持802.1Q标记帧的发送和处理。同时，假设主机A向主机B发送数据帧F_{AB}。

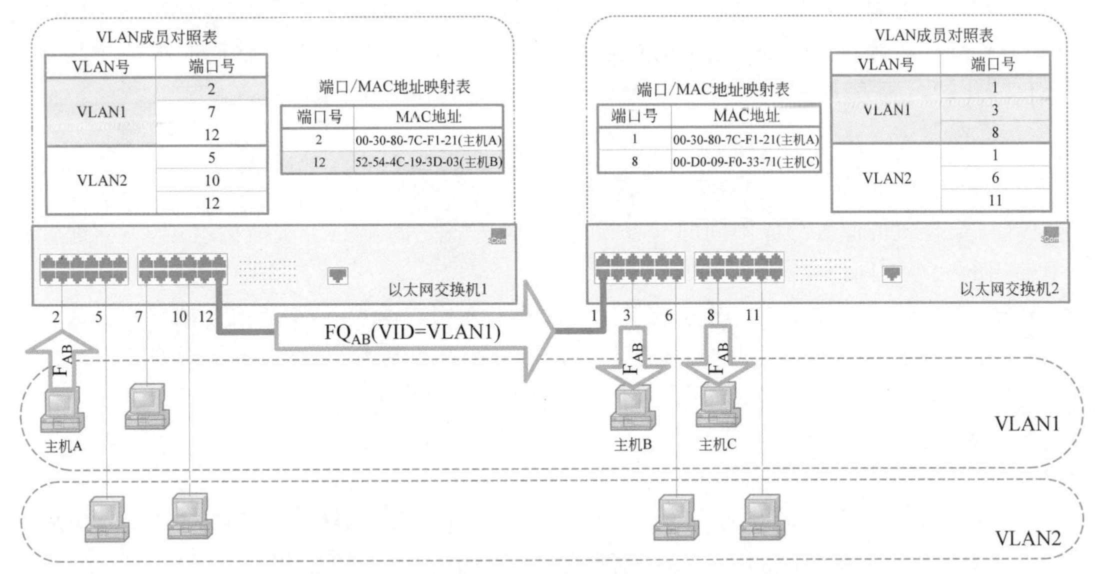

图3-12 802.1Q交换机的数据帧处理过程示意图

(1) 主机A形成数据帧F_{AB}并开始发送，交换机1在端口2进行接收。由于主机A不支持802.1Q标准，因此，交换机1在端口2接收到的F_{AB}没有802.1Q标记。

(2) 根据本地端口/MAC地址映射表和VLAN成员对照表，交换机1决定F_{AB}的转发去向。如果主机B的MAC地址出现在端口/MAC地址映射表中，同时对应的端口号又为VLAN1的成员端口，那么交换机直接向该端口转发F_{AB}；否则，交换机1需要向接收端口2之外的所有VLAN1的成员端口转发F_{AB}。本例中，由于主机B的MAC地址对应于端口12，而且端口12属于VLAN1的成员，因此，交换机直接将F_{AB}转发至端口12。

(3) 由于端口12为802.1Q共享端口，因此，交换机1首先在需要转发的F_{AB}中插入802.1Q标记，形成新的数据帧FQ_{AB}，其中VID为VLAN1。之后，交换机1在端口12发送FQ_{AB}。

(4) 交换机2在端口1接收FQ_{AB}。通过分析FQ_{AB}中的802.1Q标记字段，即可判定该帧属于VLAN1。

(5) 根据本地接口/MAC地址映射表和VLAN成员对照表，交换机2决定FQ_{AB}的转发去向，具体过程与(2)相似。由于主机B的MAC地址没有出现在交换机2的接口/MAC地址映射表中，因此，交换机2向接口1之外的VLAN1成员端口(即端口3和端口8)转发FQ_{AB}。

(6) 由于接口3和端口8不是802.1Q共享端口，因此，交换机2在发送之前需要将FQ_{AB}中的802.1Q标记删除，还原为数据帧F_{AB}。

(7) 主机B和主机C接收F_{AB}。由于F_{AB}的目的地址与主机C的MAC地址匹配，因此，主机C继续处理F_{AC}，而主机D将其抛弃。

3.4 实验：交换机的配置与VLAN组网

交换机可以看作一台专用的计算机。按照操作系统和软件的不同，交换机的配置命令和配置方式也不同。本实验将学习交换机配置命令的组织方式和使用方法，讨论有关的VLAN的配置命令，学习观察数据帧结构和数据帧传递过程的方法。大部分品牌的交换机（如华为交换机、思科交换机等）都可以通过控制终端以命令提示符的方式进行配置，同时多数仿真环境都提供简化的配置方法。

交换机的配置命令与技巧

3.4.1 交换机的配置命令

Cisco交换机的配置分成不同的配置模式，配置模式之间按照层次结构组织，不同配置模式中使用的命令不同。

在通过控制台进行配置时，开始处于用户模式。在用户模式下，交换机一般显示带大于号“>”的提示符（如switch>）。用户模式下只可以进行一些最基本的操作，不能对交换机进行配置。例如，可以利用show version命令查看交换机使用的操作系统版本；可以利用Ping命令测试与其他设备的连通性等。前面章节学习过的show mac-address-table命令也可以在这种模式下执行。

在用户模式下执行enable命令，交换机进入特权模式。在特权模式下，交换机一般显示带“#”的提示符（如switch#）。enable命令相当于一个登录命令，如果设置了口令，enable命令后需要跟随口令才能进入特权模式。特权模式除了包含用户模式下的一些命令外，还包含其他一些命令。例如，可以使用reload命令重启交换机；可以使用copy命令保存或调用交换机的配置等。如果希望退出特权模式，可以使用exit命令。

在特许模式下执行config terminal命令，交换机进入全局配置模式。在全局配置模式下，可以对交换机的全局信息进行配置。例如，可以使用hostname命令配置交换机使用的名称；使用enable命令设置enable登录时需要的口令等。如果希望退出全局配置模式，可以使用exit命令。

在全局配置模式下，可以使用不同的命令进入不同的子配置模式。例如，可以使用interface命令，进入接口配置模式；使用vlan命令，进入VLAN配置模式等。在子配置模式下，可以对相应的子部分进行配置。例如，在利用interface命令进入接口配置模式后，可以使用命令对相应的接口参数进行设置；在利用vlan命令进入VLAN配置模式后，可以使用命令对相应的VLAN参数进行配置。如果希望退出子配置模式，可以使用exit命令。

在子配置模式下，如果需要，还可以使用命令进入子配置模式的子配置模式。这样从用户模式开始，逐步进入更低级别的配置模式，形成了一个层次结构，如图3-13所示。

下面就Cisco交换机常用命令使用方法进行简单介绍。其他一些命令在实验遇到时再进行详细说明。

1. 使用问号“?”进行帮助

Cisco交换机的配置命令非常多，有时很难记住命令的具体形式和使用的参数。这时，可以通过输入问号“?”来使用帮助。

如果直接输入“?”，那么交换机返回该模式下可以使用的全部命令；如果输入了一部分命令后输入“?”，那么交换机返回该命令的完整形式；如果输入命令后想知道该命令可以使用的

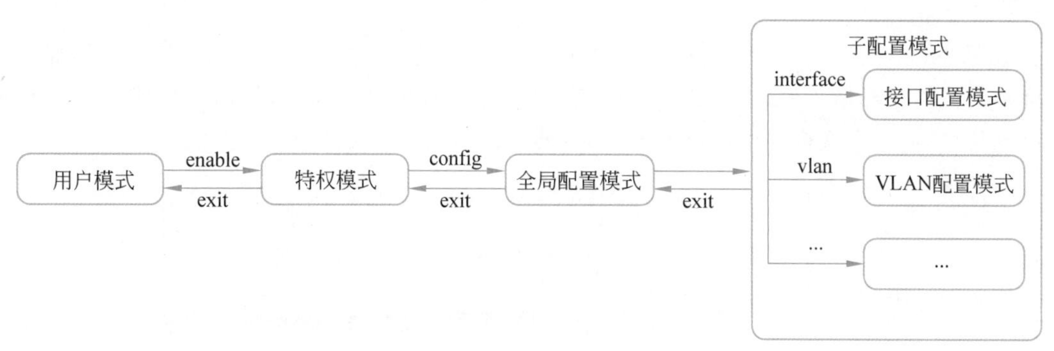

图 3-13 Cisco 交换机的配置模式

参数,那么可以在命令后输入空格,然后跟随一个“?”。

例如,在用户模式下,如果输入“?”,那么系统显示用户模式下可以使用的全部命令;如果输入“sh?”,那么系统将显示以 sh 开始的所有命令(如 show 等);如果输入“show ?”,那么系统提示 show 命令可以使用的参数,例如显示 show 命令可以使用 version 参数、mac-address-table 参数、vlan 参数等。

2. 使用简化命令

为了方便记忆和理解命令的含义,Cisco 交换机提供的命令(或参数)有时使用较长的字符串表示。为了简化输入,Cisco 交换机允许用户只输入字符串的前面部分,只要前面部分能够与这一模式下的其他命令(或参数)区分即可。例如,在用户模式下输入 enable 命令时,只要输入 en 即可,因为 en 已经能够与用户模式下的其他命令完全区分,不会产生二义性。如果产生了二义性,系统会进行提示。这时只要再多输入几个字符即可。

3. 配置文件的保存和使用

利用命令将交换机的配置修改后,修改后的配置保存在内存中。如果关机或重启,修改后的配置就会丢失。为了使关机或重启后的交换机自动使用修改后的配置,需要将内存中的配置文件保存在交换机非易失的存储器中。要将内存中的配置存储到非易失存储器中,可以在特权模式下使用 copy running-config startup-config 命令。

另外,如果需要将修改后的配置恢复到开机时的状态,可以在特权模式下使用 copy startup-config running-config 命令。

4. 显示交换机的状态

Cisco 交换机使用 show 命令显示交换机的状态。例如,显示交换机内存中正在使用的配置文件,可以使用特权模式下的 show running-config 命令;显示非易失存储中保存的配置文件,可以使用特权模式下的 show startup-config;显示交换机当前的接口/MAC 地址映射表,可以使用特权模式或用户模式下的 show mac-address-table 命令。

5. 删除交换机的配置

Cisco 交换机使用 no 命令删除交换机的配置条目。例如,要删除编号为 10 的 VLAN,可以使用 no vlan 10。

3.4.2 VLAN 的配置

VLAN 的配置

VLAN 的配置实验可以在虚拟仿真环境下进行。实验内容包括设备的连接、设备的配置和连通性测试。

1. 网络的拓扑结构

运行 Packet Tracer 仿真软件,在设备类型和设备选择区选择交换机和主机。将选择的交换机和主机用鼠标拖入 Packet Tracer 的工作区,形成如图 3-14 所示的仿真网络拓扑。在进行主机与交换机、交换机与交换机的连接时,要注意使用的电缆类型。

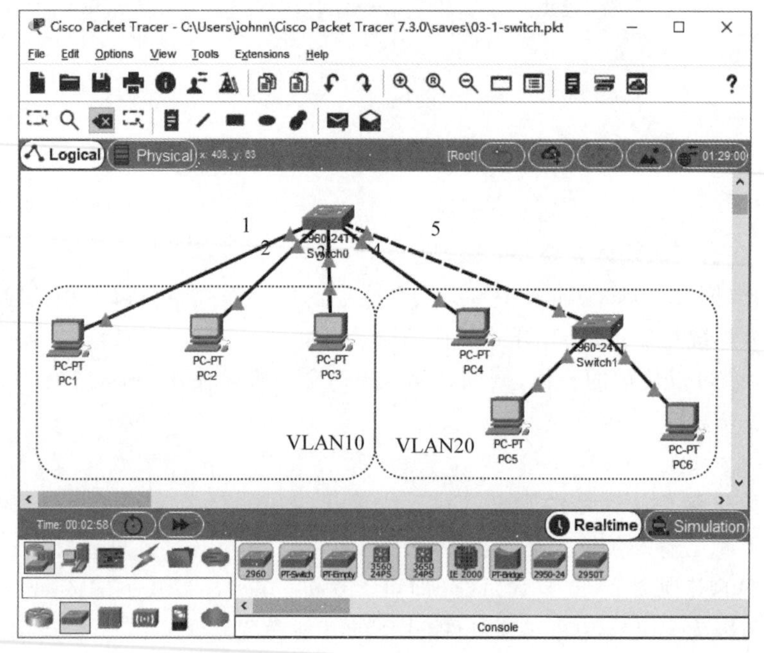

图 3-14 仿真实验中的网络拓扑结构

2. 主机 IP 地址的配置

配置图 3-14 中 PC1～PC6 的 IP 地址。主机的 IP 地址可以在 192.168.0.1～192.168.0.254 任选一个,但每台主机必须选择不同的 IP 地址。子网掩码填写 255.255.255.0 即可。由于还未划分 VLAN,因此,IP 地址配置完成后,所有主机之间都应该能够相互 Ping 通。

3. 添加终端控制台

按照第 2 章介绍的实验内容,交换机的配置需要添加一台主机作为终端控制台。在图 3-14 的工作区中增加一台主机,并使用串口线将该主机的 RS-232 串行口与交换机的 Console(控制)接口连接,如图 3-15 所示。然后,单击作为控制终端的主机 PC0,在弹出的配置界面中选择 Desktop→Terminal 启动终端控制程序。在终端控制台程序中输入常用的 enable、show running-config、show mac-address-table 等命令,观察交换机的回送信息。

4. 查看 VLAN 配置

查看交换机的 VLAN 配置可以在特权模式下使用 show vlan 命令,如图 3-16 所示。交换机返回的信息显示了当前交换机配置的 VLAN 数量、VLAN 编号、VLAN 名字、VLAN 状态以及每个 VLAN 包含的接口。

5. 添加 VLAN

按照图 3-14 的要求,需要为实验划分两个 VLAN,一个编号为 10,另一个编号为 20。每个 VLAN 都可以配置一个容易记住的名字。例如,编号为 10 的 VLAN 名字为 myVLAN10;编号为 20 的 VLAN 名字为 myVLAN20 等。

如果要添加一个编号为 10、名字为 myVLAN10 的 VLAN,那么可以按照如下步骤进行,

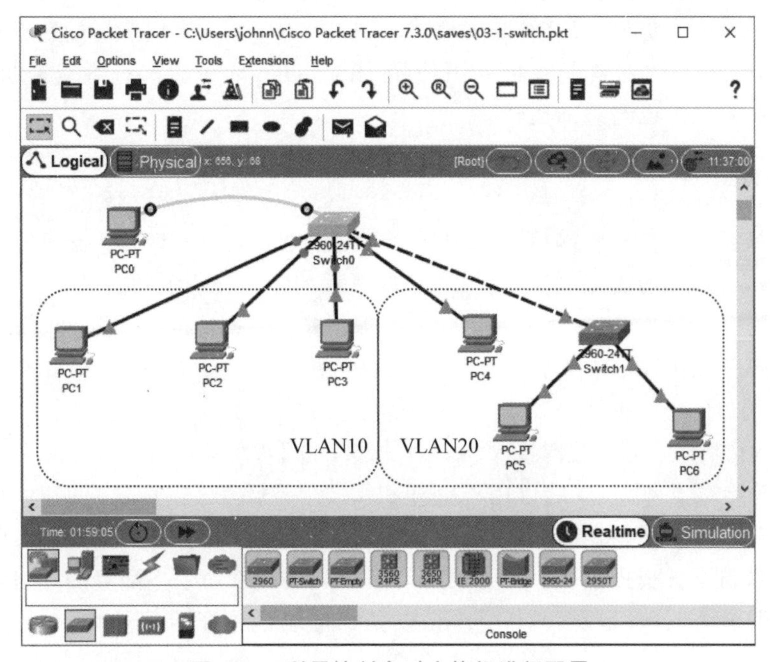

图 3-15　利用控制台对交换机进行配置

如图 3-17 所示。

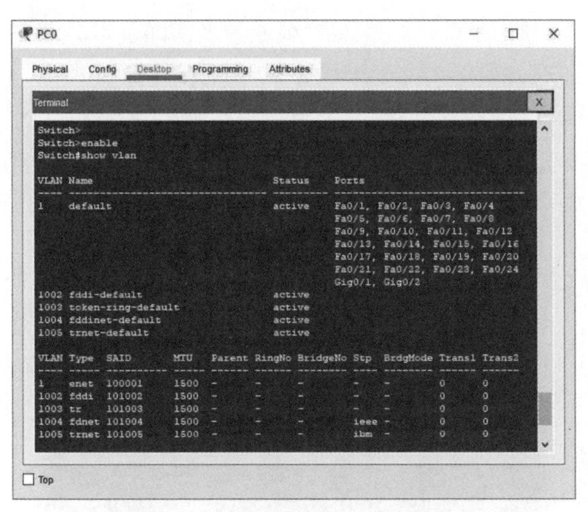

图 3-16　查看 VLAN 的配置

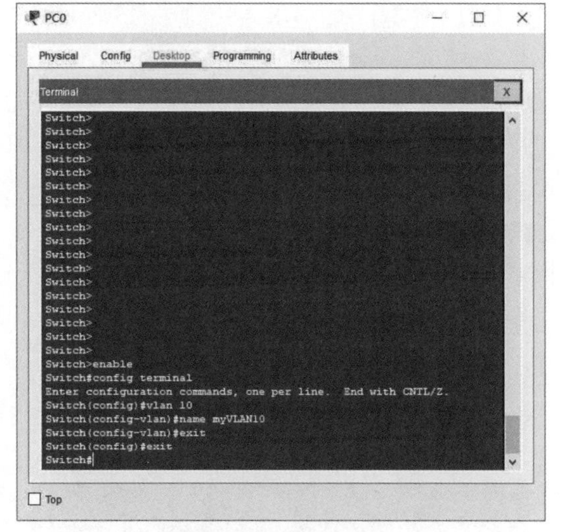

图 3-17　添加 VLAN

(1) 在用户模式下利用 enable 进入特权模式。之后，再利用 config terminal 命令进入交换机的终端配置模式。

(2) 利用 vlan vlanID 命令创建一个编号为 vlanID 的虚拟局域网，并进入该 VLAN 的配置模式。在图 3-17 中，vlan 10 命令创建了一个编号为 10 的虚拟局域网。在创建完成之后，系统自动进入编号为 10 的 VLAN 配置模式。

(3) 如果希望为创建的 VLAN 设置一个好记的名字，可以在该 VLAN 的配置模式下使用 name vlanName 命令。在图 3-17 中，name myVLAN10 将编号为 10 的 VLAN 命名为 myVLAN10。

（4）执行 exit 命令退出 VLAN 配置模式，再执行 exit 命令退出全局配置模式。

添加 VLAN 之后，可以在特权模式下使用 show vlan 命令再次查看交换机的 VLAN 配置，以确认新的 VLAN 已经添加成功。

请按照同样的方式，添加编号为 20 的 VLAN。

6. 为 VLAN 分配端口

以太网交换机通过把某些端口分配给一个特定的 VLAN 以建立静态虚拟局域网。将某一端口（如 Fa0/1 端口）分配给某一个 VLAN 的过程如图 3-18 所示。

（1）在特权模式下执行 configure terminal 命令进入交换机的终端配置模式。

（2）利用 interface ifID 进入指定的 ifID 端口的配置模式。例如，利用 interface Fa0/1 命令进入 Fa0/1 端口的配置模式。

（3）交换的接口既可以配置成接入（access）端口，也可以配置成共享（trunk）端口。接入端口用于连接主机等终端设备；共享端口用于交换机等设备的级联，在转发数据时会添加 802.1Q 标记信息。由于本实验无须在两台交换机之间传输 VLAN 信息，因此，所有端口需要设置为接入端口。在端口配置模式下，使用 switchport mode access 命令把配置的端口设置为接入模式，然后再使用 switchport access vlan vlanID 命令把端口分配给编号为 vlanID 的虚拟局域网。在图 3-18 中，switchport mode access 命令和 switchport access vlan 10 命令将配置的端口（Fa0/1 端口）设置为接入模式，并将其分配给编号为 10 的虚拟局域网。

（4）执行 exit 命令退出端口配置模式，再执行 exit 命令退出终端配置模式。

按照图 3-14 的要求，将交换机 Switch0 的 Fa0/1～Fa0/3 分配给编号为 10 的 VLAN，将 Fa0/4～Fa0/5 分配给编号为 20 的 VLAN。之后，利用 show vlan 命令显示交换机的 VLAN 配置信息，确认 Fa0/1～Fa0/3 位于 VLAN10 中，Fa0/4～Fa0/5 位于 VLAN20 中，如图 3-19 所示。

图 3-18　为 VLAN 分配接口

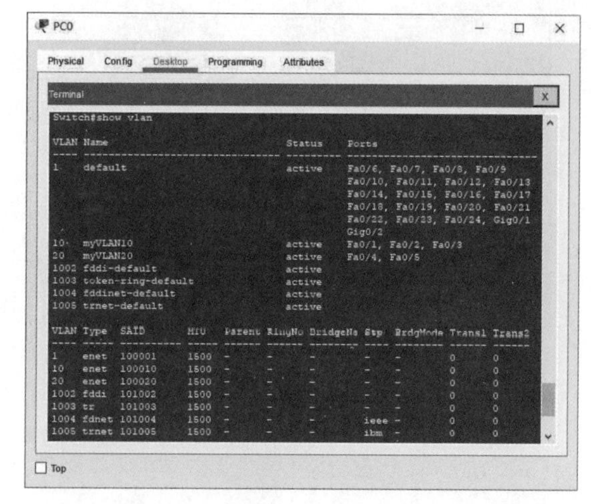

图 3-19　用 show vlan 命令确认 VLAN 包含的接口号

使用主机 PC1 分别去 Ping 主机 PC2～PC6，观察会有什么现象发生，并对其进行解释。同时思考用于连接 Switch1 的 Fa0/5 端口为何无须设置为共享端口。

7. 删除 VLAN

当一个 VLAN 的存在没有任何意义时，可以将它删除。删除 VLAN 的步骤如图 3-20 所示。

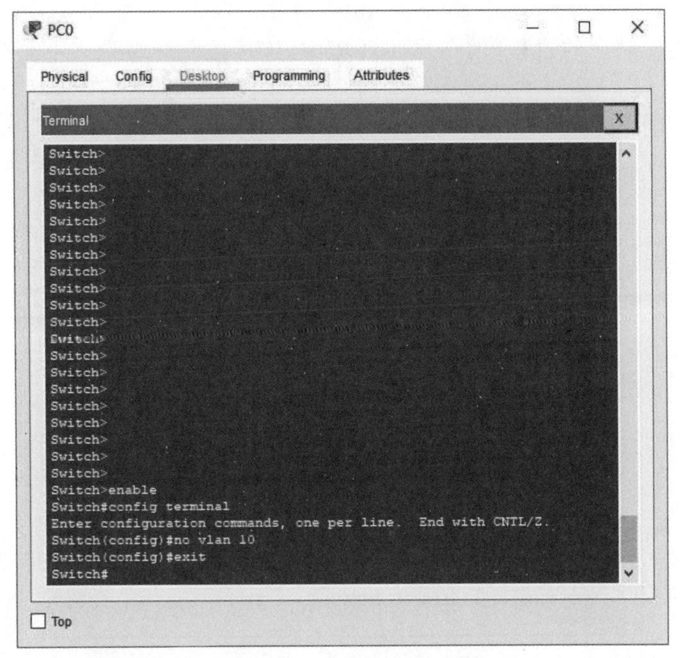

图 3-20 删除 VLAN

(1) 在特权模式下利用 config terminal 命令进入交换机的终端配置模式。

(2) 执行 no vlan vlanID 命令将编号为 vlanID 的 VLAN 删除。例如,命令 no vlan 10 将删除编号为 10 的 VLAN 虚拟局域网。

(3) 执行 exit 命令退出终端配置模式。

注意,在删除一个 VLAN 后,原来分配给这个 VLAN 的端口将处于非激活状态。交换机不会将这些端口自动归入另一个现存的 VLAN。当再次分配给一个 VLAN 时,这些端口就会被重新激活。

3.4.3 仿真环境中的简化配置方法

仿真环境下的简易配置方法

在真实环境下,通过终端控制台对交换机进行配置是最基本的配置方法。包括交换机在内的多数网络设备都可以通过这种方式进行配置。如果 Packet Tracer 工作区中每个网络设备都连接一个终端控制台,那么工作区界面就会显得非常凌乱,特别是网络拓扑中含有多个网络设备的情况下。

为了解决这个问题,Packet Tracer 提供了两种简化的配置方法。一种配置方法利用设备配置界面的命令行界面(Command Line Interface,CLI)对交换机进行配置,另一种配置方法利用设备配置界面的 Config 对交换机进行配置。这两种配置方法都可以在不添加终端控制台的情况下对交换机进行配置,使 Packet Tracer 的工作界面更加简洁。但是需要注意,这两种简化的配置方式在真实环境中并不存在。如果在真实环境中配置网络设备,终端控制台必不可少。

(1) 利用设备配置界面的 CLI 对交换机进行配置。在 Packet Tracer 工作区中单击需要配置的交换机等网络设备,在弹出的配置界面中选择 CLI 标签,然后就可以像在终端控制台一样配置该设备,如图 3-21 所示。与连接终端控制台方式相同,在 CLI 中可以运行 show

mac-address-table、config terminal、show vlan 等命令。注意,这种配置方式只是在仿真环境下省略了连接终端控制台的过程,但在真实环境中,连接控制终端是必不可少的。

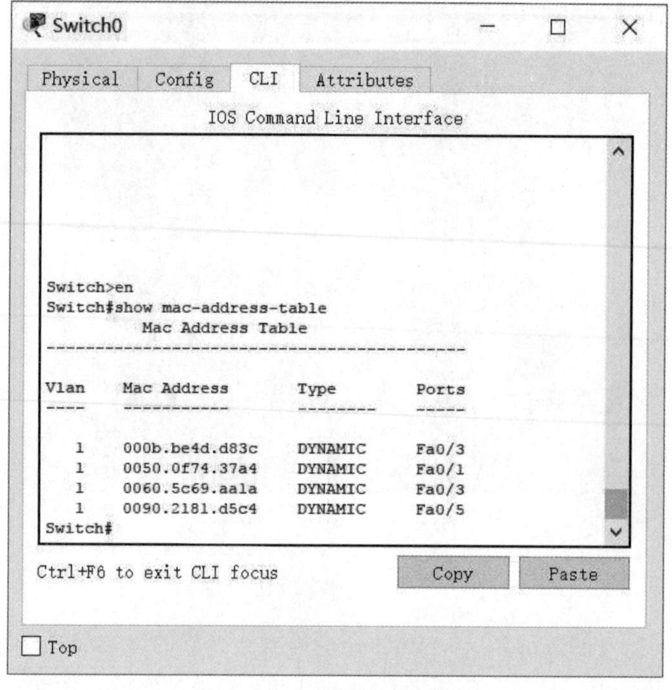

图 3-21 交换机的 CLI 界面

(2) 利用设备配置界面的 Config 对交换机进行配置。这是一种类似图形化的配置界面。单击需要配置的网络设备,在弹出的配置界面中选择 Config 标签即可进入配置界面,如图 3-22 所示。例如,单击图 3-22 中的 VLAN Database 选项,界面的右侧就会出现 VLAN 配置界面。

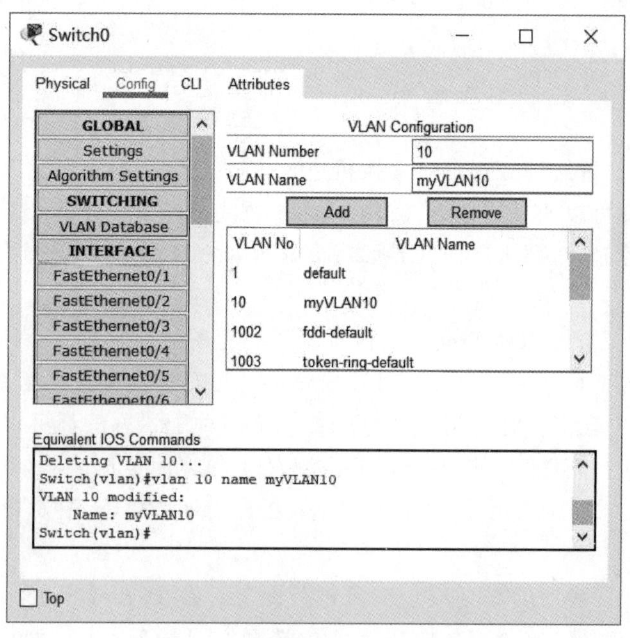

图 3-22 交换机的 Config 界面

只要输入 VLAN 号和 VLAN 名，就可以通过单击 Add 或 Remove 按钮增加 VLAN 或删除 VLAN。同时，在单击 Add 或 Remove 按钮后，界面的下方还会给出这次操作执行的相应命令和响应。虽然这种配置方式简单、直观，但是这种配置方式只能配置界面列出的一些项目，适用于对交换机配置命令不熟悉的新手。注意，这种配置方式只是在仿真环境下将一些配置命令进行了图形化，真实环境中还是要连接终端控制台进行网络设备配置。

3.4.4 在模拟模式下观察数据包的收发过程

Packet Tracer 提供了两种仿真模式，一种是实时（Realtime）模式，一种是模拟（Simulation）模式。

实时模式是一种默认模式，Packet Tracer 启动后默认在实时模式下运行。实时模式下的操作方式与真实环境非常相似，Ping 命令会在很短时间内完成并显示。但是实时模式中不能观察数据分组一步一步地传递过程。为了更形象、具体地展示数据分组的传递过程和设备的处理过程，可以使用 Packet Tracer 提供的模拟模式。

实时模式和模拟模式的转换按钮在 Packet Tracer 界面的右下角。在选中模拟模式后，系统的界面如图 3-23 所示。

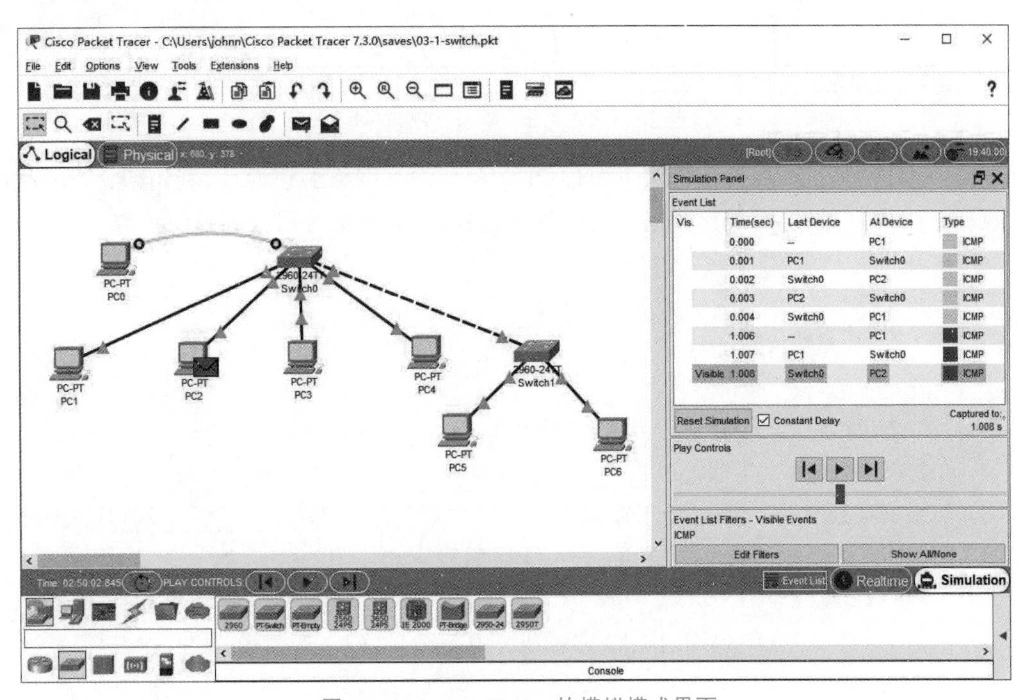

图 3-23 Packet Tracer 的模拟模式界面

图 3-23 的右部包括了 Play Controls（播放控制）、Event List Filters（事件过滤器）、Event List（事件列表）等内容。在运行中，左部的网络拓扑图上会以动画形式展示数据分组的传递过程。

- Play Controls（播放控制）：播放控制中拥有▶|（前进）、|◀（后退）、▶（自动）等按钮，控制单步或自动运行。
- Event List Filters（事件过滤器）：网络中传输的数据分组分为很多种，如后续章节将会介绍的 IP、ICMP、ARP 等。在模拟方式下，可以过滤出关心分组类型。只有这些关心的分组类型,才会在网络拓扑图中以动画的形式显示,并且在事件列表中列出来。如果希望设置关心的分组类型,可以单击 Edit Filters 按钮在弹出的对话框中进行选择,如图 3-24 所示。由于 Ping 命令发送的分组类型为 ICMP,因此,本实验需要将 ICMP 类型选为关心的分组类型。

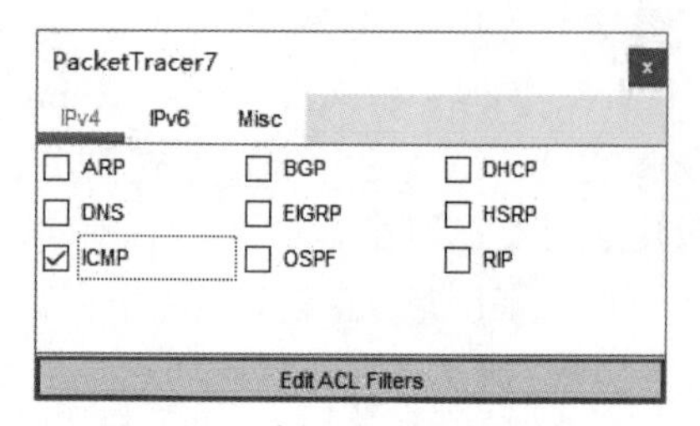

图 3-24　选择关心的分组类型

- Event List(事件列表):事件列表展示关心分组的发送设备、接收设备和分组类型。单击事件列表中的数据分组,还可以看到该分组封装的具体内容和设备对它的处理过程,如图 3-25 所示。

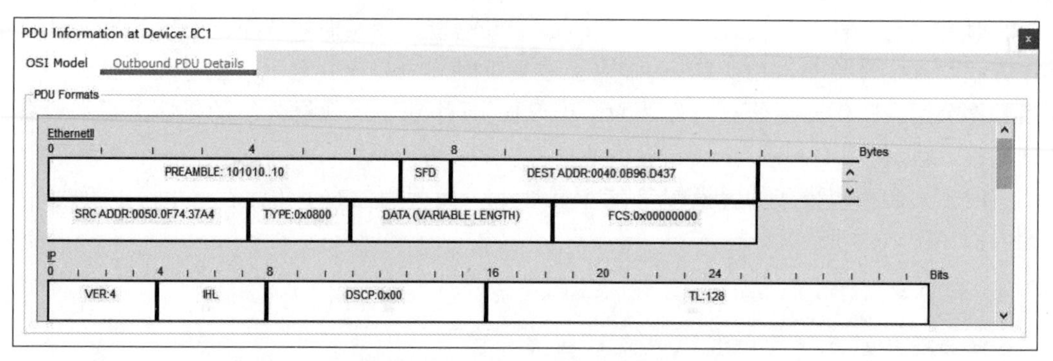

图 3-25　模拟模式下显示的数据帧的封装内容

学习以上内容后,请在模拟模式下通过 Ping 命令测试网络的连通性,利用▶|、|◀和▶按钮控制数据分组的发送进度,观察数据分组的发送过程,查看数据分组中的封装内容。

练习与思考

一、填空题

(1) VLAN 的划分方法通常分为两种,它们是________和________。

(2) 802.1Q 协议的主要功能是________。

(3) 如果交换机的一个端口用于连接主机,那么通常将其配置成________端口类型。

(4) 在 Cisco 交换机的特权模式下,进入全局配置模式使用的命令为________。

二、单项选择题

(1) 在 IEEE 802.1Q 中,VID 由 12 位组成。其有效的 VLAN 号范围为(　　)。

a) 0～4095　　b) 1～4095　　c) 1～4094　　d) 0～4094

(2) 802.1Q 协议规定的 VID 位数为(　　)。

a) 8 位　　b) 12 位　　c) 16 位　　d) 32 位

(3) 在 Cisco 交换机中,如果希望删除编号为 100 的 VLAN,那么可以使用的命令是(　　)。

a) del vlan 100　　b) del 100 vlan　　c) no vlan 100　　d) no 100 vlan

(4) 以下关于 VLAN 的描述中,错误的是(　　)。

a) 一个 VLAN 是一个广播域　　b) VLAN 提高了以太网的工作效率

c) VLAN 使管理以太网更加方便　　d) 静态 VLAN 已经过时

三、动手与思考题

目前，稍有规模的局域网组网都会采用交换技术，而且VLAN在网络管理中发挥着越来越重要的作用。因此，熟练地对VLAN进行配置是网络管理员应该具备的基本技能之一。在完成本章实验的过程中，请练习和思考以下问题：

（1）在交换式局域网中，既可以按静态方式划分VLAN，也可以按动态方式划分VLAN。参考以太网交换机的使用说明书，了解配置动态VLAN需要哪些步骤。在Packet Tracer环境下动手配置一个动态VLAN，并验证配置的结果是否正确。

（2）除了本章介绍的终端控制台，通常还可以使用Telnet、Web浏览器等方式对以太网交换机进行配置。查找相关资料，在Packet Tracer环境下利用telnet客户端对交换机进行配置。

（3）在组建跨越交换机的VLAN时，用于交换机级联的端口需要使用switchport mode trunk命令将其设置为共享模式，然后使用switchport trunk allowed vlanID命令指定共享端口上可以传输哪个（或哪些个）VLAN信息。在Packet Tracer环境下，组建两个跨越交换机的VLAN，如图3-26所示。测试属于同一个VLAN中的主机之间是否可以相互通信，属于不同VLAN的主机之间是否可以相互通信。

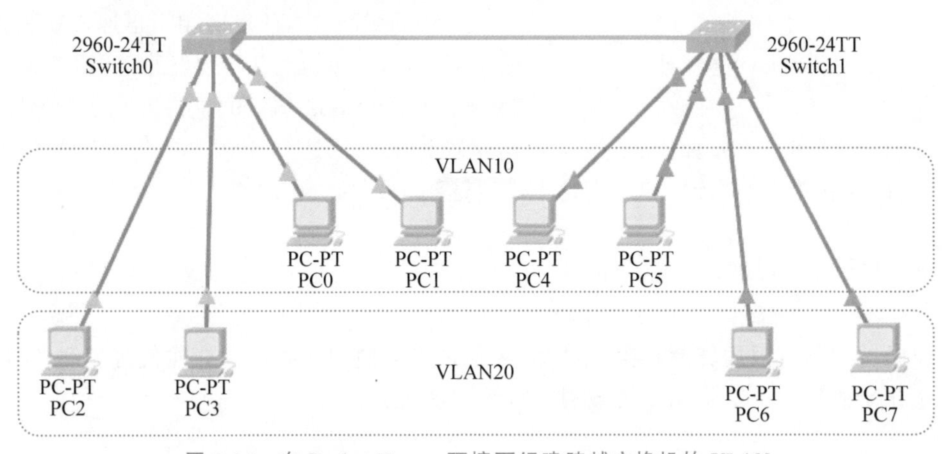

图3-26 在Packet Tracer环境下组建跨越交换机的VLAN

第4章　无线局域网组网技术

与传统的有线局域网不同,无线局域网(Wireless Local Area Network,WLAN)是一种利用空间无线电波作为传输介质的局域网,其网络结点既可以是固定的,也可以是移动的,如图4-1所示。由于组建无线局域网不需要铺设线缆,因此具有安装简单、使用灵活、易于扩展的特点。随着无线网络技术的发展,无线局域网的应用范围不断扩展,呈现出强劲的发展势头。

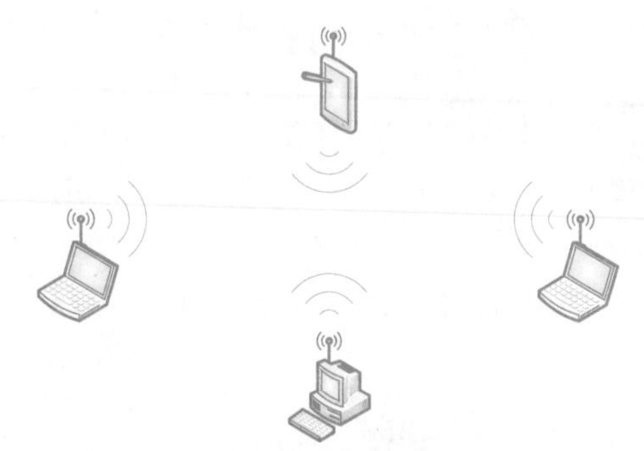

图4-1　WLAN示意图

无线局域网通常符合IEEE 802.11系列标准,是有线以太网技术和无线通信技术相结合的产物。由于无线局域网在介质控制方法上与有线以太网具有一定的相似性,因此,802.11无线局域网通常称为无线以太网。

无线局域网技术的发展相当迅速。就其数据传输速率而言,在短短的几年内已经由IEEE 802.11的2Mb/s上升到802.11a和802.11g的54Mb/s。前几年推出的IEEE 802.11n标准,数据传输速率理论上可以达到600Mb/s。而近两年推出的IEEE 802.11ac标准,数据传输速率理论上可以达到1Gb/s。

4.1　无线局域网的传输介质

无线局域网与有限局域网相比,本质的区别是需要使用无线传输介质代替有线传输介质。无线传输介质的特性决定了无线局域网的特性和实现方法。

4.1.1　无线传输与有线传输的区别

无线传输介质利用空间中传播的电磁波传送数据信号。由于空间路径的复杂性,无线传输更难驾驭。无线传输与有线传输的主要区别如下:

(1) 无线传输信号衰减变化多样。无论在有线还是无线传输介质中,传输的信号强度总是随传输距离的增加而减弱。但是,信号在无线传输介质中的衰减速度常常比有线传输介质大。同时,由于不同物体(如墙壁、家具等)对无线电波以及无线电波使用的频段的影响不同,因此,无线信号在穿过这些物体时的衰减速度也不相同。例如,与大气相比,墙壁对无线信号的影响更大。

(2) 易受干扰。如果一个无线信号与另一个无线信号采用了相同的发送频段,那么它们之间的干扰将不可避免。例如,由于802.11b和2.4GHz无绳电话使用的频段相同,因此它们同时工作时将相互干扰。另外,与有线传输介质相比,无线传输介质中的信号更容易受环境中的电磁噪声的干扰。

(3) 具有多径传播特性。与有线传输介质不同,无线信号在遇到空间的物体(如墙壁、大地等)时会形成反射。由于反射的方向有可能不同,因此,无线信号的传输会发生多径传播问题,即在发送方和接收方之间走过的路径不同。多径传播问题会使接收方收到的叠加信号模糊不清。如果物体在发送方和接收方之间移动,那么多径传播对接收信号的影响更大。

4.1.2　无线传输技术

为了提高信号在无线信道中数据传输的速率、数据传输的抗干扰能力和数据传输的可靠性,无线局域网采用了扩频(spread spectrum)、正交频分复用(Orthogonal Frequency Division Multiplexing,OFDM)、多入多出(Multiple Input Multiple Output,MIMO)等传输技术。

1. 扩频技术

在无线局域网传输中,通常希望主机的发送功率尽量小,抗干扰能力尽量强。为了达到这个目的,无线局域网通常采用扩频技术。扩频技术的理论基础是著名的香农定理。

香农定理描述了在有限带宽、随机热噪声信道中,最大传输速率与信道带宽和信噪比之间的关系。香农定理的具体形式为

$$C = B \times \log_2\left(1 + \frac{S}{N}\right)$$

其中,C 为信道的容量(最大传输速率,单位是 b/s);B 为信道的带宽(单位是 Hz);S 为平均信号功率(单位是 W);N 为平均噪声功率(单位为 W)。

从香农定理可以看到,信道的容量、信道的带宽和信号与噪声的比值(信噪比)可以相互转换。如果希望信道容量保持不变,可以通过增大信道的带宽 B,从而降低对信噪比的要求。也就是说,可以通过扩展信道的带宽,达到降低主机发送功率和提高系统抗干扰性的目的。

无线局域网采用的扩频技术主要有两种:一种是跳频扩频(Frequency Hopping Spread Spectrum,FHSS);另一种是直接序列扩频(Direct Sequence Spread Spectrum,DSSS)。

FHSS 将可以利用的频带划分成多个子频带,每个子频带带宽相同,互不交叠。由于发送方利用一个伪随机数发生器产生的随机数决定每次信号使用的子频带,因此,信号在整个可用频带上跳来跳去,从而占据了较宽的整个频带,如图 4-2 所示。在接收过程中,由于采用与发送方相同的伪随机数发生器,因此,接收方可以和发送方同步跳动,保证了接收的信息正确。

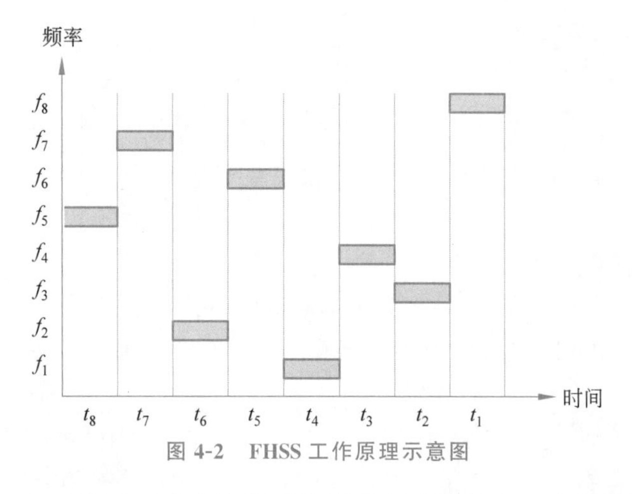

图 4-2　FHSS 工作原理示意图

与 FHSS 不同,DSSS 发送时首先将需要发送的每个信号与一个伪随机码进行异或,然后再将异或操作的结果经调制后发送。由于 DSSS 使用的伪随机码的宽度比发送数据的宽度小

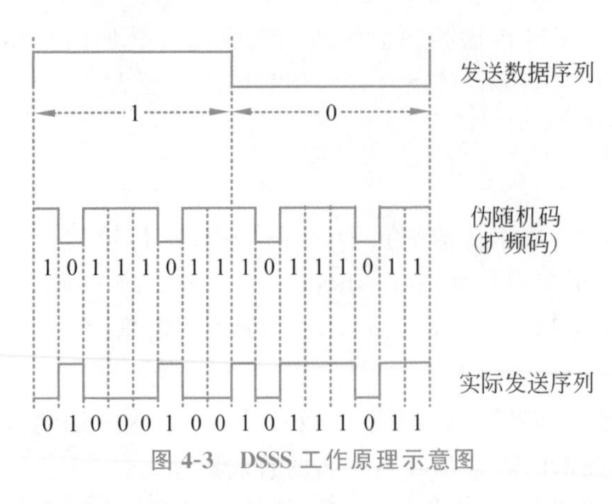

图 4-3　DSSS 工作原理示意图

很多，因此两者异或后的结果也具有随机性，如图 4-3 所示。接收方采用与发送方相同的伪随机码，可以将接收的信号与伪随机码异或得到正确的数据信息。如果发送信号的周期为 T，伪随机数产生的随机码的周期为 T 的 $1/n$，那么信号占用的频带将扩大 n 倍。由于在扩频操作中，伪随机码具有扩展频率的功能，因此，这个伪随机码也被称为扩频码。

在扩频通信系统中，如果仔细地选择扩频码，那么可以使一个通信系统中的多个子系统同时在一个频带上通信而不相互干扰。这就像一个由来自中俄两国的多个朋友一起参加酒会，中国朋友使用中文进行交流（中文类似于中方的扩频码），俄罗斯朋友使用俄文进行交流（俄文类似于俄方的扩频码），如果中国朋友和俄罗斯朋友同时发言，那么尽管他们声音在一个频带上传送，我们也可以利用已有的知识（扩频码）清晰地辨别中文，而将俄文轻而易举地过滤掉。

在无线通信中，什么样的扩频码能使多个通信子系统同时在一个频带上通信，而不相互干扰呢？答案是相互正交的扩频码。那么，什么是正交的扩频码呢？为了数学上的便利，将数据位（比特）0 表示为－1，数据位 1 表示为＋1。假设下面的 x 和 y 是两个扩频码：

$$\begin{cases} x=(x_1,x_2,\cdots,x_i,\cdots,x_n) \\ y=(y_1,y_2,\cdots,y_i,\cdots,y_n) \end{cases} \quad x_i,y_i \in \{-1,+1\},i=1,2,3,\cdots,n$$

如果 $\rho(x,y)=\frac{1}{n}\sum_{i=1}^{n}x_iy_i=0$，那么扩频码 x 和 y 就是正交的。例如，下面两个扩频码：

$$a=(+1,+1,+1,-1,+1,-1,-1,-1)$$
$$b=(+1,-1,+1,+1+1,-1,+1,+1)$$

由于

$$\begin{aligned}\rho(a,b)&=\frac{1}{8}\sum_{i=1}^{8}a_ib_i\\&=\frac{1}{8}[1\times1+1\times(-1)+1\times1+(-1)\times1+1\times1+(-1)\times\\&\quad(-1)+(-1)\times1+(-1)\times1]\\&=0\end{aligned}$$

因此，a 和 b 这两个扩频码是正交的。

为了使多个通信子系统同时在一个频带上通信而不相互干扰，每个通信子系统中的发送者和接收者应该采用相同的扩频码。同时，各个通信子系统采用的扩频码之间应该相互正交。

假设一个通信子系统采用的扩频码为 $c=(c_1,c_2,\cdots,c_i,\cdots,c_n)$，需要通信的数据为 d（数据位为 0 时 $d=-1$，数据位为 1 时 $d=+1$）。在发送方，将发送数据按照扩频码的周期分成 n 个小片，形成一个发送的小片序列 $d=(d_1,d_2,\cdots,d_i,\cdots,d_n)$。然后将每个发送的小片与对应的扩频码相乘，得到最终的发送序列 z。

$$z=(d_1\times c_1,d_2\times c_2,\cdots,d_i\times c_i,\cdots,d_n\times c_n)$$

在接收方，将收到的接收序列 $z(z=(z_1,z_2,\cdots,z_i,\cdots,z_n))$ 分别与扩频码 $c(c=(c_1,c_2,\cdots,c_i,\cdots,c_n))$ 对应部分相乘，最后求和就能还原出最终的数据 d。

$$d=\frac{1}{n}\sum_{i=1}^{n}z_i c_i$$

图 4-4 给出了一个通信子系统独享扩频频带的例子。在图 4-4 中，发送方需要发送的数据是 01（分别用 −1 和 +1 表示）。在发送过程中，发送方采用扩频码（+1，+1，+1，−1，+1，−1，−1，−1）对发送位 0 和 1 分别进行扩频，形成发送序列（−1，−1，−1，+1，−1+1，+1，+1）和（+1，+1，+1，−1，+1，−1，−1，−1）。当接收方收到发送的序列后，接收方使用接收序列和扩频码（+1，+1，+1，−1，+1，−1，−1，−1）按照 $d=\frac{1}{n}\sum_{i=1}^{n}z_i c_i$ 方式进行运算，还原出发送的数据 01。

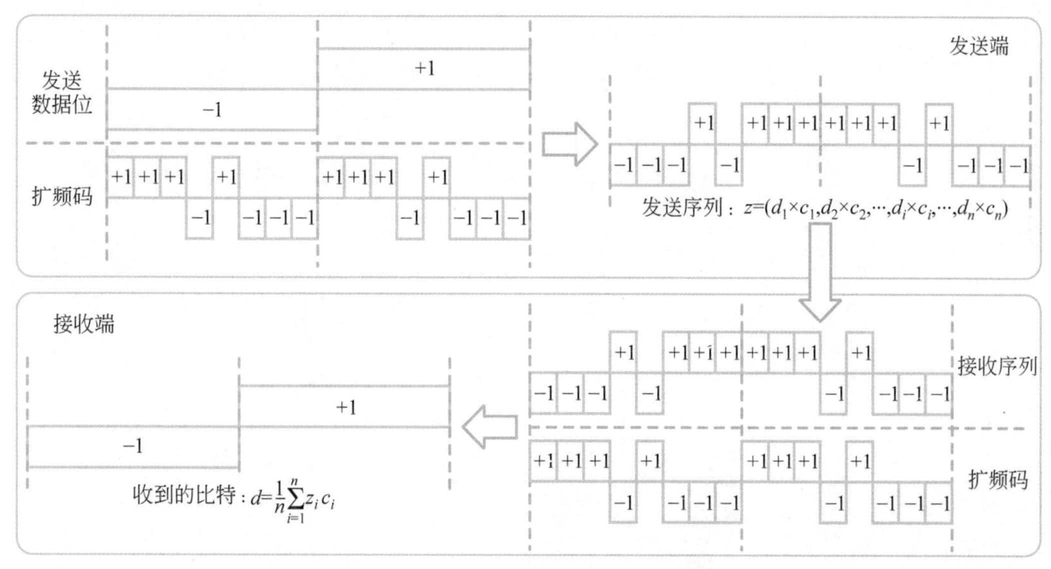

图 4-4 单一通信子系统独享扩频频带

图 4-5 显示了两个通信子系统共享同一扩频频带的例子。图中，第一个通信子系统采用扩频码（+1，+1，+1，−1，+1，−1，−1，−1），发送端为 A，接收端为 B，需要传递的数据是 01；第二个通信子系统采用扩频码（+1，−1，+1，+1，+1，−1，+1，+1），发送端为 C，接收端为 D，需要传递的数据是 10。在发送时，A 使用扩频码（+1，+1，+1，−1，+1，−1，−1，−1）对发送的数据 01 进行扩频，形成 A 的发送序列（−1，−1，−1，+1，−1，+1，+1，+1）和（+1，+1，+1，−1，+1，−1，−1，−1）；C 使用扩频码（+1，−1，+1，+1，+1，−1，+1，+1）对发送数据 10 进行扩频，形成 C 的发送序列（+1，−1，+1，+1，+1，−1，+1，+1）和（−1，+1，−1，−1，−1，+1，−1，−1）。A 和 C 形成的发送序列进行叠加，最终的发送序列为（0，−2，0，+2，0，0，+2，+2）和（0，+2，0，−2，0，0，−2，−2）。当 B 和 D 接收到（0，−2，0，+2，0，0，+2，+2）和（0，+2，0，−2，0，0，−2，−2）后，B 使用第一个子系统的扩频码（+1，+1，+1，−1，+1，−1，−1，−1）按照公式 $d=\frac{1}{n}\sum_{i=1}^{n}d_i c_i$ 就可以还原出 A 发送的数据 01。同样，D 使用第二个子系统的扩频码（+1，−1，+1，+1，+1，−1，+1，+1）按照公式 $d=\frac{1}{n}\sum_{i=1}^{n}d_i c_i$ 也可以还原出 C 发送的数据 10。

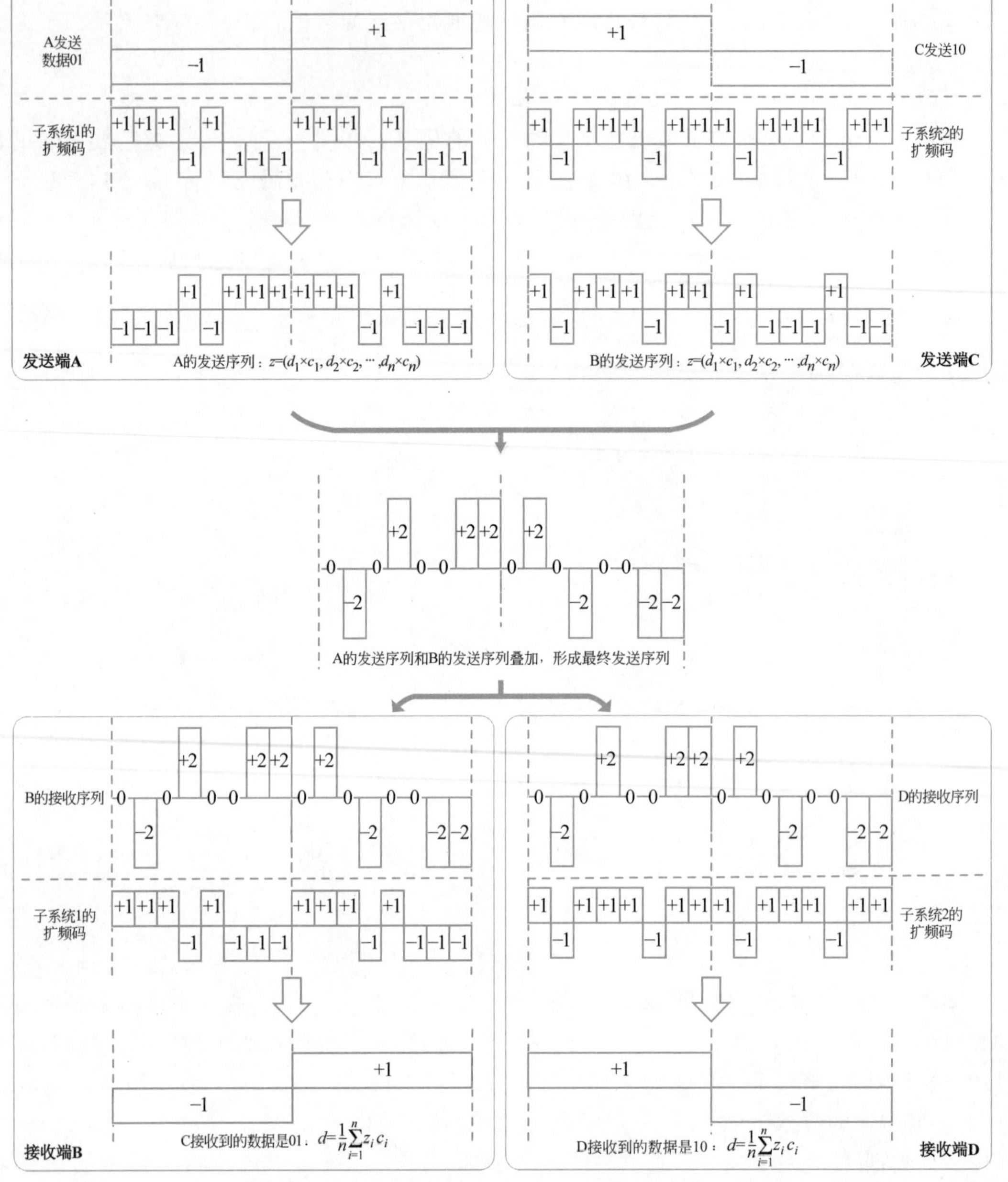

图 4-5　两个通信子系统共享同一扩频频带

扩频技术可以有效降低主机的发送功率和提高系统的抗干扰性，而且在采用正交编码的扩频系统中，还可以提高频带的使用效率。实际上，3G 网络中广泛使用的码分多址（Code Division Multiple Access，CDMA）技术就是利用编码的正交性进行不同通信者之间的区分的。

2. 正交频分复用技术

现代无线网络中，一般会将数字信号经调制变成模拟信号后，再进行传输。

在模拟系统中，如果两个周期为 T 的信号 $x(t)$ 和 $y(t)$ 在周期 T 上的积分为 0，则 $x(t)$ 和 $y(t)$ 是正交的。也就是说，如果

$$\int_{T}^{2T} x(t)y(t)\mathrm{d}t = 0$$

那么 $x(t)$ 和 $y(t)$ 是正交的。

例如，$\sin(t)$ 和 $\cos(t)$ 就是正交函数，因为在一个 2π 的周期内，$\sin(t)$ 和 $\cos(t)$ 的积分为 0，即 $\int_{-\pi}^{\pi}\sin(t)\cos(t)\mathrm{d}t = 0$。正交的函数有很多，可以证明，函数 $\sin(t)$，$\cos(t)$，$\sin(2t)$，$\cos(2t)$，…，$\sin(nt)$，$\cos(nt)$ 在 2π 的周期内都是相互正交的，即

$$\int_{-\pi}^{\pi}\sin(mt)\sin(nt)\mathrm{d}t = 0 \quad (m \neq n)$$

$$\int_{-\pi}^{\pi}\cos(mt)\cos(nt)\mathrm{d}t = 0 \quad (m \neq n)$$

$$\int_{-\pi}^{\pi}\sin(mt)\cos(nt)\mathrm{d}t = 0 \quad (m \neq n)$$

与扩频技术中的正交编码类似，如果不同的通信子系统使用正交的载波调制发送的数据，那么各子系统之间的干扰就会变小，接收者也会正确地解调出自己的数据。

正交频分复用（OFDM）充分利用了正交函数的特性，是一种多载波调制技术。它的主要思想是将整个信道分成若干正交的子信道，将高速数据信号转换成并行的低速子数据流后，再调制到每个子信道上进行传输，如图 4-6 所示。由于各个子信道之间采用正交的载频进行数据调制，它们占用的频率范围可以相互重叠，因此，可以节省带宽，提高频谱利用率，如图 4-7 所示。在接收端，系统采用相同的技术在各个子频带接收低速子数据流，并将它们合并成高速的数据流进行提交。

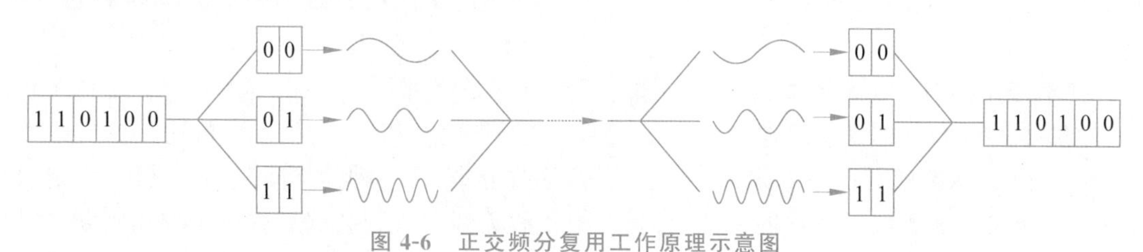

图 4-6 正交频分复用工作原理示意图

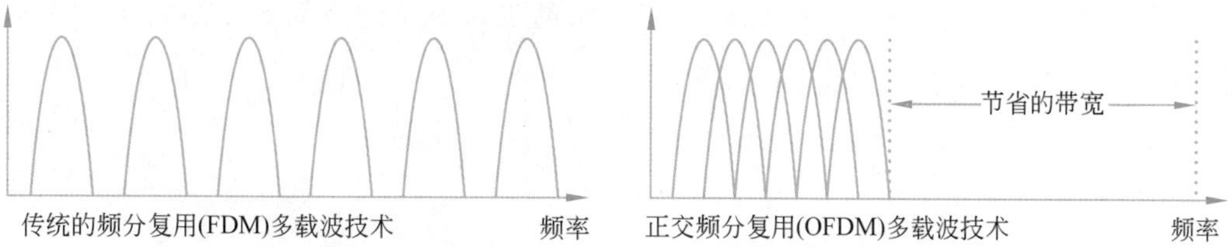

传统的频分复用(FDM)多载波技术 频率

正交频分复用(OFDM)多载波技术 频率

节省的带宽

图 4-7 传统的频分复用与正交频分复用的技术比较

3. 多入多出技术

无线传输环境通常比较复杂，特别是多径传播特性会引起信号衰落，因而一般被视为影响通信的有害因素。然而，多入多出技术将多径传播特性作为一个有利因素充分利用，进而提高系统的传输速度、效率和可靠性。

图 4-8 显示了一个 2×2 的 MIMO 系统。1 号天线发送的 r_1 信号经两条衰减为 h_{11} 和 h_{21} 的路径分别到达 1 号和 2 号接收天线。2 号天线发送的 r_2 信号经两条衰减为 h_{12} 和 h_{22} 的路径分别到达 1 号和 2 号接收天线。因此，1 号和 2 号接收天线收到的信号分别是两条路径信号的叠加（这里忽略了噪声信号），即

$$\begin{cases} x_1 = h_{11} \times r_1 + h_{12} \times r_2 \\ x_2 = h_{21} \times r_1 + h_{22} \times r_2 \end{cases}$$

如果 h_{11}、h_{12}、h_{21} 和 h_{22} 相互独立且已知,那么接收端在获得 x_1 和 x_2 后就可以通过以上二元方程式正确还原出 r_1 和 r_2。h_{11}、h_{12}、h_{21} 和 h_{22} 相互独立意味着由于无线传输的多径传播特性,发送天线发送的信号分别经过不同的路径和不同的衰减到达接收天线。如果系统中不存在多径传播(如 h_{11}、h_{12}、h_{21} 和 h_{22} 都为 1),那么接收端也不可能从上面的二元方程式还原出 r_1 和 r_2,系统将退化成单一发送天线和单一接收天线的效果。但是,在室内、繁华的城市等大部分地区,由于墙壁和建筑物的存在,无线通信的多径传播通常是存在的,因此,可以充分利用 MIMO 技术提高无线系统的传输效率和可靠性。

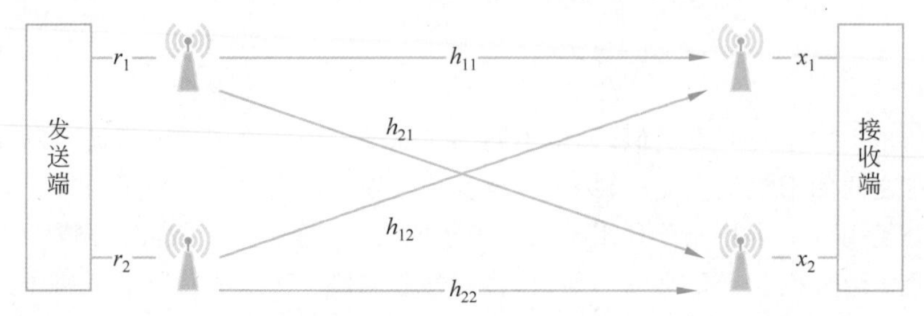

图 4-8　2×2 的 MIMO 系统

系统怎么得到 h_{11}、h_{12}、h_{21} 和 h_{22} 这些衰减因子呢?在使用 MIMO 的系统中,发送端在发送正式的数据之前,发送端会发送一系列的导频和训练序列。接收端通过接收和分析这些导频和训练序列,就会得到 h_{11}、h_{12}、h_{21} 和 h_{22} 的具体数值,从而在后续的正式数据接收过程中使用。

与 2×2 的 MIMO 系统类似,$m \times n$ 的 MIMO 系统采用 m 根发送天线,n 根接收天线。$m \times n$ 的 MIMO 系统的工作原理与 2×2 的 MIMO 系统完全相同,这里不再赘述。

MIMO 技术有两种使用方式:一种是发射/接收分集;另一种是空间复用。其中,发射/接收分集在所有发送天线上发送同一个数据,多根接收天线在收到数据后进行比较和判断,以提高系统的可靠性,如图 4-9 所示。空间复用在每根天线上发送独立的数据,多根接收天线收到这些数据后将其合成为一个数据流,以提高系统的发送速率和空间的使用效率,如图 4-10 所示。

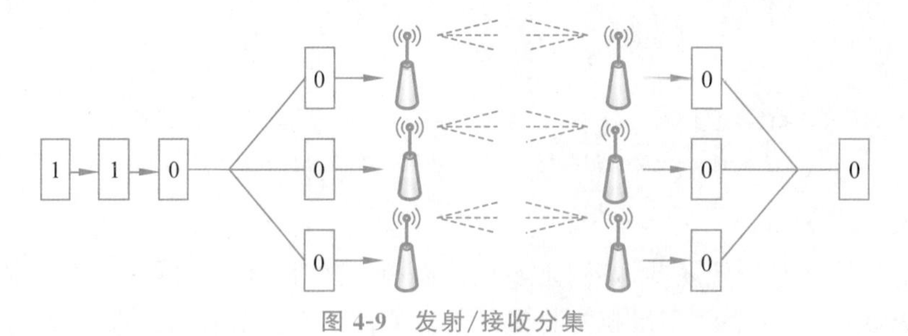

图 4-9　发射/接收分集

多入多出 MIMO 技术在发送端和接收端采用多根天线(或天线阵列),将多径传播信道与发射、接收视为一个整体进行优化,利用先进的空时处理技术,在不增加频带带宽的情况下允许同时发送多个数据流,成倍地提高通信系统的容量和频带利用率,从而达到提升数据传输速率和可靠性的目的。

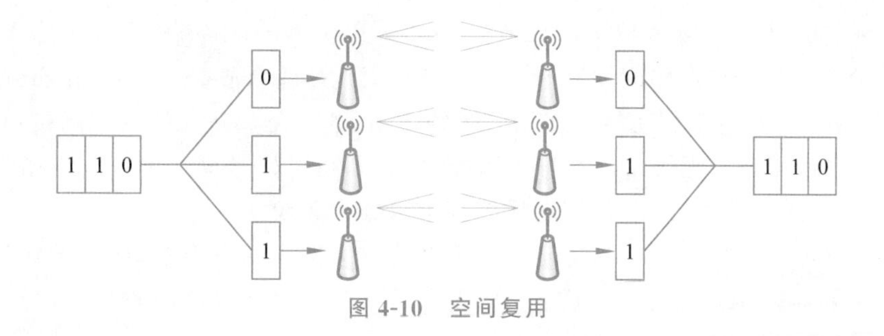

图 4-10 空间复用

4.1.3 无线局域网的信道

在一个区域内,可以部署多个无线局域网。为了提高通信效率,减少无线局域网之间的相互干扰,无线局域网将使用的频带范围划分为多个子频带,这些子频带通常被称为信道。需要注意的是,尽管一个区域内的多个无线局域网可以采用不同的信道,但是,每个无线局域网只能使用一个信道进行通信。

不同标准对无线信道的划分方法不同。使用最广泛的 802.11b 和 802.11g 使用的频带范围为 2.4GHz～2.485GHz。在这 85MHz 的频段内,划分了 11 个信道。不过,这 11 个信道部分重叠,不是完全分开的,如图 4-11 所示。当且仅当两个信道由 4 个或更多个信道隔开时,这两个信道才是无重叠的。也就是说,即使一个无线局域网使用信道 1,另一个在同一区域的无线局域网使用信道 2,由于使用的两个信道之间有交叠,因此,这两个无线局域网之间仍然会有干扰存在。这时,一个无线局域网中的结点需要和另一个无线网中的结点争用频带使用权。当然,如果一个无线局域网使用信道 1,另一个无线局域网使用信道 6,那么这两个无线局域网之间就不存在相互干扰问题,一个无线局域网中的结点也不需要和另一个无线局域网中的结点争用频带的使用权。

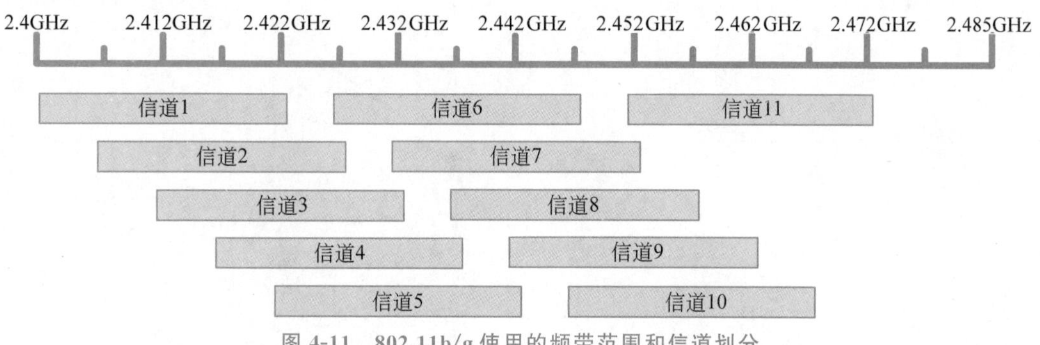

图 4-11 802.11b/g 使用的频带范围和信道划分

按照以上信道划分方法,同一个区域只能建立 3 个互不干扰的 802.11b(或 802.11g)无线局域网,它们分别使用信道 1、信道 6 和信道 11。如果采用其他的信道号,就不能保证两两网络之间互不干扰。

4.2 无线局域网组网模式

无线局域网的组网模式决定了无线局域网的拓扑结构,决定了主机怎样加入无线局域网、怎样与其他结点进行通信。

无线局域网的基本组成包括无线站点(wireless workstation)、无线访问接入点(Access Point,AP)、分布式系统(Distribution System,DS)、无线传输介质(wireless medium)等。

(1) 无线站点:有时也称无线工作站或无线主机,通常是具备无线局域网接口的、能够运行应用程序的系统设备。无线站点本身可以是移动的,也可以是固定的。配备了无线网卡的台式计算机、便携式计算机、Pad、智能电话等都可以称为无线站点。

(2) 无线访问接入点(AP):其功能类似于有线以太网中的交换机,所属无线站点的信息收发工作都需要通过AP的转发完成。AP通常具有多个网络接口,具有连接分布式系统的能力。

(3) 分布式系统(DS):用于连接各个AP结点。DS不但能使这些AP所属的无线站点之间相互通信,而且能让这些站点访问其他网络(如有线网络)的主机。IEEE 802.11对DS本身的网络类型没有限制,DS本身既可以是有线网络,也可以是无线网络。

(4) 无线传输介质:无线局域网使用的空间电磁波。

利用无线局域网的基本组成部件,无线局域网的组网模式可以分为基本服务集(Basic Service Set,BSS)和扩展服务集(Extended Service Set,ESS)。

4.2.1 基本服务集

基本服务集(BSS)由一台或多台无线主机组成,有的还包含一个AP。只有主机组成的基本服务集称为独立基本服务集(Independent Basic Service Set,IBSS),如图4-12(a)所示。包含一个AP的基本服务集称为带AP的基本服务集(Basic Service Set with AP),如图4-12(b)所示。由于发射功率的限制,无线设备的传输距离有一定的限制。图4-12中的椭圆表示每个BSS的覆盖范围,如果一个无线站点的移动超出了该范围,那么它将脱离该BSS。

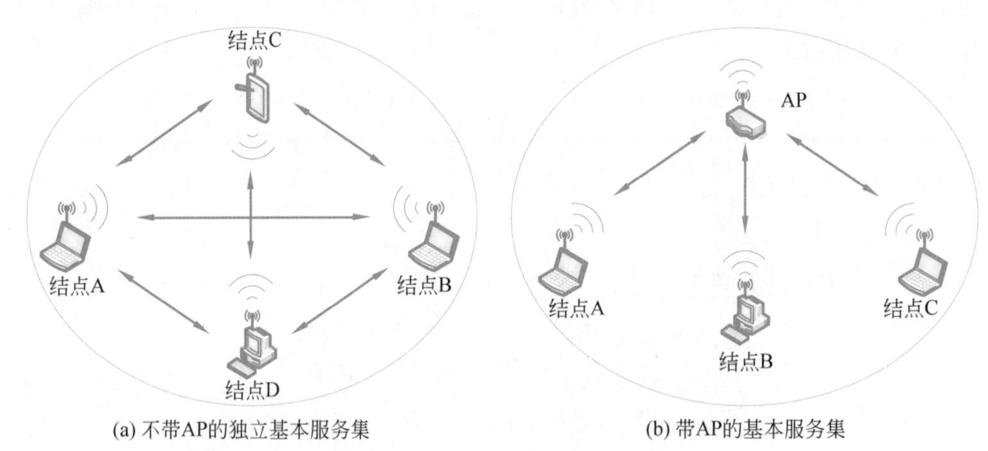

(a) 不带AP的独立基本服务集　　(b) 带AP的基本服务集

图4-12　基本服务集示意图

1. 独立基本服务集

独立基本服务集(IBSS)使用基本服务集标识符(BSSID)进行标识。BSSID是一个48位的随机数,由该IBSS的发起者(第一个无线站点)随机选择形成。无线站点之间相互通信时需要携带BSSID,以表明它们属于同一个IBSS。

IBSS中不存在中心控制结点,各无线结点地位平等。如果一个无线结点希望给另一个无线结点发送数据,那么它会将数据直接发送给目标结点,不需要中间结点的转发,如图4-12(a)所示。例如,结点A可以向结点B直接发送信息,而无须其他结点(如结点C或D)转发。

IBSS站点发出的MAC帧需要包含目的站点和源站点地址。其中,目的站点地址表示该帧的最终目的地址,源站点地址表示该帧的起始地址。在无线局域网信息传递过程中,每段传输都需要进行确认,以保证本段传输的正确性。因此,当目的站点正确收到一个MAC帧后,需要向源站点回送ACK帧进行确认。只有收到确认后,源站点才认为发送正确,否则会尝试再次发送。例如,图4-13中站点A向站点B发送MAC帧的过程分为两步:①站点A形成一个MAC帧$F_{A\text{-}B}$,其中包含站点B地址MAC_B和站点A地址MAC_A,而后直接向站点B发送;②站点B正确收到该帧后,通过解析该帧获取发送结点地址MAC_A,形成确认帧$ACK_{B\text{-}A}$,而后向站点A回送该确认帧。站点A收到站点B回送的ACK确认帧后,完成该帧的整个发送过程。

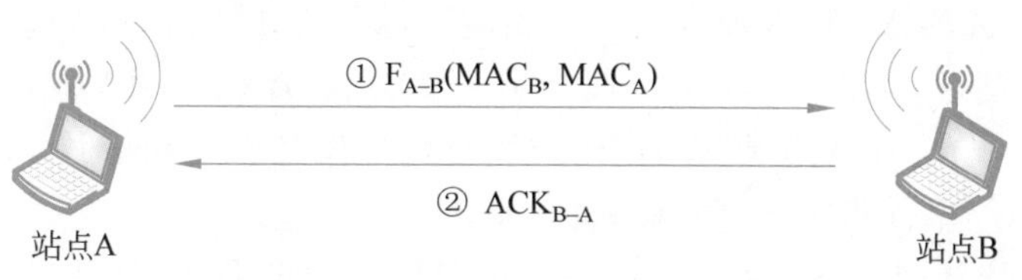

图4-13 IBSS中站点发送MAC帧的过程

按照IBSS模式组建的无线局域网通常称为自组无线局域网(Ad Hoc)。自组无线局域网不需要其他任何固定设施,可以在需要时临时组成,具有简单、快速、经济的特点,非常适合于办公会议、野外作业、军事训练与实战等场合使用。

2. 带AP的基本服务集

与IBSS相同,每个带AP的基本服务集(BSS)也需要使用BSSID标识。但是,与IBSS的BSSID选取方法不同,带AP基本服务集的BSSID为其AP的48位MAC地址(即利用AP代表其所在的BSS)。

在带有AP的BSS中,AP是其中心结点,如图4-12(b)所示。如果一个无线站点希望与另一个无线站点通信,那么这个结点首先需要将数据发送至AP,然后由AP转发至目标结点。

在一个带有AP的BSS中,站点之间的通信被分为两段。一段是源站点与AP之间的通信,另一段是AP与目的站点之间的通信。由于无线局域网要求每段单独确认,因此两个站点之间的一次通信过程,需要两次确认。例如,站点A向站点B发送MAC帧的过程如图4-14所示。

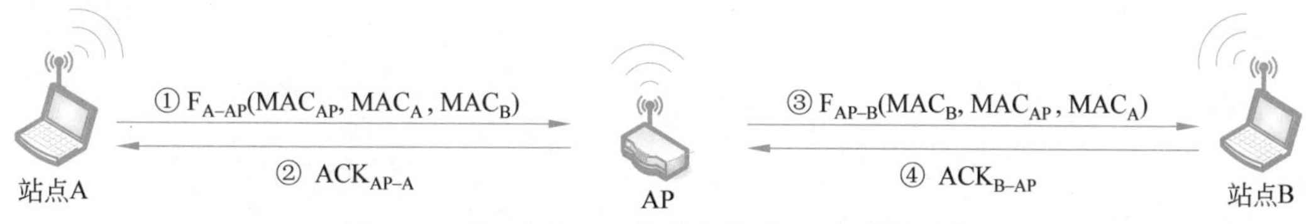

图4-14 带AP的BSS中站点发送MAC帧的过程

(1) 站点A形成一个目的站点地址为站点B的MAC帧$F_{A\text{-}AP}$,其中包含本段接收结点地址(也是AP的地址)MAC_{AP}、源站点地址(也是本段发送结点地址)MAC_A,以及目的站点地址MAC_B。之后将$F_{A\text{-}AP}$发送至AP。

(2) AP正确接收到$F_{A\text{-}AP}$后,对$F_{A\text{-}AP}$进行解析。在获取本段的发送结点地址MAC_A后,向站点A回送确认帧$ACK_{AP\text{-}A}$。站点A接收到确认帧$ACK_{AP\text{-}A}$后,认为本次发送的$F_{A\text{-}AP}$已被正确接收,发送完成。

(3) AP 按照 $F_{A\text{-}AP}$ 给出的目的站点地址,形成一个新 MAC 帧 $F_{AP\text{-}B}$。该新 MAC 帧包含本段接收结点地址(也是目的终端地址)MAC_B、本段发送结点地址 MAC_{AP} 以及源站点地址 MAC_A。之后将 $F_{AP\text{-}B}$ 发送至站点 B。

(4) 站点 B 正确接收到 $F_{AP\text{-}B}$ 后,对 $F_{AP\text{-}B}$ 进行解析。在获取本段的发送结点地址 MAC_{AP} 后,向 AP 回送确认帧 $ACK_{B\text{-}AP}$。AP 接收到确认帧 $ACK_{B\text{-}AP}$ 后,认为本次发送的 $F_{AP\text{-}B}$ 已被正确接收,发送任务完成。

从以上发送过程看,两个站点之间的每次通信都会涉及多个地址的概念。其中,源站点地址和目的站点地址为一个帧的起始站点地址和终止站点地址;发送结点地址和接收结点地址为本段通信的发送结点地址和接收结点地址。在图 4-14 给出的例子中,源站点地址和目的站点地址分别为站点 A 的 MAC 地址 MAC_A 和站点 B 的 MAC 地址 MAC_B。在站点 A 到 AP 的第一段通信中,发送结点和接收结点地址分别为站点 A 的 MAC 地址 MAC_A 和 AP 的 MAC 地址 MAC_{AP}。在 AP 到站点 B 的第二段通信中,发送结点和接收结点地址分别为 AP 的 MAC 地址 MAC_{AP} 和站点 B 的 MAC 地址 MAC_B。

由于 AP 是无线局域网络基础设施的一个关键组成部分,因此,利用 AP 组建的无线局域网络通常称为基础设施无线局域网。由于基础设施无线局域网中存在中心结点,所以比较容易控制其网络的安全性和可靠性。同时,AP 设备一般带有有线网络(如以太网)接口,可以实现无线网络和有线网络的互联。因此,基础设施无线局域网在办公自动化等领域得到广泛应用,是目前最常见的无线网络组网模式。

4.2.2 扩展服务集

由于 AP 和无线站点发送功率的限制,一个基本服务集覆盖的地理范围有一定的限制。为了增加一个无线局域网的覆盖范围,可以使用扩展服务集(ESS)。一个 ESS 由多个带有 AP 的 BSS 组成,AP 之间通过分布式系统相互连接,形成一个覆盖地理范围更大的无线局域网。图 4-15 所示的 ESS 由 3 个 BSS 组成,3 个 BSS 分别通过 AP 与分布式系统相连,组成了覆盖范围更大的 ESS。

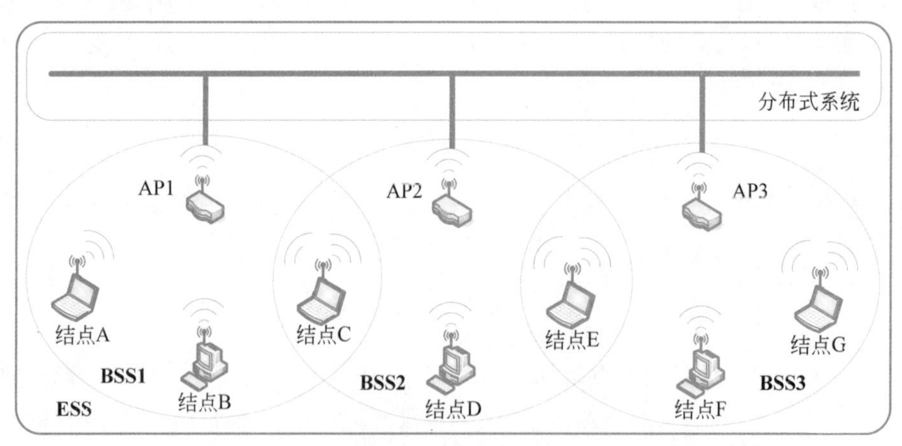

图 4-15　扩展服务集示意图

ESS 使用 SSID(Service Set Identifier)进行标识。SSID 由 ASCII 字符组成,最长 32B。安装 AP 时,网络管理员可以对其 SSID 进行设置。由于需要采用 AP 进行组网,因此,按照 ESS 组建的无线局域网是一种基础设施无线局域网。

分布式系统既可以是有线网络,也可以是无线网络。图4-16(a)显示了一个有线网络作为分布式系统的ESS。其中,AP1和AP2通过以太网接口与交换机相连,进而将BSS1和BSS2组成了一个ESS。图4-16(b)显示了一个无线网络作为分布式系统的ESS。其中,AP1和AP2的无线通信范围相互覆盖,利用AP1和AP2的无线通信能力,将BSS1和BSS2组成了一个ESS。

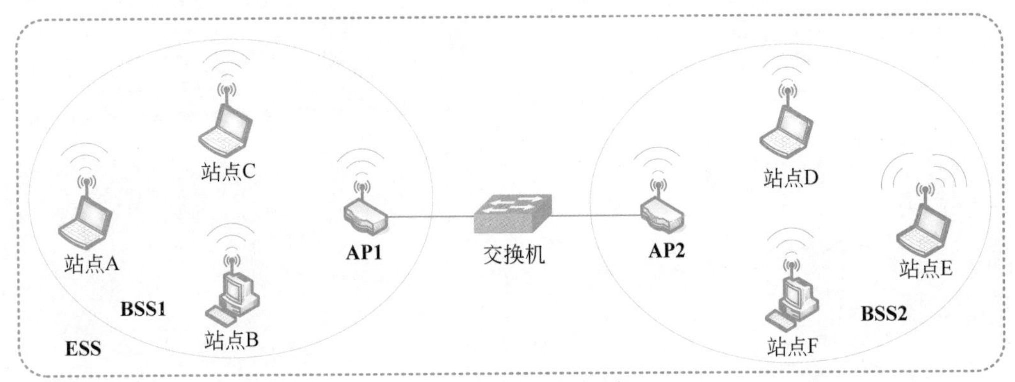

(a) 分布式系统为有线网络

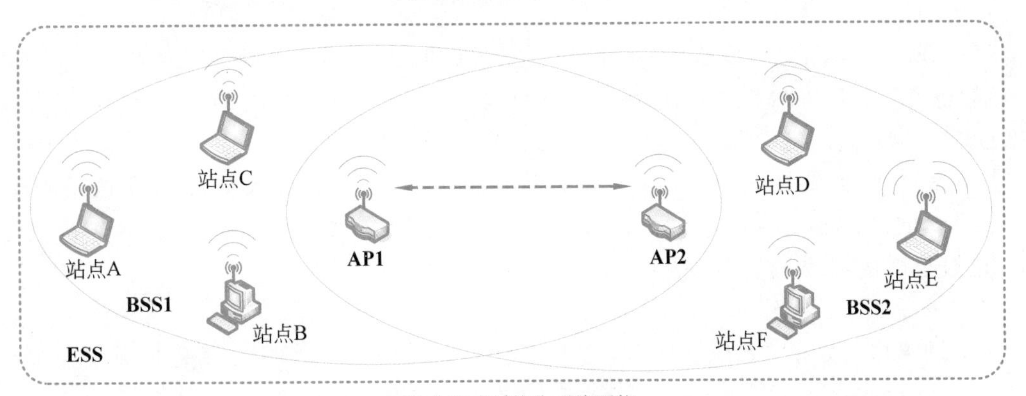

(b) 分布式系统为无线网络

图4-16 分布式系统的类型

下面,以示例的方式,介绍ESS站点之间的通信过程。

1. 分布式系统为有线网络

在图4-16(a)中,有线以太网作为分布式系统,连接BSS1和BSS2的AP,形成了一个ESS。站点A和站点D的通信过程如图4-17所示。

(1) 站点A形成一个目的站点地址为站点D的MAC帧$F_{A\text{-}AP1}$,其中包含本段接收结点地址(也是AP1的地址)MAC_{AP1}、源站点地址(也是本段发送结点地址)MAC_A,以及目的站点地址MAC_D。之后将$F_{A\text{-}AP1}$发送至AP1。

(2) AP1正确接收到$F_{A\text{-}AP1}$后,对$F_{A\text{-}AP1}$进行解析。在获取本段的发送结点地址MAC_A后,向站点A回送确认帧$ACK_{AP1\text{-}A}$。站点A接收到确认帧$ACK_{AP1\text{-}A}$后,认为本次发送的$F_{A\text{-}AP1}$已被正确接收,发送完成。

(3) AP1按照有线以太网的成帧方式,以$F_{A\text{-}AP1}$为基础形成一个新MAC帧$F_{A\text{-}D}$。$F_{A\text{-}D}$包含了目的站点地址MAC_D和源站点地址MAC_A。按照有线以太网的传送规则,$F_{A\text{-}D}$由AP1发出,经交换机传送到AP2。

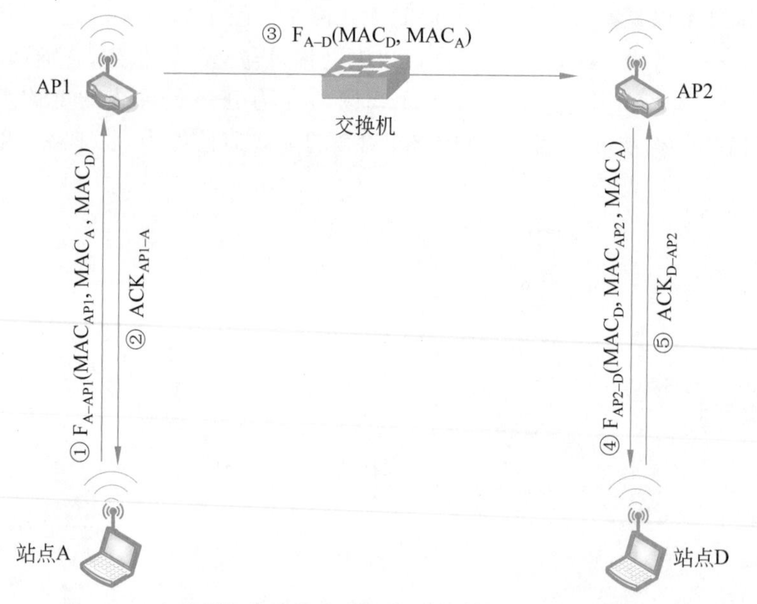

图 4-17　有线网络作为分布式系统时站点发送 MAC 帧的过程

(4) AP2 收到 $F_{A\text{-}D}$ 后，按照 $F_{A\text{-}D}$ 给出的目的站点地址，形成一个新 MAC 帧 $F_{AP2\text{-}D}$。该新 MAC 帧包含本段接收结点地址(也是目的终端地址)MAC_D、本段发送结点地址 MAC_{AP2} 以及源站点地址 MAC_A。之后将 $F_{AP2\text{-}D}$ 发送至站点 D。

(5) 站点 D 正确接收到 $F_{AP2\text{-}D}$ 后，对 $F_{AP2\text{-}D}$ 进行解析。在获取本段的发送结点地址 MAC_{AP2} 后，向 AP2 回送确认帧 $ACK_{D\text{-}AP2}$。AP2 接收到确认帧 $ACK_{D\text{-}AP2}$ 后，认为本次发送的 $F_{AP2\text{-}D}$ 已被正确接收，发送任务完成。

2. 分布式系统为无线网络

无线网络作为分布式系统连接 BSS，可以有多种连接方式。常用技术包括无线分布式系统(Wireless Distribution System，WDS)①、AP 客户端(AP client)等。

WDS 使用前，管理员需要将与该 AP 直接通信的其他 AP 的 MAC 地址配置到该 AP 中。在工作过程中如需向其他 AP 转发 MAC 帧，采用类似 IBSS 模式直接向该 AP 进行发送。与 WDS 不同，AP 客户端技术在进行 AP 之间的直接通信时，其中一个需要仿真成一个无线站点，以无线站点的方式关联到另一个 AP。

无论 WDS 还是 AP 客户端，直接通信的 AP 之间都需要信号范围相互覆盖。下面以 WDS 为例，介绍 ESS 站点发送 MAC 的过程。

在图 4-16(b)中，假设 AP1 和 AP2 使用 WDS 技术进行相互连接。站点 A 和站点 D 的通信过程如图 4-18 所示。

(1) 站点 A 形成一个目的站点地址为站点 D 的 MAC 帧 $F_{A\text{-}AP1}$，其中包含本段接收结点地址(也是 AP1 的地址)MAC_{AP1}、源站点地址(也是本段发送结点地址)MAC_A，以及目的站点地址 MAC_D。之后将 $F_{A\text{-}AP1}$ 发送至 AP1。

(2) AP1 正确接收到 $F_{A\text{-}AP1}$ 后，对 $F_{A\text{-}AP1}$ 进行解析。在获取本段的发送结点地址 MAC_A 后，向站点 A 回送确认帧 $ACK_{AP1\text{-}A}$。站点 A 接收到确认帧 $ACK_{AP1\text{-}A}$ 后，认为本次发送的

---

① 虽然 WDS 全称为无线分布式系统，但是 WDS 只是无线分布式系统中的一种。

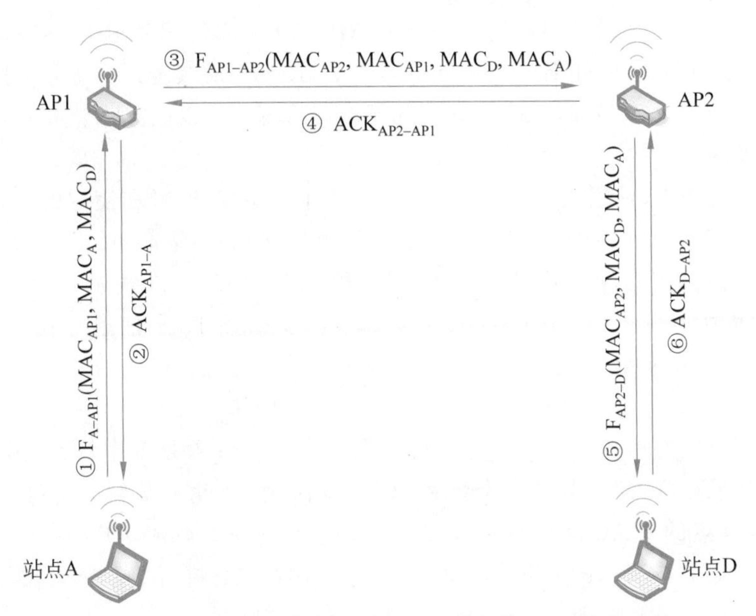

图 4-18 WDS 作为分布式系统时站点发送 MAC 帧的过程

$F_{A\text{-}AP1}$已被正确接收,发送完成。

(3) AP1 在判定 $F_{A\text{-}AP1}$需要转发至 AP2 之后,以 $F_{A\text{-}AP1}$为基础形成一个新 MAC 帧 $F_{AP1\text{-}AP2}$。$F_{AP1\text{-}AP2}$包含了本段接收结点地址(AP2 的地址)MAC_{AP2}、本段发送结点地址(AP1 的地址)MAC_{AP1}、目的站点地址 MAC_D 和源站点地址 MAC_A。之后,$F_{AP1\text{-}AP2}$由 AP1 发送至 AP2。

(4) AP2 正确接收到 $F_{AP1\text{-}AP2}$后,对 $F_{AP1\text{-}AP2}$进行解析。在获取本段的发送结点地址 MAC_{AP1}后,向 AP1 回送确认帧 $ACK_{AP2\text{-}AP1}$。AP1 接收到确认帧 $ACK_{AP2\text{-}AP1}$后,认为本次发送的 $F_{AP1\text{-}AP2}$已被正确接收,发送完成。

(5) AP2 收到 $F_{AP1\text{-}AP2}$后,按照 $F_{AP1\text{-}AP2}$给出的目的站点地址,形成一个新 MAC 帧 $F_{AP2\text{-}D}$。该新 MAC 帧包含本段接收结点地址(也是目的终端地址)MAC_D、本段发送结点地址 MAC_{AP2}以及源站点地址 MAC_A。之后将 $F_{AP2\text{-}D}$发送至站点 D。

(6) 站点 D 正确接收到 $F_{AP2\text{-}D}$后,对 $F_{AP2\text{-}D}$进行解析。在获取本段的发送结点地址 MAC_{AP2}后,向 AP2 回送确认帧 $ACK_{D\text{-}AP2}$。AP2 接收到确认帧 $ACK_{D\text{-}AP2}$后,认为本次发送的 $F_{AP2\text{-}D}$已被正确接收,发送任务完成。

整个发送过程包含了 3 段无线通信过程,每段无线通信过程分别需要进行 ACK 确认。由于确认过程需要知道本段的发送结点和接收结点地址,因此,每段发送的 MAC 帧中需要携带的地址也不相同。

如果 ESS 中每个 BSS 的覆盖区域相互交叠,那么无线站点在 ESS 区域中移动时就不会失去无线连接,即使该站点从一个 BSS 移动到另一个 BSS。例如,在图 4-15 给出的例子中,ESS 由 BSS1、BSS2 和 BSS3 组成。当从 BSS1 移动到 BSS2 时,站点 C 可以自动将关联的 AP 从 AP1 变为 AP2,从而保持与无线局域网的链接。

4.2.3 关联与加入

如果将主机加入一个有线网络,那么需要将该主机通过电缆等硬件接入有线网络。与有线网络不同,无线站点加入无线网络不需要电缆等硬件。那么,怎么确认哪些无线设备属于一个无线网络呢？如果一个无线站点想利用一个AP与其所属的BSS中的其他站点进行通信，那么必须与该AP进行关联；如果一个站点想与一个IBSS中的其他站点通信，那么它必须加入该IBSS中。通过关联AP和加入IBSS，无线局域网确认哪些无线设备属于同一个无线局域网。

1. 与AP关联

在安装AP过程中，网络管理员需要配置该AP使用的信道号和使用的SSID。当开始正常运行后，AP会周期性地在网络管理员指定的信道发送信标帧(beacon frame)，以此表明自己的存在。每个信标帧都包含了该AP的SSID和MAC地址。无线站点为了得知所在区域的AP信息，扫描所有信道(在IEEE 802.11a/g中需要扫描11个信道)，找出来自该区域的AP发出的信标帧。当确认本区域正在运行的AP后，无线站点可以选择自己需要的AP并进行关联。

无线站点与AP关联过程中需要完成两项主要任务。一项是安全认证，另一项是将无线站点的MAC地址告知AP。网络安全将在第15章讨论，因此本章暂时忽略安全认证问题。AP接收到关联站点的MAC地址后，将该站点的MAC地址添加到AP的关联地址表中。AP的关联地址表记录了与该AP关联的所有无线站点，可在AP进行数据转发时使用。

无线站点扫描信道和监听信标帧的过程称为被动扫描(passive scanning)，如图4-19所示。另外，无线主机也可以通过主动扫描(active scanning)探测所在区域存在的AP，如图4-20所示。当无线主机主动发送AP探测广播帧后，所在区域的AP使用一个探测响应帧进行应答。无线主机分析AP的响应帧后即可选择自己需要的AP进行关联。

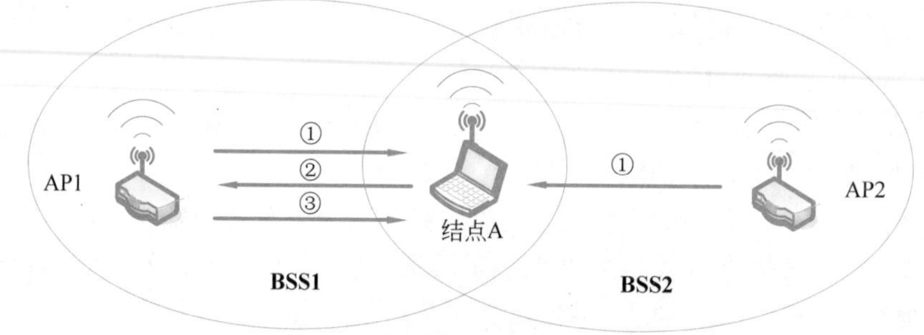

① AP1和AP2发送信标帧；
② A向希望关联的AP1发送关联请求帧；
③ AP1回送关联响应帧。

图4-19 被动扫描的工作过程

无线主机的扫描过程(无论是主动扫描，还是被动扫描)只能确定所在区域存在的AP。如果一台无线主机希望关联到一个AP，那么它必须向该AP发送关联请求帧，如图4-19和图4-20所示。收到关联请求后，AP应回送关联响应帧对无线主机的请求进行确认。如果收到一个AP的“成功”关联确认信息，则意味着无线主机加入了该AP所在的BSS并能通过该AP与其他结点通信。

当一个ESS由多个覆盖范围相互交叠的BSS组成时(见图4-15)，处于交叠区域的无线站点可以扫描到多个AP发送的信标帧，这些信标帧的SSID相同。在这种情况下，无线站点通常会选择信号最强的AP进行关联。当一个无线站点从一个BSS区域(如图4-15中的BSS1)逐渐漫游到另一个BSS区域(如图4-15中的BSS2)时，AP1的信号强度将逐渐减弱，AP2的信号强度将逐渐加强。当AP2的信号强度增大到一定程度，无线主机可以自动将其关联AP由AP1转换成AP2。

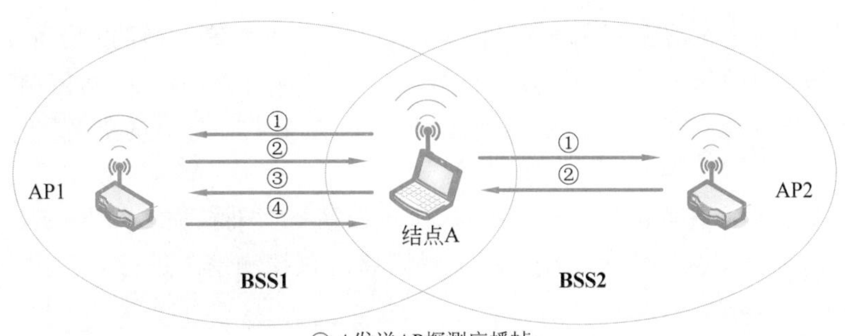

① A发送AP探测广播帧；
② AP1和AP2进行响应；
③ A向希望关联的AP1发送关联请求帧；
④ AP1回送关联响应帧。

图 4-20 主动扫描工作过程

2. 加入 IBSS

在基础设施无线局域网中，无线站点通过关联到 AP 加入一个 BSS 或 ESS 中。在利用 IBSS 组建的 Ad Hoc 网络中不存在 AP，无线站点怎么加入 IBSS 中呢？

利用 IBSS 方式组网时，由于 IBSS 中不存在中心控制结点，因此，信标帧的发送等管理功能需要其成员结点合作完成。

当一个站点加入一个 IBSS 时，它首先扫描所有的信道，监听信道上传送的信标帧，如图 4-21 所示。如果在一定的时间内没有收到信标帧或收到的信标帧与用户设定的 SSID 不同，那么说明该站点为第一个站点。这时，该站点选择一个 48 位的随机数作为本 IBSS 的 BSSID，并发送信标帧建立和初始化一个 IBSS；如果在扫描信道过程中收到了一个与用户设置的 SSID 相同的信标帧，那么说明希望加入的 IBSS 已经存在。这时，该站点需要保存信标帧中的 BSSID 值，并在以后与其他结点通信时利用该值表明所属的 IBSS。

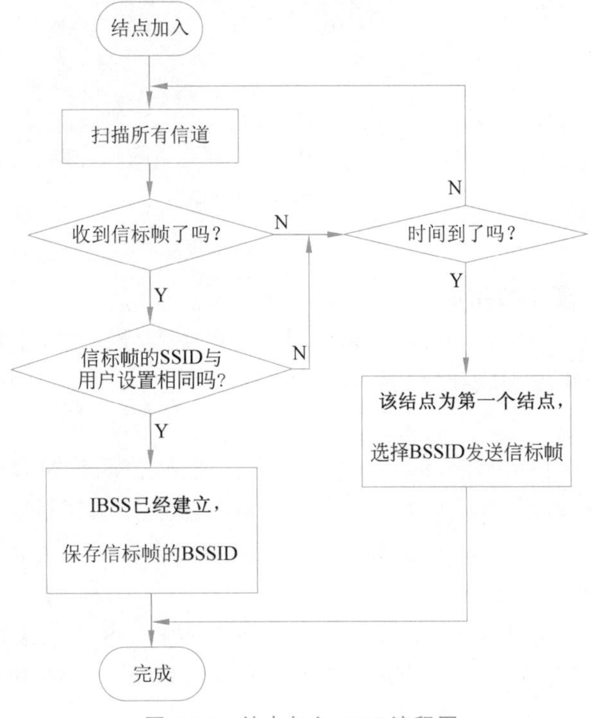

图 4-21 结点加入 IBSS 流程图

在 IBSS 中，无线主机需要不断侦听信标帧。如果在一个信标帧的发送周期内没有收到信标帧，那么 IBSS 中的每个结点都会随机选择一个等待时间值，等待时间值结束就发送信标帧；如果等待期间收到了来自其他结点的信标帧，那么就停止等待值的更新，进入下一个信标帧侦听周期。

IBSS 中的无线站点既可以执行被动扫描，也可以执行主动扫描。如果一台无线主机发送探测请求广播帧，那么最后一个发送信标帧的站点将对该探测请求进行应答。

4.3 帧结构和介质访问控制方法

无线以太网采用共享无线信道的方式进行信息传输。与共享式以太网相似，多个无线结点同时传输同样会产生“冲突”。只有采用精心设计的介质访问控制方法，合理地安排发送时机，才能尽量避免冲突，将信息帧可靠地送达接收站点。

有线以太网的成功对无线局域网的设计影响很大，因此，在无线局域网使用的技术中能够看到很多有线以太网的影子。例如，无线局域网采用了与有线以太网完全一样的 MAC 地址形式，无线局域网的介质访问控制方法也借鉴了共享式以太网的介质访问控制方法。但是，由于传输介质的差异，无线局域网不能完全照搬有线以太网的实现技术。本节对无线局域网的帧结构和介质控制访问方法进行。

4.3.1 802.11 帧格式

802.11 帧由帧控制、持续期、序列控制、校验码、携带的数据以及 4 个地址字段组成，如图 4-22 所示。

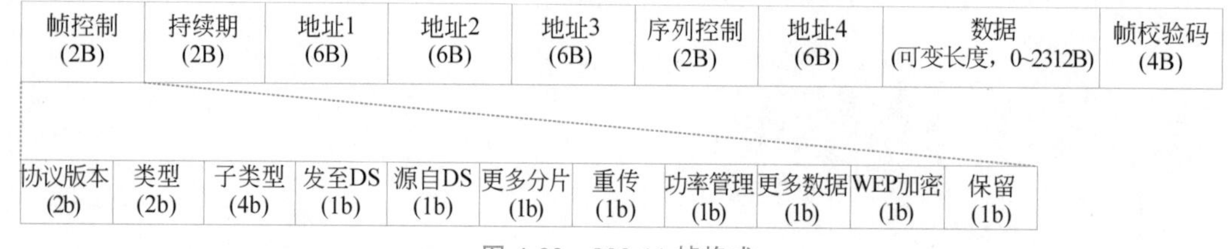

图 4-22　802.11 帧格式

1. 帧控制

帧控制字段由多个子字段组成。

协议版本(protocol version)：表示该帧使用的协议版本号。目前常用的协议版本号通常为 0。如果一台无线主机发现收到帧的协议版本号高于自己能处理的版本号，则需要将该帧抛弃。

类型(type)和子类型(subtype)：802.11 帧分为管理帧、控制帧和数据帧 3 类。管理帧用于管理 BSS 接入等工作过程，如信标帧、探测请求和响应等；控制帧用于控制 MAC 帧的传输过程，如 ACK 帧、RTS/CTS 帧等；数据帧用于携带高层用户数据。这里的类型和子类型用于表示该帧的具体类型和子类型。

发至 DS(to DS)和源自 DS(from DS)：发至 DS 和源自 DS 表示该帧是发送到分布式系统，还是来自分布式系统。另外，发至 DS 和源自 DS 的取值决定了帧中 4 个地址字段的具体含义。

更多分片(more fragment):表示该帧是否为一个分片帧。根据信道质量的不同,无线局域网有时需要将一个较长的帧分成几个分片,以提高传输的可靠性和成功率。如果传输的是一个分片帧,则该帧的更多分片字段应该置为1。

重传(retry):指示该帧为一个重传帧。重传与序列控制字段结合可以帮助目标主机抛弃重复接收到的帧。

功率管理(power management)与更多数据(more data):802.11无线主机可以采用省电模式,以降低功率消耗。如果一个帧的功率管理子字段设置为1,那么说明发送结点将进入省电模式。处于省电模式的结点仅接收信标等管理帧,其他结点发送给它的数据帧暂时缓存在AP上。通过将信标等管理帧的更多数据子字段设置为1,AP告知省电结点缓存帧的存在。

WEP加密:指示该帧的数据区域已经进行了WEP加密处理。

2. 持续期

802.11允许传输结点对信道进行预约,而持续期(duration)字段包含的就是预约的时长(单位为μs)。在预约期内,检测信道的站点认为信道处于忙状态。收到该字段后,接收结点将该字段的值保存在本地并按时间进行递减(1μs减1)。在该值递减到0之前,结点一直认为信道处于忙状态。虽然这种工作方式不直接侦听信道,但功能也是判定信道的忙闲,因此,这种方式被称为虚拟侦听。

3. 序列控制

序列控制(sequence control)字段用于识别重复收到的信息帧。在无线局域网中,无线站点正确收到一个帧后需要回送确认帧。由于确认帧有可能丢失,因此,发送站点可能会多次发送同一个帧。为了让接收结点识别出这些重复帧,发送结点为每个"新"帧设置了不同的序列控制号。另外,序列控制字段由序列号和分片号两个子字段组成。将序列控制和更多分片字段结合起来使用,目标结点还可以识别出该帧是不是已经分片,是第几个分片等。

4. 数据

数据字段是一个可变长的字段,用于携带上层传下来的数据。

5. 帧校验码

802.11采用32位的CRC校验。校验范围从帧控制字段开始,直到数据字段结束。

6. 地址

由于需要分段确认,802.11帧结构中包含了4个地址字段,每个地址字段的具体含义都与发至DS和源自DS字段的取值有关。表4-1列出了在发至DS、源自DS不同取值时4个地址字段的具体含义。

表4-1 802.11帧中的地址含义

发至DS	源自DS	地址1	地址2	地址3	地址4	发送方向
0	0	目的地址	源地址	BSSID	N/A	IBSS中主机直接通信
0	1	目的地址	发送AP	源地址	N/A	AP发送,主机接收
1	0	接收AP	源地址	目的地址	N/A	主机发送,AP接收
1	1	接收AP	发送AP	目的地址	源地址	AP发送至AP

注:N/A表示不使用该地址字段

下面以图4-23中站点A向站点B发送数据为例,讨论4种不同情形下(图4-23(a)~图4-23(d))各个地址字段的使用情况。

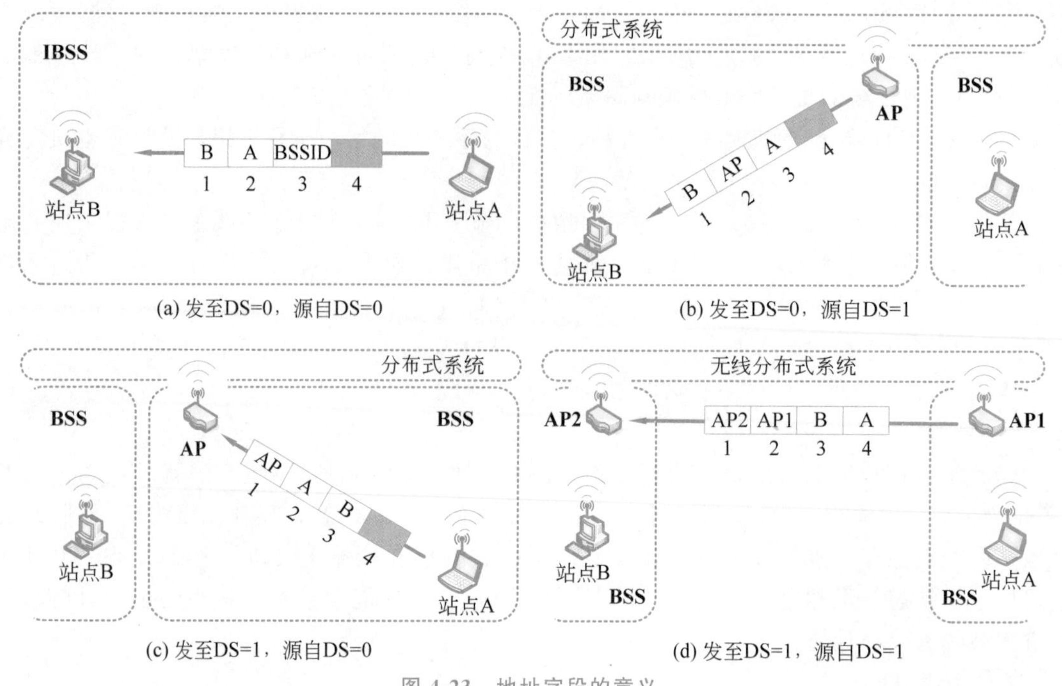

图 4-23　地址字段的意义

(1) 发至 DS=0,源自 DS=0:发至 DS 和源自 DS 都为 0 说明该帧是 IBSS 内一个站点向另一个站点直接发送的信息帧。在这种情况下,第 1 个地址字段为目的站点 B 的地址;第 2 个地址字段为源站点 A 的地址;第 3 个地址字段为所处 IBSS 的标识 BSSID;第 4 个字段为空,不使用。

(2) 发至 DS=0,源自 DS=1:发至 DS=0,源自 DS=1 说明该帧是一个 AP 向其所属站点发送的信息帧。在这种情况下,第 1 个地址字段为接收结点(也是目的站点)B 的地址,第 2 个地址字段为发送结点 AP 的地址,第 3 个地址字段为源站点 A 的地址,第 4 个字段为空,不使用。

(3) 发至 DS=1,源自 DS=0:发至 DS=1,源自 DS=0 说明该帧是一个站点向其所属 AP 发送的信息帧。在这种情况下,第 1 个地址字段为接收结点 AP 的地址,第 2 个地址字段为发送结点(也是源站点)A 的地址,第 3 个地址字段为目的站点 B 的地址,第 4 个字段为空,不使用。

(4) 发至 DS=1,源自 DS=1:发至 DS 和源自 DS 都为 1 说明该帧是由一个 AP 发向另一个 AP 的信息帧。在这种情况下,第 1 个地址字段为接收结点 AP2 的地址;第 2 个地址字段为发送结点 AP1 的地址;第 3 个地址字段为目的站点 B 的地址;第 4 个字段为源站点 A 的地址。

4.3.2　介质访问控制方法

在无线局域网中,结点的发送采用广播方式,其对共享无线信道的访问控制采用带有冲突避免的载波侦听多路访问(Carrier Sense Multiple Access with Collision Avoidance,CSMA/CA)方法。与以太网的 CSMA/CD 方法相似,无线局域网每个结点在发送数据之前需要侦听共享无线信道,如果忙(即其他结点正在发送),则该站点必须等待。与以太网的 CSMA/CD

方法不同，无线局域网采用的是冲突避免(CA)技术，而不是冲突检测(CD)技术。这意味着无线结点应采取一定措施尽量避免与其他结点发送的信息发生冲突，而不像有线以太网那样一边发送一边进行冲突检测。未采用冲突检测技术的主要原因之一，是冲突检测要求网络结点具有同时发送和接收的能力。由于接收无线信号的强度通常远远小于发送信号的强度，因此，实现具有冲突检测能力的无线网卡代价很大。

由于无线结点在占用信道发送信息过程中不能检测冲突，发送结点不知道发送的信息是否正确到达接收结点，因此，无线局域网 CSMA/CA 方法要求目标接收结点收到完整无损的信息后回送确认信息。只有正确接收到目标结点回送的确认信息，发送结点才认为发送成功；否则，发送结点认为发送失败，需要重新发送该信息。

1. 无线局域网的发送

由于无线局域网采用广播方式在共享信道中发送信息，因此，“冲突”的产生不可避免。不过，无线局域网采用了一种冲突避免技术，能有效减少冲突的发生。

实际上，冲突最有可能发生在共享广播信道由“忙”变“闲”的一刹那。这时多个准备发送的结点同时检测到信道空闲，同时争用信道进行发送。为此，CSMA/CA 技术要求每个发送结点在检测到信道空闲后随机选择一个延迟发送时间，只有信道空闲且延迟发送时间到时后，信息的发送过程才能开始。CSMA/CA 发送一个数据帧的流程如图 4-24 所示。

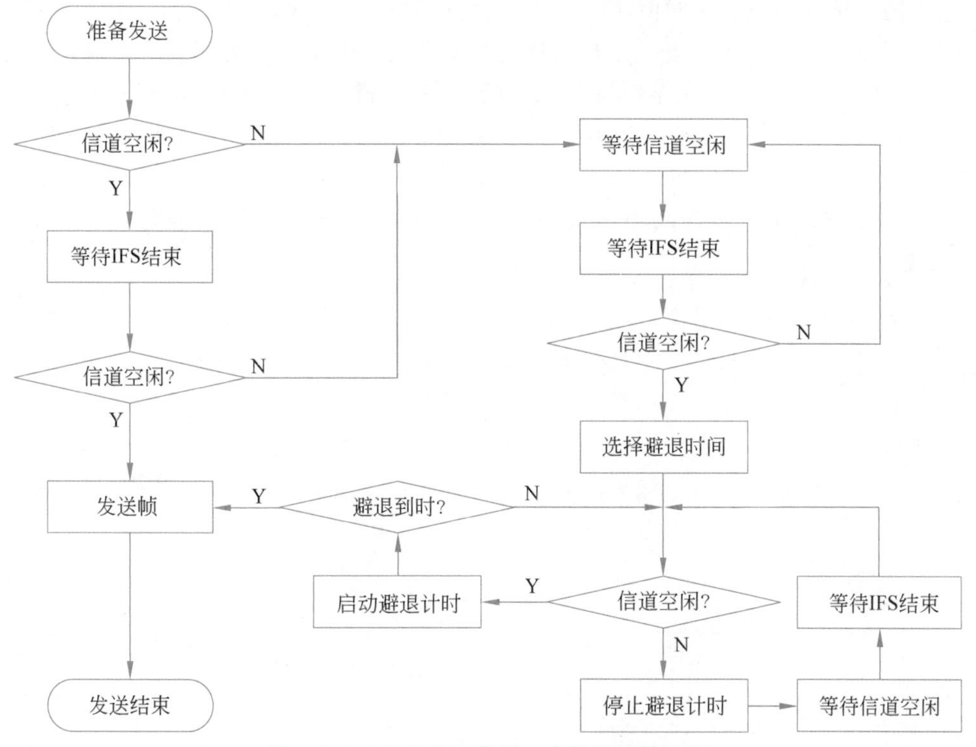

图 4-24 CSMA/CA 发送一个数据帧的流程

发送结点准备好一个 MAC 帧后，启动 CSMA/CA 发送流程。首先，发送结点侦听共享信道，若信道空闲，而且接下来的帧间隙时间内继续空闲，则开始发送 MAC 帧，直到发送结束；否则，发送结点进入等待阶段。帧间隙(Inter-Frame Space，IFS)也称帧间间隔，是共享信道中两帧之间需要维持的一段空闲时间。无线局域网中的所有结点在发送完一帧后，必须等待 IFS 后，才能发送下一帧。

在等待发送阶段,发送结点一直侦听信道的忙闲状态,直到侦听到信道空闲。如果信道空闲后的IFS时间后仍然空闲,发送结点进入退避阶段;否则,继续侦听信道状态。

在退避阶段,发送结点首选随机选择一个避退发送时间值,同时继续侦听信道的忙闲状态。如果侦听到信道忙,则停止退避发送计时,同时,在由忙变闲的IFS时间内继续停止计时;否则,发送结点递减退避发送时间值。一旦避退发送时间值递减为0(由于只有在信道空闲时才递减该值,因此这时的信道一定处于空闲状态),发送结点进入发送状态,发送整个MAC帧。

在发送完成之后,发送结点需要等待接收结点的确认帧。如果在规定的时间内收到确认信息,那么发送结点认为接收结点已经正确接收到发送的帧,发送成功;否则,发送结点认为发送失败,启动重发流程。

图4-25显示了一个CSMA/CA简单的数据发送过程。在t_1和t_2时刻,结点A和结点B分别需要发送数据信息I_A和I_B。于是,它们分别在t_1和t_2时刻开始侦听信道。当发现信道已经被占用后(这时结点C正在占用信道发送数据),结点A和结点B持续侦听信道,直到t_3时刻信道空闲(结点C发送结束)。这时,结点A和结点B需要继续侦听信道状态,直到IFS结束。由于在t_3到t_4的IFS时间内信道一直空闲,因此,结点A和结点B进入退避阶段。结点A和结点B各自随机选择一个退避发送时间值,并在信道空闲时递减该值。在图4-25中,t_4到t_5之间的信道一直空闲,因此,结点A和结点B可以顺利递减退避发送时间值。在时刻t_5,结点A随机选择的退避时间值递减为0,于是开始发送数据信息I_A。与此同时,由于结点B侦听到信道忙(结点A已经开始发送数据),因此停止其退避发送时间值的递减并继续侦听信道。在t_7时刻,结点A发送结束,结点B又侦听到信道空闲。但是,结点B并不能马上开始退避时间的递减,需要继续检测信道忙闲,直到IFS结束。由于在t_7到t_8的IFS时间内信道一直空闲,结点B在t_8时刻开始恢复避让时间的递减工作。由于信道一直空闲,结点B在t_9时刻顺利将其避让时间值递减到0。因此,结点B在t_9时刻开始发送自己的数据I_B,直到t_{10}时刻发送结束。

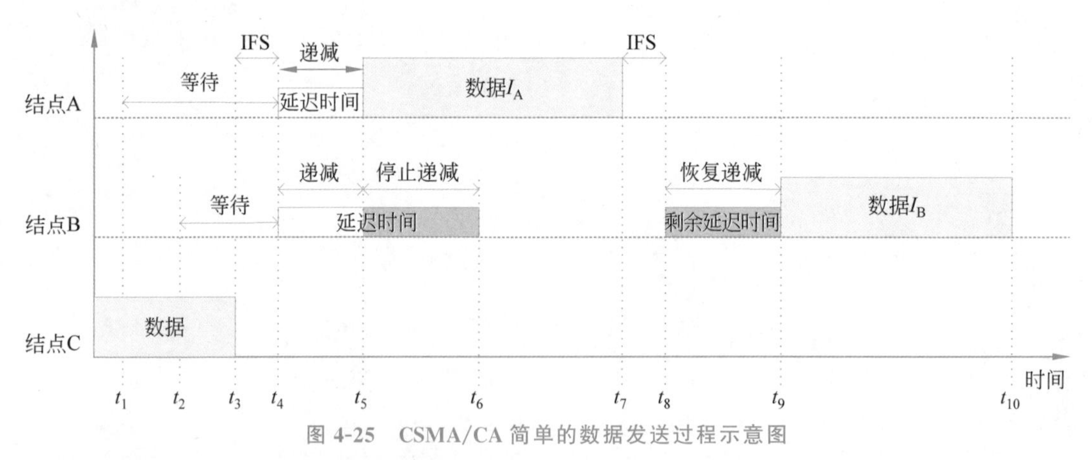

图4-25 CSMA/CA简单的数据发送过程示意图

采用CSMA/CA方法的结点A和结点B,由于在t_4时刻同时侦听到信道空闲后并没有急于发送,而是采用了随机延迟发送的方法,因此,有效地避免了冲突的发生。

2. 帧间隙

前面已经提到,帧间隙IFS是共享信道中两帧之间需要维持的一段空闲时间。无线结点在发送完一帧后,必须等待IFS后,才能发送下一帧。两帧之间需要留有一段空闲时间,既能使系统简单地区分帧的边界,也能保证天线完成发送状态和接收状态之间的转换。

无线结点发送 MAC 帧前需要等待的帧间隙不是固定值,系统会根据发送的 MAC 帧类型确定本次帧间隙的时间值。由于发送 MAC 帧之前,要求信道在 IFS 时间内一直保持空闲,因此,具有较短 IFS 值的 MAC 帧就会抢先发送,致使具有较长 IFS 值的 MAC 帧继续等待。这样,通过为不同类型的帧设定不同的 IFS,就可以为这些帧设定不同的优先级。一个帧需要等待的 IFS 越短,优先级越高。

本书涉及的 IFS 有两种,一种是短帧间隙(Short Inter-Frame Space,SIFS),另一种是分布协调功能帧间隙(DCF Inter-Frame Space,DIFS)。

SIFS 是最短的帧间隙,这段时间主要用于使系统完成发送状态和接收状态之间的转换。SIFS 对应的 MAC 帧一般是应答帧,通常已经获得了信道的控制权。例如,收到一个数据帧后,无线结点需要使用 ACK 进行确认。由于发送 ACK 使用的时间间隙是 SIFS,因此,ACK 具有较高的优先权。需要注意的是,ACK 帧的发送不采用退避方法,SIFS 到时后直接发送。

DIFS 比 SIFS 间隙长,是携带用户数据的 MAC 帧发送前需要等待的时间间隙。当无线结点侦听到信道空闲后,需要等到信道 DIFS 时间内持续空闲,才能发送数据或进入退避状态。由于 DIFS 比 SIFS 间隙长,因此,携带用户数据的 MAC 帧比 ACK 帧的优先级低。

3. RTS 和 CTS 机制

尽管 CSMA/CA 方法在很大程度上能够避免冲突的发生,但是在某些情况下(如两个发送结点选择了相同的延迟发送时间值),冲突的发生又不可避免。与以太网使用的 CSMA/CD 方法不同,由于 CSMA/CA 方法在发送过程中不进行侦听,因此,即使在发送过程中发生冲突,发送也不会立即停止。如果一个结点发送的数据与其他结点发送的数据发生冲突,那么这些出错的数据只有当所有数据都发送完毕,信道空闲后才可能重新发送。因此,如果发生冲突的数据块长度很长,那么冲突数据块占用信道的时间也会很长,这样信道的利用率就会降低。

为了提高信道的利用率,无线局域网引入了 RTS 和 CTS。RTS 和 CTS 是两个长度很短的控制信息。在发送正式的数据之前,发送结点首先发送 RTS。正确接收到 RTS 后,目标结点回送 CTS。RTS 和 CTS 用于通知无线局域网中的其他结点,在随后的一段时间内不要发送数据,信道已经被预约,预约时间的长度包含在 RTS 和 CTS 控制信息中。由于 RTS 与 CTS 长度很短,即使与其他结点发送的信息发生冲突,也不会长时间占用信道。

另外,RTS 和 CTS 的引入还在很大程度上解决了无线局域网一个较为特殊的问题——隐藏终端问题。在有线以太网中,一个结点发送信息可以保证该网中的其他结点一定能够接收到。但是,在无线局域网中,由于发送功率、障碍物等因素的影响,一个结点可能接收不到另一个结点发送的信息。

在图 4-26 给出的示意图中,结点 B 和结点 C 分别能与结点 A 通信。但是由于覆盖距离或障碍物(如墙壁)的影响,结点 B 和结点 C 之间不能互相听到对方发送的信息,结点 B 和结点 C 相互隐藏。当结点 B 向结点 A 发送信息过程中,由于结点 C 侦听不到信道忙,因此,结点 C 也可能向结点 A 发送信息,这样信息在结点 A 处便会产生冲突。

在使用 RTS 和 CTS 机制后,结点 B 向结点 A 发送数据前首先发送 RTS,而结点 A 收到后需要回送 CTS。如果结点 C 能正确接收到结点 A 回送的 CTS,那么它就可以根据 CTS 信息中的信道预约时间延迟自己的发送,从而避免在结点 A 处发生冲突。

尽管 RTS 和 CTS 的长度都很短,但是传送这些额外的控制信息也需要占用信道宝贵的时间。如果每次发送的数据块长度很短,那么 RTS 和 CTS 的引入反而会使信道的利用率下降。因此,在无线局域网中,用户一般可以选择是否使用 RTS 和 CTS 机制,甚至可以选择发

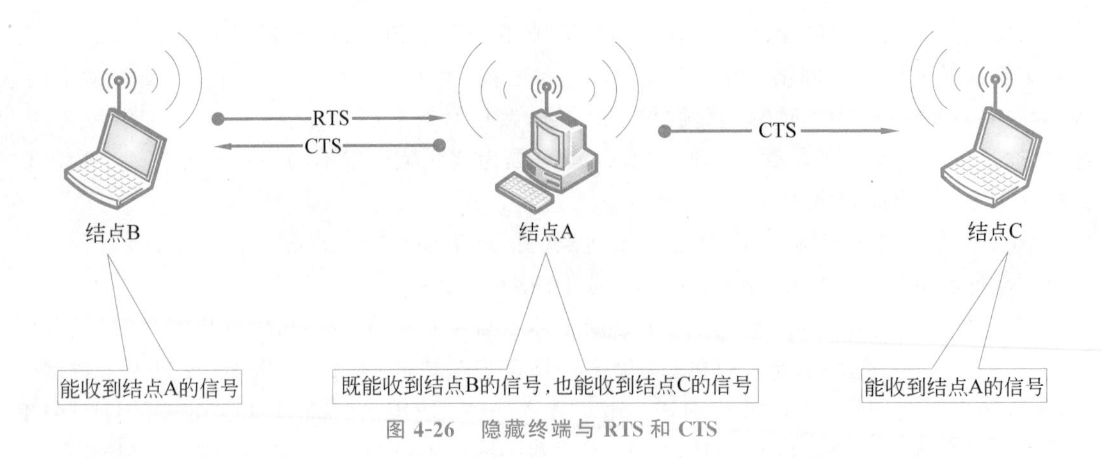

图 4-26　隐藏终端与 RTS 和 CTS

送数据块长度达到多大时使用 RTS 和 CTS 机制。

4.4　无线局域网的相关标准与设备

尽管无线局域网采用的体系结构、介质访问控制方法、帧结构等基本相同，但是由于采用的无线通信技术、编码方式、使用频段不同，不同标准的无线局域网在支持的数据传输速率、抗干扰能力、兼容性等方面都存在一定的差异。

4.4.1　技术标准

无线局域网的主要技术标准包括 IEEE 802.11、IEEE 802.11b、IEEE 802.11g、IEEE 802.11a、IEEE 802.11n 和 IEEE 802.11ac。表 4-2 列出了这些标准与其主要特性。

表 4-2　无线局域网标准与其主要特性

IEEE 标准	技　　术	频　　带	最 高 速 率
802.11	FHSS/DSSS	2.4GHz	2Mb/s
802.11b	HR-DSSS	2.4GHz	11Mb/s
802.11g	OFDM/DSSS	2.4GHz	54Mb/s
802.11a	OFDM	5GHz	54Mb/s
802.11n	OFDM/MIMO	2.4GHz/5GHz	600Mb/s
802.11ac	OFDM/MIMO	5GHz	1Gb/s

IEEE 802.11 是最基本、应用最早的无线局域网标准。它运行在 2.4GHz 的工业、科学、医疗专用 ISM 频段，利用 FHSS 或 DSSS 扩频技术，支持最高为 2Mb/s 的数据传输速率。随着无线局域网的广泛应用，2Mb/s 的传输速度已经不能满足人们的要求，因此，IEEE 802.11 标准的无线局域网设备已经逐渐淡出市场。

IEEE 802.11b 和 IEEE 802.11g 是较为流行的两个标准，它们同样运行在 2.4GHz 的 ISM 频段。其中，IEEE 802.11b 采用高速率直接序列扩频(High Rate Direct Sequence Spread Spectrum，HR-DSSS)技术，最高数据传输速率为 11Mb/s。IEEE 802.11g 采用 OFDM 和 DSSS 技术，可以支持 54Mb/s 的数据传输速率。由于 IEEE 802.11b 和 IEEE 802.11g 都是用

2.4GHz 的 ISM 频段，不但传输速率高，而且兼容性好，因此，得到了广泛的应用。

IEEE 802.11a 采用 5GHz 免申请国家信息基础 UNII 频段，利用 OFDM 技术，数据传输速率也可以达到 54Mb/s。

IEEE 802.11n 是一个较新的无线局域网标准。这个标准既可以使用 2.4GHz 的 ISM 频段，也可以使用 5GHz 的 UNII 频段。由于采用了 OFDM、MIMO、信道绑定(channel bonding，即两个信道当作一个信道使用)、数据帧集成(packet aggregation)等多种新技术，IEEE 802.11n 的数据传输速率可以达到 600Mb/s。同时，与 IEEE 802.11a 和 IEEE 802.11g 相比，IEEE 802.11n具有更高的可靠性、更大的覆盖范围和更好的兼容性。大部分的无线局域网产品都支持 IEEE 802.11n 标准，它已逐渐替代 IEEE 802.11b/g/a，成为无线局域网产品的主流。

IEEE 802.11ac 是 IEEE 802.11n 的继承者，运行在 5GHz 的 UNII 频段。IEEE 802.11ac 扩展了 IEEE 802.11n 使用的很多传输技术，例如，采用了更宽的无线频带带宽、更多的 MIMO 空间流和多用户流、更高阶的调制技术等，使数据传输速率可以达到 1Gb/s。目前，较新的无线局域网产品都开始支持 IEEE 802.11ac 标准。

Wi-Fi 联盟(Wi-Fi Alliance，无线保真联盟)是一个致力于改善无线局域网产品之间互通性的组织，通过 Wi-Fi 认证的产品通常具有很好的互通性和兼容性。因此，IEEE 802.11 无线局域网有时也称为 Wi-Fi 网。目前，通过 Wi-Fi 认证的无线局域网产品一般都符合 IEEE 802.11b/g/a/n/ac 标准。

需要注意的是，受应用环境(如距离、障碍物等)的影响，无线结点之间实际的数据传输速率可能达不到标准规定的最大数据传输速率。例如，IEEE 802.11b 支持的最高数据传输速率为 11Mb/s，但在实际应用中，根据应用环境的不同，结点之间的数据传输速率可能降至 5.5Mb/s、2Mb/s 或 1Mb/s；IEEE 802.11g 支持的最高数据传输速率为 54Mb/s，但在实际应用中，根据应用环境的不同，结点之间的数据传输速率可能降至 48Mb/s、36Mb/s、24Mb/s、18Mb/s、12Mb/s、9Mb/s 或 6Mb/s。

4.4.2 组网所需的器件和设备

无线局域网最基本的组网模式是自组模式和基础设施模式。通过这两种基本模式，可以组建多层次、有线与无线并存的计算机网络。根据组网模式的不同，组装无线局域网所需的器件和设备也稍有不同。常用的无线局域网组网设备包括无线网卡、AP 设备和天线等。

1. 无线网卡

无线网卡能够实现 CSMA/CA 介质访问控制协议，完成类似于有线以太网网卡的功能。它是组装无线局域网的最基本部件，接入无线局域网的每个结点至少应该装有一块无线网卡。

无线网卡通常内置于便携式计算机、平板计算机、智能电话等主机设备中。如果没有内置，可以通过外接的方式增加无线网卡。外接无线网卡有的采用 PCI 接口，插装在主机板的 PCI 插槽上；有的采用 USB 接口，可以直接插接在机箱外部的 USB 插槽中，如图 4-27 所示。其中，USB 接口的无线网卡由于安装和配置简单，因此最为常用。

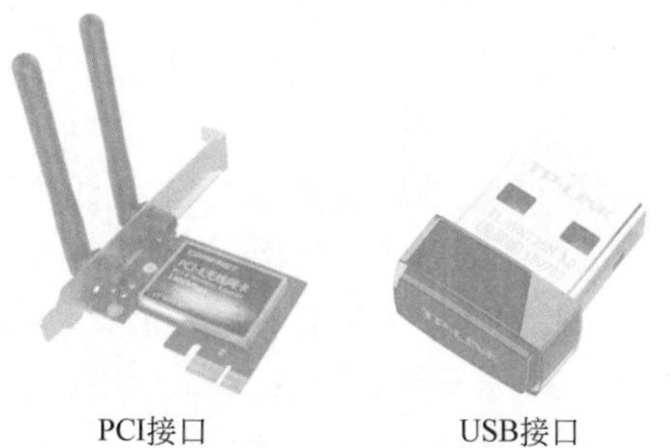

图 4-27 无线网卡的接口类型

目前,无线网卡基本上都能支持 IEEE 802.11b/g/a/n/ac 标准,具有自适应功能,能够按照当时的环境等状态选择合适的标准和速率。

2. AP 设备

在基础设施无线局域网模式中,无线访问接入点 AP 处于中心位置,其功能类似于以太网交换机。由于无线结点间的通信都需要通过 AP 完成,因此,AP 设备的优劣直接关系到无线网络性能的高低。

AP 设备的种类很多,如图 4-28 所示。它们有的适用于企业,有的适用于家庭;有的适用于室内,有的适用于室外。目前,市场上出售的 AP 都能支持 802.11b/g/a/n 标准,较新的 AP 多数也可以支持 802.11ac 标准。

图 4-28 无线 AP 设备

现有的无线 AP 设备通常带有有线以太网口,可以作为无线设备接入有线网络的桥梁,实现无线网络数据和有线网络数据的相互转发。

3. 天线

无线网卡和一些 AP 设备通常自带天线,但为了进一步提高数据传输的稳定性和可靠性,扩大无线局域网的覆盖范围,有时需要外接天线,以提高无线信号的信噪比。

外接天线一般可以分为室内天线和室外天线,也可以分为全向天线和定向天线,如图 4-29 所示。

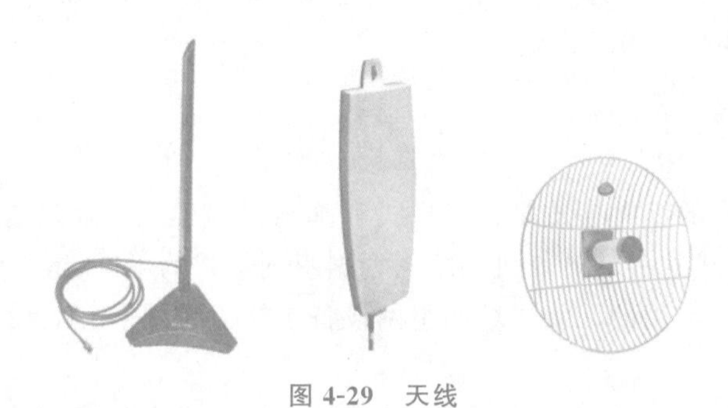

图 4-29 天线

组建简单的无线局域网

4.5 实验:动手组装无线局域网

随着智能终端设备的兴起,无线局域网应用越来越多。其中,基础设施无线局域网是目前应用最广泛的无线局域网。AP 处于基础设施无线局域网的中心,负责转发其他结点的信息。本次实验组建一个带有 AP 的无线局域网,同时通过 UTP 电缆将 AP 与以太网交换机进行连接,形成一个有线、无线互通的网络。通过实验,学习无线网络的配置过程,熟悉网络的连通性测试方法,观察无线局域网 MAC 帧格式和地址形式。

1. 网络的拓扑结构

运行 Packet Tracer 仿真软件，在设备类型和设备选择区选择交换机、无线 AP 和主机。将选择的交换机、无线 AP 和主机用鼠标拖曳至 Packet Tracer 的工作区，形成如图 4-30 所示的网络结构。其中，以太网交换机通过 UTP 电缆与无线 AP 相连，PC1 和 PC2 与以太网交换机相连，PC3 和 PC4 连接无线 AP。但是，到目前为止，PC3 和 PC4 并未与无线 AP 连通。

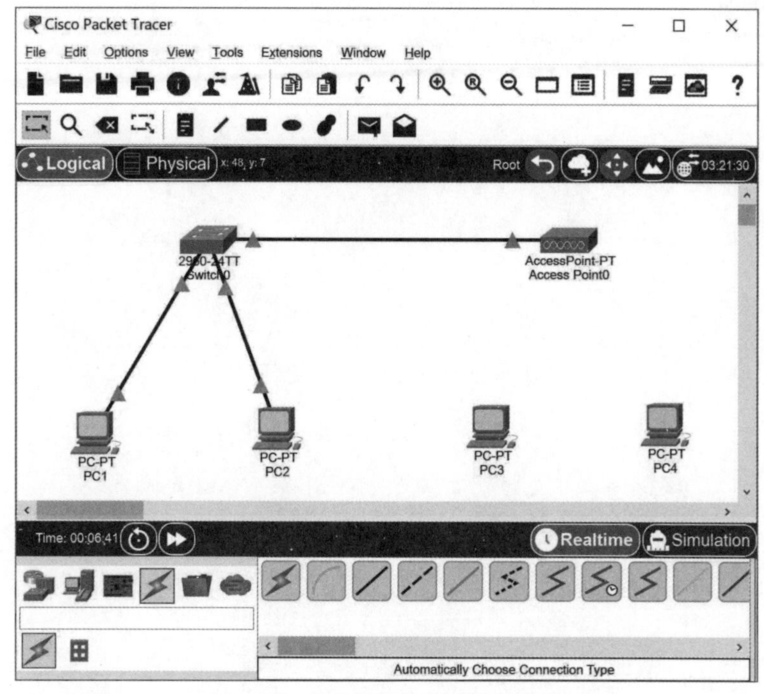

图 4-30 实验使用的网络拓扑结构

2. 无线 AP 的配置

与真实环境相同，仿真环境下的无线 AP 也可以配置。单击无线 AP，在弹出的无线 AP 配置界面中选择 Config 中的无线端口 Port1，可以设置无线 AP 的 SSID、使用的信道、加密和认证参数等，如图 4-31 所示。例如，可以将无线 AP 的 SSID 由默认的 default 修改为 AP0。

3. 在主机中添加无线网卡

Packet Tracer 仿真环境中给出的主机(包括便携式计算机)通常只安装了有线以太网卡。如果想连接无线 AP，必须在主机中添加一块无线以太网卡。Packet Tracer 仿真环境提供设备硬件模块的删除、添加功能。单击 Packet Tracer 工作区中的一个设备，从弹出的配置界面的 Physical 页中可以看到该设备的外观、可用的组件模块以及组件模块的说明。通过该界面，可以采取鼠标拖拉方式对仿真环境中的设备组件模块进行修改。例如，图 4-32 显示了单击工作区主机后系统弹出的 Physical 页面。图 4-32 左侧列出了该主机可以使用的组件模块列表，右侧显示了主机的外观。单击组件模块列表中的组件模块，该组件模块的功能将显示在界面下方的文本框中。

为主机添加无线网卡的过程如下：

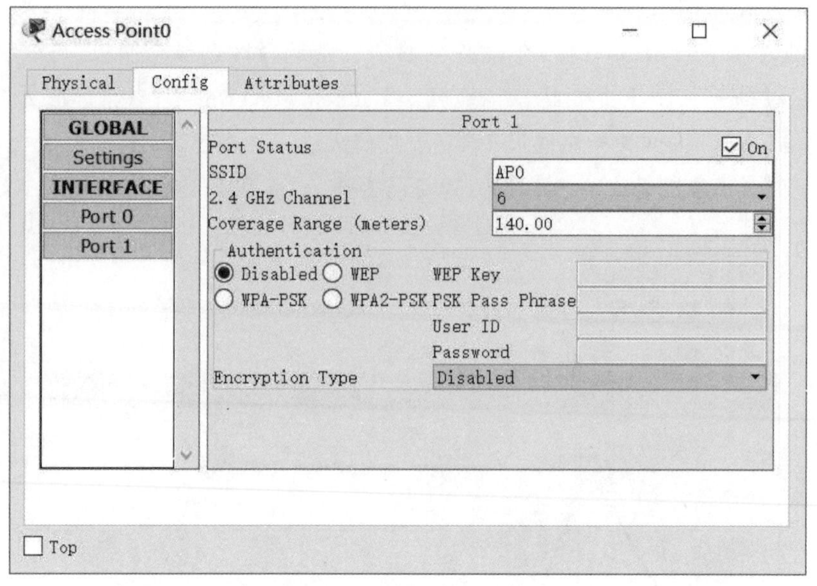

图 4-31　无线 AP 的配置界面

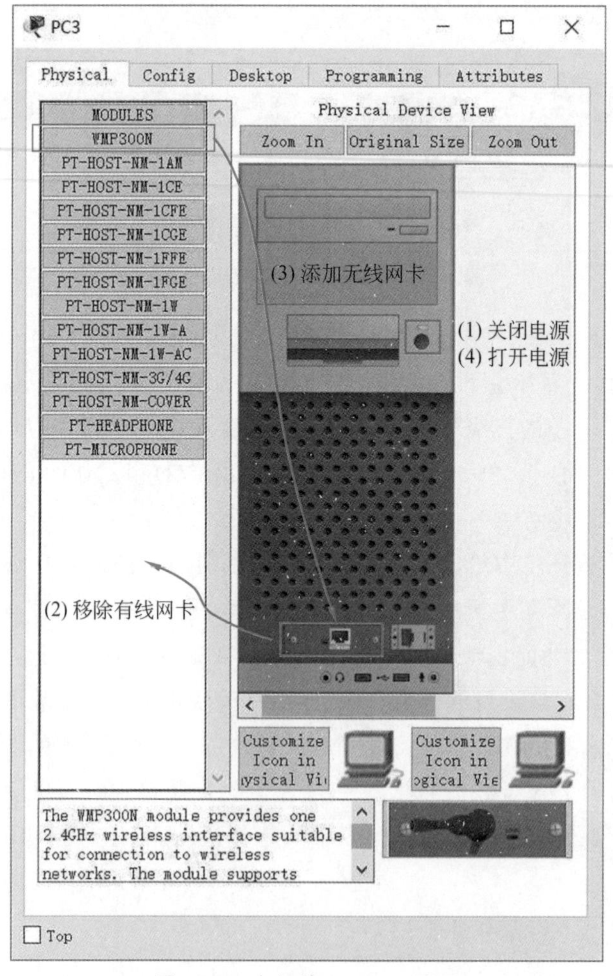

图 4-32　主机的 Physical 页面

(1) 与真实环境相同,在 Packet Tracer 仿真环境下为设备添加或移除硬件模块,必须在关机的状态下进行。单击设备外观中的"电源"按钮,可以转换这台设备的开关状态,如图 4-32 所示。

(2) 在组件模块列表中,WMP300N 是无线局域网网卡,该网卡需要占用一个扩展槽。但是,从外观上看,该主机目前没有可用的扩展槽。因此需要首先将有线网卡移除,以便为无线网卡腾出空间。单击"有线网卡"区域,将有线网卡用鼠标拖入组件模块列表中,移除有线网卡,如图 4-32 所示。

(3) 在移除有线网卡后,单击组件模块列表中的无线网卡 WMP300N,用鼠标将其拖入空闲的主机插槽处,如图 4-32 所示。

(4) 单击"电源"按钮,主机加电开始运行。

4. 连接无线 AP

添加无线网卡并加电运行后,主机系统会自动连接信号较强的无线 AP。如果存在多个无线 AP(如在 Packet Tracer 工作区放置了多个无线 AP),可以通过单击主机,在弹出界面的 Desktop 中运行 PC Wireless,进而选择需要连接的无线 AP,如图 4-33 所示。

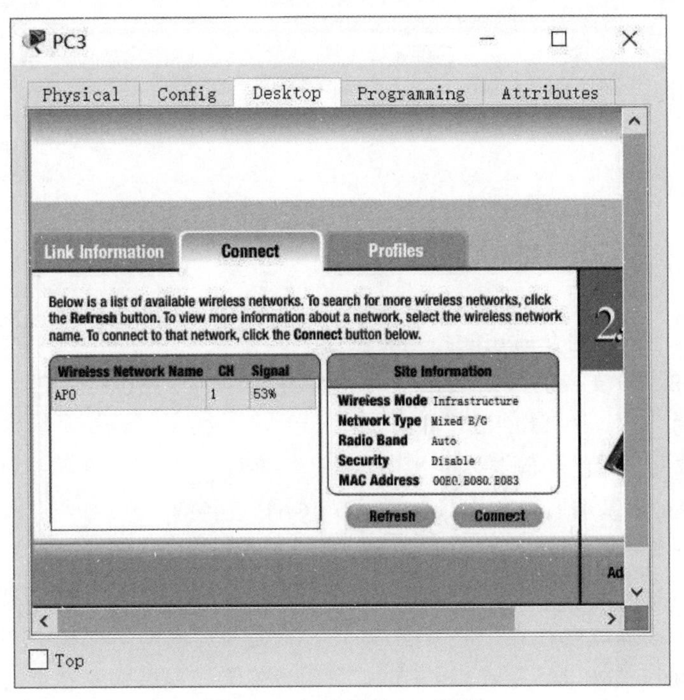

图 4-33 连接无线 AP 界面

5. 网络连通性测试

完成无线 AP 连接后,系统的状态如图 4-34 所示,这时可以按照前两章实验介绍的方法为每个主机分配 IP 地址,使用 ping 命令进行网络连通性测试。同时,在 Simulation 方式下运行,观察 802.11 帧的结构和其地址形式。

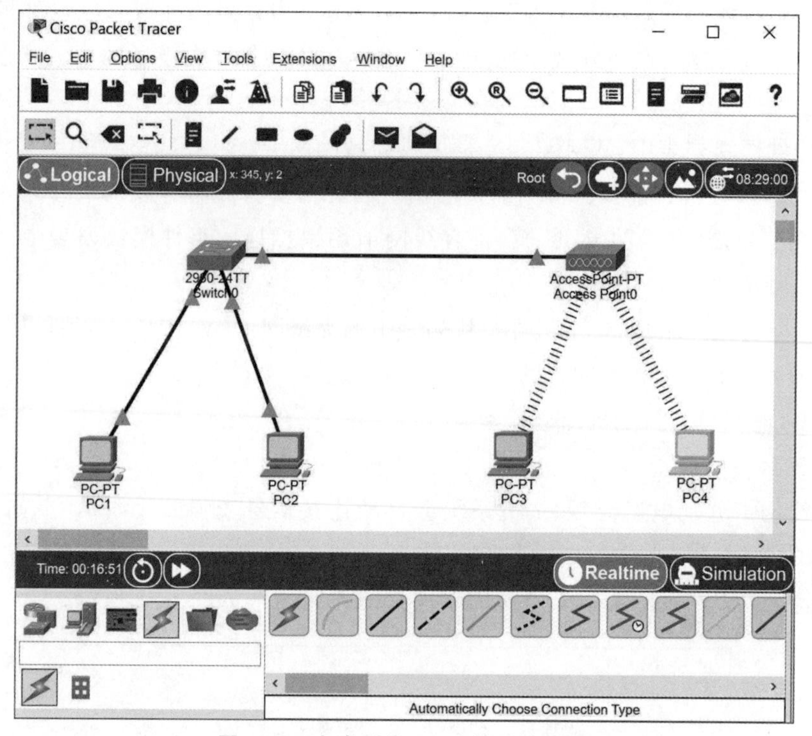

图 4-34　完成无线 AP 连接后的界面

练习与思考

一、填空题

（1）无线局域网使用的介质访问控制方法为________。

（2）IEEE 802.11b 支持的最高数据传输速率为________ Mb/s，IEEE 802.11g 支持的最高数据传输速率为________ Mb/s。

（3）无线局域网采用的扩频技术主要有两种：一种是________，另一种是________。

（4）在带有 AP 的基本服务集中，其 BSSID 为 AP 设备的________。

二、单项选择题

（1）关于自组无线局域网和基础设施无线局域网，选项（　　）的说法是正确的。

a）自组无线局域网存在中心结点，基础设施无线局域网不存在中心结点

b）自组无线局域网不存在中心结点，基础设施无线局域网存在中心结点

c）自组无线局域网和基础设施无线局域网都存在中心结点

d）自组无线局域网和基础设施无线局域网都不存在中心结点

（2）关于无线局域网，选项（　　）说法是正确的？

a）发送结点在发送信息的同时监测信道是否发生冲突

b）发送结点发送信息后需要目的结点确认

c）AP 结点的引入解决了无线局域网的冲突问题

d）无线局域网和有线以太网都存在隐藏终端问题

（3）在 802.11b 无线局域网中，与信道 6 互不干扰的信道为（　　）。

a）信道1　　b）信道3　　c）信道5　　d）信道7

三、动手与思考题

（1）AP有胖AP(fat AP)和瘦AP(fit AP)之分。胖AP能够进行自我管理(例如，胖AP自带SSID设置、信道号设置等功能)，而瘦AP剥离了控制功能，需要使用AP管理器(AP Controller,AC)进行管理。在需要部署多个AP环境中，采用一个AC控制多个瘦AP的方式，可以大幅度降低配置工作量。查找相关资料，学习使用AC控制多个瘦AP的方法，同时在Packet Tracer环境下进行组网和验证。

（2）在Packet Tracer环境下，不但主机的硬件组件和模块可以添加和移除，而且交换机、路由器等很多设备都可以对组件和模块进行定制。查阅相关资料，进一步学习Packet Tracer设备组件和模块定制与修改方法，对Generic交换机进行端口模块添加，使其能连接6～8台计算机，如图4-35所示，同时测试网络连通性。

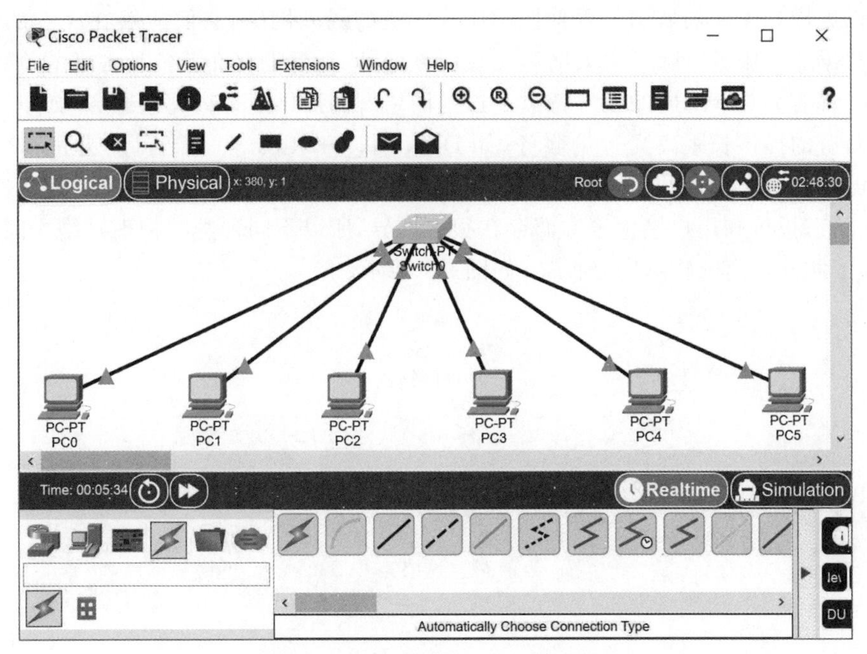

图4-35　需要完成的网络拓扑图

第5章　互联网与IP

互联网是将物理网络相互连接形成的计算机网络。那么，为什么要进行网络互联？网络互联的解决方案都有哪些？本章将对网络互联的这些基本问题进行讨论。对目前应用最广泛的IP互联问题，将在第6～9章详细介绍。

5.1　互联网

有线以太网和无线局域网是两种使用比较广泛的局域网络，它们能够在一定的范围内提供高速的数据通信服务。除了以太网和无线局域网外，世界上存在着各种各样的物理网络，每种物理网络都有其与众不同的技术特点。这些网络有的提供短距离高速服务（如以太网、无线局域网等），有的提供长距离大容量服务（如DDN网、ATM网等）。到目前为止，没有一种物理网络能够满足所有应用的需求。因为在介质访问控制方法、寻址机制、分组最大长度、差错恢复技术、状态报告和用户接入等方面存在很大差异，所以不同种类的物理网络之间不能直接相连，形成了相互隔离的物理网络孤岛，如图5-1所示。

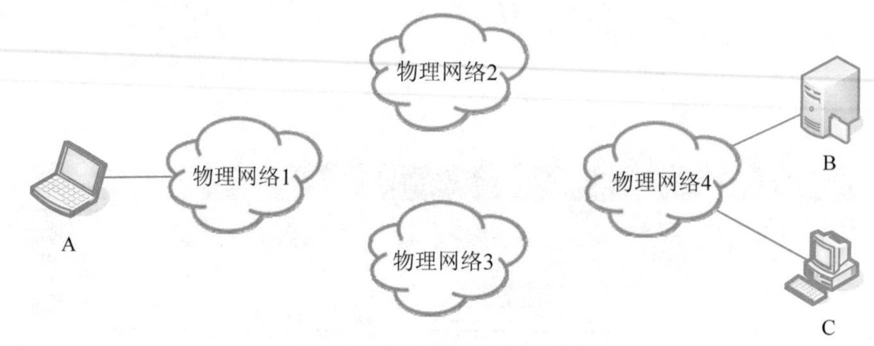

图5-1　相互隔离的物理网络

随着网络应用的深入和发展，用户越来越不满足物理网络相互隔离的现状。不但一个物理网络上的用户有与另一个物理网络上的用户通信的需要（如图5-1中的用户A与用户B需要直接进行在线通信或相互发送电子邮件），而且一个物理网络上的用户也有共享另一个网络上资源的需求（如图5-1中的用户A和用户C需要共享服务器B中的文件）。在用户强大需求的推动下，互联网络诞生了。

连接物理网络之间的设备称为路由器。路由器通常具有两个或多个物理网络接口，用于连接两个或多个物理网络。图5-2显示了一个连接两个物理网络的路由器，该路由器具有两个物理网络接口，一个接口与以太网交换机相连，另一个接口与ATM交换机相连。该路由器接收以太网交换机转发的以太帧，并将其转换成ATM帧后发送到ATM交换机。同时，它也可以从ATM交换机接收ATM帧，并将其转换成以太帧后发送给以太网交换机。

互联网屏蔽了各个物理网络的差别（如寻址机制的差别、分组最大长度的差别、差错恢复的差别等），隐藏了各个物理网络实现细节，为用户提供通用服务（universal service）。因此，用

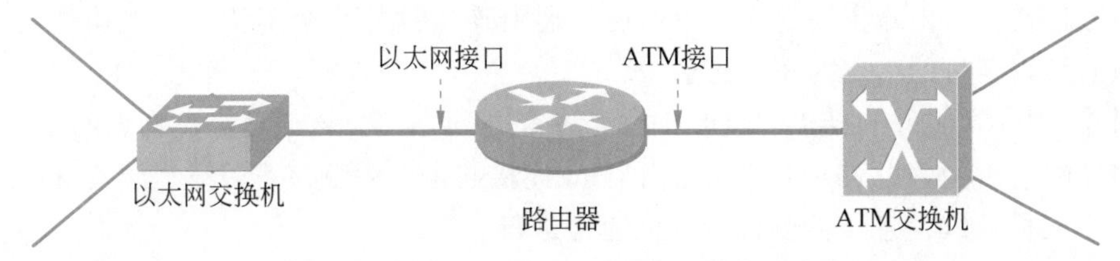

图 5-2 用于连接以太网和 ATM 网的路由器

户常常把互联网看成一个虚拟网络(virtual network)系统,如图 5-3 所示。这个虚拟网络系统是对互联网结构的抽象,它提供通用的通信服务,能够将所有主机互联起来,实现全方位的通信。

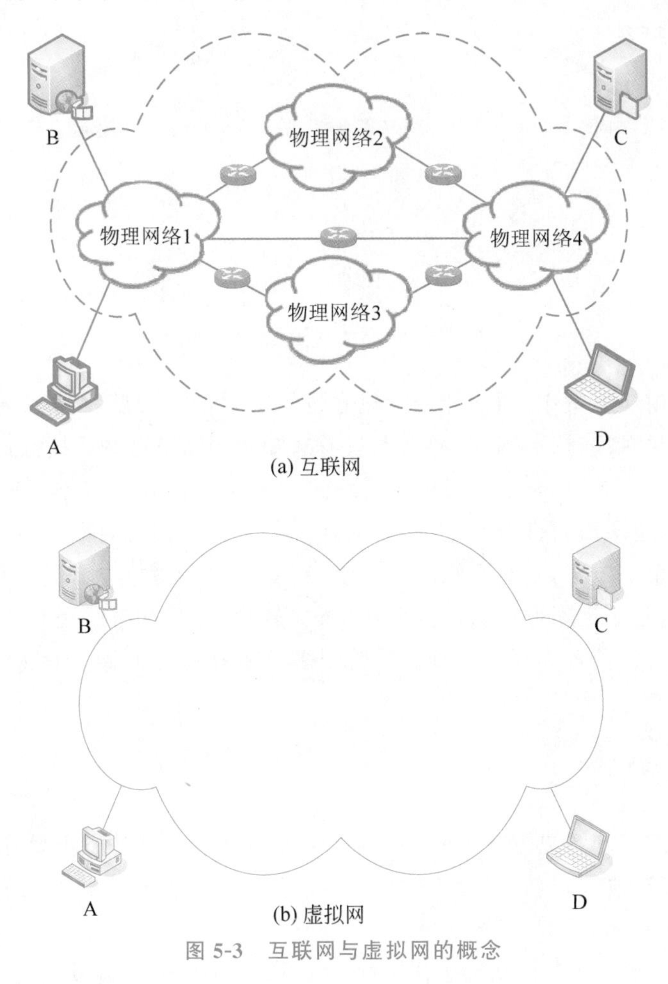

图 5-3 互联网与虚拟网的概念

5.2 网络互联解决方案

网络互联是 ISO/OSI 参考模型的网络层或 TCP/IP 体系结构的互联层需要解决的问题。广义上讲,网络互联可以采用面向连接的解决方案和面向非连接的解决方案。

5.2.1 面向连接的解决方案

面向连接的解决方案要求两个结点在通信时建立一条逻辑通道,所有信息单元都沿着这条逻辑通道传送。路由器将一个网络中的逻辑通道连接到另一个网络中的逻辑通道,最终形成一条从源结点至目的结点的完整通道。

在图5-4中,结点A和结点B通信时形成一条逻辑通道。该通道经过物理网络1、物理网络2和物理网络4,并利用路由器i和路由器m连接起来。一旦该逻辑通道建立起来,结点A和结点B之间的后续信息传输就会沿着该通道进行。

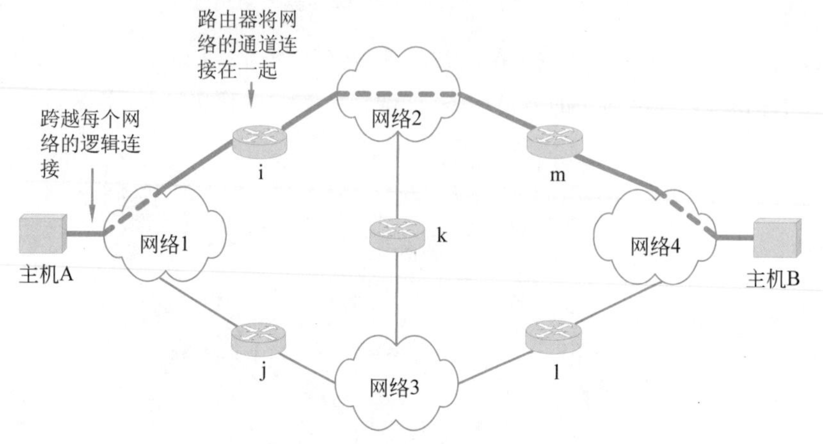

图5-4 面向连接的解决方案

在面向连接的解决方案中,通信开始时建立逻辑通道的过程就是路由选择。由于后续的数据传输沿逻辑通道顺序进行,因此,源结点只需通知物理网络这些后续数据发往的逻辑通道号,物理网络就会将它们正确传输到目的地址。逻辑通道上的各结点不需要对后续数据进行路由选择,后续数据也不需要携带源地址、目的地址等信息。但是,面向连接的解决方案可以看成一种有状态的解决方案,它对互联网中间结点要求较高。每个中间结点不但在通信开始时要进行路由选择(建立逻辑通道),而且在通信过程中要保持和维护逻辑通道状态。由于面向连接的解决方案的实现较为复杂,因此,尽管很多学者在这方面做了很大的努力,但是始终没有被业界接受。

5.2.2 面向非连接的解决方案

与互联网面向连接的解决方案不同,面向非连接的解决方案并不需要建立逻辑通道。网络中的信息单元都被独立对待,这些信息单元经过一系列的网络和路由器,最终到达目的结点。

图5-5显示了一个面向非连接的解决方案示意图。当主机A需要发送一个数据单元P1到主机B时,主机A首先进行路由选择,判断P1到达主机B的最佳路径。如果它认为P1经过路由器i到达主机B是一条最佳路径,那么主机A就将P1投递给路由器i。路由器i收到主机A发送的数据单元P1后,根据自己掌握的路由信息为P1选择一条到达主机B的最佳路径,从而决定将P1传递给路由器k,还是传递给路由器m。这样,P1经过多个路由器的中继和转发,最终将到达目的主机B。

如果主机A需要发送另一个数据单元P2到主机B,那么主机A同样需要对P2进行路由选择。在面向非连接的解决方案中,由于设备对每一数据单元的路由选择独立进行,因此,数据单元P2到达目的主机B可能经过一条与P1完全不同的路径。

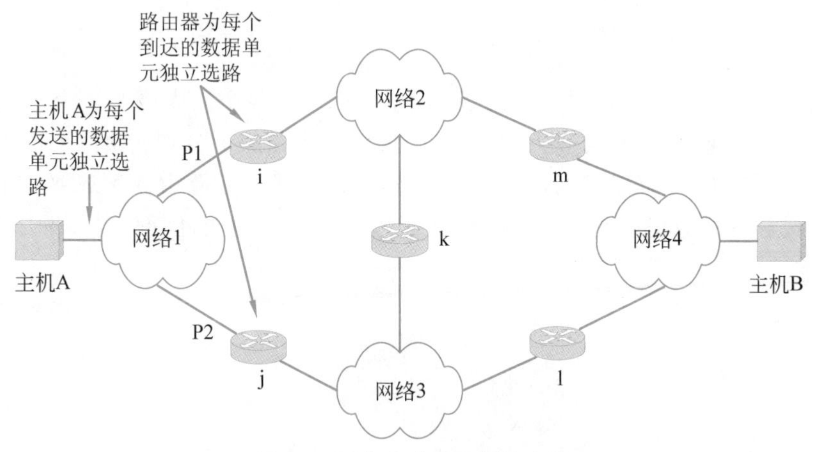

图 5-5 面向非连接的解决方案

在面向非连接的互联网解决方案中，由于中间结点独立地对待每个数据单元，因此，每个数据单元都需要携带完整的源地址、目的地址等信息，以便中间结点为它们选路。另外，面向非连接的解决方案并不能保证发送结点发送的数据单元按顺序到达目的结点。但是，面向非连接的解决方案是一种无状态的解决方案，中间结点不需要维护前后传输数据单元的因果关系，因此，实现起来比较简单。事实上，目前流行的互联网都采用了这种方案。

IP(Internet Protocol)和 IPX(Internet work Packet eXchange)协议是两种比较重要的互联网协议，它们都采用了面向非连接的互联网解决方案。其中，IPX 协议主要用于 Novell 网络，有些路由器(如 Cisco 路由器、华为路由器等)也可对其进行支持。但是，随着 Novell 网络市场份额的逐渐萎缩，IPX 协议已风光不再，逐渐被兴起的 IP 取代。

IP 是面向非连接的互联解决方案中设计最成功、应用最广泛的互联协议。尽管 IP 不是国际标准，但由于它效率高、互操作性好、实现简单、比较适合于异构网络，因此，被众多著名的网络供应商(如 IBM、Microsoft、Novell、Cisco 等公司)采用，成为事实上的标准。支持 IP 的路由器称为 IP 路由器，IP 处理的数据单元称为 IP 数据包(有时又称为 IP 数据分组)。

实际上，世界上最具影响力的 Internet(因特网，又称国际互联网)就是一种计算机互联网。它是由分布在世界各地的、数以万计的、各种规模的计算机网络借助网络互联设备——路由器，相互连接形成的全球性互联网。这个正以惊人速度发展的 Internet 采用的互联协议就是 IP。高效、可靠的 IP 为 Internet 的发展起到了不可低估的作用。

5.3 IP 与 IP 层服务

如果说 IP 数据包是 IP 互联网中行驶的车辆，那么 IP 就是 IP 互联网中的交通规则，连入互联网的每台计算机以及处于十字路口的路由器都必须熟知和遵守该交通规则。发送数据的主机需要按 IP 装载数据，路由器需要按 IP 指挥交通，接收数据的主机需要按 IP 拆卸数据。满载着数据的 IP 数据包从源主机出发，在沿途各个路由器的指挥下，就可以顺利地到达目的主机。

IP 精确定义了 IP 数据包格式，并且对数据包寻址和路由、数据包分片和重组、差错控制和处理等做出了具体规定。

5.3.1 IP互联网的工作机理

图5-6给出了一个IP互联网工作机理示意图,它包含两个以太网和一个广域网,其中主机A与以太网1相连,主机B与以太网2相连,两台路由器除了分别连接两个以太网外,还与广域网相连。从图5-6中可以看到,主机A、主机B、路由器X和路由器Y都加有IP层并运行IP。由于IP层具有将数据单元从一个网转发至另一个网的功能,因此,互联网上的数据可以进行跨网传输。

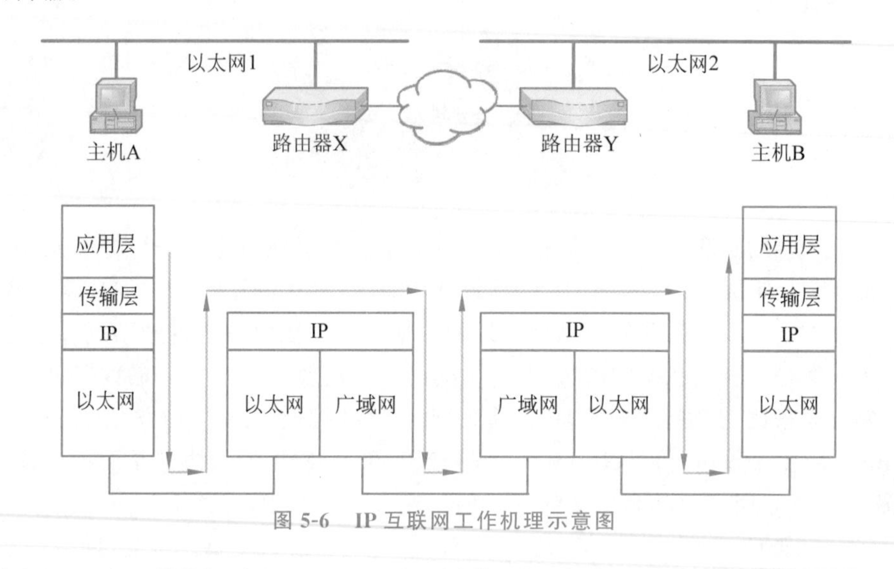

图5-6 IP互联网工作机理示意图

如果主机A发送数据至主机B,IP互联网封装、处理和投递该信息的过程如下:

(1) 主机A的应用层形成要发送的数据,并将该数据经传输层送到IP层处理。

(2) 主机A的IP层将该数据封装成IP数据包,并对该数据包进行路由选择,最终决定将它投递到路由器X。

(3) 主机A把IP数据包送交给它的以太网控制程序,以太网控制程序将其封装成以太帧后,传递到路由器X。

(4) 路由器X的以太网控制程序收到主机A发送的以太帧后,进行拆封和处理,将得到的IP数据包送到它的IP层处理。

(5) 路由器X的IP层对该IP数据包进行处理。经过路由选择得知该数据必须穿越广域网,才能到达目的地。

(6) 路由器X将IP数据包送到它的广域网控制程序,封装成广域帧。

(7) 广域网控制程序负责将封装后的广域帧从路由器X传递到路由器Y。

(8) 路由器Y的广域网控制程序将收到的广域帧拆封后,提交给它的IP层处理。

(9) 与路由器X相同,路由器Y对收到的IP数据包进行处理。通过路由选择得知,路由器Y与目的主机B处于同一以太网,可直接投递到达。

(10) 路由器Y再次将该IP数据包转交给自己的以太网控制程序,并封装成以太帧。

(11) 以太网控制程序负责把封装后的以太帧由路由器Y传送到主机B。

(12) 主机B的以太网控制程序将收到的以太帧拆封后,提交给它的IP层处理。

(13) 主机B的IP层处理该IP数据包,在确定数据目的地为本机后,将IP数据包的数据部分经传输层提交给应用层。

5.3.2 IP 层服务

互联网应该屏蔽低层网络的差异，为用户提供通用的服务。具体地讲，运行 IP 的互联层可以为其高层用户提供的服务具有如下 3 个特点：

(1) 不可靠的数据投递服务。这意味着 IP 不能保证数据包的可靠投递，IP 本身没有能力证实发送的 IP 数据包是否被正确接收。数据包可能在线路延迟、路由错误、数据包分片和重组等过程中受到损坏，但 IP 不检测这些错误。在错误发生时，IP 也没有可靠的机制通知发送方或接收方。

(2) 面向无连接的传输服务。它不管数据包沿途经过哪些结点，甚至也不管数据包起始于哪台计算机、终止于哪台计算机。从源结点到目的结点的每个数据包都可能经过不同的传输路径，而且在传输过程中数据包有可能丢失，有可能正确到达。

(3) 尽最大努力投递服务。尽管 IP 层提供的是面向非连接的不可靠服务，但是 IP 并不随意丢弃数据包。只有在系统的资源用尽、接收数据错误或网络故障等状态下，IP 才被迫丢弃报文。

5.3.3 IP 互联网的特点

IP 互联网是一种面向非连接的互联网络，它对各个物理网络进行高度抽象，形成一个大的虚拟网络。总体来说，IP 互联网具有如下特点：

(1) IP 互联网隐藏了低层物理网络细节，为上层用户提供通用的、一致的网络服务。因此，尽管从网络设计者角度看，IP 互联网由不同网络借助 IP 路由器互联而成，但从用户观点看，IP 互联网是一个单一的虚拟网络。

(2) IP 互联网不指定网络互联的拓扑结构，也不要求网络之间全互联。因此，IP 数据包从源主机至目的主机可能经过若干中间网络。一个网络只要通过路由器与 IP 互联网中的任意一个网络相连，它就具有访问整个互联网的能力，如图 5-7 所示。

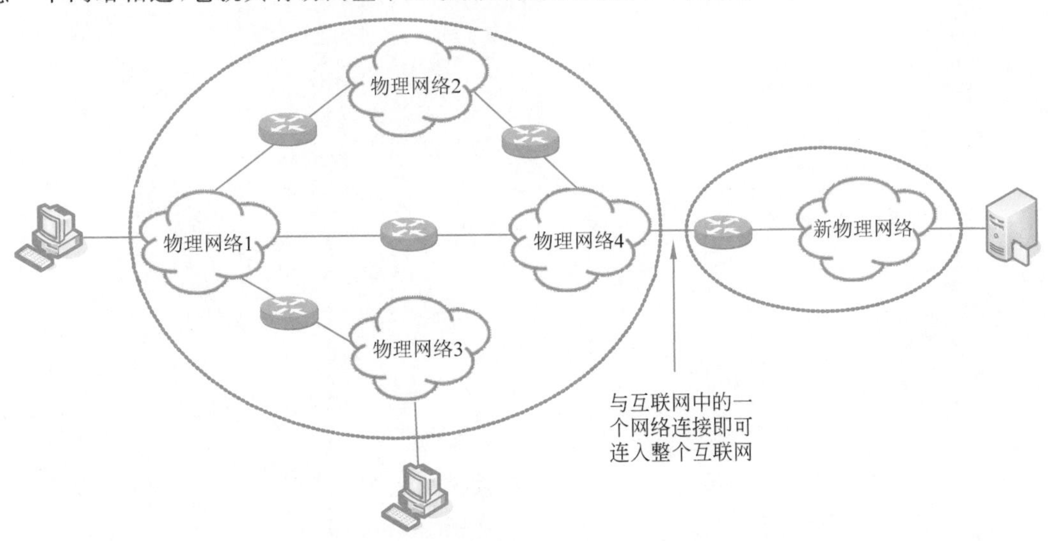

图 5-7 IP 互联网不要求网络之间全互联

(3) IP 互联网能在物理网络之间转发数据,信息可以跨网传输。

(4) IP 互联网中的所有计算机使用统一的、全局的地址描述法。

(5) IP 互联网平等地对待互联网中的每个网络,不管这个网络规模是大还是小,也不管这个网络的速度是快还是慢。实际上,在 IP 互联网中,任何一个能传输数据单元的通信系统均被看作网络(无论该通信系统的特性如何)。因此,大到广域网、小到局域网甚至两台机器间的点到点链接都被当作网络,IP 互联网平等地对待它们。

练习与思考

一、填空题

(1) 网络互联的解决方案有两种:一种是________,另一种是________。其中,________是目前主要使用的解决方案。

(2) IP 提供服务的特点为________、________和________。

二、单项选择题

(1) Internet 使用的互联协议是(　　)。

a) IPX　　b) IP　　c) AppleTalk　　d) NetBEUI

(2) 关于 IP 层提供的功能,错误的是(　　)。

a) 屏蔽各个物理网络的差异　　b) 代替各个物理网络的数据链路层工作

c) 为用户提供通用的服务　　d) 隐藏各个物理网络的实现细节

三、简答题

简述 IP 互联网的主要作用和特点。

第6章　IP数据包

在IP层，需要传输的数据首先需要加上IP头信息，封装成IP数据包。IP数据包(IP packet)是IP层使用的数据单元，互联层数据信息和控制信息的传递都需要通过IP数据包进行。

6.1　IP数据包的格式

IP数据包的格式可以分为包头区和数据区两大部分，其中数据区包括高层需要传输的数据，而包头区是为了正确传输高层数据而增加的控制信息。图6-1给出了IP数据包的具体格式。

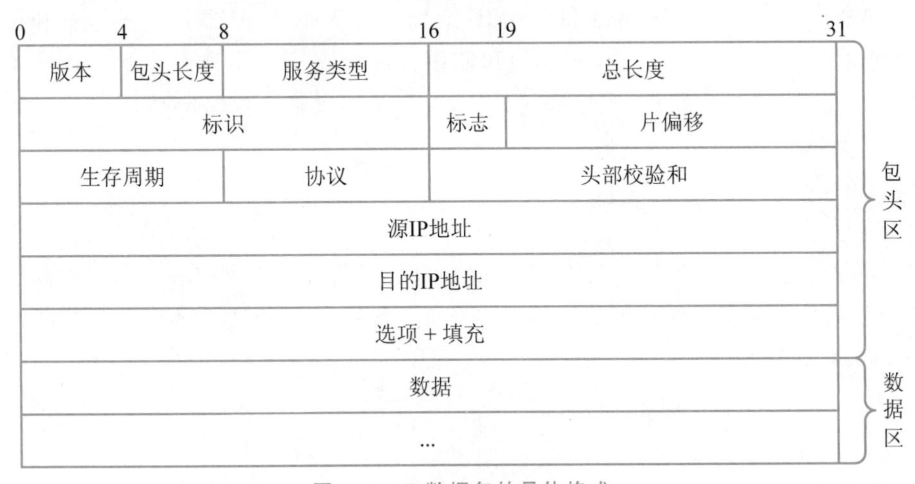

图6-1　IP数据包的具体格式

包头区包含了源IP地址、目的IP地址等控制信息，下面分别介绍各主要字段的功能。

1. 版本与协议

在IP包头中，版本字段表示该数据包对应的IP版本号，不同IP版本规定的数据包格式稍有不同，目前最常使用的IP版本号为4。为了避免错误解释报文格式和内容，所有IP软件在处理数据包之前都必须检查版本号，以确保版本正确。

协议字段表示该数据包数据区数据使用的协议类型(如TCP)，用于指明数据区数据的格式。

2. 长度

包头中有两个表示长度的字段：一个是包头长度，另一个是总长度。

包头长度以32位双字为单位，指出该包头区的长度。在没有选项和填充的情况下，该值为5。一个含有选项的包头长度取决于选项域的长度。但是，包头长度应当是32位的整数倍，否则需在填充域加0凑齐。

总长度以8位(1字节)为单位，表示整个IP数据包的长度，其中包含头部长度和数据区长度。

3. 服务类型

服务类型字段规定对本数据包的处理方式。利用该字段，发送端可以为IP数据包分配一个转发优先级，并可以要求中途转发路由器尽量使用低时延、高吞吐率或高可靠性的线路投递。但是,中途路由器能否按照IP数据包要求的服务类型进行处理,则依赖于路由器的实现方法和底层物理网络技术。

4. 生存周期

IP数据包的路由选择具有独立性,因此从源主机到目的主机的传输延迟也具有随机性。如果路由表发生错误,数据包有可能进入一条循环路径,无休止地在网络中流动。利用IP包头中的生存周期字段,可以有效地控制这一情况发生。在网络中,生存周期域随时间而递减,该域为0时,报文将被删除,避免死循环发生。

5. 头部校验和

头部校验和用于保证IP数据包包头的完整性。注意,在IP数据包中只含有包头校验字段,而没有数据区校验字段。这样做的最大好处是可以节约路由器处理数据包的时间,并允许不同的上层协议选择自己的数据校验方法。

6. 地址

在IP数据包包头中,源IP地址和目的IP地址分别表示该IP数据包发送者和接收者地址。IP地址采用32位的地址形式,其作用和使用方法将在第7章详细介绍。在整个数据包传输过程中,无论经过什么路由,无论如何分片,这两个字段都一直保持不变。

6.2 IP封装、分片与重组

因为IP数据包可以在互联网上传输,所以它可能要跨越多个网络。作为一种高层网络数据,IP数据包最终也需要封装成帧进行传输。图6-2显示了一个IP数据包从源主机至目的主机被多次封装和解封装的过程。

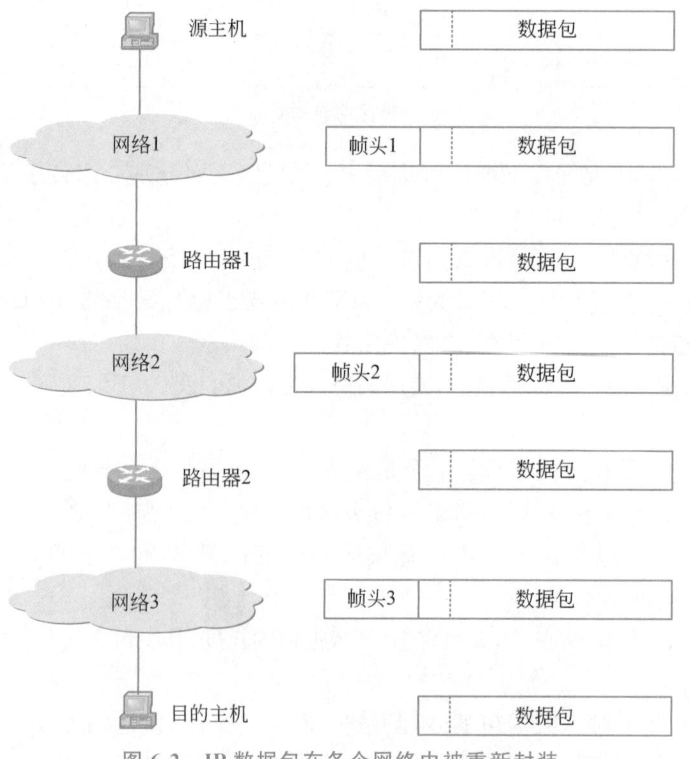

图6-2 IP数据包在各个网络中被重新封装

从图 6-2 中可以看出，主机和路由器只在内存中保留了整个 IP 数据包，而没有附加的帧头信息。只有当 IP 数据包通过一个物理网络时，才会被封装进一个合适的帧中。帧头的大小依赖于相应的网络技术。例如，如果网络 1 是一个以太网，则帧 1 有一个以太网头部；如果网络 2 是一个 FDDI 环网，则帧 2 有一个 FDDI 头部。注意，在数据包通过互联网的整个过程中，帧头并没有累积起来。当数据包到达它的最终目的地时，数据包的大小与其最初发送时是一样的。

6.2.1 MTU 与分片

根据网络使用的技术不同，每种网络都规定了一个帧最多能够携带的数据量，这一限制称为最大传输单元(Maximum Transmission Unit，MTU)。因此，一个 IP 数据包的长度只有小于或等于一个网络的 MTU，才能在这个网络中传输。

互联网可以包含各种各样的异构网络，一个路由器也可能连接具有不同 MTU 值的多个网络，能从一个网络上接收 IP 数据包并不意味着一定能在另一个网络上发送该数据包。在图 6-3 中，一个路由器连接了两个网络，其中一个网络的 MTU 为 1500B，另一个网络的 MTU 为 1000B。

图 6-3 路由器连接具有不同 MTU 的网络

主机 1 连接着 MTU 值为 1500B 的网络 1，因此，每次传送的 IP 数据包字节数不超过 1500B。而主机 2 连接着 MTU 值为 1000B 的网络 2，因此，主机 2 可以传送的 IP 数据包最大尺寸为 1000B。如果主机 1 需要将一个 1400B 的数据包发送给主机 2，路由器 R 尽管能够收到主机 1 发送的数据包，却不能在网络 2 上转发它。

为了解决这一问题，IP 互联网通常采用分片与重组技术。当一个数据包的尺寸大于将发往网络的 MTU 值时，路由器会将 IP 数据包分成若干较小的部分，这个过程称为分片，然后再将每片独立地进行发送。

与未分片的 IP 数据包相同，分片后的数据包也由包头区和数据区两部分构成，而且除一些分片控制域(如标志域、片偏移域)之外，分片的包头与原 IP 数据包的包头非常相似，如图 6-4 所示。

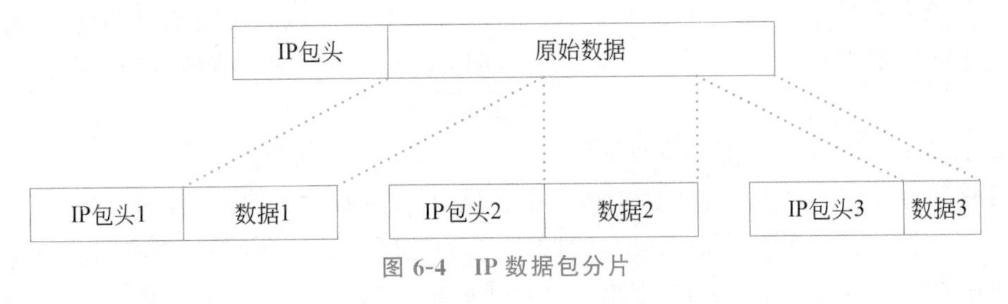

图 6-4 IP 数据包分片

一旦进行分片，每片都可以像正常的 IP 数据包一样经过独立的路由选择等处理过程，最终到达目的主机。

6.2.2 重组

在接收到所有分片的基础上，主机对分片进行重新组装的过程称为 IP 数据包重组。IP

协议规定,只有最终的目的主机才可以对分片进行重组。这样做有两大好处:首先在目的主机进行重组减少了路由器的计算量。当转发一个IP数据包时,路由器不需要知道它是不是一个分片;然后路由器可以为每个分片独立选路,每个分片到达目的地经过的路径可以不同。图6-5显示了一个IP数据包分片、传输及重组的过程。

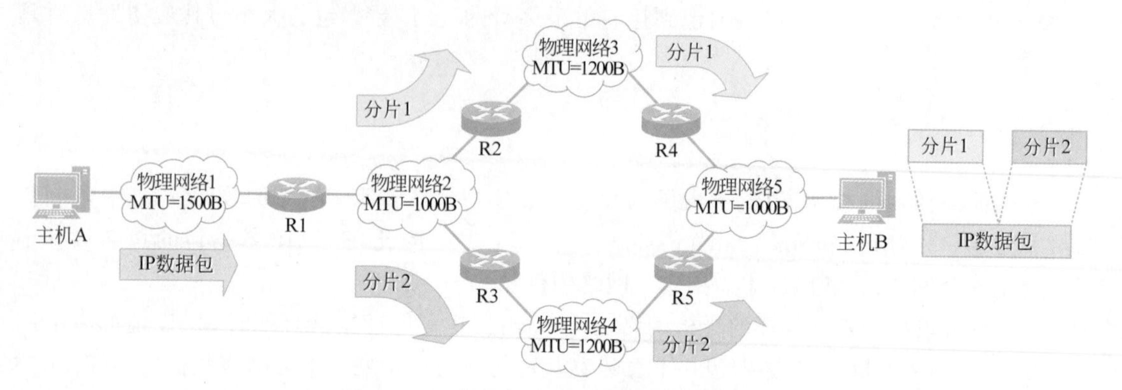

图6-5 IP数据包分片、传输及重组的过程

如果主机A需要发送一个1400B长的IP数据包到主机B,那么,该数据包首先经过网络1到达路由器R1。由于网络2的MTU=1000B,因此,1400B的IP数据包必须在R1中分成两片才能通过网络2。分片完成之后,分片1和分片2被看成独立的IP数据包,路由器R1分别为它们进行路由选择。于是,分片1经过网络2、路由器R2、网络3、路由器R4、网络5最终到达主机B;而分片2则经过网络2、路由器R3、网络4、路由器R5、网络5到达主机B。当分片1和分片2全部到达后,主机B对它们进行重组,并将重组后的数据包提交高层处理。

从IP数据包的整个分片、传输及重组过程可以看出,尽管路由器R1对数据包进行了分片处理,但路由器R2、R3、R4、R5并不理会处理的数据包是分片数据包,还是非分片数据包,并按照完全相同的算法对它们进行处理。同时,由于分片可能经过不同的路径到达目的主机,因此,中间路由器有时不可能对分片进行重组。

6.2.3 分片控制

在IP数据包包头中,标识、标志和片偏移3个字段与分片和重组有关。

标识是源主机赋予IP数据包的标识符。目的主机利用此域和源地址、目的地址判断收到的分片属于哪个数据包,以便数据包重组。分片时,该域必须不加修改地复制到新分片头的包头中。

标志字段用来告诉目的主机该数据包是否已经分片,是否是最后一个分片。

片偏移字段指出本片数据在初始IP数据包数据区中的位置,位置偏移量以8B为单位。由于各分片数据包独立进行传输,其到达目的主机的顺序是无法保证的,而路由器也不向目的主机提供附加的片顺序信息,因此,重组的分片顺序由片偏移提供。

6.3 IP数据包选项

IP选项主要用于控制和测试。作为选项,用户可以使用,也可以不使用。但作为IP的组成部分,所有实现IP的设备都必须能处理IP选项。

在使用选项过程中，有可能造成数据包的头部不是32位整数倍的情况，如果这种情况发生，则需要使用填充域凑齐。

IP数据包选项由选项码、长度和选项数据3部分组成。其中，选项码用于确定该选项的具体类型，选项数据部分的长度由选项的长度字段决定。

1. 源路由

所谓的源路由，是指IP数据包穿越互联网经过的路径是由源主机指定的，它区别于由主机或路由器的IP层软件自行选路后得出的路径。

源路由选项是非常有用的一个选项，可用于测试某特定网络的吞吐率，也可以使数据包绕开出错网络。

源路由选项可以分为两类：一类是严格源路由(strict source route)选项；另一类是松散源路由(loose source route)选项。

(1) 严格源路由选项：严格源路由选项规定IP数据包要经过路径上的每个路由器，相邻路由器之间不得有中间路由器，并且所经过路由器的顺序不可更改。

(2) 松散源路由选项：松散源路由选项只是给出IP数据包必须经过的一些"要点"，并不给出一条完备的路径，无直接连接的路由器之间的路由尚需IP软件的寻址功能补充。

2. 记录路由

所谓记录路由，是指记录下IP数据包从源主机到目的主机所经过路径上各个路由器的IP地址。记录路由功能可以通过IP数据包的记录路由选项完成。

利用记录路由选项，可以判断IP数据包传输过程中经过的路径，通常用于测试互联网中路由器的路由配置是否正确。

3. 时间戳

时间戳(time stamp)可以记录下IP数据包经过每个路由器时的当地时间。记录时间戳可以使用IP数据包的时间戳选项。时间戳中的时间采用格林尼治时间表示，以千分之一秒为单位。

时间戳选项提供了IP数据包传输中的时域参数，用于分析网络吞吐率、拥塞情况和负载情况等。

6.4 差错与控制报文

在任何网络体系结构中，控制功能都是必不可少的。IP层使用的控制协议是互联网控制报文协议(Internet Control Message Protocol，ICMP)。ICMP不仅用于传输控制报文，而且还用于传输差错报文。

实际上，ICMP报文是作为IP数据包的数据部分而传输的，如图6-6所示。ICMP报文的最终目的地总是目的主机上的IP软件，ICMP软件作为IP软件的一个模块而存在。

6.4.1 ICMP差错报文

ICMP作为IP层的差错报文传输机制，最基本的功能是提供差错报告，但ICMP并不严格规定对出现的差错采取什么处理方式。事实上，源主机接收到ICMP差错报告后，常需将差错报告与应用程序联系起来，才能进行相应的差错处理。

ICMP差错报告采用路由器到源主机模式，也就是说，所有的差错信息都需要向源主机报

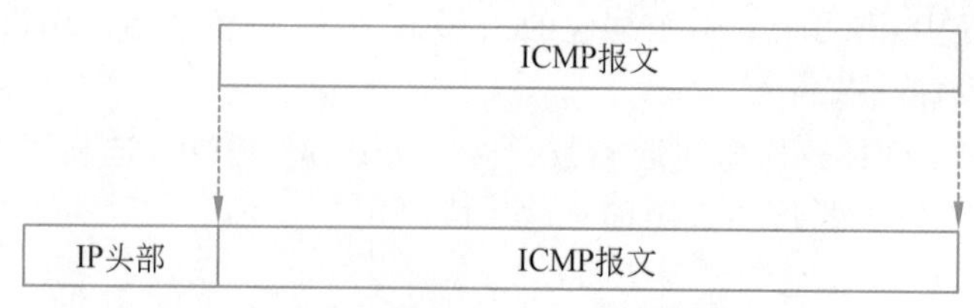

图 6-6 ICMP 报文封装在 IP 数据包中传输

告。一方面,是因为 IP 数据包本身只包含源主机地址和目的主机地址,将错误报告给目的主机显然没有意义(有时也不可能);另一方面,互联网中的各路由器独立选路,发现问题的路由器不可能知道出错 IP 数据包经过的路径,从而无法将出错情况通知相应路由器。

ICMP 差错报文有以下几个特点:

(1) 差错报告不享受特别优先权和可靠性,作为一般数据传输。在传输过程中,它完全有可能丢失、损坏或被抛弃。

(2) ICMP 差错报告数据中除包含故障 IP 数据包包头外,还包含故障 IP 数据包数据区的前 64 位数据。通常,利用这 64 位数据可以了解高层协议(如 TCP)的重要信息。

(3) ICMP 差错报告伴随抛弃出错 IP 数据包而产生。IP 软件一旦发现传输错误,它首先把出错数据包抛弃,然后调用 ICMP 向源主机报告差错信息。

ICMP 出错报告包括目的地不可达报告、超时报告和参数出错报告等。

1. 目的地不可达报告

路由器的主要功能是进行 IP 数据包的路由选择和转发,但是路由器的路由选择和转发并不总能成功。在路由选择和转发出现错误的情况下,路由器便发出目的地不可达报告,如图 6-7 所示。

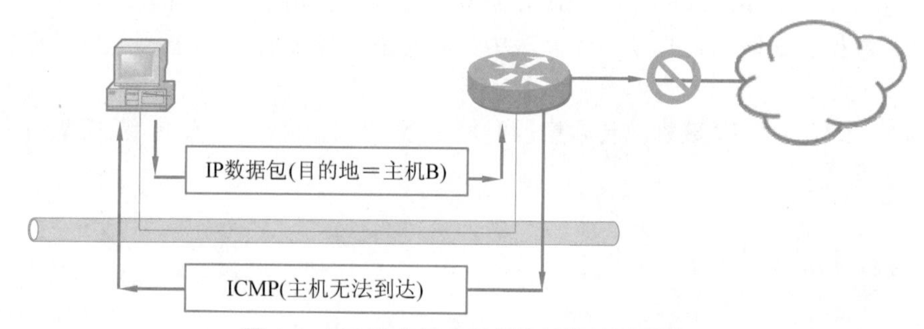

图 6-7 ICMP 向源主机报告目的地不可达

目的地不可达可以分为网络不可达、主机不可达、协议和端口不可达等多种情况。根据每种不可达的具体原因,路由器发出相应的 ICMP 目的地不可达差错报告。

2. 超时报告

在 IP 互联网中,每个路由器独立地为 IP 数据包选路。一个路由器的路由选择出现问题,IP 数据包的传输就有可能出现兜圈子的情况。利用 IP 数据包包头的生存周期字段,可以有效地避免 IP 数据包在互联网中无休止地循环传输。一个 IP 数据包一旦到达生存周期,路由器立刻将其抛弃。与此同时,路由器也产生一个 ICMP 超时差错报告,通知源主机该数据包已被抛弃。

另外,目的主机进行 IP 分片重组时,有时也会出现某个分片迟迟不能到达的情况。在这种情况下,目的主机会将已经收到的分片全部抛弃,并产生一个 ICMP 超时差错报告通知源主机。

3. 参数出错报告

另一类重要的ICMP差错报文是参数出错报告，报告错误的IP数据包包头和错误的IP数据包选项参数等情况。一旦参数错误严重到机器不得不抛弃IP数据包时，机器便向源主机发送此报文，指出可能出现错误的参数位置。

6.4.2 ICMP控制报文

IP层控制主要包括拥塞控制和路由控制两大内容。与之对应，ICMP提供相应的控制报文。

1. 拥塞控制与源抑制报文

所谓的拥塞，就是路由器被大量涌入的IP数据包“淹没”的现象。造成拥塞的原因有以下两种：

(1) 路由器的处理速度太慢，不能完成IP数据包排队等日常工作。

(2) 路由器传入数据的速率大于传出数据的速率。

无论何种形式的拥塞，就其实质而言，都是没有足够的缓冲区存放大量涌入的IP数据包。一旦有足够的缓冲区，路由器总可以将传入的数据包存入队列，等待处理，而不至于被“淹没”。

为了控制拥塞，IP软件采用了源站抑制(source quench)技术，利用ICMP源抑制报文抑制源主机发送IP数据包的速率。路由器对每个接口进行密切监视，一旦发现拥塞，立即向相应源主机发送ICMP源抑制报文，请求源主机降低发送IP数据包的速率。通常，IP软件发送源抑制报文的方式有以下3种：

(1) 如果路由器的某输出队列已满，那么在缓冲区空出之前，该队列将抛弃新来的IP数据包。每抛弃一个数据包，路由器便向该IP数据包的源主机发送一个ICMP源抑制报文。

(2) 为路由器的输出队列设置一个阈值，当队列中的数据包积累到一定数量，超过阈值后，如果再有新的数据包到来，路由器就向数据包的源主机发送ICMP源抑制报文。

(3) 更复杂的源站抑制技术不是简单地抑制每一引起路由器拥塞的源主机，而是有选择地抑制IP数据包发送率较高的源主机。

当收到路由器发给它的源抑制ICMP控制报文后，源主机就可以采取行动降低发送IP数据包的速率。但是需要注意，当拥塞解除后，路由器并不主动通知源主机。源主机是否可以恢复发送数据包的速率，什么时候恢复发送数据包的速率，可以根据当前一段时间内是否收到源抑制ICMP控制报文自主决定。

2. 路由控制与重定向报文

在IP互联网中，主机可以在数据传输过程中不断地从相邻的路由器获得新的路由信息。通常，主机在启动时都具有一定的路由信息，这些信息可以保证主机将IP数据包发送出去，但经过的路径不一定是最优的。路由器一旦检测到某IP数据包经非优路径传输，它一方面继续转发该数据包，另一方面向主机发送一个路由重定向ICMP报文，通知去往相应目的主机的最优路径。这样，主机经过不断积累，便能掌握越来越多的路由信息。ICMP重定向机制的优点是保证主机拥有一个动态的、既小又优的路由表。

ICMP重定向机制只能用于同一网络的路由器与主机之间，如图6-8中主机A与路由器R1、R2之间，主机B与路由器R4、R5之间。ICMP重定向机制对路由器之间的路由刷新无能为力。

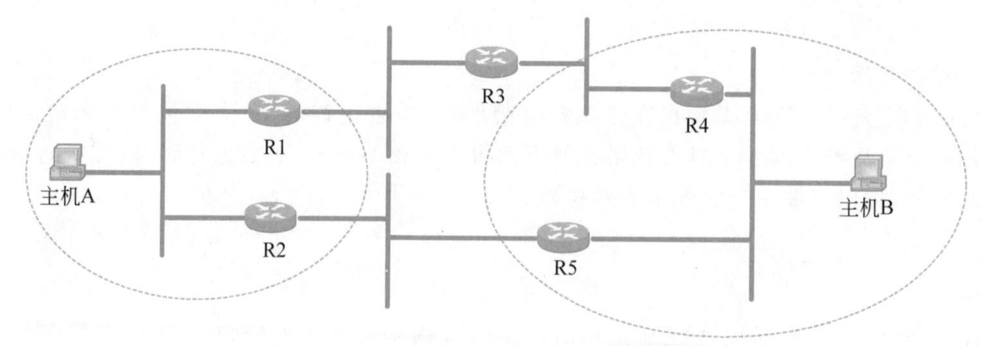

图 6-8　ICMP 重定向机制适用于同一网络的路由器与主机之间

6.4.3　ICMP 请求/应答报文对

为了便于进行故障诊断和网络控制,ICMP 设计了 ICMP 请求和应答报文对,用于获取某些有用的信息。

1. 回应请求与应答

回应请求/应答 ICMP 报文对用于测试目的主机或路由器的可达性,如图 6-9 所示。实际上,人们经常使用的 ping 命令就是利用回应请求/应答 ICMP 报文对实现的。

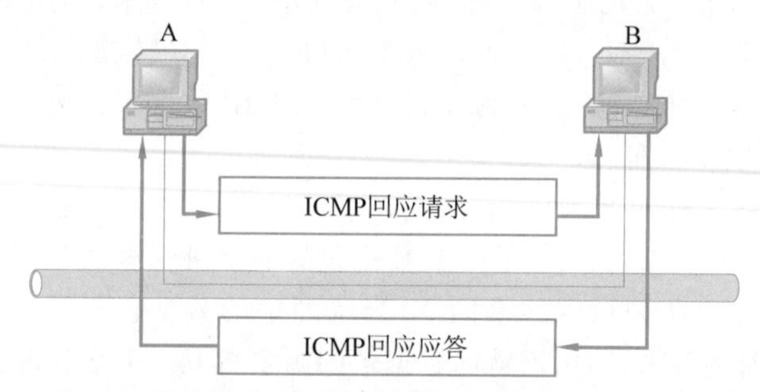

图 6-9　回应请求/应答 ICMP 报文对用于测试可达性

请求者(某主机)向特定目的 IP 地址发送一个包含任选数据区的回应请求,要求具有目的 IP 地址的主机或路由器响应。当目的主机或路由器收到该请求后,发回相应的回应应答,其中包含请求报文中任选数据的副本。

由于请求/应答 ICMP 报文均以 IP 数据包形式在互联网中传输,因此,如果请求者成功收到一个应答(应答报文中的数据副本与请求报文中的任选数据完全一致),则可以说明:

(1) 目的主机(或路由器)可以到达。

(2) 源主机与目的主机(或路由器)的 ICMP 软件和 IP 软件工作正常。

(3) 回应请求/应答 ICMP 报文经过的中间路由器的路由选择功能正常。

2. 时戳请求与应答

设计时戳请求/应答 ICMP 报文是同步互联网上主机时钟的一种努力,尽管这种时钟同步技术的能力极其有限。

IP 层软件利用时戳请求/应答 ICMP 报文从其他机器获取其时钟的当前时间,经估算后再同步时钟。

3. 掩码请求与应答

在主机不知道自己所处网络的子网掩码时,可以利用掩码请求 ICMP 报文向路由器询问。

路由器收到请求后，以掩码应答ICMP报文形式通知请求主机所在网络的子网掩码。

6.5 实验：IP数据包捕获与分析

在对网络的安全性和可靠性进行分析时，网络管理员通常需要对网络中传输的数据包进行监听和分析。目前，Internet中流行的数据包监听与分析工具很多（如Wireshark、TCPDump等），但本实验要求通过Npcap（或Libpcap）编制一个简单的IP网络数据包捕获与分析程序，学习IP数据包校验和计算方法，初步掌握网络监听与分析技术的实现过程，加深对网络协议的理解。

6.5.1 实验环境

本实验要求捕获网络中传输的数据包并对其进行分析。实验使用的网络可以是有线以太网，也可以是无线以太网。即使采用无线以太网，系统也可以自动地将无线以太网帧格式转换成有线以太网帧格式。因此，利用Npcap编写数据包捕获和分析程序过程中，可以仅考虑有线以太网帧格式。

6.5.2 利用Npcap捕获数据包

Npcap是一个开源的数据包捕获体系架构，它的主要功能是进行数据包捕获和网络分析。Npcap包括内核级别的包过滤、低层次的动态链接库（packet.dll）、高级别系统无关的函数库（wpcap.dll）等，详细信息请参见http://npcap.com。本实验将利用Npcap高级别系统无关的函数库中提供的函数对流经网卡的数据包进行捕获。

使用Npcap之前，首先需要安装Npcap驱动程序和DLL程序。这些程序可以从http://npcap.com网站下载获得。其安装过程非常简单，安装软件会自动检测使用的操作系统并安装正确的驱动程序。另外，开发人员还需要下载开发工具包，该开发工具包包括开发基于Npcap所需要的库文件、包含文件、简单的示例程序代码和帮助文件，开发者可以利用该开发工具包方便地建立和编制自己的应用软件。

利用Npcap捕获数据包一般需要经过下面3个步骤。

1. 获取设备列表

在开发以Npcap为基础的应用程序时，第一步需要获取网络接口设备（网卡）列表。获取网络接口设备列表可以调用Npcap提供的pcap_findalldevs_ex()函数，该函数的原型如下：

```
int pcap_findalldevs_ex(
        char * source,
        struct  pcap_rmtauth auth,
        pcap_if_t **alldevs,
        char * errbuf
);
```

说明：

source：指定从哪里获取网络接口列表。利用source参数，pcap_findalldevs_ex()函数可以获取本机、远程设备和文件的网络接口列表。在希望得到本机的网络接口列表时，可以使用PCAP_SRC_IF_STRING常数。

auth：在获取远程设备的网络接口列表时，如果远程设备需要认证，则需要使用该参数。该参数对获取本机的网络接口列表没有任何意义，设值为 NULL 即可。

alldevs：当 pcap_findalldevs_ex()函数成功返回后，alldevs 参数指向获取的网络接口列表的第一个元素。列表中的所有元素都是一个 pcap_if_t 结构。

errbuf：用户定义的存放错误信息的缓冲区。该缓冲区的长度不能小于 PCAP_ERRBUF_SIZE。

调用发生错误时，pcap_findalldevs_ex()函数返回－1，具体的错误信息可以从 errbuf 参数中获得。调用成功时，pcap_findalldevs_ex()函数返回 0，这时 alldevs 参数指向网络接口链表的第一个元素。

在 alldevs 指向的网络接口链表中，每个元素都是一个 pcap_if_t 结构。pcap_if_t 结构的定义如下：

```
Typedef struct pcap_if pcap_if_t;

struct pcap_if {
        struct pcap_if * next;
        char * name;
        char * description;
        struct pcap_addr * address;
        u_int flags;
};
```

说明：

next：指向链表中的下一个元素。如果为 NULL，则表示链表结束。

name：指向一个字符串，该字符串是 Npcap 为本网络接口卡分配的名字。如果应用程序以后需要对这块网卡进行操作，该名字需要传递给 pcap_open()函数，用于打开这块网卡。

description：指向该网卡的描述字符串。

address：在 TCP/IP 网络中，address 指向的地址链表中包含了这块网卡拥有的所有 IP 地址。address 的具体内容将在第 7 章中介绍。

flags：标识该网络接口卡是不是一块回送网卡。如果为回送网卡，则 flags 为 PCAP_IF_LOOKBACK。

在使用 pcap_findalldevs_ex()函数返回网络接口设备列表后，可以使用 pcap_freealldevs()函数释放该设备列表。pcap_freealldevs()函数的原型如下：

```
void pcap_freealldevs(pcap_if_t * alldevsp);
```

其中，alldevsp 指向需要释放的设备链表的第一个元素，该指针通常由 pcap_findalldevs_ex()函数返回。

利用 Npcap 的 pcap_findalldevs_ex()函数获取本机的网络接口卡的例子如下：

```
pcap_if_t    * alldevs;                          //指向设备链表首部的指针
pcap_if_t    * d;
pcap_addr_t  * a;
char         errbuf[PCAP_ERRBUF_SIZE];           //错误信息缓冲区

//获得本机的设备列表
if (pcap_findalldevs_ex(PCAP_SRC_IF_STRING,      //获取本机的接口设备
                        NULL,                    //无须认证
                        &alldevs,                //指向设备列表首部
```

```
                    errbuf              //出错信息保存缓存区
                    ) ==-1)
{
    …                                   //错误处理
}
//显示接口列表
for(d=alldevs; d !=NULL; d=d->next)
{
    …                                   //利用 d->name 获取该网络接口设备的名字
    …                                   //利用 d->description 获取该网络接口设备的描述信息
}
//释放设备列表
pcap_freealldevs(alldevs);
```

2. 打开网络接口

得到网络接口设备列表之后，可以选择感兴趣的网络接口卡，并对其上的网络流量进行监听。在对某一网络接口卡进行监听之前，首先需要将其打开。打开某一网络接口设备可以使用 Npcap 提供的 pcap_open()函数。pcap_open()函数的原型如下：

```
pcap_t * pcap_open(
        const char * source,
        int snaplen,
        int flags,
        int read_timeout,
        struct pcap_rmtauth * auth,
        char * errbuf
};
```

说明：

source：指向需要打开的网络接口卡的名字。该名字通常可以从获取网络接口设备列表中得到。

snaplen：Npcap 获取网络数据包的最大长度。

flags：指定以何种方式打开网络接口设备并获取网络数据包。最常用的标志为 PCAP_OPENFLAG_PROMISCUOUS，它通知系统以混杂模式打开网络接口设备。在正常工作状态下，以太网的网络接口卡通常只将 3 种类型的网络数据包提交给上层软件处理。其中，第一种是目标 MAC 地址与本网卡 MAC 地址相同的网络数据包；第二种是目标 MAC 地址为广播地址的网络数据包；第三种是目标 MAC 地址为组播地址，同时运行于该网卡之上的应用程序参加该组播的网络数据包。但是，很多应用软件都需要监听流经一块网络接口卡的所有数据包。为了解决这个问题，Npcap 提供了 PCAP_OPENFLAG_PROMISCUOUS 标志，它允许系统以混杂模式打开网络接口卡，用于捕获所有流经该网卡的数据包。

read_timeout：数据包捕获函数等待一个数据包的最大时间。如果数据包捕获函数 pcap_next_ex()在这个时间段内没有捕获到任何数据包，它将以 0 值返回。

auth：在远程设备中捕获网络数据包时使用。在编写捕获本机网络数据包的应用程序中，需要将 auth 设置为 NULL。

errbuf：用户定义的存放错误信息的缓冲区。

调用出错时，pcap_open()函数返回 NULL，可以通过 errbuf 获取错误的详细信息。如果调用成功，则 pcap_open()返回一个指向 pcap_t 结构的指针，该指针将在后续调用的函数(如 pcap_next_ex()等)中使用。

3. 在打开的网络接口卡上捕获网络数据包

打开网络接口卡后,可以利用Npcap提供的函数捕获流经的网络数据包。Npcap提供了多种不同的方法捕获数据包,其中,pcap_dispatch()函数和pcap_loop()函数通过回调函数将捕获的数据包传递给应用程序,而pcap_next_ex()函数则不使用回调函数。下面以pcap_next_ex()函数为例介绍数据包的捕获过程。

Npcap提供的pcap_next_ex()函数的函数原型如下:

```
int pcap_next_ex(
        pcap_t * p,
        struct pcap_pkthdr * * pkt_header,
        u_char * * pkt_data
);
```

说明:

p: pcap_next_ex()函数通过该参数指定捕获哪块网卡上的网络数据包。该参数为一个指向pcap_t结构的指针,它通常是调用pcap_open()函数成功后返回的值。

pkt_header: 在pcap_next_ex()函数调用成功后,该参数指向的pcap_pkthdr结构保存有所捕获网络数据包的一些基本信息。例如,pcap_pkthdr结构的ts成员为捕获该数据包的时间戳,len成员保存了捕获到的数据包的长度等。

pkt_data: 指向捕获到的网络数据包。

调用pcap_next_ex()函数可能返回1、0、-1等不同的值。如果pcap_next_ex()函数正确捕获到一个数据包,那么它将返回1。这时,pkt_header保存有捕获数据包的一些基本信息,而pkt_data指向捕获数据包的完整数据。如果在pcap_open()函数中指定的时间范围内(read_timeout)没有捕获到任何网络数据包,那么pcap_next_ex()函数将返回0。尽管这不是一种错误,但pkt_header和pkt_data参数都不可用。如果在调用过程中发生错误,那么pcap_next_ex()函数将返回-1。

6.5.3 IP数据包捕获与分析实验指导

本实验要求利用Npcap提供的功能获取网络接口设备列表和各接口的详细信息,对选定的网络接口卡进行IP数据包捕获,并对捕获到的IP数据包进行校验和验证。捕获IP数据包的程序界面如图6-10所示。

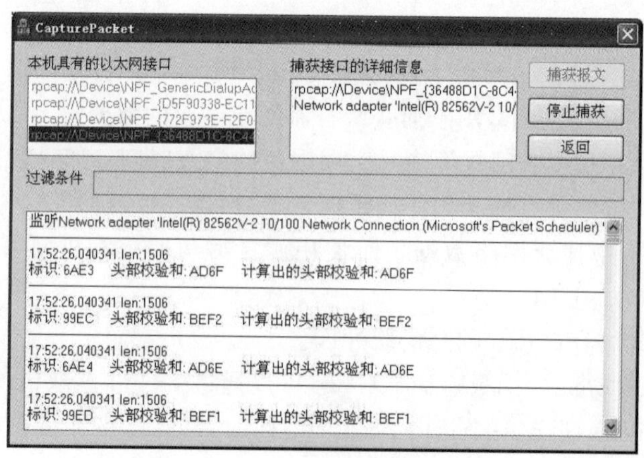

图6-10 捕获IP数据包的程序界面

1. 创建基于 Npcap 的应用程序

创建基于 Npcap 的应用程序需要在源码中增加与 Npcap 相关的信息(如包含文件),同时,如果利用 Microsoft 集成开发环境(IDE)创建该程序,那么在生成解决方案之前还需要对 IDE 中的某些默认参数进行修改。下面以 VC.NET 为例,介绍创建基于 Npcap 应用程序需要增加和修改的内容和方法。

(1) 添加 pcap.h 包含文件:如果一个源文件使用了 Npcap 提供的函数,那么就需要在该文件的开始位置增加 pcap.h 包含文件,例如:

```
#include    "pcap.h"
```

(2) 添加包含文件目录:在生成基于 Npcap 的应用程序过程中,生成程序需要知道 pcap.h 等包含文件在磁盘中的位置,因此,需要将 Npcap 提供的包含文件目录位置通知生成程序。添加包含文件目录可以通过执行“项目”菜单中的“属性”命令进入“属性”对话框。然后,通过选择对话框中的“配置属性”→“C/C++”→“常规”中的“附加包含目录”,如图 6-11 所示,将 Npcap 的包含文件目录添加到项目中。

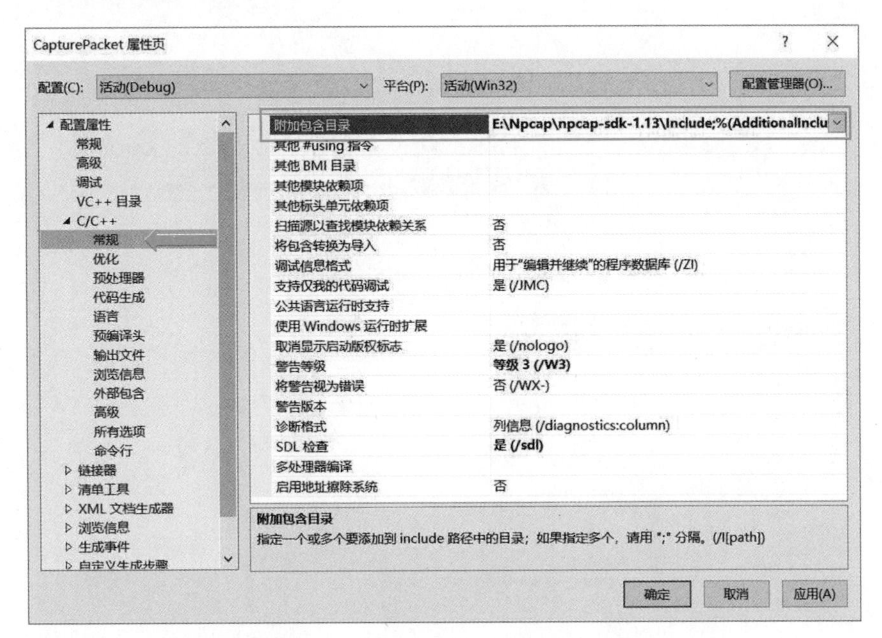

图 6-11 在 IDE 中增加包含文件目录

(3) 添加库文件目录:在生成可执行的应用程序时,生成程序需要知道库文件所在的磁盘目录,以便连接器使用。添加库文件目录可以通过执行“项目”菜单中的“属性”命令进入“属性”对话框。然后,通过选择对话框中的“配置属性”→“链接器”→“常规”中的“附加库目录”,如图 6-12 所示,将 Npcap 的包含文件目录添加到项目中。

(4) 添加链接时使用的库文件:除了告诉生成程序库文件在哪个目录下之外,还需要告诉生成程序具体需要链接哪个库文件。在基于 Npcap 应用程序生成过程中,需要链接 wpcap.lib 和 Packet.lib 库文件。因此,需要将 wpcap.lib 和 Packet.lib 添加到项目中。添加库文件可以通过执行“项目”菜单中的“属性”命令进入“属性”对话框。然后,通过选择对话框中的“配置属性”→“链接器”→“输入”中的“附加依赖项”,如图 6-13 所示,将 wpcap.lib 和 Packet.lib 添加到项目中。

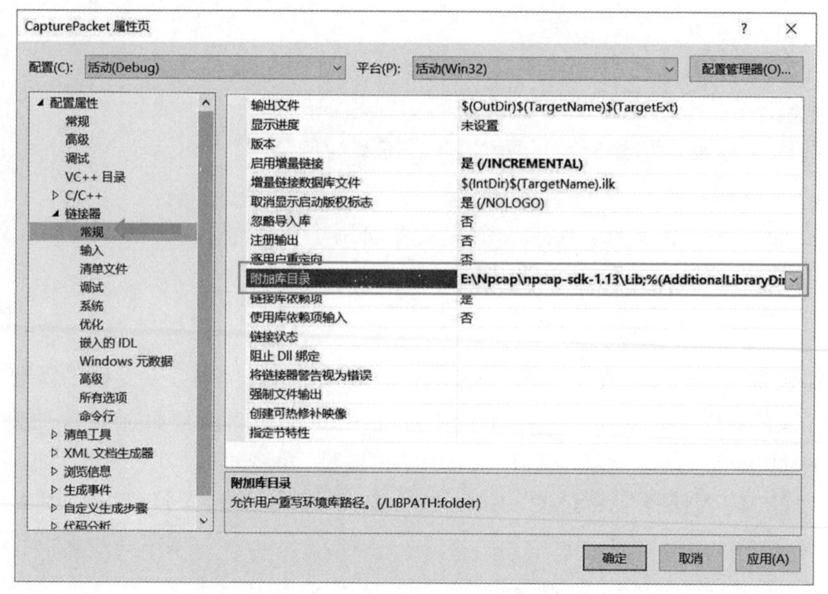

图 6-12 在 IDE 中增加库文件目录

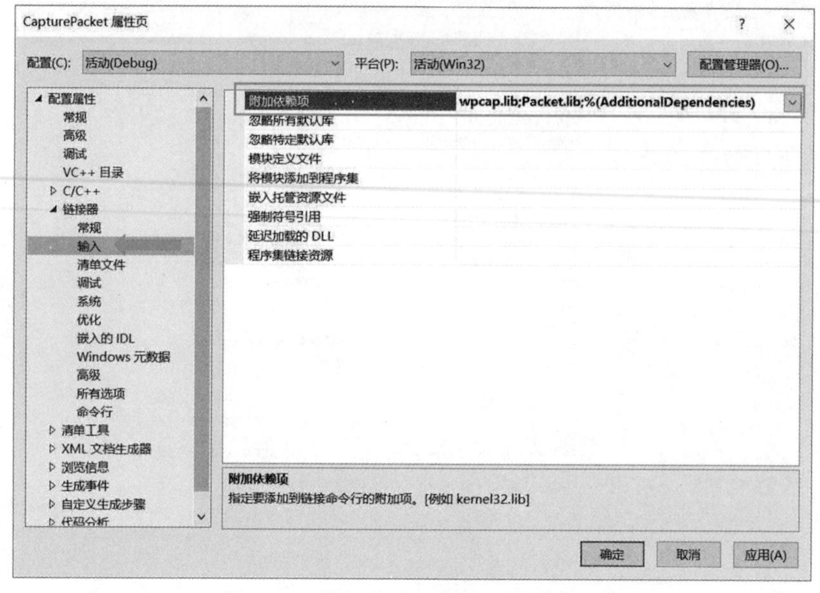

图 6-13 添加生成程序需要的库文件

2. 字节顺序

在处理网络数据包的过程中,常常会遇到很多整数型的数据,如以太网数据帧的类型为一个 16 位的整数、IP 地址为一个 32 位的整数等。这些整数通常可以由多个(如 2 个或 4 个等)字节组成,它们在主机的内存中有两种不同的存储方式:一种是将 16 位整数的高字节存储在内存的高端,低字节存储在内存的低端,这种方式称为 little endian 字节序;另一种是将 16 位整数的高字节存储在内存的低端,低字节存储在内存的高端,这种方式称为 big endian 字节序。最常用的基于 Intel 处理器的主机采用 little endian 字节序(通常也称为“主机序”)。由于网络传输字节顺序采用了与 Intel 处理器主机完全不同的 big endian 字节序,因此,应用程序有时需要在两种字节序之间进行变换。

为了便于两种字节序的转换，C语言提供了 ntoh 和 hton 两类函数，分别用于将网络序转换成主机序和将主机序转换成网络序。常用的网络序与主机序转换函数如表 6-1 所示。

表 6-1 常用的网络序与主机序转换函数

类 别	函数原型	功 能
网络序→主机序	u_short ntohs(u_short netshort)；	将一个 16 位整数由网络序转换成主机序
	u_long ntohl(u_long netlong)；	将一个 32 位整数由网络序转换成主机序
主机序→网络序	u_short htons(u_short hostshort)；	将一个 16 位整数由主机序转换成网络序
	u_long htonl(u_long hostlong)；	将一个 32 位整数由主机序转换成网络序

3. IP 数据包的提取

网络中传输的数据包是经过封装的，每一次封装都会增加相应的首部。由于 Npcap 在数据链路层捕获数据包，因此，在以太网中利用 pcap_next_ex()函数获得的数据都包含以太网帧头信息。同时，由于利用 pcap_next_ex()函数捕获到的数据包保存在一个无结构的缓冲区中，因此，在实际编程过程中通常需要定义一些有关首部的数据结构。通过将这些结构赋予存放数据包的无结构缓冲区，简化数据的提取过程。

例如，在分析以太网数据帧和 IP 数据包时，可以定义以太网数据帧和 IP 数据包首部结构如下：

```
#pragma pack(1)                          //进入字节对齐方式

typedef struct FrameHeader_t  {          //帧首部
    BYTE  DesMAC[6];                     // 目的地址
    BYTE  SrcMAC[6];                     // 源地址
    WORD  FrameType;                     // 帧类型
} FrameHeader_t;

typedef struct IPHeader_t {              //IP 首部
    BYTE    Ver_HLen;
    BYTE    TOS;
    WORD    TotalLen;
    WORD    ID;
    WORD    Flag_Segment;
    BYTE    TTL;
    BYTE    Protocol;
    WORD    Checksum;
    ULONG   SrcIP;
    ULONG   DstIP;
} IPHeader_t;

typedef struct Data_t {                  //包含帧首部和 IP 首部的数据包
    FrameHeader_t   FrameHeader;
    IPHeader_t       IPHeader;
} Data_t;

#pragma pack()                           //恢复默认对齐方式
```

在编程过程中，可以将定义的数据包头部结构赋予存放捕获到数据包的缓冲区，从而简化首部信息的提取过程。一个从存放捕获到的 IP 数据包的缓冲区(pkt_data)提取 IP 数据包校验和的例子如下：

```
Data_t     * IPPacket;
WORD    RecvChecksum;

…

IPPacket =(Data_t *) pkt_data;

…

RecvChecksum =IPPacket->IPHeader.Checksum;

…
```

需要注意的是,Npcap捕获到的数据包在缓冲区中是连续存放的,但通常编译器默认的设置并不是字节对齐的。因此,定义这些包首部数据结构时,一定要注意使用#pragma pack(1)语句通知生成程序按照字节对齐方式生成下面的数据结构。在这些数据结构定义完成后,可以使用#pragma pack()恢复默认对齐方式。

4. 验证捕获的IP数据包

IP数据包的头部校验和字段用于保证IP数据包的完整性。发送时,主机(或路由器)需要生成校验和并将其填入首部校验和字段;接收时,主机(或路由器)需要重新计算接收IP数据包的头部校验和并与接收的头部校验和进行比较。如果计算出的头部校验和与接收的头部校验和不一致,则说明IP数据包发生错误,主机(或路由器)需要将其抛弃。

IP首部校验和算法主要采用二进制反码求和运算,具体算法描述如下:

(1) 将IP首部看成16位字组成的二进制数据序列,把头部校验和字段置为0。

(2) 对IP首部中的每个16位字进行求和运算。如果求和过程中遇到溢出,则进行回卷(即如果求和过程中遇到进位,则将进位加至结果的最低位)。

(3) 对求和的结果取反,得到最终的头部校验和值。

图6-14为一个IP头部校验和计算方法示例,其中图6-14(a)显示了一个IP数据包首部,头部校验和字段已经置为0;图6-14(b)给出了相应的校验和的计算方法。需要注意的是,图6-14(b)中第6步运算中出现了溢出,其进位被加到了最低位。

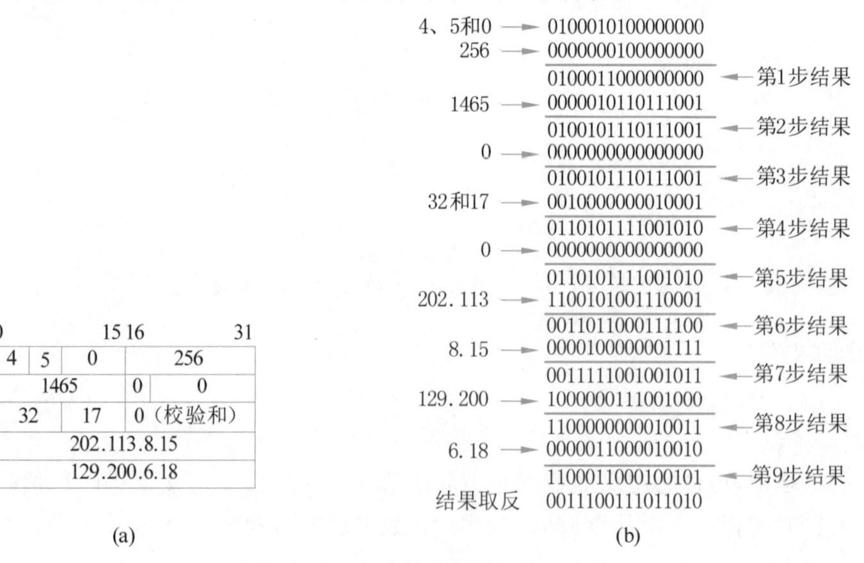

图6-14 IP头部校验和计算方法示例

本实验要求提取捕获IP数据包的头部信息，重新计算头部校验和，并且与捕获的头部校验和进行比较，进而判定捕获的IP数据包是否正确，如图6-10所示。

练习与思考

一、填空题

（1）在转发一个IP数据包过程中，如果路由器发现该数据包包头中的TTL字段为0，那么，它首先将该数据包________，然后向________发送ICMP报文。

（2）在没有选项和填充的情况下，IP数据包包头长度域的值为________。

（3）对IP数据包进行分片的主要目的是________。

（4）源路由选项可以分为两类：一类是________，另一类是________。

（5）在Npcap的pcap_open()函数中，PCAP_OPENFLAG_PROMISCUOUS标志的意义是________。

二、单项选择题

（1）对IP数据包分片的重组通常发生在（　　）上。

a）源主机　　b）IP数据包经过的路由器

c）目的主机　　d）IP数据包经过的交换机

（2）使用ping命令ping另一台主机，即使收到正确的应答，也不能说明（　　）。

a）源主机的ICMP软件和IP软件运行正常

b）目的主机的ICMP软件和IP软件运行正常

c）ping报文经过的网络具有相同的MTU

d）ping报文经过的路由器路由选择正常

（3）关于分片过程中的源IP地址和目的IP地址，正确的是（　　）。

a）源IP地址不变，目的IP地址会变　　b）源IP地址会变，目的IP地址不变

c）源IP地址和目的IP地址都会变　　d）源IP地址和目的IP地址都不会变

三、动手与思考题

（1）为了捕获到经过某网络接口设备的所有数据包，可以将网卡设置为混杂模式。但多数应用程序仅对某些特定的网络数据包感兴趣（如仅仅需要得到目的IP地址为某一特定数值的数据包等）。为了解决这个问题，应用程序可以在捕获到数据包后首先对数据包进行判断，然后对符合条件的数据包进行深入的处理。但是，由于这种方法要求将捕获到的数据包由系统的内核层传递到用户层，因此效率不高。Npcap提供了包过滤机制，它可以在内核层过滤掉应用程序不需要的数据包，仅仅将用户需要的数据包由系统的核心层产递到用户层。请参考Npcap的有关资料，利用Npcap的过滤功能编制一个仅捕获已经分片的IP数据包。

（2）在验证接收IP数据包包头完整性时，通常并不对接收IP数据包包头中的头部校验和字段置0，而是直接对IP数据包包头按16位字进行二进制反码求和运算。请问利用这种方法进行计算时，得到的结果为多少时才可以说接收的IP数据包包头没有出错？按上述方法校验捕获的IP数据包，验证你的想法是否正确。

第 7 章　IP 地址与 ARP

IP 地址是互联网使用的一种通用地址形式，用于标识互联网上的结点到一个网络的连接。而 ARP 则用于将 IP 地址映射到物理地址。

7.1　IP 地址的作用

以太网利用 MAC 地址（物理地址）标识网络中的一个结点，两个以太网结点的通信需要知道对方的 MAC 地址。但是，以太网并不是唯一的网络，世界上存在着各种各样的网络，这些网络使用的技术不同，物理地址的长度、格式等表示方法也不相同。例如，以太网的物理地址采用 48 位的二进制数表示，而电话网则采用 14 位的十进制数表示。因此，如何统一结点的地址表示方式、保证信息跨网传输是互联网面临的一大难题。

显然，统一物理地址的表示方法是不现实的，因为物理地址表示方法是和每一种物理网络的具体特性联系在一起的。因此，互联网对各种物理网络地址的“统一”必须通过上层软件完成。确切地说，互联网对各种物理网络地址的“统一”要在互联层完成。

IP 协议提供了一种互联网通用的地址格式，该地址由 32 位的二进制数表示，用于屏蔽各种物理网络的地址差异。IP 协议规定的地址称为 IP 地址，IP 地址由 IP 地址管理机构进行统一管理和分配，保证互联网上运行的设备（如主机、路由器等）不会产生地址冲突。

在互联网上，主机可以利用 IP 地址标识。但是，一个 IP 地址标识一台主机的说法并不准确。严格地讲，IP 地址需要绑定在主机的网络接口上，指定主机上的一个具体接口。因此，具有多个网络接口的互联网设备就应该具有多个 IP 地址。在图 7-1 中，路由器具有两个接口，分别与两个不同的网络相连，因此该路由器应该具有两个不同的 IP 地址。多宿主主机由于装有多块网络接口卡，因此也应该具有多个 IP 地址。在实际应用中，还可以将多个 IP 地址绑定到一个网络接口，使一个网络接口具有多个 IP 地址。

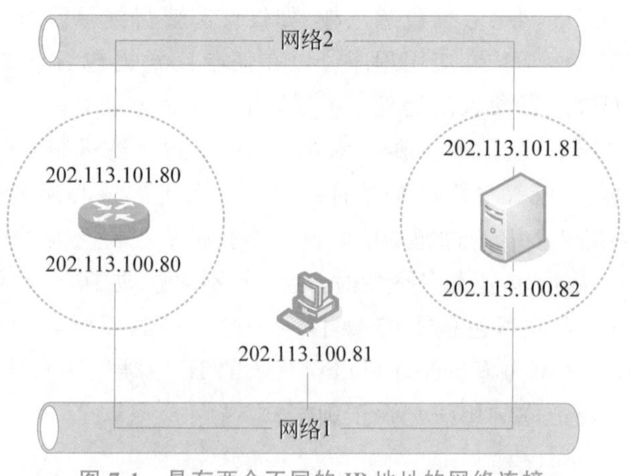

图 7-1　具有两个不同的 IP 地址的网络连接

7.2 IP 地址的组成

7.2.1 IP 地址的层次结构

一个互联网包含多个网络，而一个网络又包含多台主机，因此，互联网是具有层次结构的，如图 7-2 所示。与互联网的层次结构对应，互联网使用的 IP 地址也采用了层次结构，如图 7-3 所示。

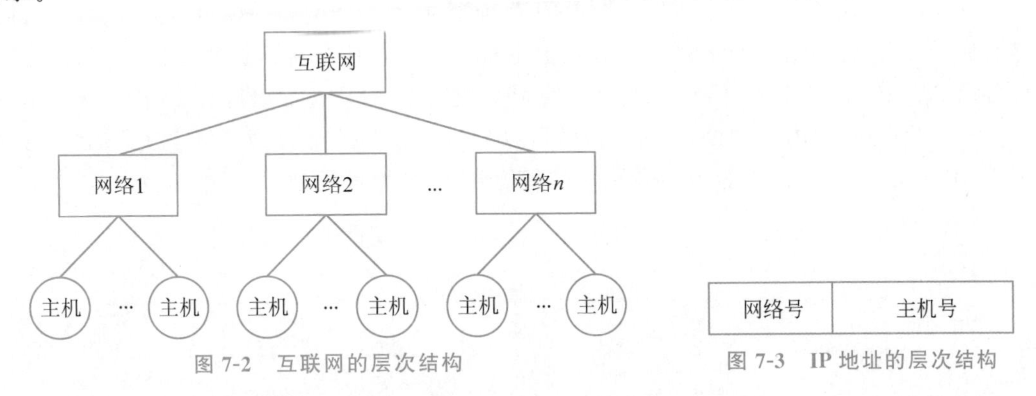

图 7-2 互联网的层次结构　　图 7-3 IP 地址的层次结构

IP 地址由网络号(netid)和主机号(hostid)两个层次组成。网络号用来标识互联网中的一个特定网络。主机号用来标识该网络中主机的一个特定接口。因此，IP 地址的编址方式明显地携带了位置信息。如果给出一个具体的 IP 地址，马上就能知道它位于哪个网络，这非常有益于 IP 互联网的路由选择。

由于 IP 地址不仅包含主机本身的地址信息，而且还包含主机所在网络的地址信息，因此，在将主机从一个网络移到另一个网络时，主机 IP 地址必须做出修改，以正确地反映这个变化。在图 7-4(a)中，如果具有 IP 地址 202.113.100.81 的计算机需要从网络 1 移动到网络 2，那么，当它加入网络 2 后，必须为它分配新的 IP 地址(如 202.113.101.66，见图 7-4(b))，否则就不可能与互联网上的其他主机正常通信。

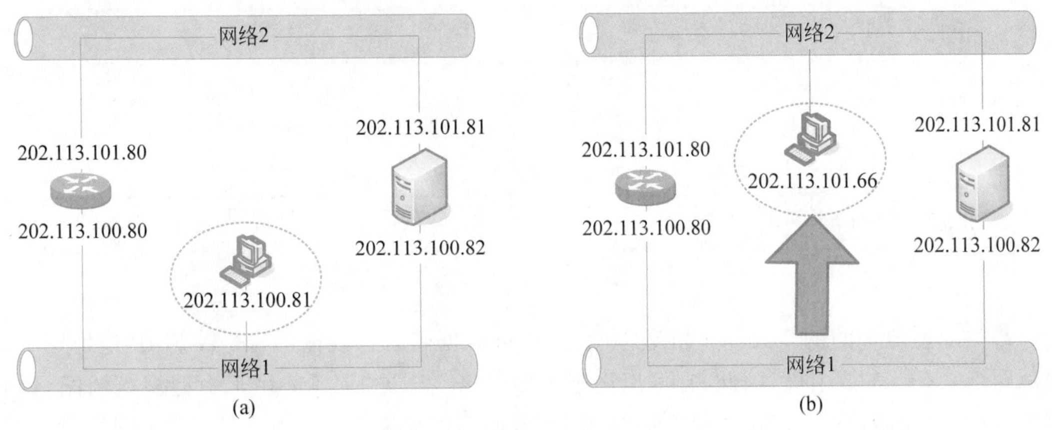

图 7-4 主机在物理网络间的移动

实际上，IP 地址与生活中的邮件地址非常相似。生活中的邮件地址描述了信件收发人的地理位置，也具有一定的层次结构(如城市、区、街道等)。如果收件人的位置发生变化(如从一个区搬到另一个区),那么邮件的地址就必须随之改变,否则邮件就不可能送达收件人。

7.2.2 IP地址的分类

IP规定,IP地址的长度为32位。这32位包括了网络号(netid)部分和主机号(hostid)部分。那么,在这32位中,哪些位代表网络号,哪些位代表主机号呢?这个问题看似简单,意义却很大。因为当地址长度确定后,网络号长度决定整个互联网中能包含多少个网络,主机号长度决定每个网络能容纳多少台主机。

在互联网中,网络数是一个难以确定的因素,而不同种类的网络规模也相差很大。有的网络具有成千上万台主机,而有的网络仅有几台主机。为了适应各种网络规模的不同,IP将IP地址分成A、B、C、D和E共5类,它们分别使用IP地址的前几位加以区分,如图7-5所示,从图7-5中可以看到,利用IP地址的前4位就可以分辨出它的地址类型。但事实上,因为D类和E类IP地址很少使用,因此只利用前2位就能判断IP地址类型。

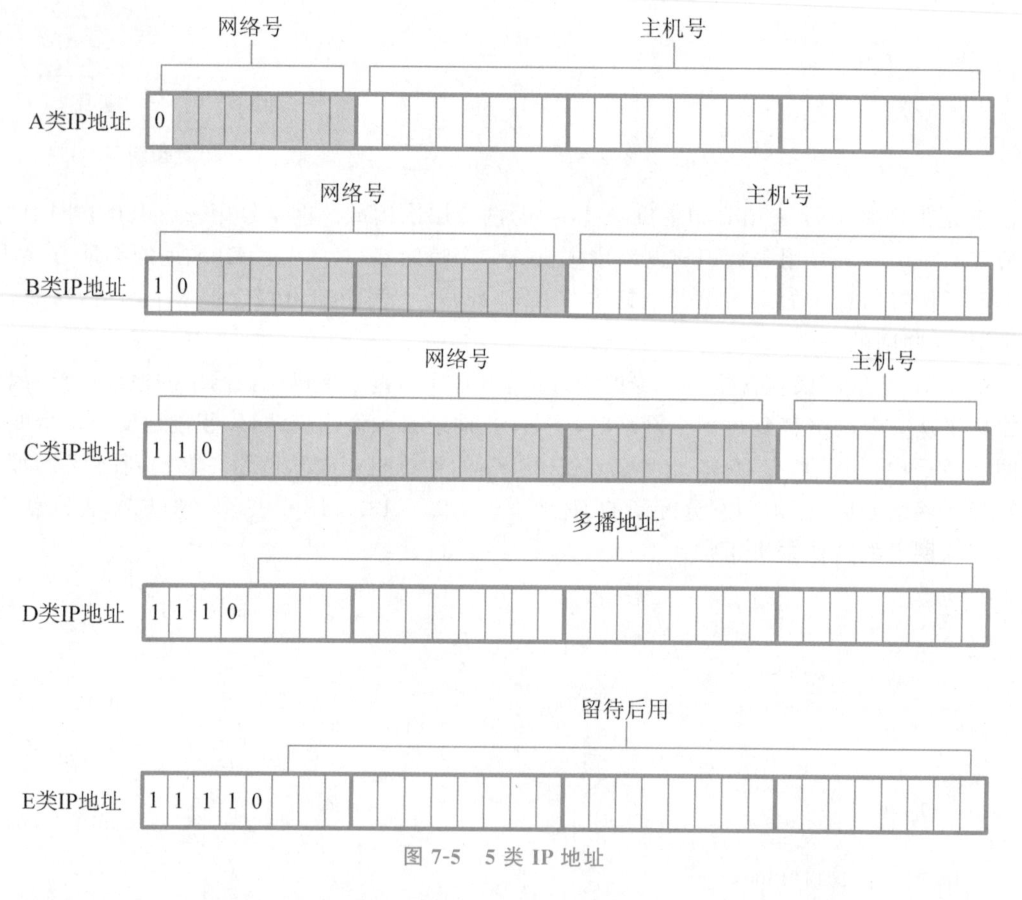

图7-5 5类IP地址

每类地址包含的网络数与主机数不同,用户可根据网络的规模选择。A类IP地址用7位表示网络,24位表示主机,因此,它可以用于大型网络。B类IP地址用于中型规模的网络,它用14位表示网络,16位表示主机。而C类IP地址仅用8位表示主机,21位表示网络,在一个网络中最多只能连接256台设备,因此适用于较小规模的网络。D类IP地址用于多目的地址发送,E类IP地址保留为今后使用。

IP地址的分类是经过精心设计的,它能适应不同的网络规模,具有一定的灵活性。表7-1

简要总结了A类、B类、C类IP地址可以容纳的网络数和主机数。

表7-1 A类、B类、C类IP地址可以容纳的网络数和主机数

类别	第一字节范围	网络地址长度	最大的主机数目	适用的网络规模
A	1～126	1字节	16 777 214	大型网络
B	128～191	2字节	65 534	中型网络
C	192～223	3字节	254	小型网络

7.2.3 IP地址的直观表示法

IP地址由32位(4B)二进制数值组成。为了便于用户理解和记忆,IP地址采用了点分十进制标记法,即将4B的二进制数值转换成4个十进制数值,每个数值小于或等于255,数值中间用英文句点“.”隔开,表示成w.x.y.z的形式,如图7-6所示。

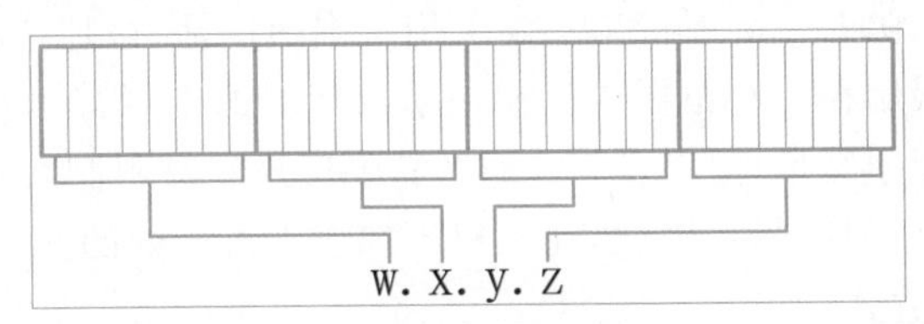

图7-6 IP地址的点分十进制标记法

例如,以下二进制IP地址:

字节1 字节2 字节3 字节4

11001010 01011101 01111000 00101100

用点分十进制表示法可表示成

202.93.120.44

202.93.120.44为一个C类IP地址,前三个字节为网络号,后一个字节为主机号。

7.3 特殊的IP地址形式

IP地址除了可以表示主机的一个物理连接外,还有几种特殊的表现形式。

7.3.1 网络地址

在互联网中,经常需要使用网络地址。那么,如何表示一个网络呢?IP地址方案规定,网络地址包含了一个有效的网络号和一个全“0”的主机号。例如,在A类网络中,地址113.0.0.0表示该网络的网络地址。而一个拥有IP地址为202.93.120.44的主机所处的网络为202.93.120.0,它的主机号为44。

7.3.2 广播地址

当一个设备向网络上所有的设备发送数据时,就产生了广播。为了使网络上的所有设备都能够注意到这样一个广播,必须使用一个可进行识别和侦听的IP地址。通常这样的IP地

址以全“1”结尾。

IP广播有两种形式：一种为直接广播(directed broadcasting)；另一种为有限广播(limited broadcasting)。

1. 直接广播

如果广播地址包含一个有效的网络号和一个全“1”的主机号，那么技术上称之为直接广播地址。在IP互联网中，任意一台主机均可向其他网络直接广播。

例如，C类地址202.93.120.255就是一个直接广播地址。互联网上的一台主机如果使用该IP地址作为数据包的目的IP地址，那么这个数据包将同时发送到202.93.120.0网络上的所有主机。

直接广播通常用于一个网络上的主机向另一个网络中的所有主机发送信息。但是，出于安全性考虑，网络管理员通常会禁止路由器转发直接广播数据包。因此，利用直接广播地址的应用非常少。

2. 有限广播

32位全为“1”的IP地址(255.255.255.255)用于本网广播，该地址称为有限广播地址。实际上，有限广播将广播限制在最小范围内。如果采用标准的IP编址，那么有限广播将被限制在本网络中；如果采用子网编址(见7.5节)，那么有限广播将被限制在本子网中。

有限广播不需要知道网络号。因此，在主机不知道本机所处的网络时(如主机的启动过程中)，只能采用有限广播方式。

7.3.3 回送地址

以127开始的A类网络地址(如127.0.0.1)是一个保留地址，用于网络软件测试以及本地机器进程间通信，这个IP地址称为回送地址(loopback address)。无论什么程序，一旦使用回送地址发送数据，协议软件不进行任何网络传输，立即将之返回。因此，含有网络号127的数据包不可能出现在任何网络上。

7.4 编址实例

在组网过程中如何分配IP地址呢？考虑一个大的组织，它建有4个物理网络，现需要通过路由器将这4个物理网络组成专用的IP互联网。

在为每台主机分配IP地址之前，首先需要按照每个物理网络的规模为它们选择IP地址类别。小型网络选择C类地址，中型网络选择B类地址，大型网络选择A类地址。实际上，由于一般物理网络的主机数都不会超过6万台，因此，A类地址很少用到。

在图7-7所示的互联网中，如果3个是小型网络，一个是中型网络，那么可以为3个小型网络分配3个C类地址(如202.113.27.0、202.113.28.0和202.113.29.0)，为一个中型网络分配一个B类地址(如128.211.0.0)。

在为互联网上的主机和路由器分配具体IP地址时需要注意：

(1) 连接到同一网络中所有主机的IP地址共享同一个netid。在图7-7中，计算机A和计算机B都接入了物理网络1，由于网络1分配到的网络地址为202.113.27.0，因此计算机A和B都应共享202.113.27这个netid。

(2) 路由器可以连接多个物理网络，每个连接都应该拥有自己的IP地址，而且该IP地址

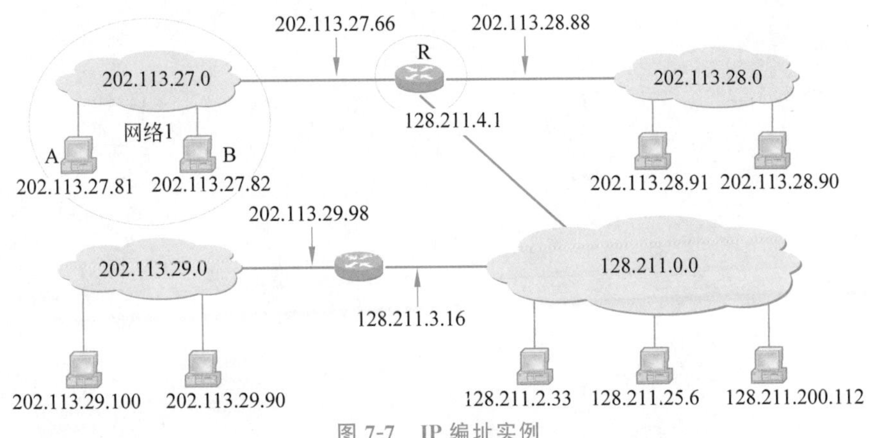

图 7-7　IP 编址实例

的 netid 应与分配给这个网络的 netid 相同。如图 7-7 所示，由于路由器 R 分别连接 202.113.27.0、202.113.28.0 和 128.211.0.0 这 3 个网络，因此该路由器被分配了 3 个不同的 IP 地址。其中，连接网络 1 的 IP 地址要具有网络 1 的 netid(202.113.27)，而连接其他网络的 IP 地址必须具有所连网络的 netid。

7.5　子网编址

在 IP 互联网中，A 类、B 类和 C 类 IP 地址是经常使用的 IP 地址。经过网络号和主机号的层次划分，它们能适应于不同的网络规模。使用 A 类 IP 地址的网络可以容纳 1600 万台主机，而使用 C 类 IP 地址的网络仅可以容纳 254 台主机。但是，随着计算机的发展和网络技术的进步，个人计算机应用迅速普及，小型网络(特别是小型局域网络)越来越多。这些网络多则拥有几十台主机，少则拥有两三台主机。对于这些小规模网络，即使采用一个 C 类地址，仍然是一种浪费(可以容纳 254 台主机)，因此，在实际应用中，人们开始寻找新的解决方案，以克服 IP 地址的浪费现象。子网编址就是解决方案之一。

7.5.1　子网编址方法

IP 地址具有层次结构，标准的 IP 地址分为网络号和主机号两层。为了避免 IP 地址的浪费，子网编址将 IP 地址的主机号部分进一步划分成子网号和主机号，如图 7-8 所示。

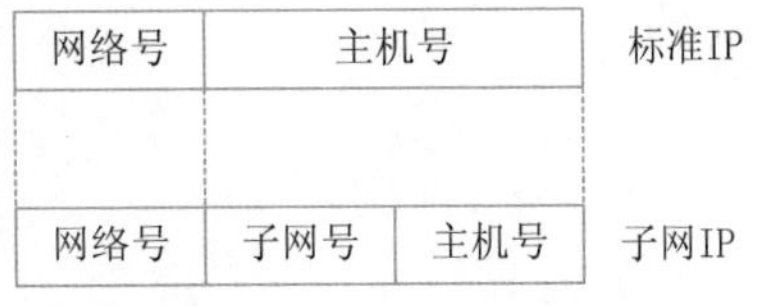

图 7-8　子网编址的层次结构

为了创建一个子网地址，网络管理员从标准 IP 地址的主机号部分"借"位并把它们指定为子网号部分。只要主机号部分能够剩余两位，子网地址就可以借用主机号部分的任何位数。因为 B 类网络的主机号部分有 2 字节，故最多只能借用 14 位创建子网。而在 C 类网络中，由于主机号部分只有 1 字节，故最多只能借用 6 位创建子网。

130.66.0.0 是一个 B 类 IP 地址，它的主机号部分占用两个字节。图 7-9 中借用了其中的一个字节分配子网。

当然，如果借用 IP 地址的主机号部分创建子网，相应子网中的主机数目就会减少。例如

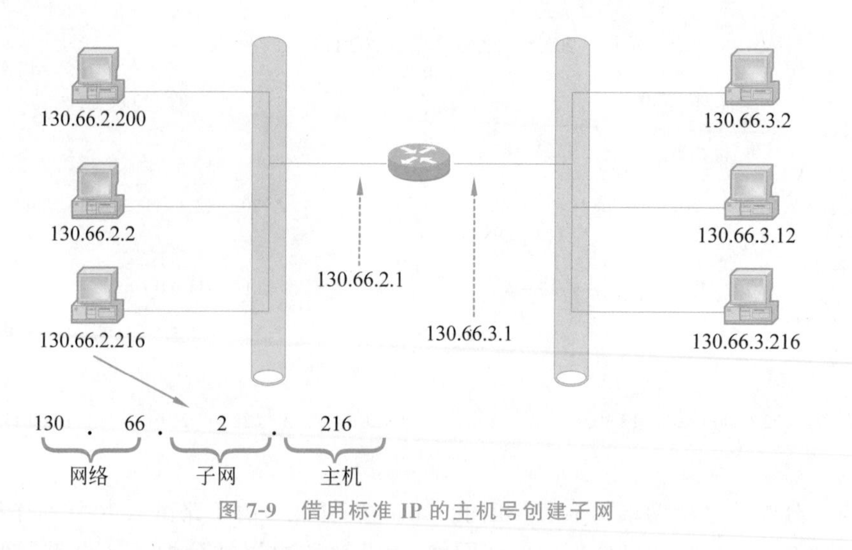

图 7-9　借用标准 IP 的主机号创建子网

一个 C 类网络，它用 1 字节表示主机号，可以容纳的主机数为 254 台。当利用这个 C 类网络创建子网时，如果借用 2 位作为子网号，那么可以用剩下的 6 位表示子网中的主机，可以容纳的主机数为 62 台；如果借用 3 位作为子网号，那么仅可以使用剩下的 5 位表示子网中的主机，可以容纳的主机数也就减少到 30 台。

需要注意的是，进行子网互联的路由器也需要占用有效的 IP 地址，因此，在计算网络中（或子网中）需要使用的 IP 数时，不要忘记连接该网络（或子网）的路由器。在图 7-10 中，尽管子网 3 只有 3 台主机，但由于两个路由器分别有一条连接与该网相连，因此，该子网至少需要 5 个有效的 IP 地址。

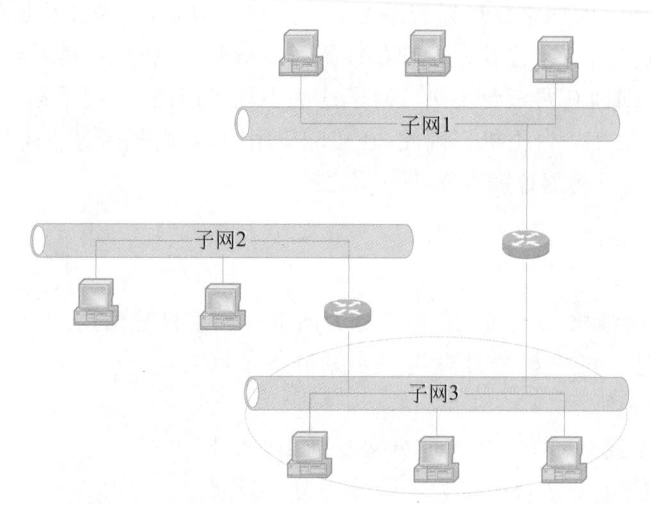

图 7-10　路由器的每个连接也需要占用有效的 IP

7.5.2　子网地址和子网广播地址

与标准的 IP 地址相同，子网编址也为子网网络和子网广播保留了地址编号。在子网编址中，二进制全“0”结尾的 IP 地址表示子网，二进制全“1”结尾的 IP 地址为子网广播所保留。

假设有一个网络号为 202.113.26.0 的 C 类网络，我们借用主机号部分的 3 位划分子网，其中二进制子网号、十进制主机号范围、可容纳的主机数、子网地址、子网广播地址如表 7-2

所示。

表 7-2 对一个 C 类网络进行子网划分

子　网	二进制子网号	二进制主机号范围	十进制主机号范围	可容纳的主机数	子网地址	子网广播地址
第 1 个子网	000	00000～11111	.0～.31	30	202.113.25.0	202.113.26.31
第 2 个子网	001	00000～11111	.32～.63	30	202.113.26.32	202.113.26.63
第 3 个子网	010	00000～11111	.64～.95	30	202.113.26.64	202.113.26.95
第 4 个子网	011	00000～11111	.96～.127	30	202.113.26.96	202.113.26.127
第 5 个子网	100	00000～11111	.128～.159	30	202.113.26.128	202.113.26.159
第 6 个子网	101	00000～11111	.160～.191	30	202.113.26.160	202.113.26.191
第 7 个子网	110	00000～11111	.192～..223	30	202.113.26.192	202.113.26.223
第 8 个子网	111	00000～11111	.224～255	30	202.113.26.224	202.113.26.255

由于这个 C 类地址最后一个字节的 3 位用作划分子网，因此，子网中的主机号只能用剩下的 5 位表达。在这 5 位中，全部为“0”的表示该子网网络，全部为“1”的表示子网广播，其余的可以分配给子网中的主机。

为了与标准的 IP 编址保持一致，RFC 标准规定二进制全“0”或全“1”的子网号不应分配给实际的子网(即表 7-2 列出的第 1 个和第 8 个子网不能分配)。但在实际应用中，使用子网号为全“0”和全“1”的子网号不会出现任何问题。

我们知道，32 位全为“1”的 IP 地址(255.255.255.255) 为有限广播地址，如果在子网中使用该广播地址，广播将被限制在本子网内。

7.5.3 子网表示法

对于标准的 IP 地址而言，网络的类别可以通过它的前几位判定。而对于子网编址来说，机器怎么知道 IP 地址中的哪些位表示网络和子网？哪些位表示主机呢？

为了解决这个问题，子网编址使用了子网掩码(又称子网屏蔽码)。对应 IP 地址的 32 位二进制数值，子网掩码也采用了 32 位二进制数值。IP 规定，在子网掩码中，与 IP 地址的网络号和子网号部分对应的位用“1”表示，与 IP 地址的主机号部分对应的位用“0”表示。将 IP 地址和它的子网掩码相结合，就可以判断出 IP 地址中的哪些位表示网络和子网，哪些位表示主机。

例如，给出一个经过子网编址的 B 类 IP 地址 128.22.25.6，我们并不知道在子网划分时借用了几位主机号表示子网，但是，当给出它的子网掩码 255.255.255.0 后(见图 7-11(a))，就可以根据与子网掩码中“1”对应的位表示网络的规定，得到该子网划分借用了 8 位表示子网，并且该 IP 地址所处的子网号为 25。

如果借用该 B 类 IP 地址的 4 位主机号划分子网(见图 7-11(b))，那么它的子网掩码为 255.255.240.0，IP 地址 128.22.25.6 所处的子网号为 1。

表示子网的另一种常用的方法是斜杠标记表示法。这种表示法通过“IP 地址/n”的方法表示 IP 地址中哪些位为网络号部分，哪些位为主机号部分。例如，在图 7-11(a)中，IP 地址为

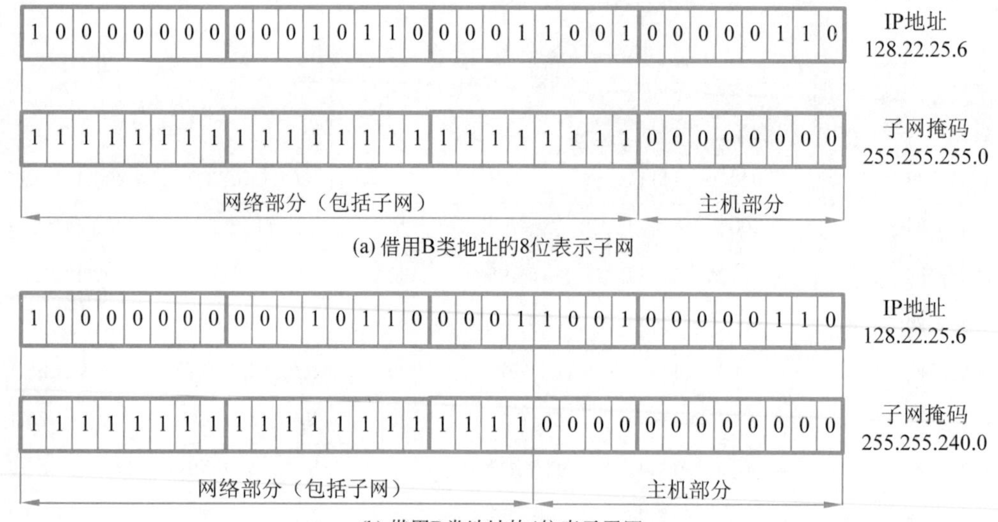

图 7-11　子网掩码

128.22.25.6，子网掩码为 255.255.255.0，按照斜杠标记表示法可以写为 128.22.25.6/24。其中，/24 表示在 32 位的 IP 地址中，前 24 位为网络号部分(包括网络号和子网号)，剩下的 8 位表示主机号。在图 7-11(b)中，IP 地址为 128.22.25.6，子网掩码为 255.255.240.0，按照斜杠标记表示法可以写为 128.22.25.6/20。其中，/20 表示在 32 位的 IP 地址中，前 20 位为网络号部分，后 12 位为主机号部分。

7.5.4　无类别 IP 编址——子网编址的延伸

为了避免 IP 地址浪费，子网编址把 IP 地址中的主机号部分进一步划分为子网号和主机号两部分。将子网编址的概念进一步延伸和扩展，就可以得到一种更加灵活的层次型编址方式——无类别 IP 编址。无类别 IP 编址抛弃了分类 IP 地址的概念(即不再区分 A 类、B 类、C 类 IP 地址)，通过指定不同长度的网络前缀(network-prefix)代替原来的网络号和子网号部分。

与子网表示法类似，无类别 IP 编址也可以使用掩码或斜杠标记法表示。使用掩码表示法时，与网络前缀对应的掩码位为“1”，其他位为“0”；采用斜杠标记法时，斜杠后面的数字为网络前缀的长度。无类别 IP 编址方式是一种更加通用的 IP 编址方式，分类 IP 编址、子网编址等都可以通过无类别 IP 编址方式表示。例如，利用无类别 IP 编址方式，B 类网络地址 172.16.0.0 可以表示为 172.16.0.0/16；C 类网络地址 192.168.99.0 可以表示为 192.168.99.0/24。

以下的具体例子说明了无类别 IP 编址的基本思想。假设一所学校分配到一个网络前缀为 202.113.48.0/20 的 IP 地址块(202.113.48.0～202.113.63.0 共 16 个连续的 C 类网络地址)，学校将这些地址平均分给 4 个部门。202.113.48.0/22 分给部门 1，202.113.52.0/22 分给部门 2，202.113.56.0/22 分给部门 3，202.113.60.0/22 分给部门 4。图 7-12 和表 7-3 显示了各部门分配的 IP 地址情况。从图 7-12 和表 7-3 可以看到，由于各部门网络的前缀部分占用 22 位，主机号部分占用 10 位，因此，各部门网络的掩码都为 255.255.252.0，可以分配的 IP 地址为 $2^{10}-2=1022$(个)。与子网编址相同，主机号部分为全“0”和全“1”的 IP 地址为网络地址和广播地址，它们不能分配给特定的网络连接。

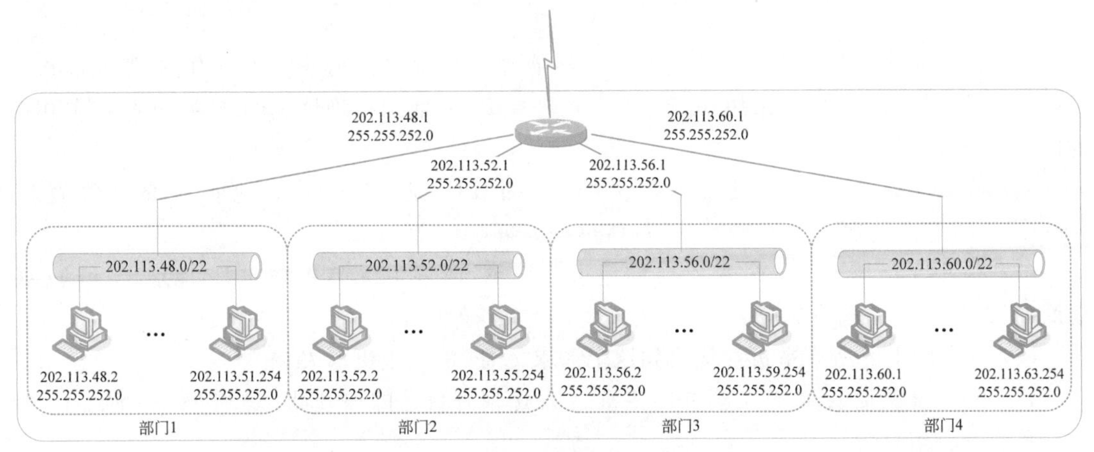

图 7-12 无类别 IP 编址

表 7-3 各部门 IP 地址情况汇总

部　　门	部门1	部门2	部门3	部门4
网络前缀	202.113.48.0/22	202.113.52.0/22	202.113.56.0/22	202.113.60.0/22
掩码	255.255.252.0	255.255.252.0	255.255.252.0	255.255.252.0
可分配 IP 地址	.48.1～.51.254	.52.1～.55.254	.56.1～.59.254	.60.1～.63.254
可分配的 IP 地址数	1022	1022	1022	1022
网络地址	202.113.48.0	202.113.52.0	202.113.56.0	202.113.60.0
广播地址	202.113.51.255	202.113.55.255	202.113.59.255	202.113.63.255

无类别 IP 编址可以按照网络的规模分配和申请 IP 地址，不受标准分类 IP 地址规模的限制。与此同时，无类别 IP 编址还能够在一定程度上减少路由表表项，提高路由转发速度（参见第 8 章）。由于无类别 IP 编址简单实用，因此得到广泛应用。

7.6 地址解析协议

在互联网中，IP 地址能够屏蔽各个物理网络地址的差异，为上层用户提供“统一”的地址形式。但是，这种“统一”是通过在物理网络上覆盖一层 IP 软件实现的，互联网并不对物理地址做任何修改。高层软件通过 IP 地址指定源地址和目的地址，而低层的物理网络通过物理地址发送和接收信息。

考虑一个网络上的两台主机 A 和 B，它们的 IP 地址分别为 I_A 和 I_B，物理地址分别为 P_A 和 P_B。在主机 A 需要将信息传送到主机 B 时，它使用 I_A 和 I_B 作为它的源地址和目的地址。但是，信息最终的传递必须利用下层的物理地址 P_A 和 P_B 实现。那么，主机 A 怎么将主机 B 的 IP 地址 I_B 映射到它的物理地址 P_B 上呢？

将 IP 地址映射到物理地址的实现方法有多种（如静态表格、直接映射等），每种网络都可以根据自身的特点选择适合自己的映射方法。地址解析协议（Address Resolution Protocol，ARP）是以太网经常使用的映射方法，它充分利用以太网的广播能力，将 IP 地址与物理地址进行动态联编（dynamic binding）。

7.6.1 ARP的基本思想

以太网一个重要特点就是具有强大的广播能力。针对这种具备广播能力、物理地址长但长度固定的网络，IP互联网采用动态联编方式进行IP地址到物理地址的映射，并制定了相应的协议——ARP。

假定在一个以太网中，主机A欲获得主机B的IP地址 I_B 与MAC地址 P_B 的映射关系。ARP的基本工作过程如图7-13所示，具体过程如下：

（1）主机A广播发送一个带有 I_B 的请求信息包，请求主机B用它的IP地址 I_B 和MAC地址 P_B 的映射关系进行响应。

（2）以太网上的所有主机都接收到这个请求信息（包括主机B在内）。

（3）主机B识别该请求信息，并向主机A发送带有自己的IP地址 I_B 和MAC地址 P_B 映射关系的响应信息包。

（4）主机A得到 I_B 与 P_B 的映射关系，并可以在随后的发送过程中使用该映射关系。

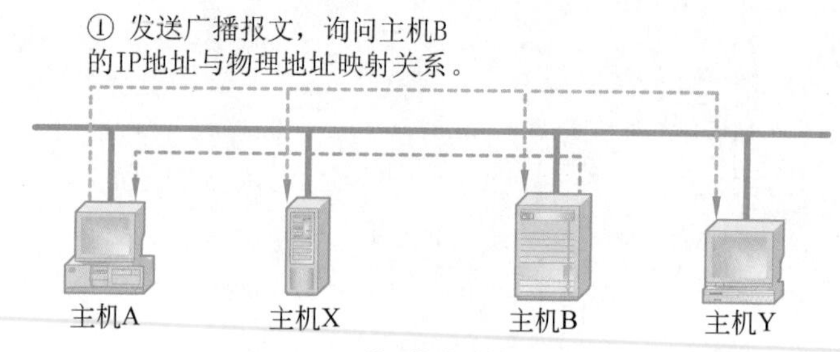

图7-13 ARP的基本工作过程

7.6.2 ARP协议的改进

ARP请求信息和响应信息的频繁发送和接收必然对网络的效率产生影响。为了提高效率，ARP可以采用以下改进技术。

1. 高速缓存技术

在每台使用ARP的主机中开辟一个专用的高速缓存区，用于保存已知的ARP表项。一旦收到ARP应答，主机就将获得的IP地址与物理地址的映射关系存入高速缓存区的ARP表中。当发送信息时，主机首先到高速缓存区的ARP表中查找相应的映射关系，若找不到，则利用ARP进行地址解析。利用高速缓存技术，主机不必为每个发送的IP数据包都使用ARP，这样就可以减少网络流量，提高处理的效率。

主机的物理地址通常存储在网卡上，一旦网卡从一台主机换到另一台主机，其IP地址与物理地址的对应关系也就发生了变化。为了保证主机中ARP表的正确性，ARP表必须经常更新。为此，ARP表中的每一个表项都被分配了一个计时器，一旦某个表项超过计时时限，主机就会自动将它删除，以保证ARP表的有效性。

实验表明，由于多数网络通信都需要持续发送多个信息包，因此，即使高速缓存区保存一个小的ARP表，也可以大大提高ARP的效率。

2. 其他改进技术

为了提高网络效率,有些软件在 ARP 实现过程中还采取了以下措施:

(1) 主机在发送 ARP 请求时,信息包中包含了自己的 IP 地址与物理地址的映射关系。这样,目的主机就可以将该映射关系存储在自己的 ARP 表中,以备随后使用。由于主机之间的通信一般是相互的,因此,当主机 A 发送信息到主机 B 后,主机 B 通常需要做出回应。利用这种 ARP 改进技术,可以防止目的主机紧接着为解析源主机的 IP 地址与物理地址的映射关系而再来一次 ARP 请求。

(2) 由于 ARP 请求是通过广播发送出去的,因此,网络中的所有主机都会收到源主机的 IP 地址与物理地址的映射关系。于是,它们可以将该 IP 地址与物理地址的映射关系存入各自的高速缓存区中,以备将来使用。

(3) 网络中的主机在启动时,可以主动广播自己的 IP 地址与物理地址的映射关系,以尽量避免其他主机对它进行 ARP 请求。

7.6.3 完整的 ARP 工作过程

假设以太网上有 4 台计算机,它们分别是计算机 A、B、X 和 Y,如图 7-14 所示。现在,计算机 A 的应用程序需要和计算机 B 的应用程序交换数据。在计算机 A 发送信息前,必须首先得到计算机 B 的 IP 地址与 MAC 地址的映射关系。一个完整的 ARP 软件的工作过程如下:

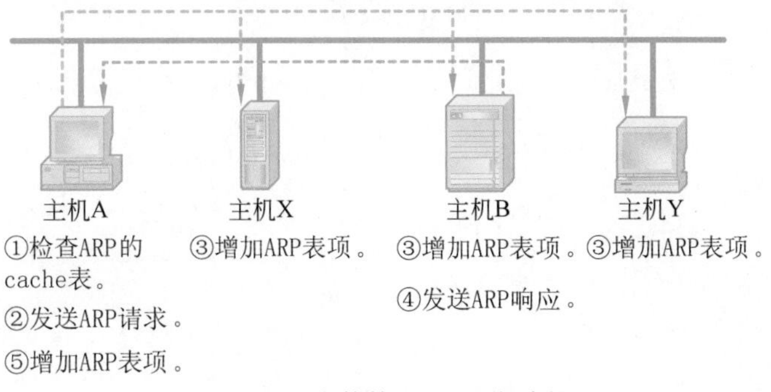

图 7-14 完整的 ARP 工作过程

(1) 计算机 A 检查自己高速缓存区中的 ARP 表,判断 ARP 表中是否存有计算机 B 的 IP 地址与 MAC 地址的映射关系。如果找到,则完成 ARP 地址解析;如果没有找到,则转至下一步。

(2) 计算机 A 广播含有自身 IP 地址与 MAC 地址映射关系的请求信息包,请求解析计算机 B 的 IP 地址与 MAC 地址的映射关系。

(3) 包括计算机 B 在内的所有计算机都接收到计算机 A 的请求信息,然后将计算机 A 的 IP 地址与 MAC 地址的映射关系存入各自的 ARP 表中。

(4) 计算机 B 发送 ARP 响应信息,通知自己的 IP 地址与 MAC 地址的对应关系。

(5) 计算机 A 收到计算机 B 的响应信息,并将计算机 B 的 IP 地址与 MAC 地址的映射关系存入自己的 ARP 表中,从而完成计算机 B 的 ARP 地址解析。

计算机 A 得到计算机 B 的 IP 地址与 MAC 地址的映射关系后,就可以顺利地与计算机 B 通信。在整个 ARP 工作期间,不但计算机 A 得到了计算机 B 的 IP 地址与 MAC 地址的映射关系,而且计算机 B、X 和 Y 也都得到了计算机 A 的 IP 地址与 MAC 地址的映射关系。如果计算机B的应用程序需要立刻返回数据给计算机A的应用程序，那么，计算机B就不必再次执行上面描述的ARP请求过程了。

网络互联离不开路由器，如果一个网络（如以太网）利用ARP进行地址解析，则与这个网络相连的路由器也应该实现ARP。

7.6.4 ARP数据的封装和报文格式

当ARP报文在以太网中传送时，需要将它们封装在以太网数据帧中。为了使接收方能够容易地识别该数据帧携带的为ARP数据，发送方需要将以太网数据帧首部的长度/类型字段指定为0806H。由于ARP请求和应答分别采用广播方式和单播方式发送，因此，封装ARP请求的数据帧的目的地址为全“1”形式的广播地址，而封装ARP响应的数据帧的目的地址为接收结点的单播地址。

ARP是一种适应性非常强的协议，它既可以在以太网中使用，也可以在其他类型的物理网络中使用。以太网中ARP的报文格式如图7-15所示。

0　　　15　16　　　31

硬件类型		协议类型
硬件地址长度	协议地址长度	操作
源MAC地址（0~3）		
源MAC地址（4~5）		源IP地址（0~1）
源IP地址（2~3）		目的MAC地址（0~1）
目的MAC地址（2~5）		
目的IP地址（0~3）		

图7-15　以太网中ARP的报文格式

各字段的意义如下：

硬件类型：物理接口类型。其中，以太网的接口类型为1。

协议类型：高层协议类型。其中，IP类型为0800H。

操作：指定该ARP报文是一个ARP请求，还是一个ARP应答。其中，ARP请求报文为1，ARP应答报文为2。

硬件地址长度：以字节为单位的物理地址长度。在以太网中，物理地址（MAC地址）的长度为6B。

协议地址长度：以字节为单位的上层协议地址长度。IP地址长度为4B。

源MAC地址：发送方的MAC地址。

源IP地址：发送方的IP地址。

目的MAC地址：在ARP请求报文中，该字段内容没有意义；在ARP响应报文中，该字段为接收方的MAC地址。

目的IP地址：在ARP请求报文中，该字段为请求解析的IP地址；在ARP响应报文中，该字段为接收方的IP地址。

7.7 实验：获取IP地址与MAC地址的对应关系

在以太网中，获取MAC地址常常是其他工作的前提。本实验要求使用系统提供的命令和利用WinPcap编程两种方式获取以太网中主机的MAC地址。通过本实验，不但可以学习ARP的工作过程，而且可以深入了解IP地址和MAC地址的有关概念。

7.7.1 利用命令获取IP地址与MAC地址的对应关系

网络操作系统通常会将从网络中得到的IP地址与MAC地址的映射关系存放在本地的高速缓冲区中，因此，查看该缓冲区中的表项就可以获得一个IP地址与MAC地址的对应关系。多数网络操作系统(包括Windows、UNIX、Linux等操作系统)都内置了一个arp命令，用于查看、添加和删除高速缓存区中的ARP表项。

在Windows操作系统中，高速缓存区中的ARP表可以包含动态和静态表项。动态表项随时间推移自动添加和删除。静态表项则一直保留在高速缓存区中，直到人为删除或重新启动计算机为止。

在ARP表中，每个动态表项的潜在生命周期都是10min。新表项加入时定时器开始计时，如果某个表项添加后2min内没有被再次使用，则此表项过期并从ARP表中删除。如果某个表项被再次使用，则该表项又收到2min的生命周期。如果某个表项始终在使用，则它的最长生命周期为10min。

1. 显示高速缓存区中的ARP表

显示高速缓存区中的ARP表可以使用arp -a命令，因为ARP表在没有进行手工配置之前，通常为动态ARP表项，所以，表项的变动较大，arp -a命令输出的结果也大不相同。如果高速缓存区中的ARP表项为空，则arp -a命令输出的结果为No ARP Entries Found；如果ARP表中存在IP地址与MAC地址的映射关系，则arp -a命令显示该映射关系，如图7-16所示。

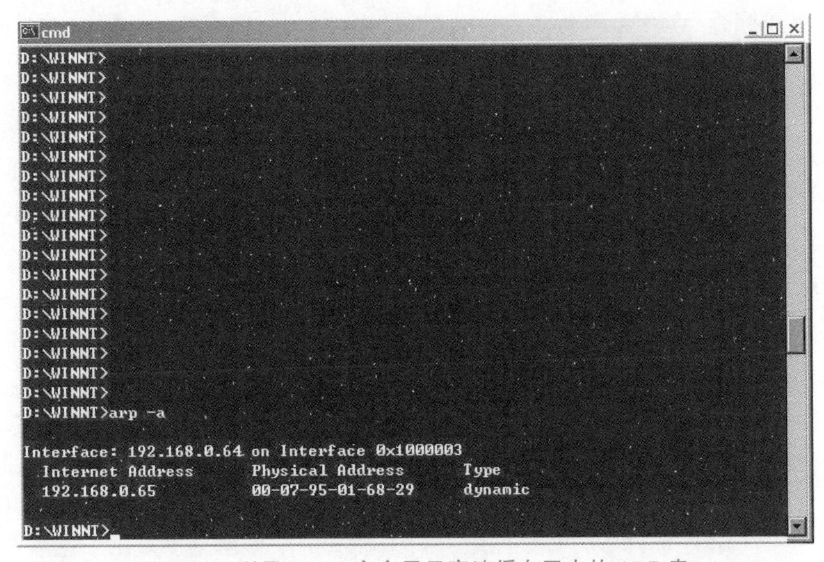

图7-16 利用arp -a命令显示高速缓存区中的ARP表

如果希望看到的IP地址与MAC地址的映射关系没有包含在ARP表中,可以利用ping命令去ping该IP地址,一旦ping成功,该IP地址与MAC地址的映射关系就会加入ARP表中。图7-17显示了使用ping 192.168.0.100之后,ARP表项的变化情况。

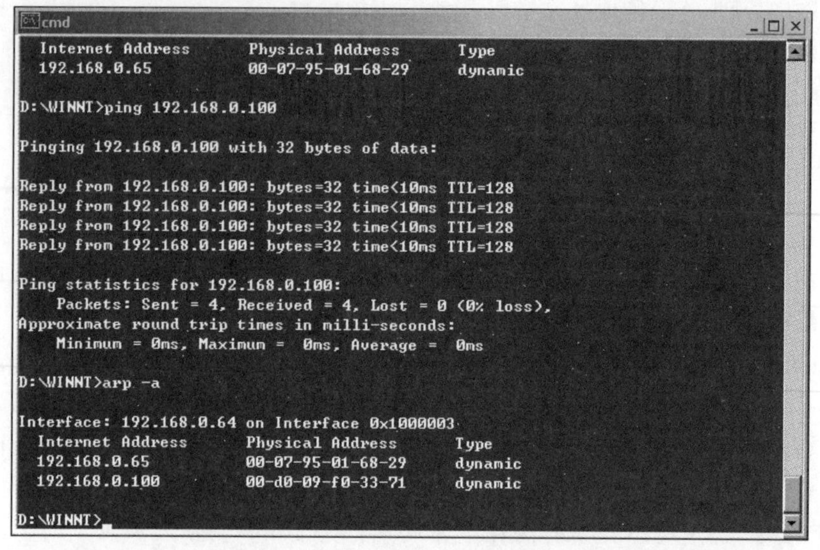

图7-17　利用ping命令将IP地址与MAC地址的映射关系加入ARP表

2. 添加ARP静态表项

存储在高速缓存区中的ARP表既可以有动态表项,也可以有静态表项。通过arp -s inet_addr eth_addr命令,可以将IP地址与MAC地址的映射关系手工加入ARP表中。其中,inet_addr为IP地址,eth_addr为与其对应的MAC地址。通过arp -s命令加入的表项是静态表项,系统不会自动将它从ARP表中删除,直到人为删除或关机。需要注意的是,在人为增加ARP表项时,一定要确保IP地址与MAC地址的对应关系是正确的,否则将导致发送失败。

3. 删除ARP表项

动态表项和静态表项都可以通过arp -d inet_addr命令删除,其中inet_addr为该表项的IP地址。如果要删除ARP表中的所有表项,也可以使用星号"*"代替具体的IP地址。

7.7.2　通过编程获取IP地址与MAC地址的对应关系

本实验要求利用Npcap实现ARP,从而获取以太网上任意一台主机的IP地址与MAC地址的对应关系。编制的程序应该能够让用户方便地输入IP地址,并将获取的IP地址与MAC地址的映射关系显示在屏幕上,如图7-18所示。

编制该程序需要用到Npcap提供的有关功能。Npcap的基本使用方法参见第6章的相关内容。另外,在利用Npcap实现ARP过程中,需要注意以下问题。

1. 获取本机网络接口的MAC地址和IP地址

调用Npcap的pcap_findalldevs_ex()函数后,参数alldevs指向的链表中包含了主机中安装的网络接口设备列表。在alldevs链表每个元素保存的网络接口相关信息中,地址信息保存了该网络接口卡上绑定的IP地址、网络掩码、广播地址和目的地址等。由于每个网络接口卡上都可以绑定多个IP地址,因此,每个网络接口卡拥有的地址信息也采用了链表结构,其具体定义如下:

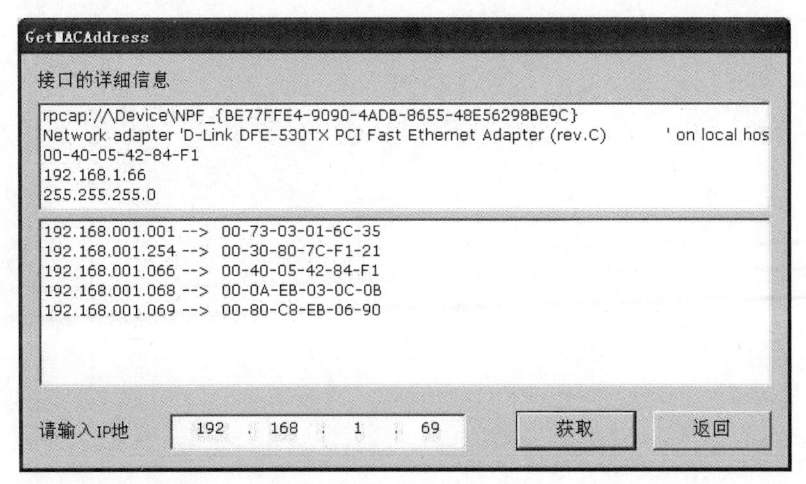

图 7-18 获取 IP 地址与 MAC 地址程序界面示例

```
Typedef struct pcap_if pcap_if_t;

struct pcap_if {
        struct pcap_if * next;
        char * name;
        char * description;
        struct pcap_addr * address;
        u_int flags;
};

struct pcap_addr {
        struct pcap_addr * next;
        struct sockaddr * addr;
        struct sockaddr * netmask;
        struct sockaddr * broadaddr;
        struct sockaddr * dstaddr;
};
```

按照上面的链表结构，利用 Npcap 的 pcap_findalldevs_ex()函数获取本机的网络接口卡及其每块网卡上绑定的 IP 地址的例子如下：

```
pcap_if_t       * alldevs;                          //指向设备链表首部的指针
pcap_if_t       * d;
pcap_addr_t     * a;
char            errbuf[PCAP_ERRBUF_SIZE];           //错误信息缓冲区

//获得本机的设备列表
if (pcap_findalldevs_ex(PCAP_SRC_IF_STRING,         //获取本机的接口设备
                        NULL,                       //无须认证
                        &alldevs,                   //指向设备列表首部
                        errbuf                      //出错信息保存缓存区
                        ) ==-1)
{
    …      //错误处理
}

//显示接口列表
for(d=alldevs; d ! =NULL; d=d->next)
{
```

```
    …      //利用 d-> name 获取该网络接口设备的名字
    …      //利用 d-> description 获取该网络接口设备的描述信息

    //获取该网络接口设备的 IP 地址信息
    for(a=d-> addresses; a! =NULL; a=addr-> next)
    {
        if (a-> addr-> sa_family==AF_INET)     //判断该地址是否为 IP 地址
        {
            …      //利用 a-> addr 获取 IP 地址
            …      //利用 a-> netmask 获取网络掩码
            …      //利用 a-> broadaddr 获取广播地址
            …      //利用 a-> dstaddr)获取目的地址
        }
    }

//释放设备列表
pcap_freealldevs(alldevs);
```

尽管利用 Npcap 的 pcap_findalldevs_ex()函数可以非常方便地获取本机安装的网络接口以及接口上绑定的 IP 地址,但是该函数并没有给出网络接口的物理地址(在以太网环境中,pcap_findalldevs_ex()返回的参数中没有网卡的 MAC 地址信息)。

为了形成 ARP 请求数据包,不但需要知道本机网络接口上绑定的 IP 地址,而且必须知道这块网卡的 MAC 地址。获取本机网络接口的 MAC 地址和 IP 地址可以使用不同的方法,常用的方法包括利用 NetBIOS 编程接口以及 winsock 提供的 gethostbyname()函数等。但是,如果希望这样获取的 MAC 地址和 IP 地址与 Npcap 获取的设备接口名字联系起来,那么需要在编程过程中做进一步的处理。

在理解 ARP 的基本思想后,本实验直接通过 Npcap 获取本机网络接口的 MAC 地址。

按照 ARP 的思想,以太网中的主机如果发现一个 ARP 请求的 IP 地址为自己拥有的 IP 地址,那么它将形成 ARP 响应,并将该 IP 地址与 MAC 地址的对应关系返回给请求主机。如果应用程序能够捕获到本机发出的 ARP 响应,那么就能够知道本机网络接口的 MAC 地址。按照这种原理,利用 Npcap 获得本机网络接口 MAC 地址和 IP 地址的过程如下:

(1) 获取本机安装的网络接口和接口上绑定的 IP 地址。利用 Npcap 提供的 pcap_findalldevs_ex()函数获取本机的接口设备列表,从而获得本机网络接口及其接口上绑定的 IP 地址。

(2) 发送 ARP 请求,请求本机网络接口上绑定的 IP 地址与 MAC 地址的对应关系。本地主机模拟一个远端主机,发送一个 ARP 请求报文,该请求报文请求本机网络接口上绑定的 IP 地址与 MAC 地址的对应关系。在组装报文过程中,源 MAC 地址字段和源 IP 地址字段需要使用虚假的 MAC 地址和虚假的 IP 地址(如可以使用 66-66-66-66-66-66 作为源 MAC 地址,112.112.112.112 作为源 IP 地址)。本地主机一旦获取该 ARP 请求,就会做出响应。

(3) 应用程序捕获本机的 ARP 响应,获取本机网络接口卡的 MAC 地址。利用 Npcap 捕获本机的 ARP 响应,从而得到本机网络接口卡的 MAC 地址。

得到本机网络接口的 MAC 地址和其上绑定的 IP 地址后,应用程序就可以组装和发送 ARP 请求报文,请求以太网中其他主机的 IP 地址与 MAC 地址的对应关系。

2. 向网络发送数据包

为了获取以太网中其他主机的 IP 地址与 MAC 地址的对应关系,应用程序需要向以太网广播 ARP 请求。向以太网发送数据包可以使用 Npcap 提供的 pcap_sendpacket()函数,该函数的原型如下：

```
Int pcap_sendpacket(
        pcap_t    * p,
        u_char    buf,
        int       size
);
```

pcap_sendpacket()函数中各参数的意义如下：

p：指定 pcap_sendpacket()函数通过哪块接口卡发送数据包。该参数为一个指向 pcap_t 结构的指针，通常是调用 pcap_open()函数成功后返回的值。

buf：指向需要发送的数据包，该数据包应该包括各层的头部信息。但需要注意，以太网帧的 CRC 校验和字段不应该包含在 buf 中，WinPcap 在发送过程中会自动为其增加校验和。

size：指定发送数据包的大小。

发送成功时，pcap_sendpacket()函数返回 0，否则返回 −1。

利用 Npcap 发送 ARP 请求的一个例子如下：

```
#pragma pack(1)
typedef struct FrameHeader_t  {                          //帧首部
    BYTE    DesMAC[6];
    BYTE    SrcMAC[6];
    WORD    FrameType;
} FrameHeader_t;

typedef struct ARPFrame_t {                              //ARP 帧
    FrameHeader_t  FrameHeader;
    WORD           HardwareType;
    WORD           ProtocolType;
    BYTE           HLen;
    BYTE           PLen;
    WORD           Operation;
    BYTE           SendHa[6];
    DWORD          SendIP;
    BYTE           RecvHa[6];
    DWORD          RecvIP;
} ARPFrame_t;

#pragma pack()
ARPFrame_t             ARPFrame;

//将 ARPFrame.FrameHeader.DesMAC 设置为广播地址
//将 ARPFrame.FrameHeader.SrcMAC 设置为本机网卡的 MAC 地址
ARPFrame.FrameHeader.FrameType=htons(0x0806);            //帧类型为 ARP

ARPFrame.HardwareType=htons(0x0001);                     //硬件类型为以太网
ARPFrame.ProtocolType=htons(0x0800);                     //协议类型为 IP
ARPFrame.HLen=6;                                         //硬件地址长度为 6
ARPFrame.PLen=4;                                         //协议地址长度为 4
ARPFrame.Operation =htons(0x0001);                       //操作为 ARP 请求

//将 ARPFrame.SendHa 设置为本机网卡的 MAC 地址
//将 ARPFrame.SendIP 设置为本机网卡上绑定的 IP 地址
//将 ARPFrame.RecvHa 设置为 0
//将 ARPFrame.RecvIP 设置为请求的 IP 地址
```

```
if (pcap_sendpacket(adhandle,
                    (u_char *) &ARPFrame,
                    sizeof(ARPFrame_t)!= 0)
{
    … //发送错误处理
}
else
{
    … //发送成功
}
…
```

练习与思考

一、填空题

(1) IP 地址由网络号和主机号两部分组成,其中网络号表示________,主机号表示________。

(2) IP 地址由________位二进制数组成。

(3) 以太网利用________协议获得目的主机 IP 地址与 MAC 地址的映射关系。

(4) 为高速缓冲区中的每个 ARP 表项分配定时器的主要目的是________。

(5) 在 Windows 系统中,显示高速缓冲区中 ARP 表项的命令是________。

二、单项选择题

(1) 分类 IP 地址 205.140.36.88 的(　　)表示主机号。

a) 205　　b) 205.140　　c) 88　　d) 36.88

(2) 分类 IP 地址 129.66.51.37 的(　　)表示网络号。

a) 129.66　　b) 129　　c) 192.66.51　　d) 37

(3) 假设一个主机的 IP 地址为 192.168.5.121,而子网掩码为 255.255.255.248,那么该主机的网络号为(　　)。

a) 192.168.5.12　　b) 192.168.5.121　　c) 192.168.5.120　　d) 192.168.5.32

(4) 选项(　　)需要启动 ARP 请求。

a) 主机需要接收信息,ARP 表中没有源 IP 地址与 MAC 地址的映射关系

b) 主机需要接收信息,ARP 表中已有源 IP 地址与 MAC 地址的映射关系

c) 主机需要发送信息,ARP 表中没有目的 IP 地址与 MAC 地址的映射关系

d) 主机需要发送信息,ARP 表中已有目的 IP 地址与 MAC 地址的映射关系

三、动手与思考题

(1) 现需要对一个局域网进行子网划分,其中,第一个子网包含 2 台计算机,第二个子网包含 260 台计算机,第三个子网包含 62 台计算机。如果分配给该局域网一个 B 类地址 128.168.0.0,请写出你的 IP 地址分配方案,并在组建的局域网上验证方案的正确性。

(2) 为了提高 ARP 的解析效率,可以使用多种改进技术。想一想,要使 ARP 正常工作,是否所有的主机必须使用同样的 ARP 改进技术?制订一个实验方案,观察和判断 Windows 系统实现了哪些 ARP 改进方案。

第 8 章　路由器与路由选择

在 IP 互联网中，路由选择(routing)是指选择一条路径发送 IP 数据包的过程，而进行这种路由选择的计算机就称为路由器(router)。

实际上，互联网就是由具有路由选择功能的路由器将多个网络连接所组成的。由于 IP 互联网使用面向非连接的互联网解决方案，因此，互联网中每个自治的路由器独立地对待 IP 数据包。一旦 IP 数据包进入互联网，路由器就要负责为这些数据包选路，并将它们从源主机送往目的主机。

互联网中什么设备需要具有路由选择功能呢？首先，路由器应该具有路由选择功能。它处于网络与网络连接的十字路口，主要任务就是路由选择(如图 8-1 中的路由器 R1、R2、R3 和 R4)；其次，具有多个物理连接的多宿主主机需要具有路由选择功能。在发送 IP 数据包前，多宿主主机需要决定将数据包发送到哪个物理连接(如图 8-1 中的具有两条物理连接的多宿主主机 C)；再次，具有单个物理连接的主机也需要具有路由选择功能。如果它通过网络与两个或多个路由器相连，在发送 IP 数据包之前，它必须决定将数据包发送给哪个路由器(如图 8-1 中的主机 A 和主机 B)。

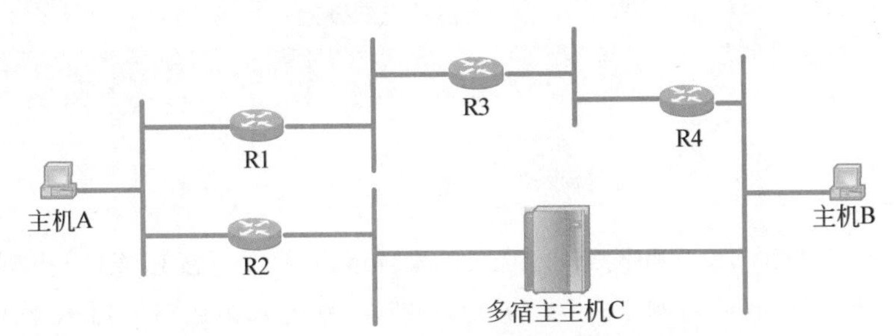

图 8-1　互联网中需要具有路由选择功能的设备

8.1　路由选择

8.1.1　表驱动 IP 选路

在 IP 互联网中，需要进行路由选择的设备一般采用表驱动的路由选择算法。每台需要路由选择的设备保存一张 IP 路由表(又称 IP 选路表)，该表存储着有关目的地址及怎样到达目的地址的信息。在需要传送 IP 数据包时，路由软件查询该 IP 路由表，决定把数据包发往何处。

在 IP 路由表中怎么表示目的地址呢？互联网可以包含成千上万台主机，如果路由表列出到达所有主机的路径信息，不但需要巨大的内存资源，而且需要很长的路由表查询时间。显然，这是不可能的。幸运的是，IP 地址的编址方法可以帮助我们隐藏互联网上大量的主机信息。由于 IP 地址可以分为网络号(netid)和主机号(hostid)两部分，而连接到同一网络的所有主机共享同一网络号(netid)，因此，可以把有关特定主机的信息与它所存在的环境隔离开，IP

路由表中仅保存相关的网络信息,使远端的主机在不知道细节的情况下将IP数据包发送过来。

8.1.2 标准路由选择算法

一个标准的IP路由表通常包含许多(N,R)对序偶,其中N指的是目的网络的IP地址,R是到网络N路径上的"下一个"路由器的IP地址。因此,在路由器R中的路由表仅指定了从路由器R到目的网络路径上的一步,而路由器并不知道到达目的地的完整路径。这就是下一站选路的基本思想。

需要注意的是,为了减小路由设备中路由表的长度,提高路由算法的效率,路由表中的N常常使用目的网络的网络地址,而不是目的主机地址,尽管可以将目的主机地址放入路由表中。图8-2给出了通过3个路由器互联的4个网络的简单例子。表8-1为路由器R的IP路由表。

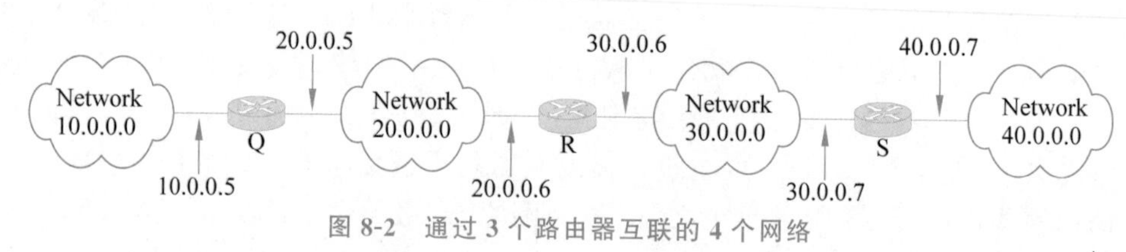

图8-2 通过3个路由器互联的4个网络

表8-1 路由器R的IP路由表

要到达的网络	下一个路由器	要到达的网络	下一个路由器
20.0.0.0	直接投递	10.0.0.0	20.0.0.5
30.0.0.0	直接投递	40.0.0.0	30.0.0.7

在图8-2中,网络20.0.0.0和网络30.0.0.0都与路由器R直接相连,路由器R收到一IP数据包,如果其目的IP地址的网络号为20.0.0.0或30.0.0.0,那么路由器R就可以将该报文直接传送给目的主机。如果收到报文的目的地网络号为10.0.0.0,那么路由器R就需要将该报文传送给与其直接相连的另一路由器Q,由路由器Q再次投递该报文。同理,如果接收报文的目的地网络号为40.0.0.0,那么路由器R就需要将报文传送给路由器S。

基本的下一站路由选择算法如图8-3所示。

```
RouteDatagram(Datagram, RoutingTable)          //Datagram: 数据报
                                               //RoutingTable: 路由表
  {
  从 Datagram 中提取目的 IP 地址 D, 计算netid网络号N;
  If N 与路由器直接连接的网络地址匹配
  Then 在该网络上直接投递(封装、物理地址绑定、发送等)
  ElseIf RoutingTable 中包含到 N 的路由
  Then 将 Datagram 发送到 RoutingTable 中指定的下一站
  Else 路由选择错误;
  }
```

图8-3 基本的下一站路由选择算法

8.1.3 无类别域间路由——标准路由选择算法的扩充

目前,大多数网络并没有采用标准的IP编址,而是采用了无类别IP编址。无类别域间路由(Classless Inter-Domain Routing,CIDR)就是路由器为IP数据包在无类别IP编址的网络之间进行选路的过程。显然,在采用无类别IP编址方式后,仅通过一个IP地址的前几位已经不能判断它所属的网络,因此,引入无类别IP编址以后,必须对标准路由选择算法进行修改和扩充,以满足无类别域间路由的需要。

1. 路由表的内容

在无类别IP编址中,由于一个IP地址所属的网络必须通过IP地址与其掩码的组合才能得到,因此,除(N,R)之外,必须在路由表中增加掩码信息(或网络前缀信息),以判断IP地址中哪些位代表网络号,哪些位代表主机号。扩充掩码后的IP路由表可以表示为(M,N,R)三元组。其中,M表示掩码,N表示目的网络地址,R表示到网络N路径上的"下一个"路由器的IP地址。

当进行路由选择时,将IP数据包中的目的IP地址取出,与路由表表目中的"掩码"进行逐位"与"运算,运算的结果再与表目中的"目的网络地址"比较,如果相同,则说明路由选择成功,IP数据包沿"下一站地址"传送出去。

图8-4显示了通过3台路由器互联的4个无类别网络的简单例子。表8-2给出了路由器R的路由表。如果路由器R收到一个目的地址为10.4.0.16的IP数据包,那么它在进行路由选择时首先将该IP地址与路由表第一个表项的掩码255.255.0.0进行"与"操作,由于得到的操作结果10.4.0.0与本表项目的网络地址10.2.0.0不相同,说明路由选择不成功,需要对路由表的下一个表项进行相同的操作。当对路由表的最后一个表项操作时,IP地址10.4.0.16与掩码255.255.0.0进行"与"操作的结果10.4.0.0同目的网络地址10.4.0.0一致,说明路由选择成功,于是,路由器R将报文转发给该表项指定的下一路由器10.3.0.7(即路由器S)。当然,路由器S接收到该IP数据包后,也需要按照自己的路由表决定数据包的去向。

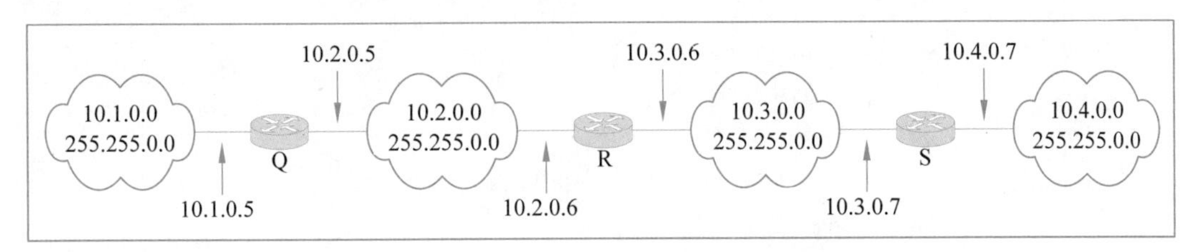

图8-4 通过3台路由器互联的4个无类别网络

表8-2 路由器R的路由表

掩　码	要到达的网络	下一个路由器	掩　码	要到达的网络	下一个路由器
255.255.0.0	10.2.0.0	直接投递	255.255.0.0	10.1.0.0	10.2.0.5
255.255.0.0	10.3.0.0	直接投递	255.255.0.0	10.4.0.0	10.3.0.7

2. 路由表中的特殊路由

用网络地址作为路由表的目的地址可以极大地缩小路由表的规模,既可以节省空间,又可以提高处理速度。但是,路由表也可以包含两种特殊的路由表项:一种是默认路由;另一种是特定主机路由。

(1) 默认路由：为了进一步隐藏互联网细节，缩小路由表的长度，经常用到一种称为“默认路由”的技术。在路由选择过程中，如果路由表没有明确指明一条到达目的网络的路由信息，就可以把数据包转发到默认路由指定的路由器。在图 8-4 中，如果路由器 Q 建立一个指向路由器 R 的默认路由，那么它就不必建立到达网络 10.3.0.0 和 10.4.0.0 的路由了。只要收到的数据包的目的 IP 地址不属于与路由器 Q 直接相连的 10.1.0.0 和 10.2.0.0 网络，路由器 Q 就按照默认路由将它们转发至路由器 R。

(2) 特定主机路由：路由表的主要表项(包括默认路由)都是基于网络地址的。但是，IP 也允许为一特定的主机建立路由表表项。对单个主机(而不是网络)指定一条特别的路径就是所谓的特定主机路由。特定主机路由方式可以赋予本地网络管理人员更大的网络控制权，可用于安全性、网络连通性调试以及路由表正确性判断等目的。

3. 统一的路由选择算法

如果允许使用任意的掩码形式，那么无类别域间选路算法能够按照同样的方式处理网络路由、默认路由、特定主机路由以及直接相连网络路由。

对于特定主机路由，在路由表中可采用 255.255.255.255 作为掩码，采用目的主机 IP 地址作为目的地址；对于默认路由，在路由表中可采用 0.0.0.0 作为掩码和目的地址；对于一般的网络路由，可用相应的掩码和相应的目的网络地址构造路由表表项。这样，整个路由表的统一导致了路由选择算法的极大简化。

统一的路由选择算法如图 8-5 所示。

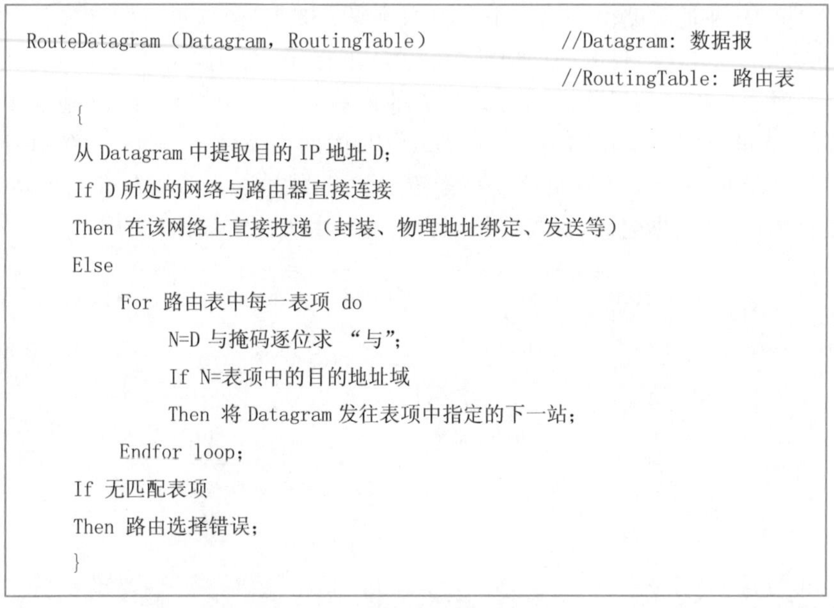

```
RouteDatagram (Datagram, RoutingTable)            //Datagram: 数据报
                                                  //RoutingTable: 路由表
    {
    从 Datagram 中提取目的 IP 地址 D;
    If D 所处的网络与路由器直接连接
    Then 在该网络上直接投递（封装、物理地址绑定、发送等）
    Else
        For 路由表中每一表项 do
            N=D 与掩码逐位求 “与”;
            If N=表项中的目的地址域
            Then 将 Datagram 发往表项中指定的下一站;
        Endfor loop;
    If 无匹配表项
    Then 路由选择错误;
    }
```

图 8-5　统一的路由选择算法

4. 路由聚合与最优路径的选择

小型网络的快速增加使主干路由器的路由表项迅速膨胀。大量的路由表项增加了路由器的存储开销和路由信息的查找时间，降低了路由器的转发性能。CIDR 方法在某些情况下可以将主干路由器的多个路由表项进行合并，减少主干路由器中路由信息的数量，从而提高路由器的转发性能。

例如，某学校分配到一个网络前缀为 202.113.48.0/20 的 IP 地址块(从 202.113.48.0 到

202.113.63.0 共 16 个连续的 C 类网络地址)，然后将这些地址平均分给 4 个部门。202.113.48.0/22 分给部门 1，202.113.52.0/22 分给部门 2，202.113.56.0/22 分给部门 3，202.113.60.0/22 分给部门 4，如图 8-6 所示。按照现有的知识，由于学校中包含 4 个独立的网络，因此，与本地路由器 R2 连接的主干路由器 R1 中将包含 4 个与该学校相关的路由，具体见表 8-3。

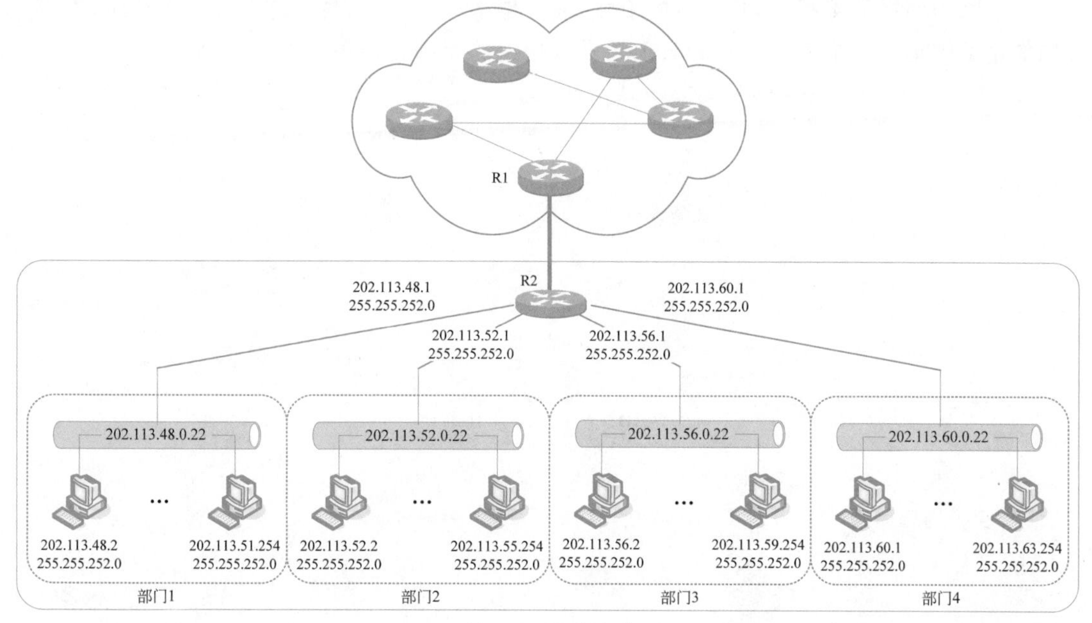

图 8-6 路由聚合

表 8-3 主干路由器 R1 中与学校相关的路由表项

掩 码	要到达的网络	下一个路由器	掩 码	要到达的网络	下一个路由器
…	…	…	255.255.252.0	202.113.56.0	R2
255.255.252.0	202.113.48.0	R2	255.255.252.0	202.113.60.0	R2
255.255.252.0	202.113.52.0	R2	…	…	…

实际上，只要收到数据包的目的 IP 地址的网络前缀为 202.113.48.0/20，那么主干路由器 R1 就将其转发给学校的本地路由器 R2，不需要关心数据包的最终目的地址到底属于学校哪个部门的网络。这样，路由器 R1 可以忽略该学校的网络细节，将有关该学校的 4 个路由表项合并成一个，见表 8-4。通过路由聚合，减小了路由表的规模，降低了路由选择所需的比较次数，提高了路由器的转发效率。

表 8-4 R1 聚合后的路由表项

掩 码	要到达的网络	下一个路由器	掩 码	要到达的网络	下一个路由器
…	…	…	…	…	…
255.255.240.0	202.113.48.0	R2			

CIDR 的路由聚合方法并不限定学校内部的所有网络必须通过本地路由器 R2 连入互联网。如果学校内部的某一部门(如部门 4) 希望增加一条到达路由器 R1 的专用线路(见图 8-7)，那么路由器 R1 仅在自己的路由表中增加相应的表项即可，见表 8-5。在这种情况下，路由器

R1 将存在两条到达部门 4 网络的路由,一条通过路由器 R2,另一条通过路由器 R3。CIDR 认为,在多条可选的路由中,路由表项指定的目的网络规模越小,路径越优,因此,R1 通常会将目的地址为部门 4 的 IP 数据包转发给 R3,而非 R2。按照 CIDR 思想,如果一个路由表中存在多个到达同一网络的路由,那么网络前缀越长的表项(或掩码中"1"最多的表项)给出的路径越优。这是因为网络前缀越长,其代表的 IP 地址块越小,说明路由越具体。在 CIDR 中,在多个可用的路由中选择网络前缀最长的表项转发数据包的原则称为最长匹配原则。

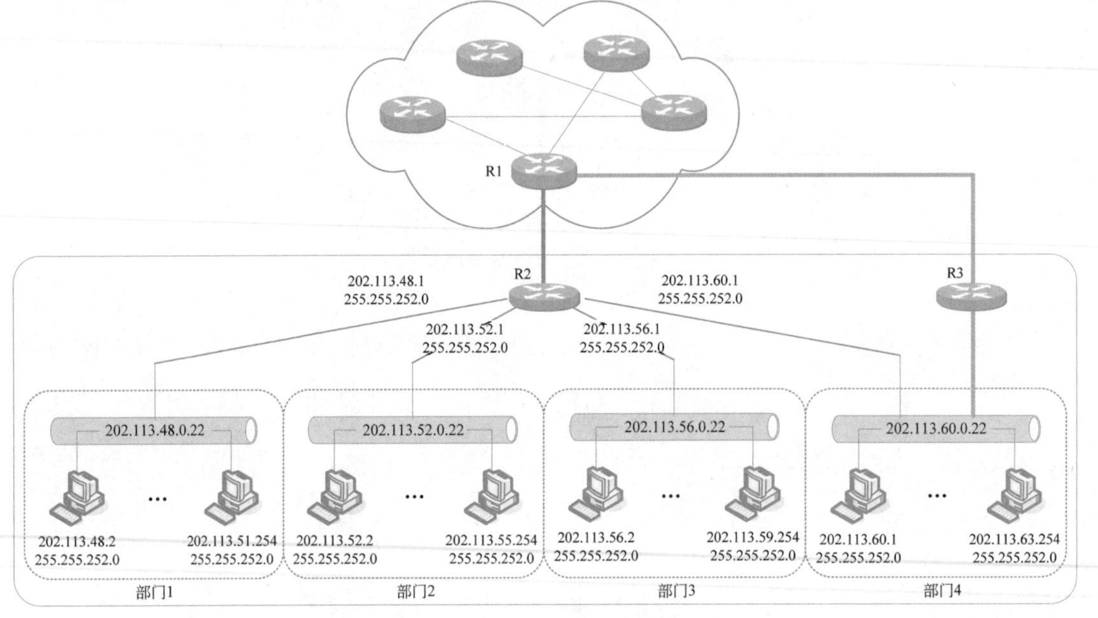

图 8-7 部门 4 增加专用线路后的互联网示意图

表 8-5 R1 路由表项在增加专用线路后的变化情况

掩　　码	要到达的网络	下一个路由器	掩　　码	要到达的网络	下一个路由器
…	…	…	255.255.252.0	202.113.60.0	R3
255.255.240.0	202.113.48.0	R2	…	…	…

显然,图 8-5 给出的路由选择算法计算得到的路由并不一定是最优的。为了按照最长匹配原则得到最优的路由,路由算法需要匹配路由表中的所有表项,并在找到的多个可用表项中选择网络前缀最长的(或掩码中"1"最多的)作为返回结果。图 8-8 显示了一个遵循最长匹配原则的路由选择算法。从该算法可以看到,由于主机路由的掩码为全"1",因此,如果存在主机路由,遵循最长匹配原则的路由器就会选择主机路由指定的路径转发数据包。同时,由于默认路由的掩码为全"0",因此,在不存在其他路由的情况下,路由器才会通过默认路由转发数据包。

8.1.4 IP 数据包传输与处理过程

学习路由算法后,下面来看 IP 数据包在互联网中较为完整的传输与处理过程。图 8-9 显示了 IP 数据包在互联网中的传输与处理过程,表 8-6～表 8-10 给出了主机 A、主机 B 和路由器 R1、路由器 R2、路由器 R3 的路由表。假如主机 A 的某个应用程序需要发送数据到主机 B 的某个应用程序,IP 数据包在互联网中的传输与处理要经历如下过程。

```
RouteDatagram(Datagram, RoutingTable)                    //Datagram: 数据报
                                                         //RoutingTable: 路由表
    {
    将item置空;                                          //item: 保存匹配得到的可用表项

    从Datagram中提取目的IP地址D;

    If D所处的网络与路由器直接相连
    Then 在该网络上直接投递（封装、物理地址绑定、发送等）;
    Else
        For 路由表中每一表项 do
            N=D与掩码逐位求“与”;
            If N=表项中的目的地址域
            Then                                         //找到一个匹配项
                If item为空 or 现表项网络前缀比item中的更长
                Then 将现表项的内容赋予item;
                EndIf
            EndIf
        EndFor loop
    EndIf

    If item为空
    Then 路由选择错误;
    Else item中存储的路由表项为最优路由表项;
    EndIf
    }
```

图 8-8　遵循最长匹配原则的路由算法

表 8-6　主机 A 的路由表

掩　码	目的网络	下一站地址
255.255.0.0	10.1.0.0	直接投递
0.0.0.0	0.0.0.0	10.1.0.1

表 8-7　路由器 R1 的路由表

掩　码	目的网络	下一站地址
255.255.0.0	10.1.0.0	直接投递
255.255.0.0	10.3.0.0	直接投递
255.255.0.0	10.2.0.0	10.1.0.1

表 8-8　路由器 R2 的路由表

掩　码	目的网络	下一站地址
255.255.0.0	10.1.0.0	直接投递
255.255.0.0	10.2.0.0	直接投递
255.255.0.0	10.3.0.0	10.2.0.2

表 8-9　路由器 R3 的路由表

掩　码	目的网络	下一站地址
255.255.0.0	10.2.0.0	直接投递
255.255.0.0	10.3.0.0	直接投递
255.255.0.0	10.1.0.0	10.2.0.1

表 8-10　主机 B 的路由表

掩　码	目的网络	下一站地址
255.255.0.0	10.3.0.0	直接投递
0.0.0.0	0.0.0.0	10.3.0.2

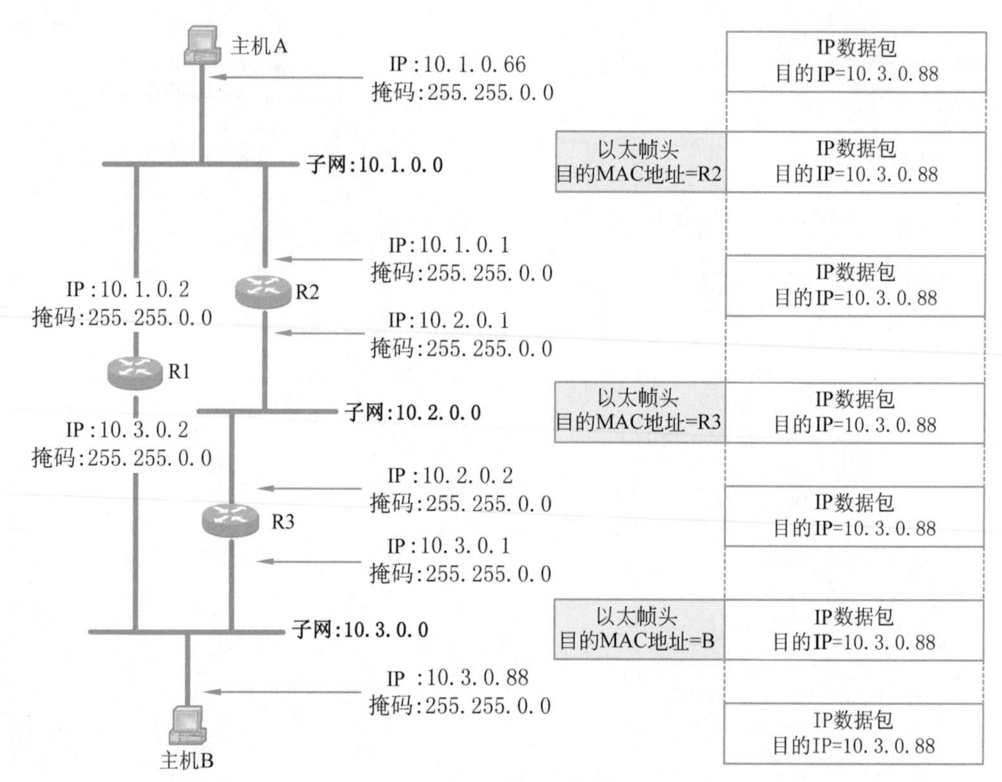

图 8-9　IP 数据包在互联网中传输与处理过程

1. 主机发送 IP 数据包

如果主机 A 要发送数据给互联网上的另一台主机 B,那么主机 A 首先要构造一个目的 IP 地址为主机 B 的 IP 数据包(目的 IP 地址＝10.3.0.88),然后对该数据包进行路由选择。利用路由选择算法和主机 A 的路由表(见表 8-6)可以得到,目的主机 B 和主机 A 不在同一网络,需要将该数据包转发到默认路由器 R2(IP 地址为 10.1.0.1)。

尽管主机 A 需要将数据包首先送到它的默认路由器 R2,而不是目的主机 B,但是它既不会修改原 IP 数据包的内容,也不会在原 IP 数据包上附加内容(甚至不附加下一个默认路由器的 IP 地址)。那么,主机 A 怎样将数据包发送给下一路由器呢？在发送数据包之前,主机 A 首先调用 ARP 地址解析软件得到下一个默认路由器 IP 地址与 MAC 地址的映射关系,然后以该 MAC 地址为帧的目的地址形成一个帧,并将 IP 数据包封装在帧的数据区,最后由具体的物理网络完成数据包的真正传输。由此可见,在为 IP 数据包选路时,主机 A 使用数据包的目的 IP 地址,并且得到的是默认路由器 R2 的 IP 地址。但真正的数据传输是通过将 IP 数据包封装成帧,并利用默认路由器 R2 的 MAC 地址实现的。

2. 路由器 R2 处理和转发 IP 数据包

路由器 R2 接收到主机 A 发送给它的帧后,去掉帧头,并把 IP 数据包提交给 IP 软件处理。由于该 IP 数据包的目的地并不是路由器 R2,因此,R2 需要将它转发出去。

由路由选择算法和路由器 R2 的路由表(见表 8-8)可知,如果要到达数据包的目的地,必须将它投递到 IP 地址为 10.2.0.2 的路由器(路由器 R3)。

通过以太网投递时,路由器 R2 需要调用 ARP 地址解析软件得到路由器 R3 的 IP 地址与 MAC 地址的映射关系,并利用该 MAC 地址作为帧的目的地址将 IP 数据包封装成帧,最后由以太网完成真正的数据投递。

需要注意的是，路由器在转发数据包之前，IP 软件需要从数据包包头的“生存周期”减去一定的值。若“生存周期”小于或等于 0，则抛弃该报文；否则，重新计算 IP 数据包的校验和并继续转发。

3. 路由器 R3 处理和转发 IP 数据包

与路由器 R2 相同，路由器 R3 接收到路由器 R2 发送的帧后也需要去掉帧头，并把 IP 数据包提交给 IP 软件处理。与路由器 R2 不同，路由器 R3 在路由选择过程中发现该数据包指定的目的网络与自己直接相连，可以直接投递。于是，路由器 R3 调用 ARP 地址解析软件得到主机 B 的 IP 地址与 MAC 地址的映射关系，利用该 MAC 地址作为帧的目的地址，将 IP 数据包封装成帧，并由以太网实现数据的真正传递。

4. 主机 B 接收 IP 数据包

当封装 IP 数据包的帧到达主机 B 后，主机 B 对该帧进行解封装，并将 IP 数据包送交主机 B 上的 IP 软件处理。IP 软件确认该数据包的目的 IP 地址 10.3.0.88 为自己的 IP 地址后，将 IP 数据包中封装的数据信息送交高层协议软件处理。

从 IP 数据包在互联网中被处理和传递的过程可以看到，每个路由器都是一个自治的系统，它们根据自己掌握的路由信息对每个 IP 数据包进行路由选择和转发。路由表在路由选择过程中发挥着重要作用，如果一个路由器的路由表发生变化，到达目的网络经过的路径就有可能发生变化。例如，假如主机 A 路由表中的默认路由不是路由器 R2(10.1.0.1)，而是路由器 R1(10.1.0.2)，那么，主机 A 发往主机 B 的 IP 数据包就不会沿 A—R2—R3—B 路径传递，它将通过 R1 到达主机 B。

另外，图 8-9 所示的互联网是 3 个以太网的互联。由于它们的 MTU(最大传输单元)相同，因此，IP 数据包在传递过程中不需要分片。如果路由器连接不同类型的网络，而这些网络的 MTU 又不相同，那么，路由器在转发之前可能需要对 IP 数据包分片。对接收到的数据包，不管它是分片后形成的 IP 数据包，还是未分片的 IP 数据包，路由器都一视同仁，进行相同的路由处理和转发。

8.2 路由表的建立与刷新

IP 互联网的路由选择的正确性依赖于路由表的正确性，如果路由表出现错误，IP 数据包就不可能按照正确的路径转发。

路由可以分为静态路由和动态路由两类。静态路由是通过人工设定的，而动态路由则是路由器通过自己的学习得到的。

8.2.1 静态路由

静态路由是由人工管理的。根据互联网的拓扑结构和连接方式，网络管理员可以为一个路由器建立静态路由。由于静态路由在正常工作中不会自动发生变化，因此，到达某一目的网络的 IP 数据包的路径也就固定下来了。当然，如果互联网的拓扑结构或连接方式发生变化，网络管理员必须手工对静态路由做出更新。

静态路由的主要优点是安全可靠、简单直观，同时避免了动态路由选择的开销。在互联网络结构不太复杂的情况下，使用静态路由表是一种很好的选择。实际上，Internet 上的很多互联都使用了静态路由。

但是,对于复杂的互联网拓扑结构,静态路由的配置会让网络管理员感到头痛。不但工作量很大,而且很容易出现路由环,致使IP数据包在互联网中兜圈子。如图8-10所示,由于路由器R1和路由器R2的静态路由配置不合理,路由器R1认为到达网络4应经过路由器R2,而路由器R2认为到达网络4应经过路由器R1。这样,去往网络4的IP数据包将在路由器R1和路由器R2之间来回传递。

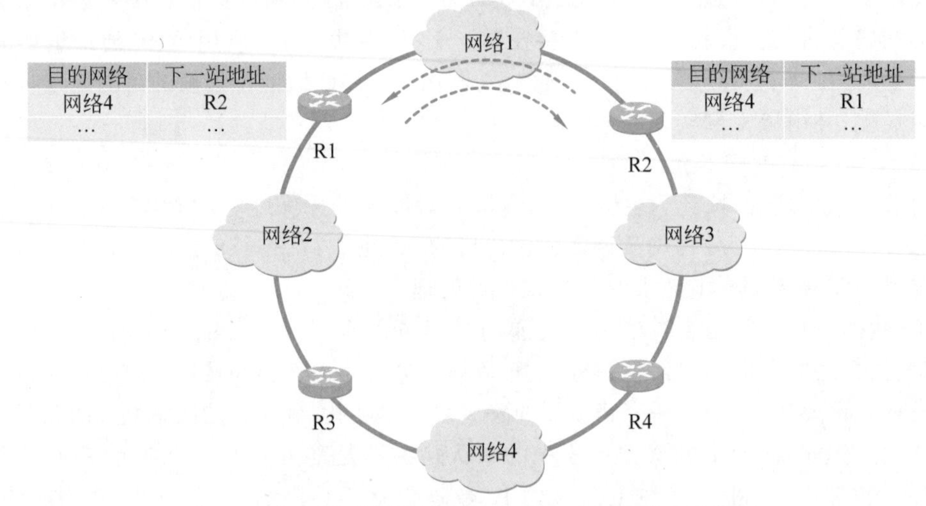

图8-10 配置路由错误导致IP数据包在互联网中兜圈子

另外,在静态路由配置完毕后,去往某一网络的IP数据包将沿着固定路径传递。一旦该路径出现故障,目的网络就变得不可到达,即使存在另一条到达该目的网络的备份路径。如图8-11所示,在静态路由配置完成后,主机A到主机B的所有IP数据包都经过路由器R1、R2、R4传递。如果该路径出现问题(如路由器R2故障),IP数据包不会自动经备份路径R1、R3、R4到达主机B,除非网络管理员对静态路由重新配置。

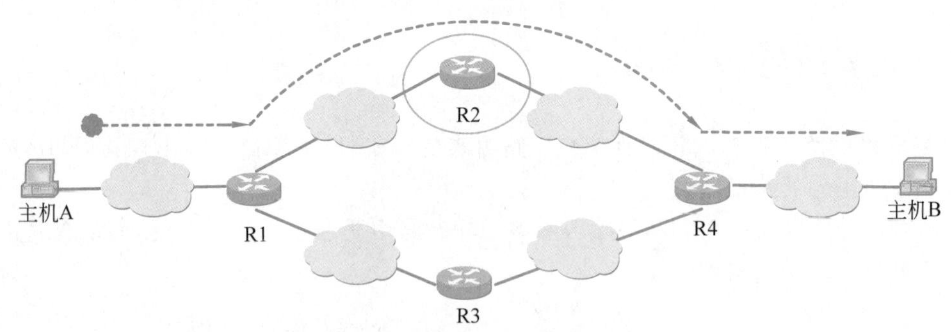

图8-11 静态路由不能自动使用备份路由

8.2.2 动态路由

与静态路由不同,动态路由可以通过自身的学习,自动修改和刷新路由表。当网络管理员通过配置命令启动动态路由后,无论何时从互联网中收到新的路由信息,路由器都会利用路由管理进程自动更新路由表。

动态路由有更多的自主性和灵活性，特别适合于拓扑结构复杂、网络规模庞大的互联网环境。如图 8-11 所示，如果使用动态路由，根据每个路由器生成的路由表，开始时主机 A 发送的数据包可能通过路由器 R1、R2、R4 到主机 B。一旦路由器 R2 发生故障，路由器可以自动调整路由表，通过备份路径 R1、R3、R4 继续发送数据。当然，路由器 R2 恢复正常工作后，路由器可再次自动修改路由表，仍然使用路径 R1、R2、R4 发送数据。

当路由器自动刷新和修改路由表时，它的首要目标是保证路由表中包含最佳的路径信息。为了区分速度的快慢、带宽的宽窄、延迟的长短，修改和刷新路由时需要给每条路径生成一个数字，该数字被称为度量值（metric）。度量值越小，说明这条路径越好，如图 8-12 所示。作为与路径相关的重要信息，度量值通常也保存在路由表中。

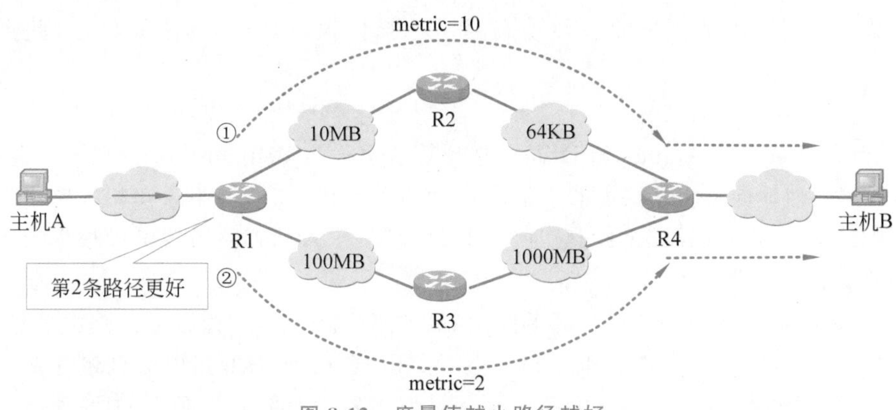

图 8-12　度量值越小路径越好

度量值的计算可以基于路径的一个特征，也可以基于路径的多个特征。在计算中经常使用的特征总结如下：

跳数（hop count）：IP 数据包到达目的地必须经过的路由器个数。跳数越少，路由越好。RIP（路由信息协议）就是使用“跳数”作为其 metric。

带宽（bandwidth）：链路的数据传输能力。

延迟（delay）：将数据从源送到目的地所需的时间。

负载（load）：网络中（如路由器中或链路中）信息流的活动数量。

可靠性（reliability）：数据传输过程中的差错率。

开销（cost）：一个变化的数值，通常可以根据带宽、建设费用、维护费用、使用费用等因素由网络管理员指定。

为了实现动态路由，路由器之间需要经常交换路由信息。交换路由信息势必要占用网络的带宽。如果设计不合理，大量路由信息的交换将影响数据正常传送。另外，路由表的动态修改和刷新需要通过计算实现，这种计算也需要占用路由器的内存和 CPU 的处理时间，消耗路由器的资源。

8.3　路由选择协议

为了使用动态路由，互联网中的路由器必须运行相同的路由选择协议，执行相同的路由选择算法。

目前，应用最广泛的路由选择协议有两种：一种称为路由信息协议（Routing Information

Protocol,RIP);另一种称为开放式最短路径优先协议(Open Shortest Path First,OSPF)。RIP利用向量-距离算法,而OSPF使用链路-状态算法。

不管采用何种路由选择协议和算法,路由信息都应以精确的、一致的观点反映新的互联网拓扑结构。当一个互联网中的所有路由器都运行着相同的、精确的、足以反映当前互联网拓扑结构的路由信息时,我们就说路由已经收敛(convergence)。快速收敛是路由选择协议最希望具有的特征,因为它可以尽量避免路由器利用过时的路由信息选择可能不正确或不经济的路由。

8.3.1 RIP与向量-距离算法

RIP是互联网中使用较早的一种动态路由选择协议,由于其算法简单,因此得到广泛应用。

1. 向量-距离路由选择算法

向量-距离(Vector-Distance,V-D)路由选择算法也称为Bellman-Ford算法。其基本思想是:路由器周期性地向其相邻路由器广播自己知道的路由信息,用于通知相邻路由器自己可以到达的网络以及到达该网络的距离(通常用"跳数"表示),相邻路由器可以根据收到的路由表修改和刷新自己的路由表。

如图8-13所示,路由器R1向相邻的路由器(如路由器R2)广播自己的路由信息,通知路由器R2自己可以到达net1、net2和net4。由于路由器R1送来的路由信息包含两条路由器R2不知的路由(到达net1和net4的路由),于是路由器R2将net1和net4加入自己的路由表,并将下一站指定为路由器R1。也就是说,如果路由器R2收到的目的网络为net1和net4的IP数据包,它将转发给路由器R1,由路由器R1再次投递。由于路由器R1到达网络net1和net4的距离分别为0和1,因此,路由器R2通过路由器R1到达这两个网络的距离分别为1和2。

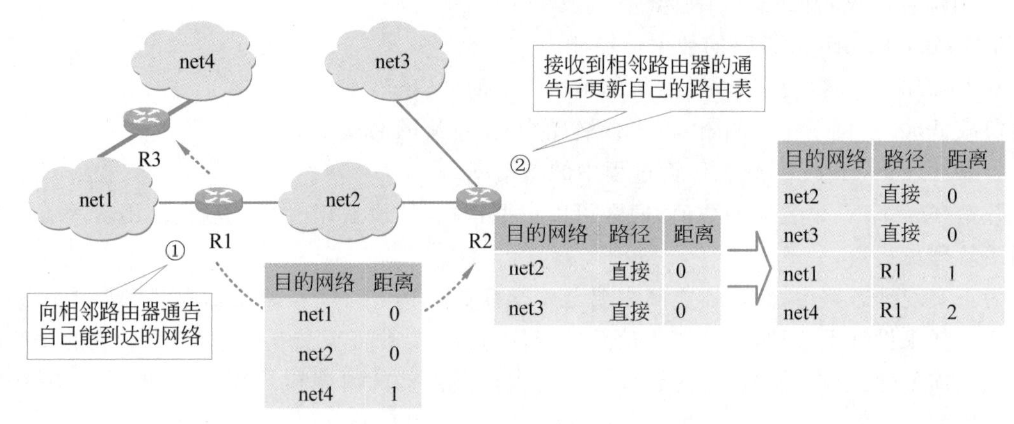

图8-13 向量-距离路由算法的基本思想

下面对向量-距离算法进行具体描述。

首先,路由器启动时对路由表进行初始化,该初始路由表包含所有去往与本路由器直接相连的网络路径。因为去往直接相连的网络不经过中间路由器,所以初始化的路由表中各路径的距离均为0。图8-14(a)显示了路由器R1附近的互联网拓扑结构,图8-14(b)显示了路由器R1的初始路由表。

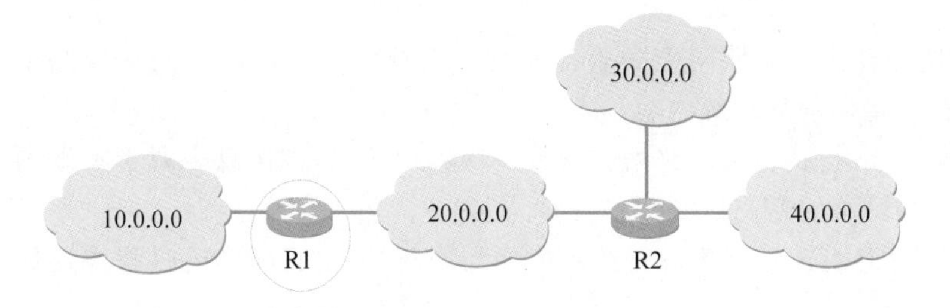

(a) 路由器R1附近的网络拓扑

目的网络	路径	距离
10.0.0.0	直接	0
20.0.0.0	直接	0

(b) 路由器R1的初始路由表

图 8-14　路由器启动时初始化路由表

然后，各路由器周期性地向其相邻的路由器广播自己的路由表信息。与该路由器直接相连(位于同一物理网络)的路由器收到该路由表报文后，据此对本地路由表进行刷新。刷新时，路由器逐项检查来自相邻路由器的路由信息报文，若遇到下述表目之一，则必须修改本地路由表(假设路由器 R_i 收到路由器 R_j 的路由信息报文)。

(1) R_j 列出的某表目 R_i 路由表中没有，则 R_i 路由表中必须增加相应表目，其“目的网络”是 R_j 表目中的“目的网络”，其“距离”为 R_j 表目中的距离加 1，“路径”为 R_j。

(2) R_j 去往某目的地的距离比 R_i 去往该目的地的距离减 1 还小。这种情况说明 R_i 去往某目的网络如果经过 R_j，则距离会更短。于是，R_i 必须修改本表目，其“目的网络”不变，“距离”为 R_j 表目中的距离加 1，“路径”为 R_j。

(3) R_i 去往某目的地经过 R_j，而 R_j 去往该目的地的路径发生变化，则

如果 R_j 不再包含去往某目的地的路径，则 R_i 中相应路径必须删除；

如果 R_j 去往某目的地的距离发生变化，则 R_i 中相应表目的“距离”必须修改，以 R_j 中的“距离”加 1 取代之。

图 8-15 假设 R_i 和 R_j 为相邻路由器，对向量-距离路由选择算法给出了直观说明。

R_i原路由表

目的网络	路径	距离
10.0.0.0	直接	0
30.0.0.0	R_n	7
40.0.0.0	R_j	3
45.0.0.0	R_l	4
180.0.0.0	R_j	5
190.0.0.0	R_m	10
199.0.0.0	R_j	6

R_j广播的路由信息

目的网络	距离
10.0.0.0	4
30.0.0.0	4
40.0.0.0	2
41.0.0.0	3
180.0.0.0	5

R_i刷新后的路由表

目的网络	路径	距离
10.0.0.0	直接	0
30.0.0.0	R_j	5
40.0.0.0	R_j	3
41.0.0.0	R_j	4
45.0.0.0	R_l	4
180.0.0.0	R_j	6
190.0.0.0	R_m	10

图 8-15　按照向量-距离路由选择算法更新路由表

向量-距离路由选择算法的最大优点是算法简单，易于实现。但是，由于路由器的路径变化需要向波浪一样从相邻路由器传播出去，过程非常缓慢，有可能造成慢收敛等问题，因此，它不适合应用于路由剧烈变化的或大型的互联网网络环境。另外，向量-距离路由选择算法要求互联网中的每个路由器都参与路由信息的交换和计算，而需要交换的路由信息报文与自己的路由表的大小几乎一样，因此，需要交换的信息量极大。

2. RIP

RIP是向量-距离路由选择算法在局域网上的直接实现。它规定了路由器之间交换路由信息的时间、交换信息的格式、错误的处理等内容。

通常,RIP规定路由器每30s与其相邻的路由器交换一次路由信息,该信息来源于本地的路由表,其中,路由器到达目的网络的距离以"跳数"计算。

RIP除严格遵守向量-距离路由选择算法进行路由广播与刷新外,在具体实现过程中还做了某些改进,主要包括:

(1) 对相同开销路由的处理。在具体应用中,可能会出现若干条距离相同的路径可以到达同一网络的情况。对于这种情况,RIP通常按照先入为主的原则解决。如图8-16所示,由于路由器R1和R2都与net1直接相连,所以它们都向相邻路由器R3发送到达net1距离为0的路由信息。R3按照先入为主的原则,先收到哪个路由器的路由信息报文,就将去往net1的路径定为哪个路由器,直到该路径失效或被新的、更短的路径代替。

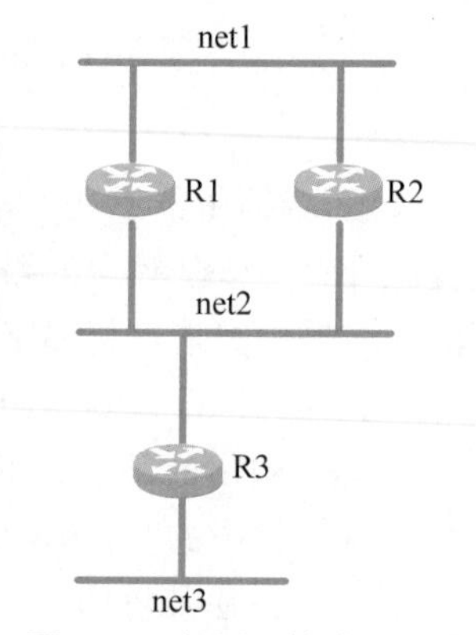

图8-16 相同开销路由处理

(2) 对过时路由的处理。根据向量-距离路由选择算法,路由表中的一条路径被刷新是因为出现了一条开销更小的路径,否则该路径会在路由表中保持下去。按照这种思想,一旦某条路径发生故障,过时的路由表项就会在互联网中长期存在下去。在图8-15中,假如R3到达net1经过R1,如果R1发生故障后不能向R3发送路由刷新报文,那么,R3关于到达net1需要经过R1的路由信息将永远保持下去,尽管这是一条坏路由。为了解决这个问题,RIP规定,参与RIP选路的所有机器都要为其路由表的每个表目增加一个定时器,在收到相邻路由器发送的路由刷新报文中如果包含关于此路径的表目,则将定时器清零,重新开始计时。如果在规定时间内一直没有再收到关于该路径的刷新信息,定时器溢出,说明该路径已经崩溃,需要将它从路由表中删除。RIP规定路径的超时时间为180s,相当于6个RIP刷新周期。

3. 慢收敛问题及对策

慢收敛问题是RIP的一个严重缺陷。那么,慢收敛问题是怎么产生的呢?

图8-17(a)是一个正常的互联网拓扑结构,从R1可直接到达net1,从R2经R1(距离为1)可到达net1。正常情况下,R2收到R1广播的刷新报文后,会建立一条距离为1经R1到达net1的路由。

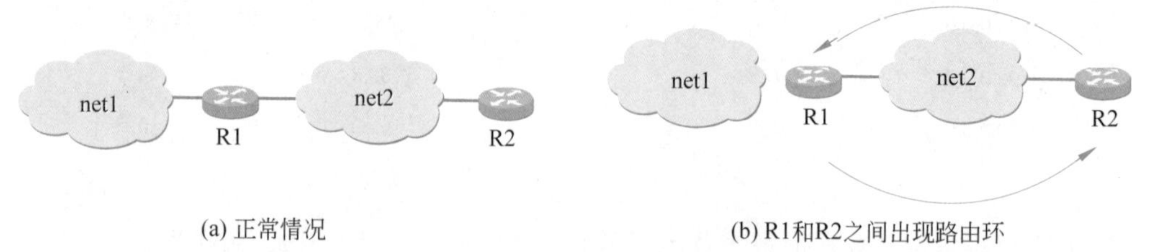

图8-17 慢收敛问题的产生

现在,假设从路由器R1到net1的路径因故障而崩溃,但路由器R1仍然可以正常工作。当然,路由器R1一旦检测到net1不可到达,就会立即将去往net1的路由废除。然后会出现以下两种可能:

(1) 在收到来自路由器R2的路由刷新报文之前,路由器R1将修改后的路由信息广播给相邻的路由器R2,于是路由器R2修改自己的路由表,将原来经路由器R1去往net1的路由删除。这没有什么问题。

(2) 路由器R2赶在路由器R1发送新的路由刷新报文之前,广播自己的路由刷新报文。该报文中必然包含一条说明路由器R2经过一个路由器可以到达net1的路由。由于路由器R1已经删除了到达net1的路由,按照向量-距离路由选择算法,路由器R1会增加通过路由器R2到达net1的新路径,不过,路径的距离变成了2。这样,在路由器R1和路由器R2之间就形成了路由环,路由器R2认为通过路由器R1可以到达net1,路由器R1则认为通过路由器R2可以到达net1。尽管路径的"距离"会越来越大,但该路由信息不会从路由器R1和路由器R2的路由表中消失。这就是慢收敛问题的产生原因。

为了解决慢收敛问题,RIP采用了以下解决对策:

(1) 限制路径最大"距离"对策:产生路由环以后,尽管无效的路由不会从路由表中消失,但是其路径的"距离"会变得越来越大。为此,可以通过限制路径的最大"距离"加速路由表的收敛。一旦"距离"到达某一最大值,就说明该路由不可达,需要从路由表中删除。RIP规定"距离"的最大值为16,距离大于或等于16的路由为不可达路由。当然,在限制路径最大距离为16的同时,也限制了应用RIP的互联网规模。在使用RIP的互联网中,每条路径经过的路由器数目不应超过15个。

(2) 水平分割对策:当路由器从某个网络接口发送RIP路由刷新报文时,其中不能包含从该接口获取的路由信息,这就是水平分割(split horizon)对策的基本原理。在图8-17中,如果路由器R2不把从路由器R1获得的路由信息再广播给路由器R1,路由器R1和路由器R2之间就不可能出现路由环,这样就可避免慢收敛问题的发生。

(3) 保持对策:仔细分析慢收敛的原因,发现崩溃路由的信息传播比正常路由的信息传播慢了许多。针对这种现象,RIP的保持(hold down)对策规定在得知目的网络不可到达后的一定时间内(RIP规定为60s),路由器不接收关于此网络的任何可到达性信息。这样,可以给路由崩溃信息充分的传播时间,使它尽可能赶在路由环形成之前传出去,防止慢收敛问题出现。

(4) 带触发刷新的毒性逆转对策:毒性逆转(poison reverse)对策的基本原理是:当某路径崩溃后,最早广播此路由的路由器将原路由继续保留在若干路由刷新报文中,但指明该路由的距离为无限长(距离为16)。与此同时,还可以使用触发刷新(trigged update)技术,一旦检测到路由崩溃,立即广播路由刷新报文,而不必等待下一刷新周期。

4. RIP与子网路由

RIP的最大优点是配置和部署相当简单。在RFC正式颁布RIP的第一个版本之前,RIP已经被写成各种程序并被广泛使用。但是,RIP的第一个版本是以标准的IP互联网为基础的,它使用标准的IP地址,并不支持CIDR路由。直到第二个版本出现,才结束了RIP不能为CIDR选路的历史。与此同时,RIP的第二个版本还具有身份验证、支持多播等特性。

8.3.2 OSPF与链路-状态算法

在互联网中,OSPF(开放式最短路径优先)是另一种经常被使用的路由选择协议。OSPF使用链路-状态路由选择算法,可以在大规模的互联网环境下使用。需要注意的是,与RIP相比,OSPF协议要复杂得多。这里仅对OSPF协议和链路-状态路由选择算法进行简单介绍。

链路-状态(Link-Status,L-S)路由选择算法也称为最短路径优先(Shortest Path First,

SPF)算法。其基本思想是：互联网上的每个路由器周期性地向其他路由器广播自己与相邻路由器的连接关系，以使各个路由器都可以画出一张互联网拓扑结构图。利用这张图和最短路径优先算法，路由器可以计算出自己到达各个网络的最短路径。

如图 8-18(a)所示，路由器 R1、R2 和 R3 首先向互联网上的其他路由器(R1 向 R2 和 R3，R2 向 R1 和 R3，R3 向 R1 和 R2) 广播报文，通知其他路由器自己与相邻路由器的关系(如路由器 R3 向 R1 和 R2 广播自己通过 net1 和 net3 与路由器 R1 相连)。利用其他路由器广播的信息，互联网上的每个路由器都可以形成一张由点和线相互连接而成的抽象拓扑结构图，图 8-18(b)给出了路由器 R1 形成的抽象拓扑结构图。一旦得到这张图，路由器就可以按照最短路径优先算法计算出以本路由器为根的 SPF 树(图 8-18(b)显示了以 R1 为根的 SPF 树)。这棵树描述了该路由器(如 R1) 到达每个网络(如 net1、net2、net3 和 net4) 的路径和距离。通过这棵 SPF 树，路由器可以生成自己的路由表(图 8-18(b)显示了路由器 R1 按照 SPF 树生成的路由表)。

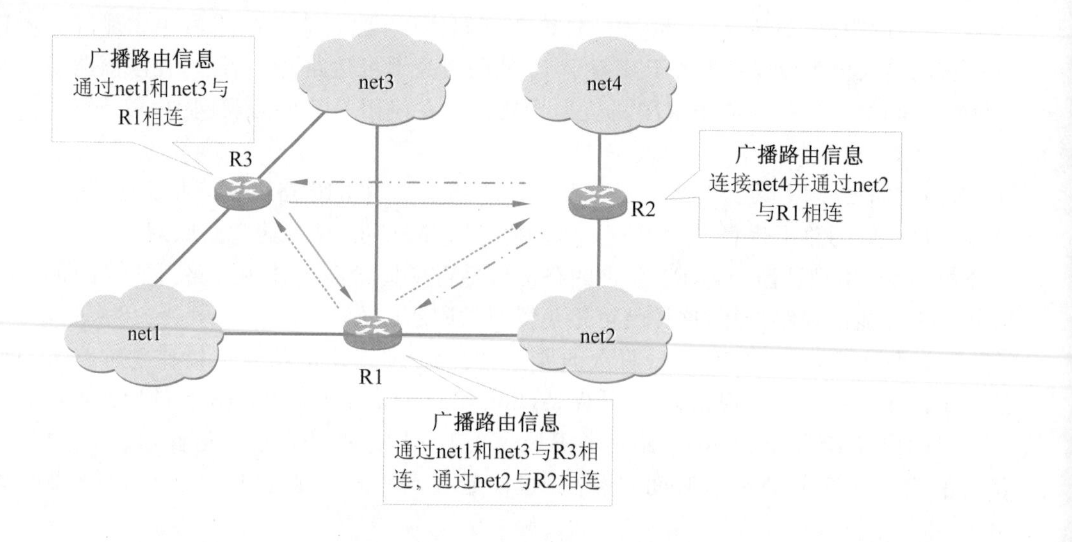

(a) 互联网上每个路由器向其他路由器广播自己与相邻路由器的关系

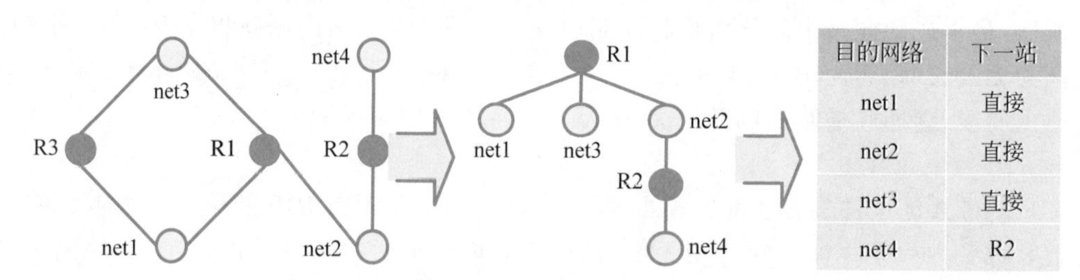

目的网络	下一站
net1	直接
net2	直接
net3	直接
net4	R2

(b) 路由器R1利用形成的互联网拓扑图计算路由

图 8-18　链路-状态路由选择算法的基本思想

从以上介绍可以看到，链路-状态路由选择算法与向量-距离路由选择算法有很大的不同。向量-距离路由选择算法并不需要路由器了解整个互联网的拓扑结构，它通过相邻的路由器了解到达每个网络的可能路径；而链路-状态路由选择算法则依赖于整个互联网的拓扑结构图，利用该图得到 SPF 树，再由 SPF 树生成路由表。

以链路-状态算法为基础的 OSPF 路由选择协议具有收敛速度快、支持服务类型选路、提供负载均衡和身份认证等特点，非常适合于在规模庞大、环境复杂的互联网中使用。

但是，OSPF 协议也存在一些缺陷，主要包括：

(1) 要求具有较高的路由器处理能力。在一般情况下，运行 OSPF 路由选择协议要求路由器具有更大的存储空间和更快的 CPU 处理能力。与 RIP 不同，OSPF 要求路由器保存整个互联网的拓扑结构图、相邻路由器的状态等众多的路由信息，并且利用比较复杂的算法生成路由表。互联网的规模越大，对内存和 CPU 的要求越高。

(2) 一定的带宽需求。为了得到与相邻路由器的连接关系，互联网上的每个路由器都需要不断地发送和应答查询信息，与此同时，每个路由器还需要将这些信息广播到整个互联网。因此，OSPF 对互联网的带宽有一定的要求。

为了适应更大规模的互联网环境，OSPF 协议通过一系列办法解决这些问题，其中包括分层和指派路由器。所谓的分层，就是将一个大型的互联网分成几个不同的区域，一个区域中的路由器只需要保存和处理本区域的网络拓扑和路由，区域之间的路由信息交换由几个特定的路由器完成。而指派路由器则是指在互联的局域网中，路由器将自己与相邻路由器的关系发送给一个或多个指定路由器(而不是广播给互联网上的所有路由器)，指派路由器生成整个互联网的拓扑结构图，以便其他路由器查询。

8.4 部署和选择路由协议

静态路由、RIP、OSPF 协议都有其各自的特点，可以适应不同的互联网环境。

1. 静态路由

静态路由最适合于在小型的、单路径的、静态的 IP 互联网环境下使用。其中：

(1) 小型互联网可以包含 2～10 个网络。

(2) 单路径表示互联网上任意两个结点之间的数据传输只能通过一条路径进行。

(3) 静态表示互联网的拓扑结构不随时间而变化。

一般来说，小公司、家庭办公室等小型机构建设的互联网都具有这些特征，可以采用静态路由。

2. RIP

RIP 适用于小型到中型的、多路径的、动态的 IP 互联网环境。其中：

(1) 小型到中型互联网可以包含 10～50 个网络。

(2) 多路径表示在互联网的两个结点之间可能存在多个路径可以传输数据。

(3) 动态表示互联网的拓扑结构随时会更改(通常是由于网络和路由器的改变而造成的)。

通常，在中型企业、具有多个网络的大型分支办公室等互联网环境中可以考虑使用 RIP。

3. OSPF

OSPF 协议最适用于较大型到特大型、多路径的、动态的 IP 互联网环境。其中：

(1) 大型到特大型互联网应该包含 50 个以上的网络。

(2) 多路径表示在互联网的两个结点之间可能存在多个路径可以传播数据。

(3) 动态表示互联网的拓扑结构随时会更改(通常是由于网络和路由器的改变而造成的)。

OSPF 协议通常在大型企事业单位和部队的互联网上使用。

8.5 实验：路由配置及简单路由程序的设计

路由的配置和维护是网络管理员的一项重要任务。路由的正确配置是保证互联网畅通的首要条件。同时，为了深入理解互联网的工作机理，本实验编写一个简单的路由程序，实现 IP 数据包的转发。

8.5.1 实验环境的选择

为了完成路由配置实验，测试编写的路由程序，可以采用以下任意一种实验环境。

1. 具有路由器的网络环境

互联网是将多个网络通过路由器相互连接而成的，因此，利用路由器组建互联网是天经地义的。而路由器的主要任务是路由选择，用实际的路由器学习配置路由的方法和过程是最好的一种解决方案。

路由器通常具有两个或多个网络接口，可以同时连接不同的网络。但是，不同品牌和型号路由器的配置过程和方法存在很大的差异，有的采用命令行方式，有的采用图形界面方式，甚至有的采用基于 Web 的浏览器方式。因此，如果需要配置一个路由器的路由，就需要学习这种品牌路由器的专用配置方法。

为了学习路由配置的过程和方法，完成编写路由器的测试工作，可以选择任意一款具有两个以太网接口的路由器，连接成如图 8-19 所示的互联网。当然，如果条件允许，可以增加路由器的数量或路由器接口的数量，组成结构更复杂的互联网。

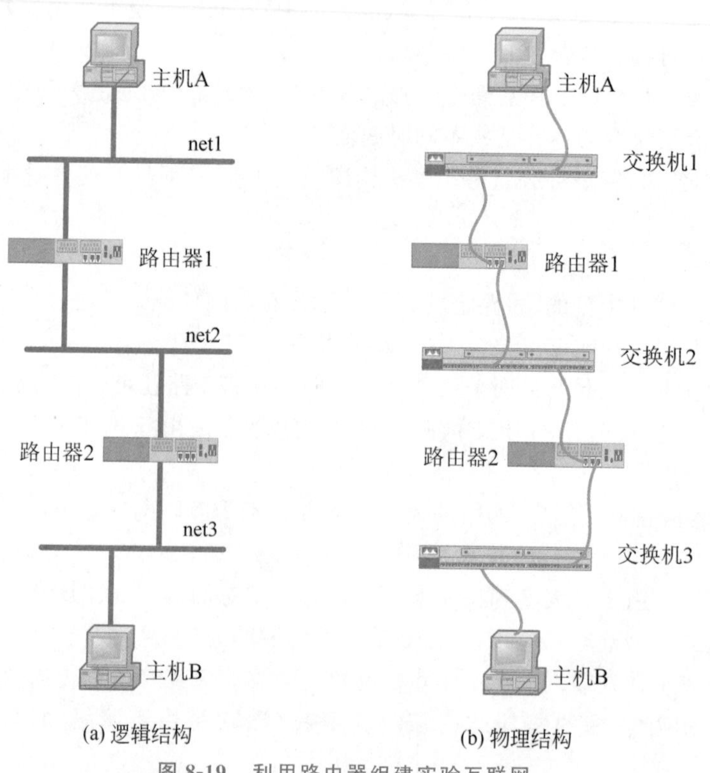

图 8-19 利用路由器组建实验互联网

2. 双网卡(或多网卡)方案

实际上,路由器就是具有多个网络接口,提供路由选择和数据包转发服务的专用计算机。如果将一台普通的计算机加入两块或多块网卡,同时运行相应的路由软件,就完全可以作为一台路由器使用。目前,多数的网络操作系统都支持多块网卡并提供了路由转发功能,可以利用网络操作系统的这些特性,组建比较廉价的实验性互联网。

将两块(或多块)以太网卡插入同一台计算机,同时通过电缆将每块网卡连入不同的网络,就构成了一个简单的互联网。图 8-20 显示了实验可以使用的简单互联网结构。由于利用双网卡(或多网卡)计算机组建实验性互联网的费用不高,因此,在实践过程中可以使用多个双网卡(或多网卡)计算机组成结构更加复杂的互联网,并通过对这些计算机的路由配置,加深对路由的理解。

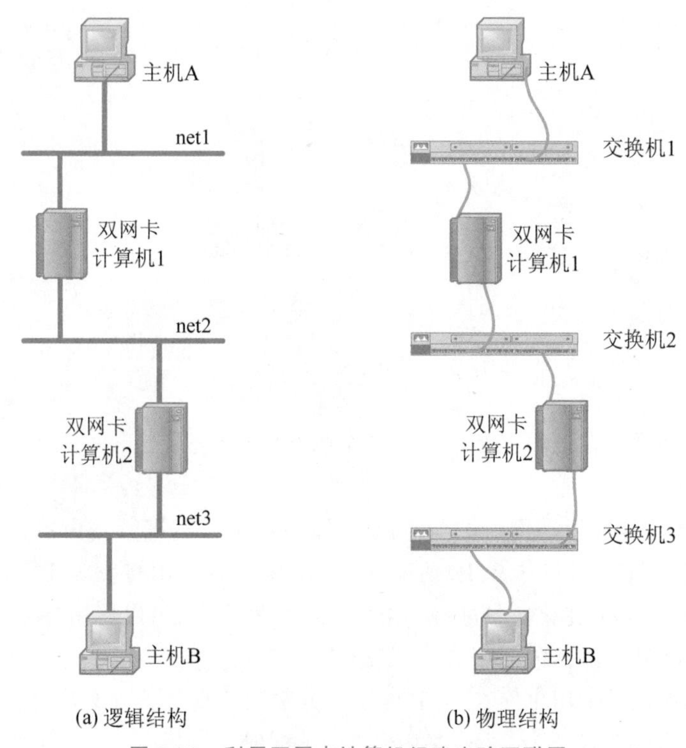

图 8-20 利用双网卡计算机组建实验互联网

3. 单网卡多 IP 地址方案

多数网络操作系统可以将两个(或多个)IP 地址绑定到一块网卡上。如果这两个(或多个)IP 地址分别属于不同的网络,那么这些网络也可以相互连接构成逻辑上的互联网。利用网络操作系统的这种特性和路由软件,可以组建更加廉价的实验性互联网。

将两个或多个 IP 地址绑定到一块网卡,可构成一台具有单网卡多 IP 地址的计算机。这台计算机可以在两个(或多个)逻辑网络之间转发数据包,实现路由功能。

图 8-21 给出了利用单网卡双 IP 计算机组建的互联网实验方案。从图 8-21 中可以看出,尽管逻辑上这是 3 个网络通过 2 个路由设备相互连接形成的互联网(见图 8-21(a)),但物理上各个网络设备仍然连接到同一个以太网交换机或集线器(见图 8-21(b))。

与其他两个实验方案相比,单网卡多 IP 地址方案是最经济的一种实验方案。利用一块网卡可以绑定多个 IP 地址的特性(如在一块网卡上绑定 3 个 IP 地址),不需要增加物理设备(如

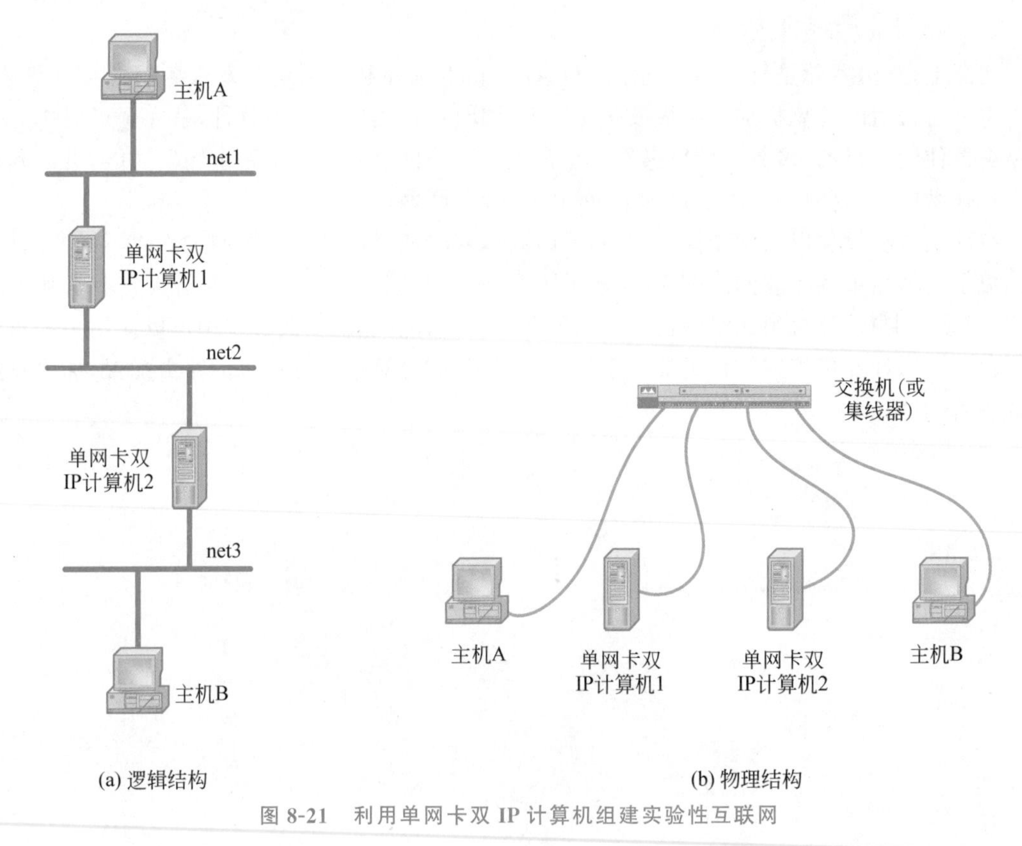

图 8-21　利用单网卡双 IP 计算机组建实验性互联网

路由器、网卡等),就可以在逻辑上组建一个复杂的互联结构。

4. 仿真软件方案

路由器的价格通常较为昂贵,一个人同时使用多台路由器进行路由器组网实验有时不太可能。采用多网卡方案或单网卡多 IP 地址方案尽管能实现路由转发等任务,但是与路由器的配置方法差别较大。在仿真软件中进行路由配置和转发实验,可以使用高端、低端各种类型的路由器进行组网,而且路由器的使用数量也没有限制。

在本章的实验中,将采用单网卡多 IP 的实验方案和仿真实验方案学习路由器的组网方法和配置过程,同时,通过编程深入了解路由器的工作机理。

局域网环境下的路由器配置

8.5.2　将计算机配置成路由器

Windows 操作系统提供了很强的路由功能,而且可以将多个 IP 地址绑定到一块网卡。由于单网卡多 IP 地址实验方案不但不需要昂贵的专用路由器,而且不需要对已组装网络的物理硬件进行改动,因此,这里以该实验环境为例,介绍路由的配置过程。

不管是实际应用的互联网,还是实验性的互联网,在进行路由配置之前都应该绘制一张互联网的拓扑结构图,用于显示网络、路由器以及主机的布局。与此同时,这张图还应反映每个网络的网络号、每条连接的 IP 地址以及每台路由器使用的路由协议。

1. 静态路由的配置

图 8-22 给出了本次实验需要配置静态路由的互联网拓扑结构图。该互联网由 10.1.0.0、10.2.0.0 和 10.3.0.0 这 3 个子网通过 R1、R2 两个路由设备相互连接而成。尽管图 8-22 中的

R1 和 R2 由两台具有单网卡双 IP 地址的普通计算机组成，但由于它们需要完成路由选择和数据包转发等工作，因此仍以路由器符号表示。

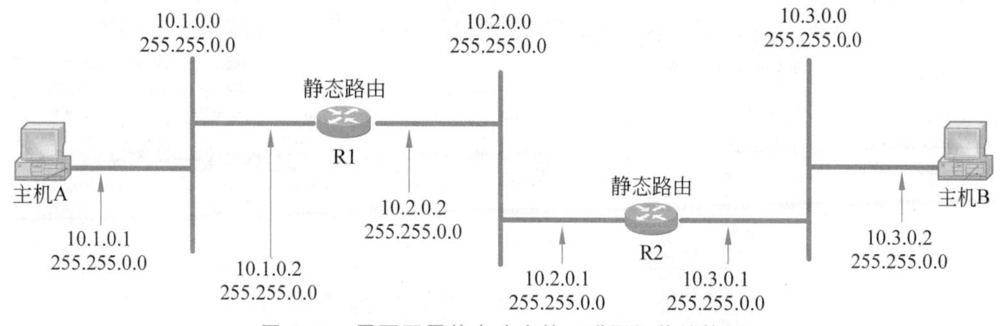

图 8-22　需要配置静态路由的互联网拓扑结构图

(1) 配置互联网中主机的 IP 地址和默认路由：按照设计和绘制的互联网拓扑结构图(图 8-22)分别配置每台主机的 IP 地址，并将主机的默认路由指向各自的路由器(主机本身 IP 地址的网络号应与其默认路由 IP 地址的网络号相同)。

(2) 配置路由设备的 IP 地址：按照设计和绘制的互联网拓扑图(图 8-22)分别设置各个路由设备的 IP 地址。由于路由设备需要连接两个或两个以上的网络，因此，在该实验环境中需要将两个或两个以上的 IP 地址绑定在一块网卡上。

(3) 利用命令行程序配置路由设备的静态路由：Windows 操作系统提供一个称为 route 的命令行程序，用于显示和配置机器的路由。表 8-11 总结了 route 命令可使用的主要参数和基本功能。使用 route 命令，可以配置图 8-22 中 R1 和 R2 的路由表。需要注意的是，虽然可以利用 route 命令配置图 8-22 中路由设备的路由表，但是在默认状态下，Windows 并不允许 IP 数据包转发。为了启动数据包转发，需要启动 Routing and Remote Access 服务，如图 8-23 所示。

表 8-11　route 命令可使用的主要参数和基本功能

参　数	功　能	示　例
PRINT	显示路由信息	命令"route PRINT"：显示和查看机器当前使用的路由表
ADD	增加路由表项	命令"route ADD 10.3.0.0 MASK 255.255.0.0 10.2.0.1"：增加目的网络为 10.3.0.0，掩码为 255.255.0.0，下一路由器地址为 10.2.0.1 的表项
CHANGE	修改现有的路由表项	命令"route CHANGE 10.3.0.0 MSK 255.255.0.0 10.1.0.101"：将目的网络 10.3.0.0 的表项中下一路由器 IP 地址由 10.2.0.1 改为 10.1.0.101
DELETE	删除路由表项	命令"route DELETE 10.3.0.0"：删除目的网络 10.3.0.0 对应的表项。

2. 测试配置的路由

不论是实际应用中的路由，还是实验性路由，配置完成后都需要进行测试。

路由测试最常使用的命令是 ping，如果需要测试实验中配置的路由是否正确，可以利用 ping 命令去 ping 另一个网络中的主机。通过判定 IP 数据包是否能顺利到达目的主机判断配置的路由是否正确。

但是，ping 命令仅显示 IP 数据包可以从一台主机顺利到达另一台主机，并不能显示 IP 数据包沿着哪条路径转发和前进。为了能够显示 IP 数据包走过的路径，可以使用 Windows 网络操作系统提供的 tracert 命令(有的网络操作系统为 traceroute)。tracert 命令不但可以给出

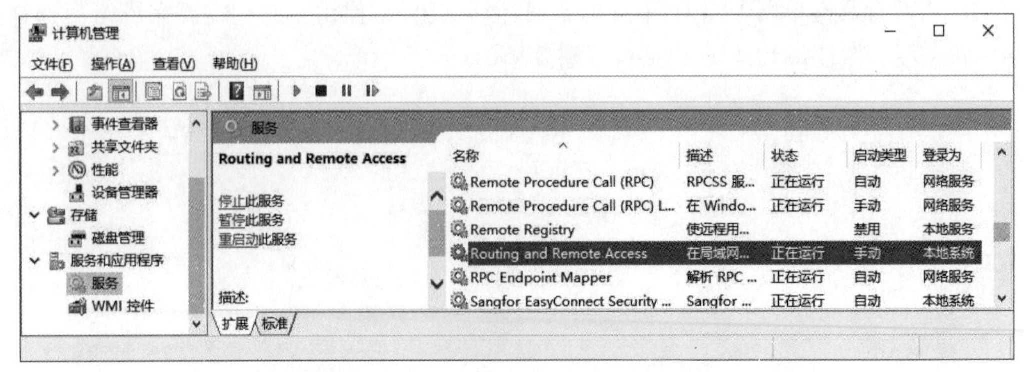

图 8-23 启动 Routing and Remote Access 服务

数据包是否能够顺利到达目的结点，而且可以显示数据包在前进过程中经过的路由器。

8.5.3 仿真环境下的路由器配置

在真实环境下，路由器与交换机的配置方法完全相同。基本的方法是：将终端的串行口与路由器的控制端口进行连接，进而实现通过终端命令对路由器进行配置。在 Packet Tracer 仿真环境下，既可以采用终端控制台方式对路由器进行配置，也可以采用设备配置界面的 CLI、设备配置界面的 Config 对路由器进行配置，其具体操作方法与交换机的配置方法相同，详见 3.4.3 节内容。

路由器的静态路由配置

1. 网络的拓扑结构

运行 Packet Tracer 仿真软件，在设备类型和设备选择区选择路由器、交换机和主机。将选择的路由器、交换机和主机拖入 Packet Tracer 的工作区，形成和图 8-22 类似的仿真网络拓扑，如图 8-24 所示。由于本实验为最基本的路由器组网和配置实验，因此，对路由器的型号没有特殊要求，选择任意一款都可以。在进行主机与交换机、交换机与路由器、路由器与路由器连接时，要注意使用的电缆类型。

在图 8-24 中，子网 10.1.0.0、10.2.0.0 和 10.3.0.0 通过路由器 Router1、Router2 相互连接构成一个互联网，每个连接分配的 IP 地址都显示在设备的相应位置。

2. 配置主机的 IP 地址和默认路由

由于主机 PC1、PC2 和 PC3、PC4 分别处于两个物理网中，因此，PC1、PC2 与 PC3、PC4 之间的通信需要经过路由器转发。图 8-24 清楚、直观地显示出了主机的默认路由。请根据前面讲过的内容，配置主机 PC1、PC2、PC3 与 PC4 的 IP 地址和默认路由。

3. 配置路由器接口的 IP 地址

配置路由器的 IP 地址，可以单击需要配置的路由器，在弹出的配置界面中选择 CLI，如图 8-25 所示。如果要配置路由器的 IP 地址，首先需要使用 enable 命令进入路由器的特权执行模式，而后使用“config terminal”进入全局配置模式。需要注意的是，路由器通常具有两个或多个网络接口，一个 IP 地址是属于一个特定接口的。在为接口配置 IP 地址之前，首先需要使用“interface 接口名”命令进入这个接口的配置模式。如果忘记了一个接口的接口名，可以将鼠标放置在连接该接口的线路上，系统将提示该线路连接的接口名。

配置路由器 IP 地址的命令为“ip address IP 地址 掩码”(如“ip address 10.2.0.2 255.255.0.0”命令)。注意，实验中一定要保证使用的接口处于激活状态。如果一个端口处于非激活状

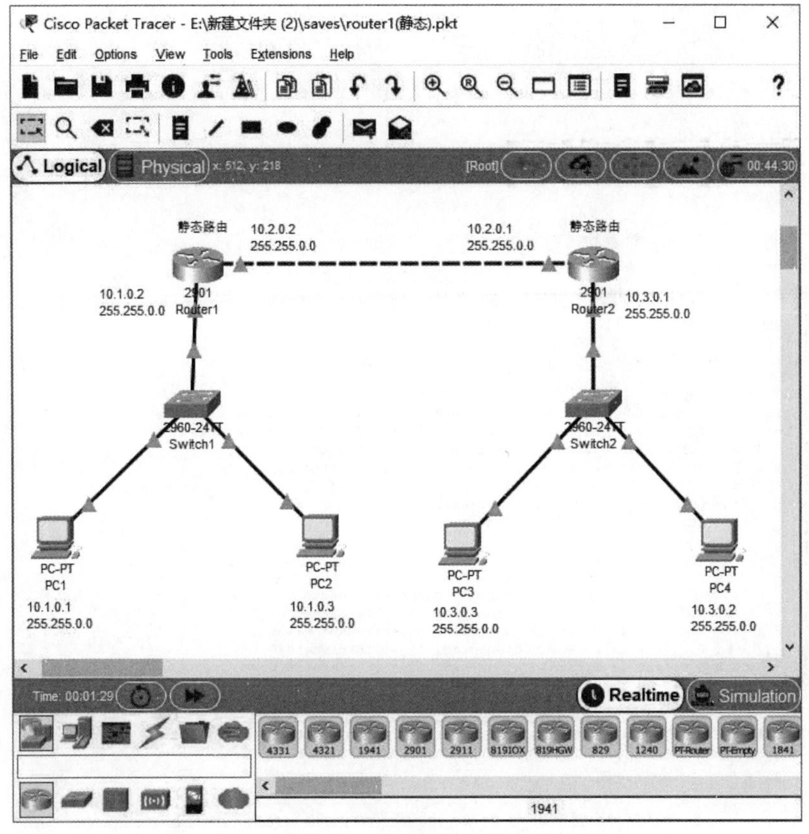

图 8-24　路由配置实验使用的网络拓扑

态，那么可以使用“no shutdown”命令将其激活，如图 8-25 所示。

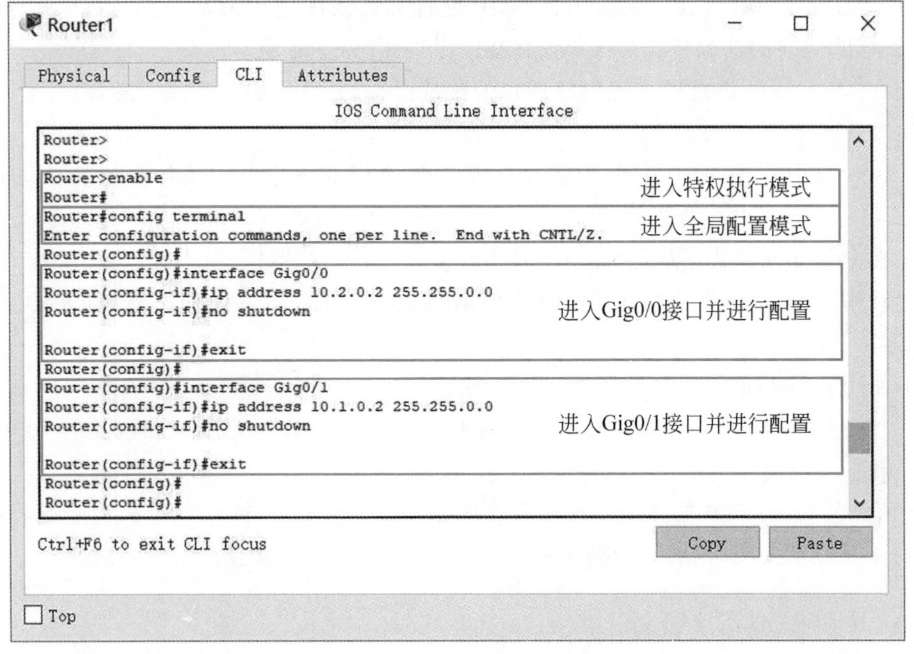

图 8-25　路由器的 IP 地址配置

4. 静态路由的配置

路由器的静态路由需要在全局配置模式下进行配置，其命令为“ip route 目的网络 掩码 下一跳步”，如图 8-26 所示。配置完成后，可以退回到特权执行模式，使用“show ip route”命令查看配置后的路由表。

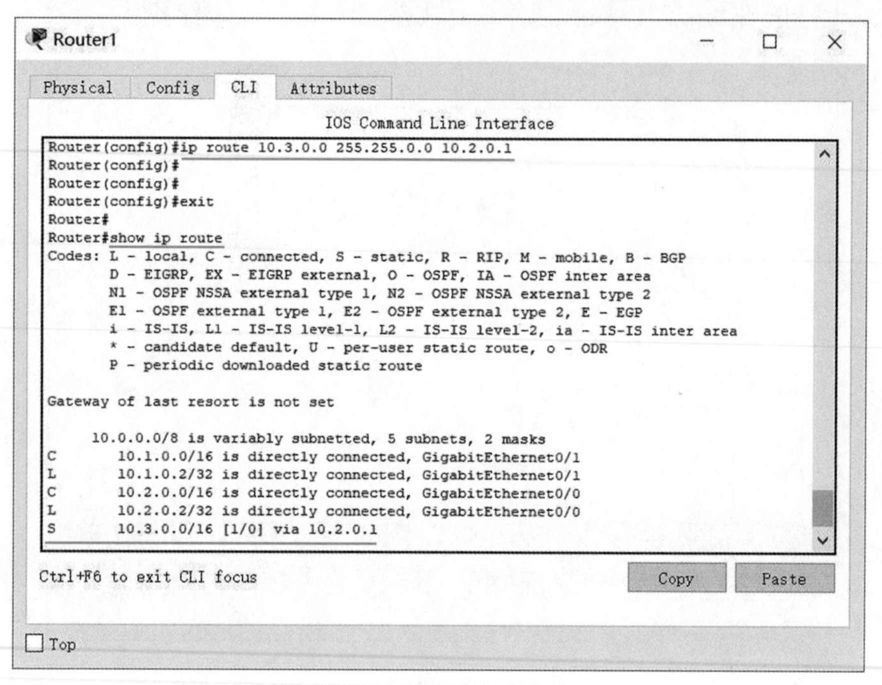

图 8-26 静态路由的配置

5. 网络连通性测试

主机的 IP 地址和默认路由、路由器的 IP 地址和路由配置完成后，可以在主机之间使用 ping 命令测试网络的连通性。Cisco 路由器也提供了 ping 命令，可以在 CLI 使用。另外，请通过 Packet Tracer 的仿真模式观察数据包的传递过程，并对传递过程进行解释。

6. RIP 的配置

RIP 协议配置

在 Cisco 路由器中，RIP 的配置需要在全局配置模式下进行。具体配置方式如图 8-27 所示。

（1）在全局配置模式下运行“router rip”命令进入 RIP 配置模式。

（2）利用 version 2 命令通知系统需要使用的 RIP 版本为可以处理子网编址的 Version 2 版本。

（3）使用 network 命令说明路由器直接相连的网络。例如，在图 8-24 中，需要在路由器 Router1 中使用 network 10.1.0.0 和 network 10.2.0.0 告诉 RIP 程序，该路由器与 10.1.0.0 和 10.2.0.0 相连。

在所有需要运行 RIP 的路由器都配置完成后，可以利用“show ip route”命令查看路由器是否获得了正确的路由，同时，也可以在主机上运行 ping 命令，检查网络的连通性。

8.5.4 简单的路由程序设计

上面的路由配置实验使用的是 Windows 操作系统自带的路由软件。为了进一步掌握 IP

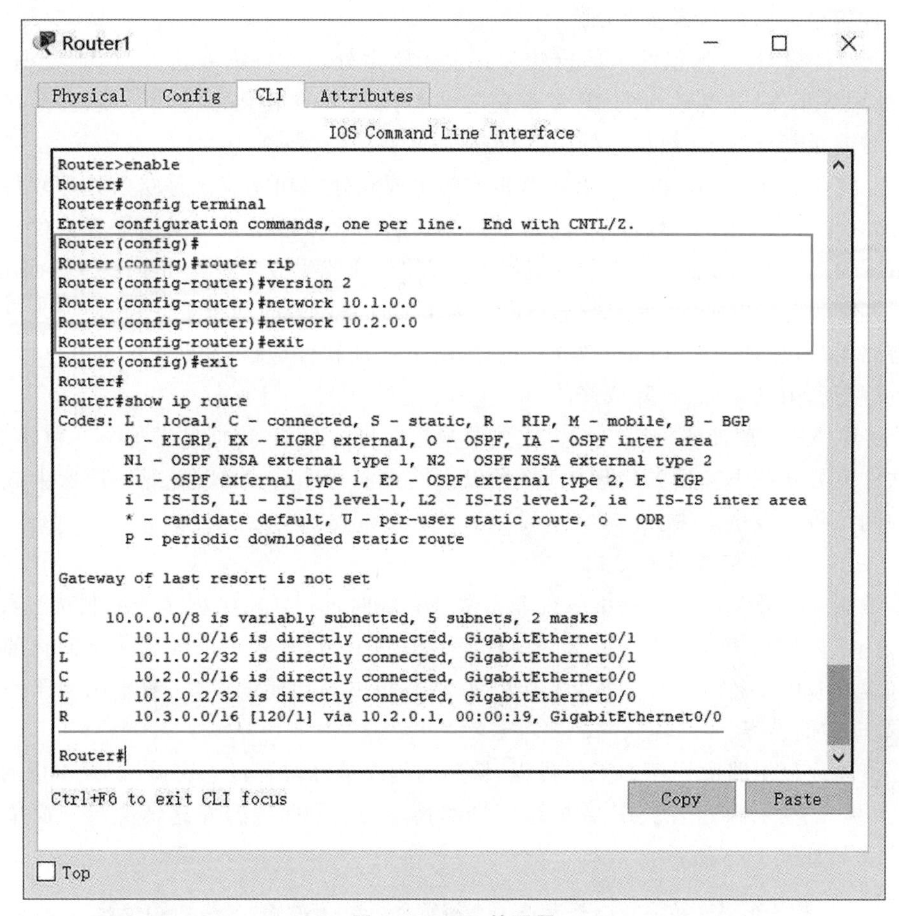

图 8-27　RIP 的配置

互联层的有关概念，我们自己编写了一个简单的路由程序，实现 IP 数据包的转发。

简单路由程序设计实验的目的是利用 Visual C++ 编写一个简单的路由程序，实现 IP 数据包的转发。本实验可以在一个局域网中进行，采用如图 8-22 所示的实验环境。其中，路由器 R1 和 R2 为连接不同网络的通用计算机，通过在 R1 或 R2 上运行自己编制的路由程序，实现处于不同网络中的主机（如主机 A 和主机 B）的相互通信。

1. 路由软件应处理的主要内容

由于完整的路由处理软件需要完成的工作很多，因此，编制一个较完整的路由软件相当复杂。一个较完整的路由处理软件至少应该完成如下工作：

(1) 为经过的 IP 数据包选择路由。路由选择是路由器的主要功能。因此，当一个需要转发的 IP 数据包到达后，路由软件应该能够提取数据包的目的 IP 地址，并根据自己拥有的路由表信息为该数据包选择最优的转发路径。

(2) 处理 IP 数据包 TTL 域中的数值。IP 数据包中的 TTL 控制数据包在互联网中的停留时间，因此，当数据包经过时，路由处理软件需要判断 TTL 域中的值，抛弃 TTL 小于或等于 0 的数据包，并将可以转发数据包的 TTL 值减 1。

(3) 分片处理。由于不同网络的 MTU 可以不同，因此，路由软件将数据包从一个接口转发到另一个接口过程中有可能需要做分片处理。

(4) 处理 IP 数据包选项。IP 数据包可以带选项（如记录路由、源路由、时间戳等）。完整的路由软件应该能够处理这些选项。

(5) 重新计算IP数据包的头部校验和。由于路由处理软件需要进行TTL处理、分片处理、选项处理等工作，需要送出的IP数据包包头与接收时的IP数据包包头总会存在一定差异，因此，需要重新计算IP数据包的头部校验和。

(6) 生成和处理ICMP报文。ICMP报文的生成和处理功能应该是路由处理软件的一部分。因此，在抛弃收到的IP数据包时（如TTL超时、校验和错误等），路由处理软件应能生成和发送ICMP差错报文；在发生拥塞时，路由处理软件应能生成和发送ICMP源站抑制报文。

(7) 实现动态路由协议、维护静态路由。为了实现路由表的动态更新，路由处理软件需要实现动态路由协议（如RIP、OSPF等）。同时，路由处理软件应该提供便利的用户接口界面，以便进行静态路由的添加、删除或修改。

(8) 实现ARP（地址解析协议）、生成数据帧。在将一个IP数据包送往下一跳步之前，路由处理软件需要获取下一站的物理地址（在以太网中需要通过ARP实现），然后生成数据帧从选择的网络接口发送出去。

2. 利用Npcap编制简单的路由程序

尽管编制一个较为完整的路由软件非常复杂和耗时，但是，路由程序的编制对深入了解互联层的工作原理大有裨益。为了简化路由程序的编制工作，实验要求编制一个简化的路由处理软件。该程序可以忽略分片处理、选项处理、动态路由等功能的实现，着重精力于路由的选择与IP数据包的转发。

为了清楚地显示路由程序的工作过程，编制的程序最好留有日志窗口，记录本机的网络接口情况、IP数据包的接收情况、IP数据包的选路情况、IP数据包的发送情况等。简单路由程序界面示意图如图8-28所示。

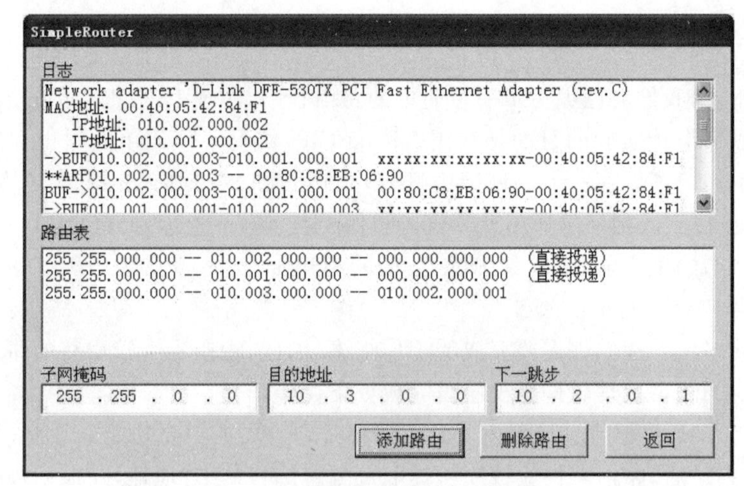

图8-28　简单路由程序界面示意图

简单的路由程序可以分为静态路由表的维护和IP数据包的处理两大部分。由于路由器的路由选择是通过路由表进行的，因此，路由表的维护是一个路由处理软件必须具备的功能。由于该实验仅要求使用静态路由，因此，程序应提供静态路由的添加、修改和删除等维护功能。对于与本机直接相连的路由信息，程序可自动搜索获知。而IP数据包的处理包括IP数据包的接收、IP数据包的选路和IP数据包的发送等工作。

简单路由处理软件可以仅接收需要转发的IP数据包，这些IP数据包的共同特点是目的

MAC 地址指向本机但目的 IP 地址不属于本机的 IP 地址。由于 Npcap 提供的包过滤机制效率很高(见第 6 章的练习与思考),因此,可以利用 Npcap 的包过滤机制筛选出需要处理的 IP 数据包,并提交给简单路由处理程序。

按照 IP 路由选择算法,在利用 Npcap 获取到需要转发的 IP 数据包后,路由处理软件首先需要提取该数据包的目的 IP 地址,并通过路由表为其进行路由选择。如果路由选择成功,则记录需要投递到的下一路由器地址;如果不成功,则简单地将该数据包抛弃。

在将路由选择成功的 IP 数据包发送到相应的接口之前,首先需要利用 ARP 获取下一站路由器接口的 MAC 地址。一旦得到下一站路由器的 MAC 地址,就可以把 IP 数据包封装成数据帧并通过相应的接口发送出去。

简单路由编程实验可以看成利用 Npcap 捕获网络数据包实验和使用 ARP 获取 MAC 地址实验的继续。具体编程方法请参阅前面章节的相关内容。

在图 8-22 所示的互联网中,将自己编制的简单路由程序运行于通用计算机 R1 和 R2 之上(或者在 R1 上运行自己编制的程序,在 R2 上运行 Windows 自带的路由程序)。然后在主机 A 和主机 B 上执行 ping 命令和 tracert 命令,验证程序的正确性并观察简单路由程序转发 IP 数据包的过程。

练习与思考

一、填空题

(1) 在 IP 互联网中,路由通常分为________路由和________路由。

(2) IP 路由表通常包括 3 项内容:掩码、________和________。

(3) RIP 协议使用________算法,OSPF 协议使用________算法。

(4) 在 CIDR 中,选择最优路径通常需要遵循________原则。

(5) 在路由表中,默认路由表项的掩码为________,目的网络为________。

二、单项选择题

(1) 在互联网中,无须具备 IP 路由选择功能的设备是(　　)。

　a) 具有单网卡的主机　　b) 具有多网卡的主机

　c) 路由器　　d) 交换机

(2) 路由器中的路由表需要包含(　　)。

　a) 到达所有主机的完整路径信息

　b) 到达所有主机的下一步路径信息

　c) 到达目的网络的完整路径信息

　d) 到达目的网络的下一步路径信息

(3) 关于 OSPF 和 RIP 协议的路由信息广播方式,正确的选项是(　　)。

　a) OSPF 和 RIP 都需向全网广播

　b) OSPF 和 RIP 都仅需向相邻路由器广播

　c) OSPF 需向全网广播,RIP 仅需向相邻路由器广播

　d) RIP 需向全网广播,OSPF 仅需向相邻路由器广播

三、动手和思考题

(1) 路由选择是互联层需要完成的最重要任务之一。为 IP 互联网配置路由是网络管理

人员的基本工作之一，而路由程序的编制可以深入理解IP互联层的工作原理和机制。在完成这些实验的过程中，请练习和思考以下问题：

① 分片是路由软件应该具有的基本功能之一。在完成简单路由程序的编程之后，为其增加分片功能。

② 在使用RIP协议的互联网中，相邻路由器通过交换路由信息计算出路由表。在Packet Tracer仿真环境中，可以在Simulation方式下观察RIP协议数据包交换过程。请查找相关资料，在Packet Tracer中查看RIP协议数据包交换过程，进一步理解RIP协议。

③ 在大中型的互联网中，动态路由选择协议通常采用OSPF。请学习OSPF的有关知识，查找配置OSPF动态路由的相关资料，在Packet Tracer仿真环境下配置OSPF动态路由，验证配置的正确性。

（2）请使用Windows系统自带的route命令，解决以下问题。

一校园网用户的计算机中安装有两块网卡，一块网卡通过ADSL路由器利用电话网接入Internet，另一块网卡通过交换机直接接入校园网。假设用户计算机和路由器的IP地址如图8-29所示，用户使用的操作系统为Windows 10，校园网拥有的IP地址为202.118.25.xx，202.118.26.xx，202.118.27.xx，202.118.28.xx，202.118.29.xx，202.118.30.xx。请配置用户的计算机，使其通过路由器R访问校园内的所有联网计算机，通过ADSL路由器访问其他Internet。

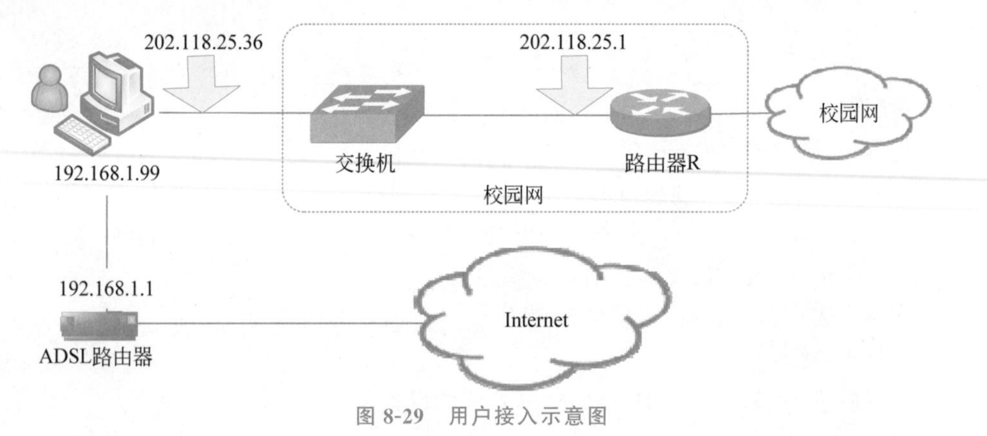

图8-29　用户接入示意图

第 9 章　IPv6

目前,通常使用的 IP 为其第 4 个版本,即 IPv4。IPv4 不但部署较为简单,而且在运行中表现出良好的健壮性和互操作性。30 多年的实践充分证明了 IPv4 的基本设计思想是正确的。但是,随着 Internet 规模的增长和应用的深入,人们发现 IPv4 存在地址空间不足、转发效率有待提高、配置烦琐、安全性难于控制等问题。于是,一种新版本的 IP——IPv6 逐渐浮出水面,并逐渐开始在 Internet 中部署和应用。

IPv6 是一个正在迅速发展并不断完善的 IP 标准。本章主要介绍 IPv6 的主要设计思想和工作原理。

9.1　IPv6 的新特征

在介绍 IPv6 的主要特征之前,先来讨论 IPv4 的局限性。IPv4 的局限性主要包括以下 5 方面:

(1) 地址空间不足。IPv4 地址的长度为 32 位,可以提供 2^{32} 个 IP 地址。随着 Internet 规模呈指数级增长,IP 地址空间逐渐耗尽。尽管子网划分方法可以解决部分 IP 地址浪费问题,但该方法并不能使 IP 地址的数量增大。NAT 技术可以使多台主机共享一个公用 IP 地址,但这种技术使 IP 失去了点到点的特性①。IPv4 地址空间危机是 IP 升级的主要动力。

(2) 性能有待提高。使用 IP 的主要目的是在不同网络之间进行高效的数据传递。尽管 IPv4 在很大程度上已经实现了此目标,但是在性能上还有改进的余地。例如,IP 数据包包头的设计、IP 选项和头部校验和的使用等严重影响路由器的转发效率。

(3) 安全性缺乏。在公共的 Internet 上进行隐私数据的传输需要 IP 提供加密和认证服务,但是 IP 在设计之初对这些安全性考虑很少。尽管后来出现了一个提供安全数据传输的 IPSec 协议,但是该协议只是 IPv4 的一个选项,在现实的解决方案中并不流行。

(4) 配置较为烦琐。目前,IPv4 地址、掩码等配置工作以手工方式进行。随着互联网中主机数量的增多,手工配置方法显得非常烦琐。尽管动态主机配置协议(Dynamic Host Configuration Protocol,DHCP)的出现在一定程度上解决了地址的自动配置问题,但需要部署 DHCP 服务器并对其进行管理。人们需要一种更简便和自动的地址配置方法。

(5) 服务质量欠缺。IPv4 中的服务质量(Quality of Service,QoS)保证主要依赖于 IP 包头中的"服务类型"字段,但是,"服务类型"字段的功能有限,不能满足实时数据传输质量的要求。为了支持互联网中的实时多媒体应用,需要 IP 能够提供有效的 QoS 保障机制。

针对 IPv4 存在的局限性,IETF 推出了下一代 IP 标准——IPv6。IPv6 沿用了 IPv4 的核心设计思想,但对数据包格式、地址表示等进行了重新设计。IPv6 的新特征主要包括:

(1) 全新的数据包结构。在 IPv6 数据包中,包头分为基本头和扩展头两部分。基本头的长度固定,包含中途路由器转发数据包必需的信息。扩展头位于基本头之后,包含有一些扩展字段。这种设计能使路由器快速定位转发需要的信息,提高转发效率。

---

① 关于 NAT 技术的讨论参见第 10 章。

(2) 巨大的地址空间。IPv6 地址长度为 128 位,可以提供超过 3×10^{38} 个 IP 地址。IPv6 地址空间是 IPv4 地址空间的 2^{96} 倍。如果这些 IP 地址均匀分布于地球表面,那么每平方米可以获得 6.65×10^{23} 个。

(3) 有效的层次化寻址和路由结构。IPv6 巨大的地址空间能够更好地将路由结构划分出层次,允许使用多级子网划分和地址分配。由于 IPv6 地址可以使用的网络号部分位数较长,因此,层次的划分可以覆盖从主干网到部门内部子网的多级结构。同时,合理的层次划分和地址分配可以使路由表的聚合性更好,有利于数据包的高效寻址和转发。

(4) 内置的安全机制。IPSec 是 IPv6 要求的标准组成部分。它可以对 IP 数据包加密和认证,增强网络的安全性。

(5) 自动地址配置。为了简化主机的配置过程,IPv6 支持有状态和无状态两种自动地址配置方式。在有状态的自动地址配置中,主机借助 DHCP 服务器获取 IPv6 地址;在无状态的自动地址配置中,主机借助路由器获取 IPv6 地址。即使没有 DHCP 服务器和路由器,主机也可以自动生成一个链路本地地址,而无须人工干预。

(6) QoS 服务支持。IPv6 在其包头中设计了一个流标签,用于标识从源到目的地的一个数据流。中途路由器可以识别这些数据流,并可以对它们进行特殊的处理。

9.2 IPv6 地址

与 IPv4 相同,IPv6 地址用于表示主机(或路由器)到一个网络的连接(或接口),因此,具有多个网络连接(或接口)的主机(或路由器)应该具有多个 IPv6 地址。同样,多个 IPv6 地址可以绑定到一条物理连接(或接口)上,使一条物理连接(或接口)具有多个 IP 地址。与 IPv4 不同,IPv6 地址长度为 128 位二进制数,理论上 IP 地址的数量为 2^{128} (340 282 366 920 938 463 463 374 607 431 768 211 456) 个。本节讨论 IPv6 地址表示法和 IPv6 地址类型。

9.2.1 IPv6 地址表示法

IPv4 地址采用点分十进制表示法,32 位的 IP 地址按每 8 位划分为一个位段,每个位段转换为相应的十进制数,十进制数之间用英文句点“.”隔开。由于 IPv6 地址的长度较长,使用点分十进制表示法显得非常烦琐,因此,在 IPv6 标准中采用了新表示法。

新的表示法分为两种:一种为冒号十六进制表示法;另一种为双冒号表示法。不过,双冒号表示法可以看成冒号十六进制表示法的简化方式。另外,IPv6 使用地址前缀标识 IPv6 地址中哪些部分表示网络,哪些部分标识主机。

1. 冒号十六进制表示法

所谓冒号十六进制表示法,是将 IPv6 的 128 位地址按每 16 位划分为一个位段,每个位段转换为一个十六进制数,十六进制数之间用英文冒号“:”隔开。

例如,一个 128 位的 IPv6 地址如下:

0010000000000001000000000000000100000000000000000000000000000000
0000000000000000000000000000000011000000001100001011111101110110

这 128 位的地址按每 16 位一组划分为 8 个位段为

0010000000000001 0000000000000001 0000000000000000 0000000000000000

0000000000000000 0000000000000000 1100000000110000 1011111101110110

每个位段转换为一个十六进制数，十六进制数之间用英文冒号“:”隔开，其结果为

2001:0001:0000:0000:0000:0000:C030:BF76

冒号十六进制表示法可以进一步简化，其方法是移除每个位段前导的“0”，但每个位段至少保留一位数字。例如，可以将 IPv6 地址 2001:0001:0000:0000:0000:0000:C030:BF76 中第 2 个位段“0001”中的前导 0 去掉，变成“1”；将第 3 个位段“0000”仅保留 1 位，变成“0”。这样，IPv6 地址 2001:0001:0000:0000:0000:0000:C030:BF76 可以表示为

2001:1:0:0:0:0:C030:BF76

需要注意，每个位段非零数字后面的 0 不能去掉。例如，第 1 位段“2001”中的 0 和第 7 位段“C030”中的 0 不能去掉。

2. 双冒号表示法

有些类型的 IPv6 地址会包含一长串的“0”，为了进一步简化 IPv6 地址表示，可以将多个连续为 0 的位段简写为双冒号“::”，这就是双冒号表示法。

例如，在 IPv6 地址 2001:1:0:0:0:0:C030:BF76 中，第 3～6 位段连续为 0，我们可以将其用双冒号表示法表示为

2001:1:: C030:BF76

需要注意，一个 IPv6 地址中只能包含一个双冒号，双冒号代表的位段数需要根据::前面和后面的位段数决定，即双冒号代表的位段数、双冒号前面的位段数、双冒号后面的位段数总和应为 8。

例如，在 2001:1:: C030:BF76 中，::代表 4 个“0”位段；而在 2001:1::BF97 中，::代表 5 个“0”位段。

如果一个 IPv6 地址的开始几个位段为 0(或最后几个位段为 0)，那么也可以用双冒号表示法表示。例如，IPv6 地址 0:0:0:0:0:0:0:1 可以表示为::1，2001:1:0:0:0:0:0:0 可以表示为 2001:1::。IPv6 地址 0:0:0:0:0:0:0:0，可以简单表示为::。

3. IPv6 地址前缀

在 IPv4 中，IP 地址的网络号部分和主机号部分可以使用掩码表示法或斜杠标记法进行标识。IPv6 允许使用多级子网划分和地址分配方案(类似于将网络划分为子网，子网再细划分为子子网等)，其网络号部分和主机号部分如何标识呢？

IPv6 抛弃了 IPv4 中使用的掩码表示法，采用了与斜杠标记法一致的地址前缀表示法。地址前缀表示法采用“地址/前缀长度”的表示方式，其中，“地址/前缀长度”中的“地址”为一个 IPv6 地址，“前缀长度”表示这个 IP 地址的前多少位为网络号部分。实际上，前缀可以简单地看作 IPv6 地址的网络号部分，用作 IPv6 路由或子网标识。

例如，2001:D3::/48 表示 IPv6 地址 2001:D3::的前 48 位为其地址前缀(即 2001:D3::的前 48 位为其网络号部分)，而 2001:D3:0:2F3B::/64 表示 IPv6 地址 2001:D3:0:2F3B::的前 64 位为其地址前缀(即 2001:D3:0:2F3B::的前 64 位为其网络号部分)。

9.2.2 IPv6 地址类型

IPv6 地址类型主要分为单播地址(unicast address)、多播地址(multicast address)、任播地址(anycast address)和特殊地址(special address)等。

1. 单播地址

单播地址用于标识 IPv6 网络一个区域中的单个网络接口。在这个区域中,单播地址是唯一的。发送到单播地址的 IPv6 数据包将被传送到该地址标识的接口上。按照覆盖的区域不同,单播地址分为全球单播地址(global unicast address)、链路本地地址(link-local address)、站点本地地址(site-local address)等。

(1) 全球单播地址:IPv6 的全球单播地址类似于 IPv4 中的公网 IP 地址,该地址在整个互联网中是唯一的,用于全球范围内的互联网寻址。全球单播地址以“001”开始,其后的 61 位通常用于网络和子网的划分,最后 64 位标识主机的接口,如图 9-1(a)所示。

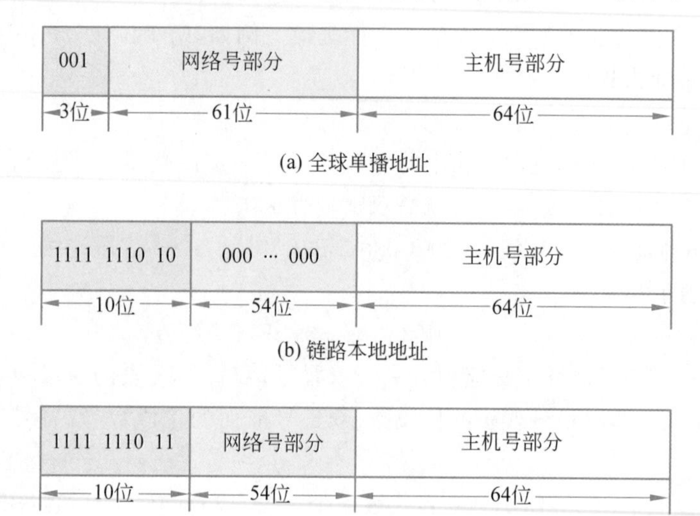

图 9-1 单播地址

(2) 链路本地地址:链路本地地址用于同一链路上邻居结点之间的通信,使用该地址的 IPv6 数据包不能穿越路由器。链路本地地址总是以“1111111010”开始,后面跟随 54 位“0”,其地址前缀为“FE80::/64”,如图 9-1(b)所示。链路本地地址的最后 64 位为主机的接口标识。

(3) 站点本地地址:IPv6 站点本地地址类似于 IPv4 的私有地址(192.168.xx.xx、10.xx.xx.xx 等),用于标识私有互联网中的网络连接。站点本地地址在所属站点的私有互联网范围内有效,以其作地址的 IPv6 数据包可以被站点中的路由器转发,但不能转发出该站点范围。站点本地地址以“1111111011”开始,随后的 54 位用于站点中子网的划分,最后 64 位标识主机的接口,如图 9-1(c)所示。我们通常看到的以“FEC0”开始的 IPv6 地址就是站点本地地址。

与全球单播地址不同,链路本地地址和站点本地地址可以重复使用。例如,链路本地地址可以在不同的链路上重复使用,站点本地地址可以在一个组织内部的不同站点上使用。本地地址可以重复使用的特性有时会造成二义性。为了解决这个问题,IPv6 使用附加的区域标识符(zoneID)表示一个 IPv6 地址具体属于哪个链路或哪个站点,其具体格式为 Address%zoneID。其中,Address 为一个链路本地地址或站点本地地址,zoneID 表示该 IPv6 地址所属的链路号或站点号。例如,FE80::1%6 表示第 6 号链路上的 FE80::1,FEC0::1%2 表示第 2 号站点上的 FEC0::1。

zoneID 是由本地结点分配的。对于同一条链路或同一个站点,不同的结点可能会分配不同的链路号或不同的站点号。图 9-2 显示了不同主机为同一个链路和站点分配的链路号和站点号。主机 A 为 FE80::1 所在的链路分配的链路号为 4,为 FEC0::1 分配的站点号为 9;主机 B 为 FE80::2 所在的链路分配的链路号为 6,为 FEC0::2 分配的站点号为 2。在主机 A 需要使用主机 B 的 FE80::2 和 FEC0::2 地址时,可以使用 FE80::2%4 和 FEC0::2%9。其意义可以简单理解为 FE80::2 在本机(主机 A)的 4 号链路上,FEC0::2 在本机(主机 A)的 9 号站点上。

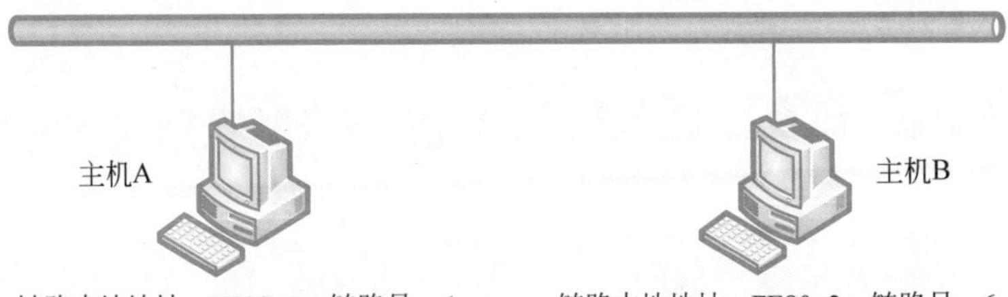

图 9-2　zoneID 的分配和使用

2. 多播地址

IPv6 的多播地址用于表示一组 IPv6 网络接口,发送到该地址的数据包会被送到由该地址标识的所有网络接口。多播地址通常在一对多的通信中使用,一个结点发送,组中的其他所有成员接收。IPv6 标准规定,一个结点不但可以同时收听多个多播组的信息,而且可以在任何时候加入或退出一个多播组。

IPv6 多播地址由 8 位的"11111111"开始,后面跟随 4 位的标志、4 位的范围和 112 位的组标识,如图 9-3 所示。其中,4 位的标志用于表示该多播地址是否为永久分配的多播组,例如是否为官方分配的著名多播组地址;4 位的范围用于表示该多播地址的作用范围,例如是本地链路有效还是本地站点有效;112 位的组标识用于标识一个多播组,该值在其作用范围内应该唯一。

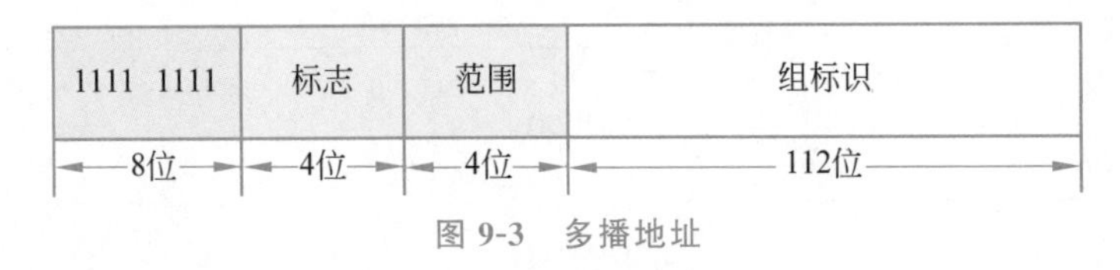

图 9-3　多播地址

由于多播地址以 FF 开头,因此很容易识别。需要注意,多播地址只能用作目的地址,而不能用作源地址。另外,IPv6 中抛弃了广播地址,一对多的广播通信也需要利用多播方式实现。

3. 任播地址

任播地址也称泛播地址,用于表示一组网络接口,发送到该地址的数据包会被传送到由该地址标识的其中一个接口,该接口通常是最近的一个。任播地址通常在一对多的任何一个通信中使用,一个发送,组中的一个接收并处理即可。任播地址需要从单播地址空间中分配,它没有自己单独的地址空间。

4. 特殊地址

与 IPv4 类似,IPv6 地址中也包含一些特殊的地址。下面是常见的特殊 IPv6 地址。

(1) 非指定地址:0:0:0:0:0:0:0:0(或::)为非指定地址,表示一个网络接口上的 IPv6 地址还不存在。该 IPv6 地址不能分配给一个网络接口,也不能作为目的地址使用。但是,在某些特殊场合中,该地址可以用作源地址。

(2) 回送地址:0:0:0:0:0:0:0:1(或::1) 为回送地址。该地址与 IPv4 的 127.0.0.1 类

似，允许一个结点向它自己发送数据包。

（3）兼容地址：兼容地址包括 IPv4 兼容地址、IPv4 映射地址、6to4 地址等。在 IPv4 向 IPv6 过渡时期，可能会用到这些地址。

9.3 IPv6 数据包

与 IPv4 的数据包不同，IPv6 数据包由一个基本头、多个扩展头和上层数据单元组成，如图 9-4 所示。

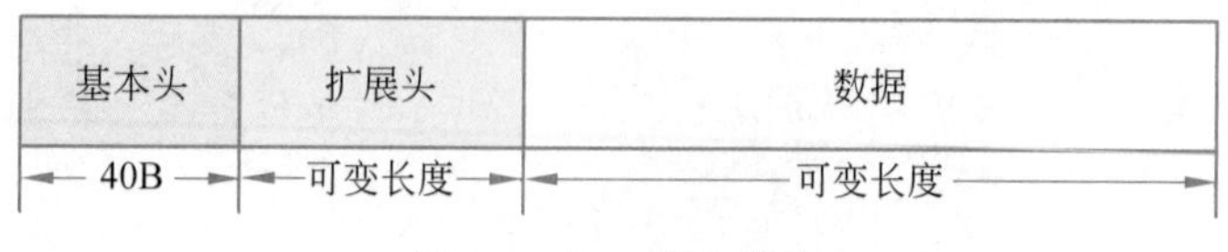

图 9-4 IPv6 报文结构

9.3.1 IPv6 基本头

IPv6 基本头采用固定的 40B 长度，包含了发送和转发该数据包必须处理的一些字段。对于一些可选的内容，IPv6 将其放在扩展头中实现。由于软件比较容易定位这些必须处理的字段，因此，路由器在转发 IP 数据包时具有较高的处理效率。IPv6 基本头如图 9-5 所示。

0 4 12 16 31

版本	通信类型	流标记	
载荷长度		下一个头部	跳数限制
源IP地址			
目的IP地址			
扩展头与数据			

图 9-5 IPv6 基本头

下面说明 IPv6 基本头各字段的意义。

（1）版本：取值为 6，表示该数据包符合 IPv6 数据包格式。

（2）通信类型：与 IPv4 包头中的“服务类型”字段类似，表示 IPv6 数据包的类型或优先级，用于提供区分服务。

（3）流标记：表示该数据包属于从源结点到目的结点的一个特定的流。如果该字段的值不为 0，说明该数据包希望途径的 IPv6 路由器需要对其进行特殊处理。

（4）载荷长度：表示 IPv6 有效载荷的长度。有效载荷的长度包括扩展头和高层数据。

（5）下一个头部：如果存在扩展头，该字段的值指明下一个扩展头的类型；如果不存在扩展头，则该字段的值指明高层数据的类型，如 TCP、UDP 或 ICMPv6 等。

（6）跳数限制：表示 IPv6 数据包在被丢弃之前可以被路由器转发的次数。数据包每经过一个路由器，该字段的值减 1。当该字段的值减为 0 时，路由器向源结点发送 ICMPv6 错误报文并丢弃该数据包。

(7) 源 IP 地址：表示源结点的 IPv6 地址。

(8) 目的 IP 地址：表示目的结点的 IPv6 地址[①]。

9.3.2 IPv6 扩展头

IPv6 数据包可以包含 0 个或多个扩展头。如果存在扩展头，那么扩展头位于基本头之后。IPv6 基本头中的“下一个头部”字段指出第一个扩展头的类型。每个扩展头中也都包含“下一个头部”字段，用以指出后继扩展头类型。最后一个扩展头中的“下一个头部”字段指出高层协议的类型。例如，图 9-6 所示的 IPv6 数据包包含路由和认证两个扩展头，基本头中的“下一个头部”字段指出其后跟随的为“路由头”；路由头中的“下一个头部”字段指出其后跟随的为“认证头”；认证头中的“下一个头部”字段指出其后跟随的为 TCP 头和数据。

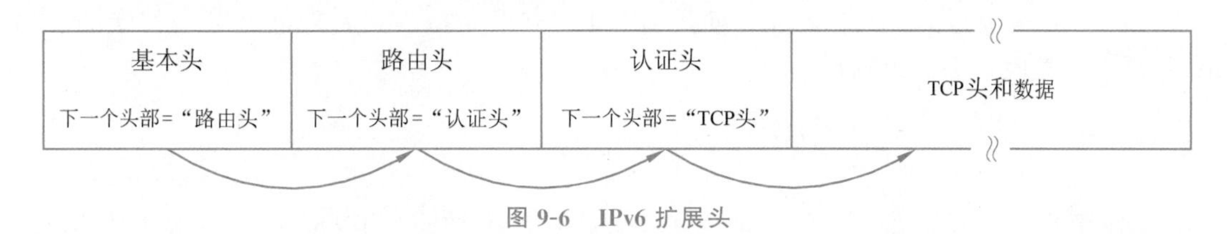

图 9-6 IPv6 扩展头

IPv6 扩展头包括逐跳选项头、路由头、目的选项头、分片头、认证头和封装安全有效载荷头。

(1) 逐跳选项头：用于指定数据包传输路径上每个中途路由器都需要处理的一些转发参数。如果数据包中存在该扩展头，中途路由器需要对其进行处理。

(2) 路由头：用来指出数据包在从源结点到达目的结点的过程中，需要经过的一个或多个中间路由器。该扩展头类似于 IPv4 中的松散源路由选项。

(3) 目的选项头：用于为中间结点或目的结点指定数据包的转发参数。如果存在路由头，并且目的选项头出现在路由头之前，则路由头指定的每个中途路由器和目的结点都需要处理该目的选项头；如果不存在路由头或目的选项头出现在路由头之后，则只需要目的结点处理该目的选项头。

(4) 分片头：用于 IPv6 的分片和重组服务。该扩展头中含有分片的数据部分相对于原始数据的偏移量、是否是最后一片标志及数据包的标识符，目的结点利用这些参数进行分片数据包的重组。

(5) 认证头：用于 IPv6 数据包的数据认证(数据来源于真实的结点)、数据完整性验证(数据没有被修改过)和防重放攻击(保证数据不是已经发送过一次的数据)。

(6) 封装安全有效载荷头：用于 IPv6 数据包的数据保密、数据认证和数据完整性验证。

9.4 IPv6 差错与控制报文

IPv6 使用的 ICMP 通常称为 ICMPv6，它可以看成 IPv4 ICMP 的升级版。除了 IPv4 ICMP 具有的错误报告、回应请求与应答等功能外，ICMPv6 还具有多播侦听者发现、邻居发现等功能。本节将对 ICMPv6 特有的一些功能进行简单介绍。

① 在有些情况下，目的地址字段可能为下一个转发路由器的地址。本书不对其具体内容进行详细阐述。

9.4.1 多播侦听者发现

多播在IPv6中使用非常广泛,因此多播的管理非常重要。ICMPv6中的多播侦听者发现(Multicast Listener Discovery,MLD)就是为管理多播设计的。MLD定义了一组路由器和结点之间交换的报文,允许路由器发现每个接口上都有哪些多播组。这些报文包括MLD查询报文、MLD报告报文和MLD完成报文。

(1) MLD查询报文:路由器使用MLD查询报文查询一条连接上是否有多播收听者。MLD查询报文分为两种:一种是通用MLD查询,用于查询一条连接上所有的多播组;另一种是特定MLD查询,用于查询一条连接上某一特定的多播组。

(2) MLD报告报文:多播接收者在响应MLD查询报文时可以发送MLD报告报文。另外,多播接收者希望接收某一多播地址的信息时也可以发送MLD报告报文。

(3) MLD完成报文:多播接收者使用MLD完成报文指示它希望离开某一特定的多播组,不再希望接收该多播组的信息。

9.4.2 邻居发现

所谓邻居结点,指的是处于同一物理网络中的结点。IPv6邻居发现(Neighbor Discovery,ND)定义了一组报文和过程,用于探测和判定邻居结点之间的关系。邻居发现包括了物理地址解析、路由发现、路由重定向等功能。其中,IPv6网络不再使用ARP,地址解析需要使用邻居发现完成。重定向功能与IPv4中的重定向功能类似。

邻居发现定义了5种不同的报文,即路由器请求报文、路由器公告报文、邻居请求报文、邻居公告报文和重定向报文。

1. 路由器请求与公告报文

路由器请求与路由器公告报文是路由器与主机之间交换的报文,用于本地IPv6路由器的发现和链路参数配置。

(1) 路由器请求报文:路由器请求报文由主机发送,用于发现链路上的IPv6路由器。该报文请求IPv6路由器立即发送路由器公告报文,而不等待路由器公告报文发送周期的到来。

(2) 路由器公告报文:IPv6路由器周期性地发送路由器公告报文,以通知链路上的主机应使用的地址前缀、链路MTU、是否使用地址自动配置等信息。另外,在收到主机发送的路由器请求报文后,路由器会立即响应路由器公告报文。

图9-7显示了一个具有两台主机和一台路由器的以太网。通常,路由器R周期性地在一个特定的多播组中发送路由器公告报文,如图9-7(a)所示。这些公告报文除宣布路由器R为本地路由器之外,还提供所在链路的默认跳数限制、MTU和前缀等参数信息。属于该多播组的主机(如主机A和主机B)接收这些路由器公告报文,然后按照公告报文提供的信息更新自己的路由表和其他参数。

在有些情况下(如主机启动时),主机也可以主动请求路由器公告,以尽快获得路由信息和其他参数信息。在图9-7(b)中,主机B主动向一特定的多播组中发送路由器请求报文,该多播组的主机A和路由器R都会接收该请求报文。当路由器R接收到该报文后,它会立刻使用路由器公告报文进行响应。路由器发送的响应采用单播方式,即如果主机B发送路由器请求报文,那么路由器R响应的路由器公告报文的目的地为主机B。

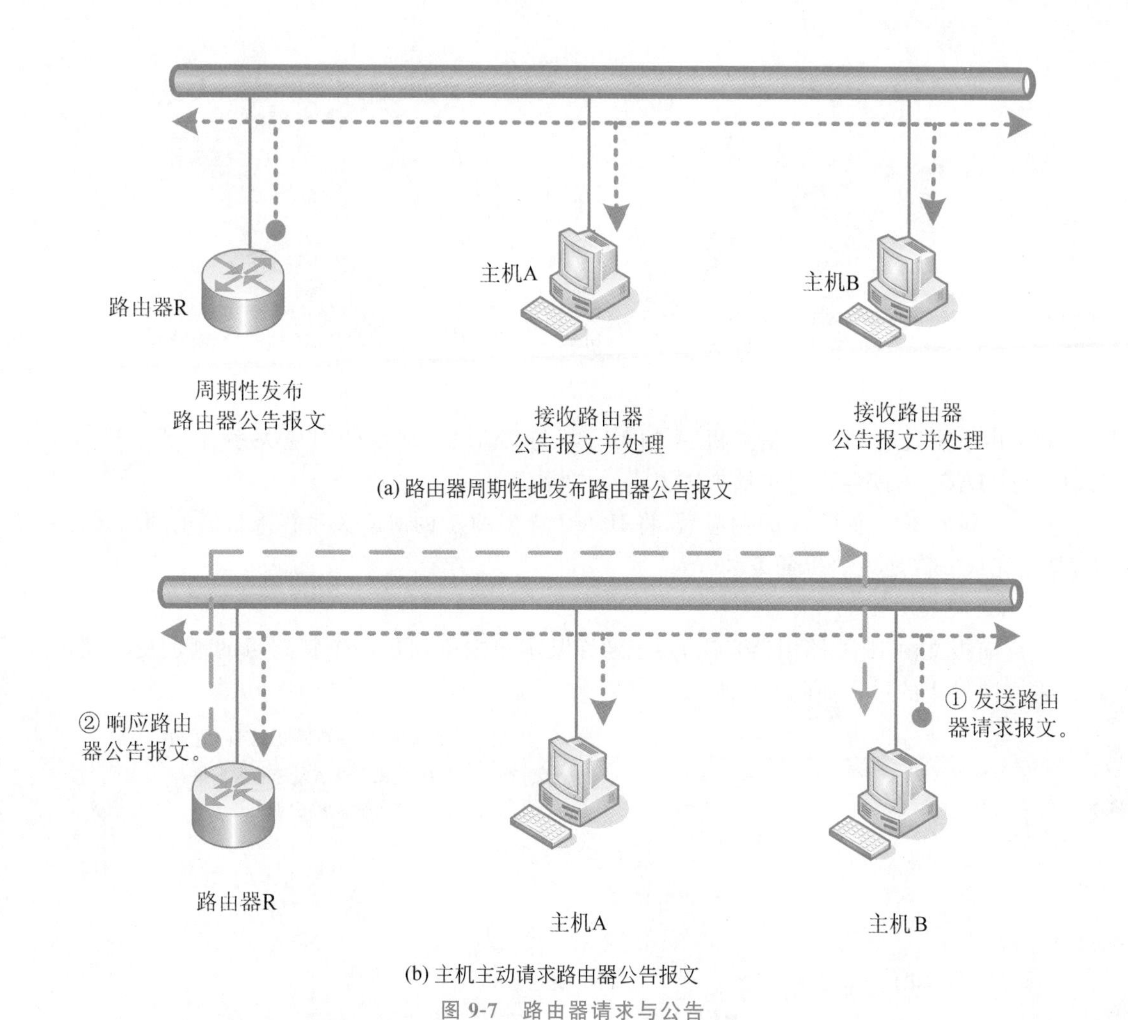

图 9-7 路由器请求与公告

2. 邻居请求与公告报文

邻居请求与邻居公告报文是本地结点之间交换的报文，这些结点既可以是主机，也可以是路由器。在 IPv6 中，物理地址解析、邻居结点不可达探测、重复地址探测等功能的实现主要依靠邻居请求与公告报文的交换。

(1) 邻居请求报文：邻居请求报文由 IPv6 结点发送，用于发现本链路上一个结点的物理地址。该报文中包含了发送结点的物理地址。

(2) 邻居公告报文：当接收到邻居请求报文后，结点使用邻居公告报文进行响应。另外，结点也会主动发送邻居广播报文，以通知其物理地址的改变。邻居公告报文包含了发送结点的物理地址。

图 9-8 显示了利用邻居请求与公告报文进行物理地址解析的例子。尽管 IPv6 不再使用 ARP 进行地址解析，但是利用邻居请求与公告进行地址解析的过程与 ARP 的解析过程非常相似。

(1) 当主机 C 希望得到 $IPv6_A$ 与其 MAC 地址的对应关系时，它向一个特定的多播组发送邻居请求报文，该报文包含 $IPv6_C$ 与其 MAC_C 的对应关系。

(2) 侦听该多播组的主机 A 和主机 B 接收该报文，并将 $IPv6_C$ 与其 MAC_C 的对应关系存入各自的邻居缓存表(类似于 IPv4 的 ARP 表)中。

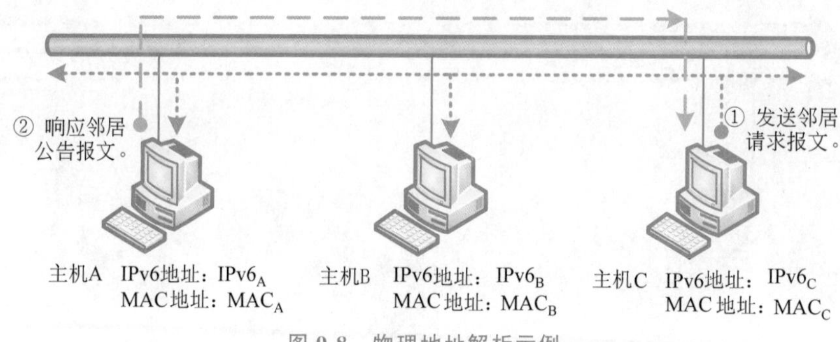

图 9-8 物理地址解析示例

(3) 由于主机 C 请求的是主机 A 的 $IPv6_A$ 与其 MAC 地址的对应关系，因此主机 A 将 $IPv6_A$ 与 MAC_A 的映射通过单播方式发送给主机 C。

(4) 主机 C 获得主机 A 的响应后，将 $IPv6_A$ 与 MAC_A 的对应关系存入自己的邻居缓存表中，从而完成一次地址解析任务。

3. 重定向报文

重定向报文由 IPv6 路由器发送，用于通知某本地主机到达一个特定目的地的更好路由。路由重定向发生的过程如图 9-9 所示。

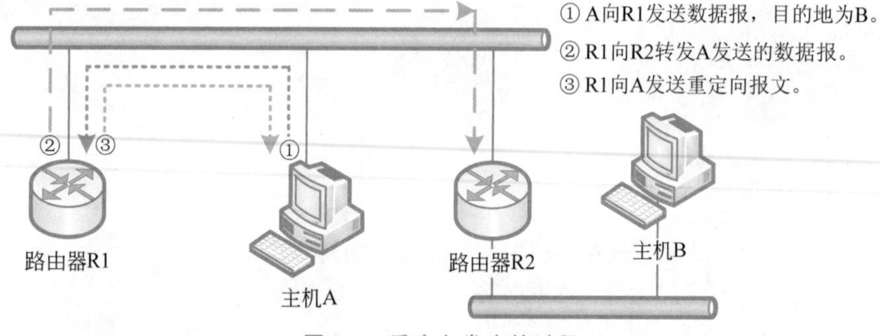

图 9-9 重定向发生的过程

(1) 主机 A 准备发送一个 IPv6 数据包，其目的地址为主机 B。由于路由表中到达主机 B 所在网络的下一跳步指向路由器 R1，因此主机 A 将数据包投递给 R1。

(2) R1 接收主机 A 发送的数据包并为其选择路由，确定该数据包应投递至 R2。路由器 R1 发现该数据包来自自己的邻居主机 A，同时下一跳步 R2 也是自己的邻居，于是 R1 判定主机 A 与 R2 也是邻居。这样，主机 A 发送目的地为主机 B 的数据包可以直接投递给 R2，不需要经过 R1。

(3) R1 将主机 A 发送的数据包转发到下一跳步 R2。然后，R1 向主机 A 发送重定向报文，通知主机 A 到达主机 B 所在网络的最优路径。

(4) 主机 A 接收到 R1 发送的重定向报文后更新自己的路由表。如果以后再向主机 B 发送数据包，则直接投递到 R2。

9.5 地址自动配置与路由选择

128 位的 IPv6 地址对人们的记忆力是一个挑战。为了简化 IPv6 地址的配置，人们常常采用自动方式配置 IPv6 地址。另外，路由选择也是 IPv6 的重要内容之一。

9.5.1 地址自动配置

地址自动配置包括链路本地地址配置、无状态地址配置和有状态地址配置。

1. 链路本地地址配置

无论是主机，还是路由器，在 IPv6 启动时都会在每个接口自动生成一个链路本地地址。该地址的网络前缀固定为“FE80::/64”，后 64 位（主机号部分）自动生成。物理网络内各结点之间可以使用该地址进行通信。

2. 无状态地址配置

主机在自动配置链路本地地址后，可以继续进行无状态地址配置，其过程如下：

(1) 主机发送 ICMPv6 路由器请求报文，询问是否存在本地路由器。

(2) 如果没有路由器响应路由器公告报文，那么主机需要使用有状态方式或手工方式配置 IPv6 地址和路由。

(3) 如果接收到路由器公告报文，那么主机按照该报文的内容更新自己的 MTU 值、跳步限制数等参数。同时，主机会按照公告报文中的地址前缀更新自己的路由表，并自动生成 IPv6 地址。

3. 有状态的地址配置

有状态地址配置需要 DHCPv6 服务器的支持。主机向 DHCPv6 服务器多播“DHCP 请求消息”，DHCPv6 服务器在返回的“DHCP 应答消息”中将分配的地址返回给请求主机。主机利用该地址作为自己的 IPv6 地址。

9.5.2 路由选择

与 IPv4 相似，IPv6 路由选择也使用了路由表；与 IPv4 不同，IPv6 通过目的地缓存表提高了路由选择的效率。

一个基本的 IPv6 路由器表通常包含许多(P,R)对序偶，其中 P 指的是目的网络前缀，R 是到目的网络路径上的“下一个”路由器的 IPv6 地址。在图 9-10 所示的互联网中，IPv6 路由器 R 的路由表如表 9-1 所示。

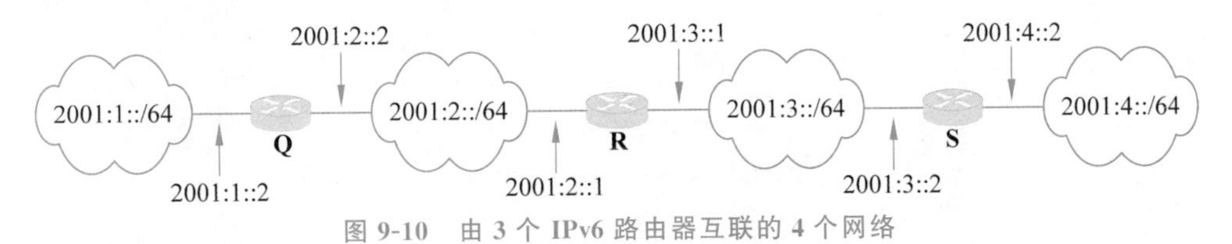

图 9-10 由 3 个 IPv6 路由器互联的 4 个网络

表 9-1 IPv6 路由器 R 的路由表

要到达的网络	下一跳步	要到达的网络	下一跳步
2001:2::/64	直接投递	2001:1::/64	2001:2::2
2001:3::/64	直接投递	2001:4::/64	2001:3::2

从表 9-1 可以看出，网络 2001:2::/64 和网络 2001:3::/64 都与路由器 R 直接相连，路由器 R 收到一个 IPv6 数据包，如果其目的地址的前缀为 2001:2::/64 或 2001:3::/64，那么 R 就可以将该报文直接传送给目的主机。如果收到目的地址前缀为 2001:1::/64 的报文，那么

R就需要将该报文传送给2001:2::2(路由器Q)，由路由器Q再次投递该报文。同理，如果收到目的地址前缀为2001:4::/64的报文，那么R就需要将报文传送给2001:3::2(路由器S)。

目的地缓存表是IPv6在内存中动态生成的一个表，保存最近的路由选择结果。在连续向一个目的地发送多个数据包时，从第2个数据包开始便可以通过目的地缓存表找到转发路由。由于目的地缓存表通常比路由表小很多，因此路由的查找效率比较高。

表9-2显示了一个简单的目的地缓存表。当目的地址为2001:2::6时，下一跳步为2001:2::6(该数据包可以直接投递)；当目的地址为2001:1::3时，下一跳步为2001:2::2(该数据包需要通过路由器转发)。

IPv6的路由选择流程如图9-11所示。可以看到，路由程序在进行IPv6路由选择时首先在目的地缓存表中进行查找和匹配。如果在目的地缓存表中找到与目的IPv6地址匹配的表目，就利用该表目进行投递，不再查找路由表；如果在目的地缓存表中没有找到匹配的表目，则继续在路由表中查找。如果在路由表中查找到与目的IPv6地址匹配的表目，那么路由算法首先更新目的地缓存表，然后利用该表目进行投递。如果在路由表中也没有找到与目的IPv6地址匹配的表目，那么路由选择算法认为该目的地不可达。这时，路由软件将抛弃该数据包，并向源主机发送ICMPv6差错控制报文。

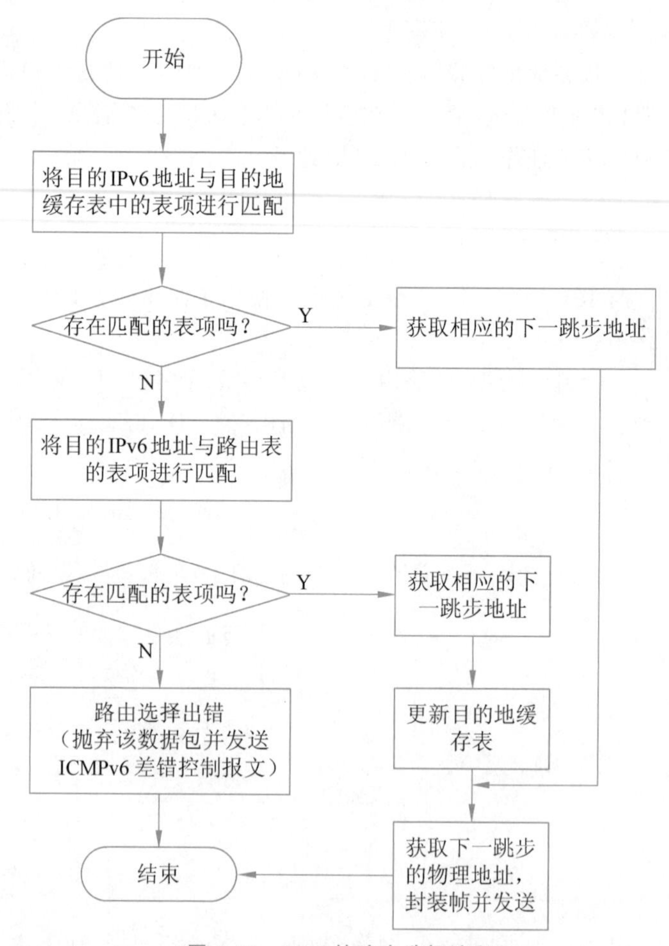

图9-11 IPv6的路由选择流程

表9-2 目的地缓存表

目的地址	下一跳步
2001:2::6	2001:2::6
2001:1::3	2001:2::2

9.6 实验：配置 IPv6

配置 IPv6

本实验在仿真环境下对 IPv6 进行配置和观察，从而理解 IPv6 的工作过程。

目前，多数路由器都支持 IPv6。为了在 Packet Tracer 环境下进行 IPv6 实验，可以形成一个如图 9-12 所示的网络拓扑结构。IPv6 实验使用的网络拓扑结构与 IPv4 实验使用的网络拓扑结构非常类似，只是将 IPv4 的 IP 地址修改成 IPv6 地址。IPv6 路由器的配置也需要在 CLI (命令行界面)中进行，过程与 IPv4 类似。

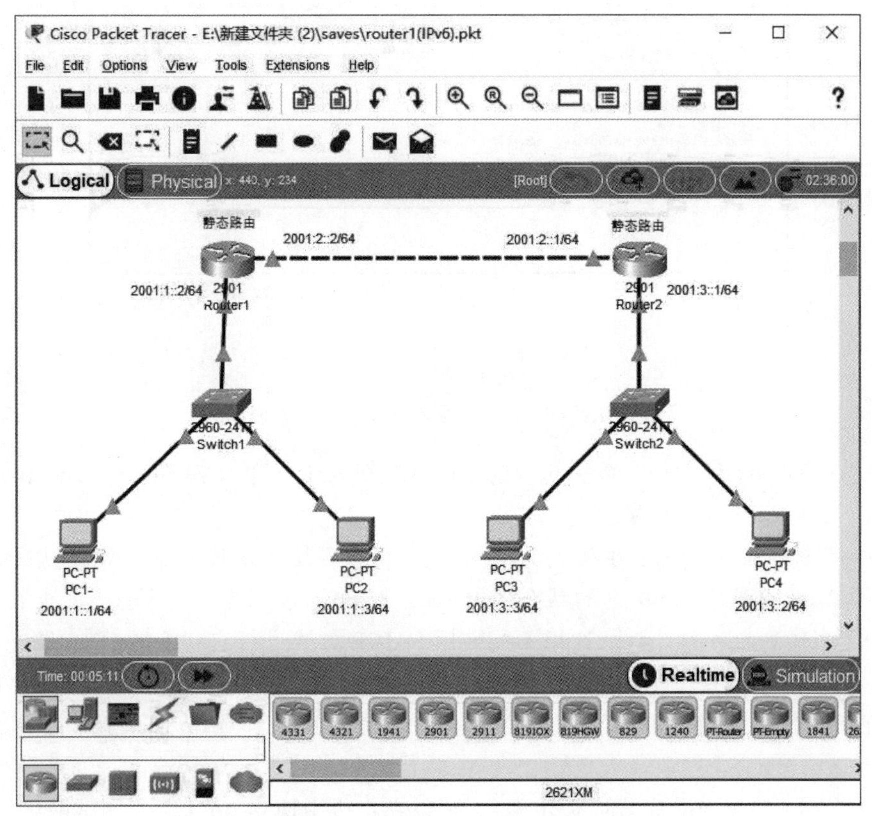

图 9-12 IPv6 实验使用的网络拓扑结构

(1) 路由器 IPv6 地址的配置：由于 IPv6 地址属于特定的网络接口，因此 IPv6 地址的配置需要进入特定的接口配置模式进行。IPv6 地址的配置命令为“ipv6 address IPv6 地址/前缀”。例如，图 9-12 中，路由器 Router1 其中一个接口的 IPv6 地址可以使用“ipv6 address 2001:1::2/64”进行配置。

(2) 路由器 IPv6 路由表的配置：IPv6 路由表的配置需要在全局配置模式下进行，其命令为“ipv6 route 目的网络/前缀 下一跳步”。例如，在图 9-12 的路由器 Router1 中，可以使用“ipv6 route 2001:3::/64 2001:2::1”配置一条到达网络 2001:3::/64 的路由，其下一跳步为 2001:2::1。同样，也可以在路由器 Router2 中使用“ipv6 route 2001:1::/64 2001:2::2”配置一条到达网络 2001:1::/64 的路由，其下一跳步为 2001:2::2。配置完成后，可以在特权模式下使用 show ipv6 route 查看配置后的 IPv6 路由表。路由器 IPv6 路由表的配置和显示如图 9-13 所示。

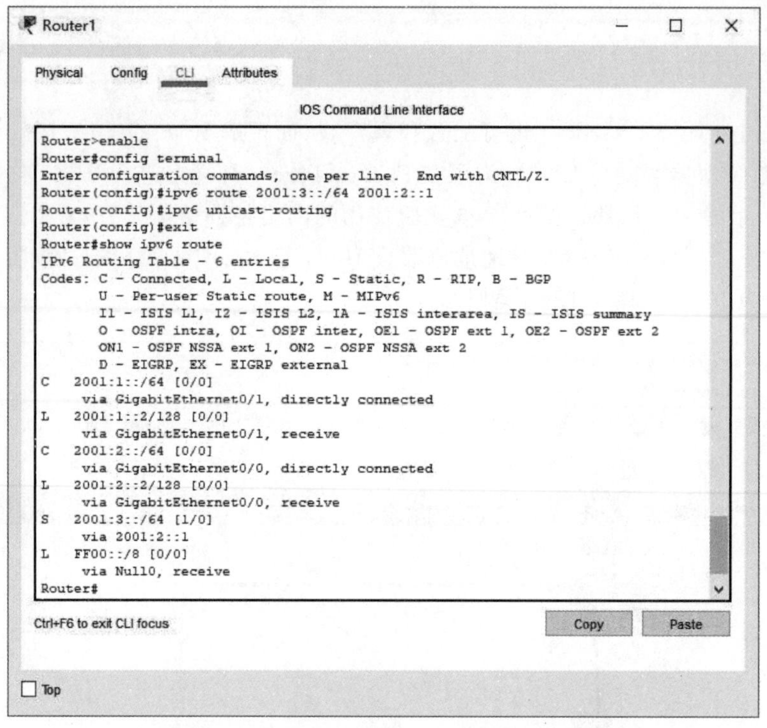

图 9-13 路由器 IPv6 路由表的配置和显示

(3) 允许路由器转发 IPv6 数据包：在全局配置模式下使用 ipv6 unicast-routing 命令，可以告诉路由器转发 IPv6 单播数据包。

(4) 主机上的 IPv6 配置：主机上的 IPv6 配置可以采用手工模式或自动模式。如果采用自动配置模式，可以选中 IPv6 配置界面中的 Auto Config 进行无状态的 IPv6 地址获取。由于没有提供 DHCP 服务器，因此，这里不能使用 DHCP 方式进行有状态的 IPv6 地址获取。注意，如果主机采用手工方式配置 IPv6 地址，主机的 IPv6 默认路由也需要手工配置。请使用手工和自动两种方式配置主机的 IPv6 地址，并查看自动获取的 IPv6 地址是否与本网络段的网络前缀一致。

(5) 网络连通性测试：完成以上步骤后，可以在主机中使用 ping 命令测试网络的连通性。

练习与思考

一、填空题

(1) IPv6 的地址由________位二进制数组成。

(2) 一个 IPv6 地址为 2001:0001:0000:0000:030B:0000:D530:97BF。如果使用双冒号表示法，那么该 IPv6 地址可以表示为________。

(3) IPv6 数据包由一个 IPv6 ________、多个________和上层数据单元组成。

(4) MLD 定义了一组路由器和结点之间交换的报文。这些报文包括________、________和________。

二、单项选择题

(1) 在 IPv6 中，以 FE80 开始的地址为(　　)。

a）链路本地地址　　　　　　　　　b）站点本地地址

c）多播地址　　　　　　　　　　　d）回送地址

（2）关于 IPv6 自动配置的描述中，正确的选项是（　　）。

a）无状态自动配置需要 DHCPv6 服务器，有状态自动配置不需要

b）有状态自动配置需要 DHCPv6 服务器，无状态自动配置不需要

c）有状态自动配置和无状态自动配置都需要 DHCPv6 服务器

d）有状态自动配置和无状态自动配置都不需要 DHCPv6 服务器

（3）IPv6 的基本头由（　　）字节组成。

a）32　　　　b）40　　　　c）48　　　　d）64

（4）在 IPv6 中，邻居发现功能是在（　　）中实现的。

a）ARPv6　　　　b）ICMPv6　　　　c）DHCPv6　　　　d）MLDv6

三、动手与思考题

（1）利用 netsh 命令，可以通过"show neighbors"和"show destinationcache"命令查看内存中的邻居缓存表和目的地缓存表。在主机中运行这两条命令，解释这两条命令的执行结果。

（2）IPv6 也可以通过 RIP 协议自动生成路由表。查找相关的资料，学习 Cisco 路由器 IPv6 的 RIP 配置命令。在 Packet Tracer 环境中将图 9-12 所示的静态路由改为 RIP 路由进行配置，并确认路由获取的正确性和网络的连通性。

（3）在 IPv4 环境中，可以将主机的一块网卡上绑定两个（或多个）IP 地址，进而在一个局域网中进行 IPv4 路由转发实验验证（参见第 8 章相关内容）。查找相关资料，仿照 IPv4 实验的做法，将绑定两个（或多个）IPv6 地址的主机作为路由器，在一个局域网环境下实现 IP 数据包的转发。

第 10 章 TCP 与 UDP

可靠是人们对计算机系统的基本要求。程序员在编写应用程序过程中，有时会向某个 I/O 设备发送数据(如打印机)，但并不需要验证数据是否正确到达设备。这是因为应用程序依赖于底层计算机系统确保数据的可靠传输，系统须保证数据传送到底层后不会丢失和重复。

与单机工作的程序员相同，网络用户希望互联网能够提供迅速、准确、可靠的通信功能，保证不发生丢失、重复、错序等可靠性问题。

传输层是 TCP/IP 网络体系结构中至关重要的一层，它的主要作用是保证端对端数据传输的可靠性。在 IP 互联网中，传输控制协议(Transmission Control Protocol，TCP)和用户数据报协议(User Datagram Protocol，UDP)是传输层最重要的两种协议，它们为上层用户提供不同级别的通信可靠性。

10.1 端对端通信

利用互联层，互联网提供了一个虚拟的通信平台。在这个平台中，数据包从一站转发到另一站，从一个结点又传送给另一个结点，其主要的传输控制是在相邻两个结点之间。

与互联层不同，传输层需要提供一个直接从一台计算机到另一远程计算机上的"端对端"通信控制，如图 10-1 所示。传输层利用互联层发送数据，每一传输层数据都需要封装在一个互联层的数据包中通过互联网。当数据包到达目的主机后，互联层再将数据提交给传输层。注意，尽管传输层使用互联层携带数据，但互联层并不阅读或干预这些数据。因而，传输层只把互联层看作一个包通信系统，这一通信系统负责连接两端的主机。

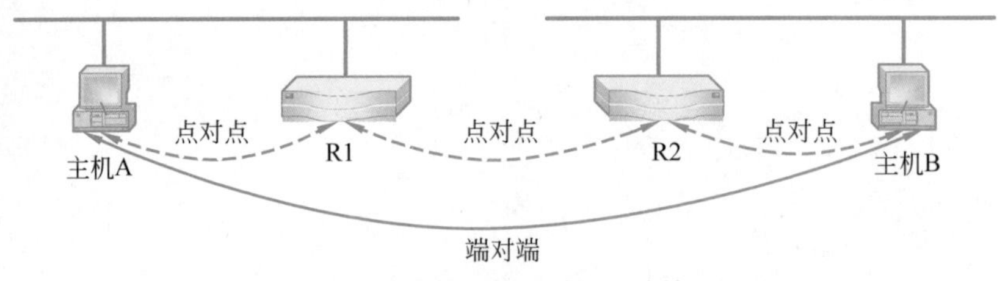

图 10-1 传输层的端对端通信控制

图 10-2 显示了一个具有两台主机和一台路由器的互联网的端对端通信与虚拟通信平台。由于主机需要进行端对端的通信控制，因此，主机 A 和主机 B 都需要安装传输层软件，但是，中间的路由器并不需要。从传输层的角度看，整个互联网是一个通信系统，这个系统能够接收和传递传输层的数据而不会改变和干预这些数据。

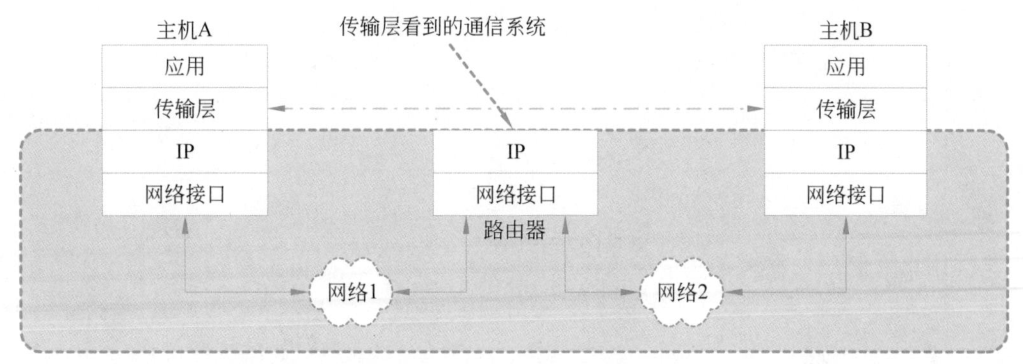

图 10-2 端对端通信与虚拟通信平台

10.2 传输控制协议

保证可靠性是传输层协议的主要责任，应用程序发送和接收数据时就要和传输协议打交道。传输控制协议（TCP）是传输层最优秀的协议之一，很多互联网应用程序都建立在它的基础之上。

10.2.1 TCP 提供的服务

从 TCP 的用户角度看，TCP 可以提供面向连接的、可靠的（没有数据重复或丢失）、全双工的数据流传输服务。它允许两个应用程序建立一个连接，然后发送数据并终止连接。每一TCP 连接可靠地建立，优雅地关闭，保证数据在连接关闭之前被可靠地投递到目的地。

具体地说，TCP 提供的服务有如下 5 个特征：

(1) 面向连接。TCP 提供的是面向连接的服务。在发送正式的数据之前，应用程序首先需要建立一个到目的主机的连接。这个连接有两个端点，分别位于源主机和目的主机之上。一旦连接建立完毕，应用程序就可以在该连接上发送和接收数据。

(2) 完全可靠性。TCP 确保通过一个连接发送的数据正确地到达目的地，不会发生数据的丢失或乱序。

(3) 全双工通信。一个 TCP 连接允许数据在任何一个方向上流动，并允许任何一方的应用程序在任意时刻发送数据。

(4) 流接口。TCP 提供了一个流接口，应用程序利用它可以发送连续的数据流。也就是说，TCP 连接提供了一个管道，只能保证数据从一端正确地流到另一端，但不提供结构化的数据表示法。例如，TCP 不区分传送的是整数、实数，还是记录或表格。

(5) 连接的可靠建立与优雅关闭。在建立连接过程中，TCP 保证新的连接不与其他连接或过时的连接混淆；在连接关闭时，TCP 确保关闭之前传递的所有数据都可靠地到达目的地。

10.2.2 TCP 报文段格式

TCP 传输的数据包单元称为报文段，其格式如图 10-3 所示。

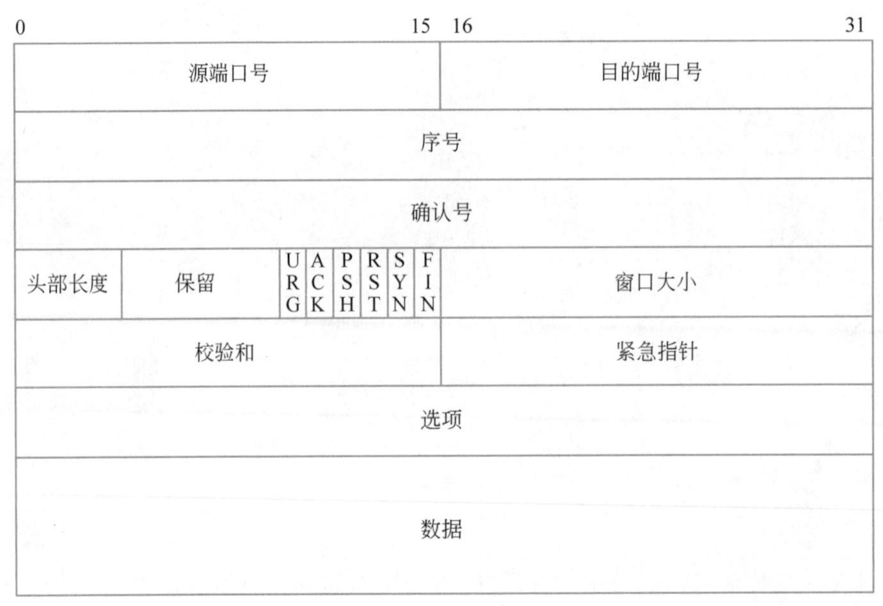

图 10-3　TCP 报文段格式

下面说明 TCP 报文各字段的意义。

(1) 端口号：TCP 报文的端口号包括源端口号与目的端口号两个字段。每个端口号字段的长度都为 16 位，它们分别表示发送该报文段应用进程的端口号与接收该报文段应用进程的端口号。

(2) 序号：该字段的长度为 32 位。由于 TCP 是面向数据流的，它传送的报文段可以视为连续的数据流，因此需要给发送的每一个 8 位组编上号。序号字段的"序号"是指本报文段数据的第 1 个 8 位组的顺序号。

(3) 确认号：该字段的长度为 32 位。确认号用于表示接收端希望接收到的下一个报文段的第一个 8 位组的序号。

(4) 头部长度：该字段的长度为 4 位。TCP 报头长度是以 4B 为一个单元计算的，实际报头长度的范围为 20～60B，因此这个字段值的范围为 5～15。

(5) 保留：该字段的长度为 6 位，留作以后扩展使用，目前使用时应全部置为 0。

(6) 控制字段：该字段定义了 6 种不同的控制标志，每个 1 位。控制字段用于 TCP 的流量控制、连接建立和终止、数据传送方式等方面。

(7) 窗口大小：该字段的长度为 16 位，表示接收方下一次能够接收的最大数据量。

(8) 校验和：该字段的长度为 16 位，是对报头和数据以 16 位字进行计算所得。校验和的计算范围还包括 96 位的伪首部。

(9) 紧急指针：该字段的长度为 16 位。只有当控制字段中的 URG＝1 时，紧急指针才有效，它表示该报文段中含有紧急数据的位置。

(10) 选项：TCP 报头可以有多达 40B 的选项。选项包括单字节选项和多字节选项两类。单字节选项包含选项结束和无操作两种。多字节选项包含最大报文段长度、窗口扩大因子和时间戳 3 种。

(11) 数据：数据区包括了高层(通常为应用层)需要传输的数据。

10.2.3 TCP的可靠性实现

由于TCP建立在IP提供的面向非连接、不可靠的数据包投递服务基础之上，因此，必须经过仔细的设计才能实现TCP的可靠数据传输。TCP的可靠性问题既包括数据丢失后的恢复问题，也包括连接的可靠建立问题。

1. 数据丢失与重发

TCP建立在一个不可靠的虚拟通信系统上，因此，数据的丢失可能经常发生。通常，发送方利用重发(retransmission)技术补偿数据包的丢失。当然，这种技术需要通信双方的共同参与。在使用重发机制的过程中，如果接收方的TCP正确地收到一个数据包，它要回发一个确认(acknowledgement)信息给发送方。而发送方在发送数据时，TCP需要启动一个定时器。在定时器到时之前，如果没有收到一个确认信息，则发送方重发该数据。图10-4显示了重发原理。

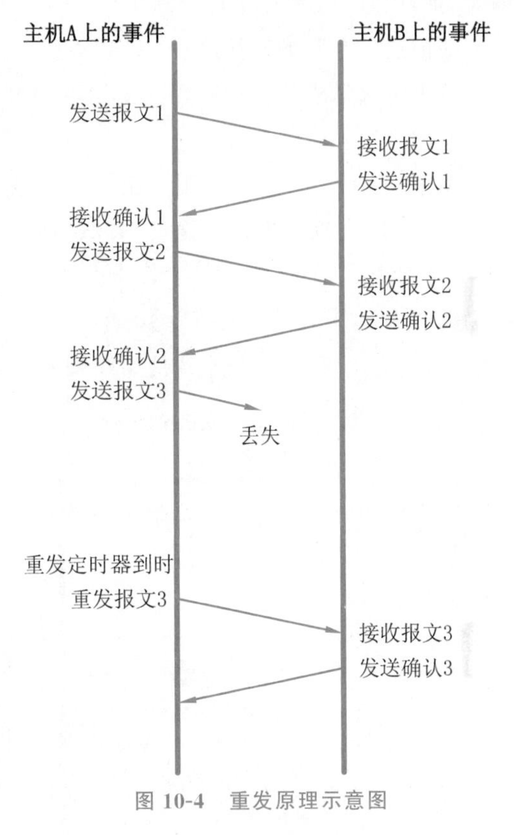

图10-4 重发原理示意图

尽管重发原理看起来简单，但它在实现中却有很大的问题。问题的关键是TCP很难确定重发之前应等待多长时间。

如果处于同一个局域网中的两台主机进行通信，确认信息在几毫秒之内就能到达。若为这种确认等待很久，则使网络处于空闲而无法使吞吐率达到最高。因此，在一个局域网中，TCP不应该在重发之前等待太久。然而，互联网可以由多个不同类型的网络相互连接而成，大规模的互联网可以包含成千上万个不同类型的网络(如Internet)。显然，几毫秒的重发等待时间在这样的互联网上是不够的。另外，互联网上的任意一台主机都有可能突然发送大量的数据包，数据包的突发性可能导致传输路径的拥挤程度发生很大的变化，以至于数据包的传输延迟也发生很大的变化。

那么，TCP在重发之前应该等待多长时间呢？显然，在一个互联网中，固定的重发时间不会工作得很好。因此，在选择重发时间过程中，TCP必须具有自适应性。它需要根据互联网当时的通信状况，给出合适的数据重发时间。

TCP的自适应性来自对每一连接当前延迟的监视。事实上，TCP没法知道一个互联网的所有部分在所有时刻的精确延迟，但TCP通过测量收到一个确认所需的时间为每一活动的连接计算一个往返时间(Round Trip Time，RTT)。当发送一个数据时，TCP记录下发送的时间，当确认到来时，TCP利用当前的时间减去记录的发送时间产生一个新的往返时间估计值。

在多次发送数据和接收确认后,TCP 就产生了一系列的往返时间估计值。利用一些统计学的原理和算法(如 Karn 算法等),就可以估计该连接的当前延迟,从而得到 TCP 重发之前需要等待的时间值。

经验告诉我们,TCP 的自适应重发机制可以很好地适应互联网环境。如果说 TCP 的重发方案是它获得成功的关键,那么自适应重发时间的确定则是重发方案的基石。

2. 连接的可靠建立与优雅关闭

为确保连接建立和终止的可靠性,TCP 使用了 3 次握手(3 way handshake)法。所谓 3 次握手法,就是在连接建立和终止过程中,通信的双方需要交换 3 个报文。可以证明,在数据包丢失、重复和延迟的情况下,3 次握手法是保证连接无二义性的充要条件。

在创建一个新的连接过程中,3 次握手法要求每一端都产生一个随机的 32 位初始序列号。由于每次请求新连接使用的初始序列号不同,因此,TCP 可以将过时的连接区分开,避免二义性的产生。

图 10-5 显示了 TCP 利用 3 次握手法建立连接的正常过程。在 3 次握手法的第一次握手中,主机 A 向主机 B 发出连接请求,其中包含主机 A 选择的初始序列号 x。第二次握手,主机 B 收到请求后,发回连接确认,其中包含 x+1 和主机 B 选择的初始序列号 y(x+1 表示主机 B 对主机 A 初始序列号 x 的确认)。第三次握手,主机 A 向主机 B 发送序列号为 x+1 的数据,其中包含 y+1,表示对主机 B 初始序列号 y 的确认。

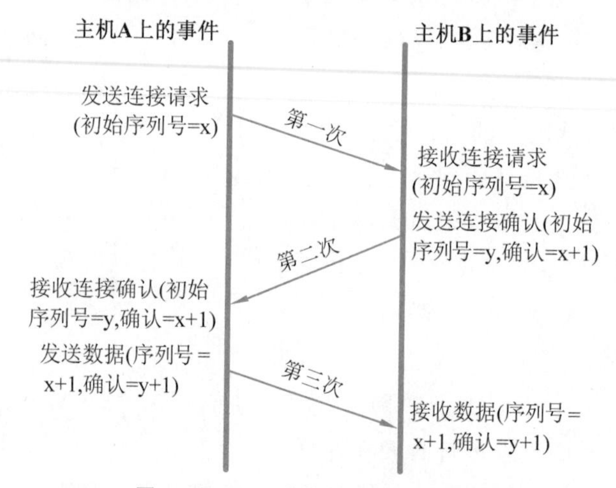

图 10-5　TCP 连接的正常建立过程

图 10-6 给出了一个利用 3 次握手法避免过时连接请求的例子。主机 A 首先向主机 B 发送了一个连接请求,其中主机 A 为该连接请求选择的初始序列号为 x。但是,由于种种原因(如重新启动计算机等),主机 A 在未收到主机 B 的确认前终止了该连接。之后,主机 A 又开始进行新一轮的连接请求,不过,主机 A 这次选择的初始序列号为 x′。由于主机 B 并不知道主机 A 停止了前一次的连接请求,于是对收到的初始序列号为 x 的连接请求按照正常的方法进行确认。当主机 A 收到该确认后,发现主机 B 确认的不是初始序列号为 x′的新连接请求,于是向主机 B 发送拒绝信息,通知主机 B 该连接请求已经过时。通过这个过程,TCP 可以避免连接请求的二义性,保证连接建立过程可靠、准确。

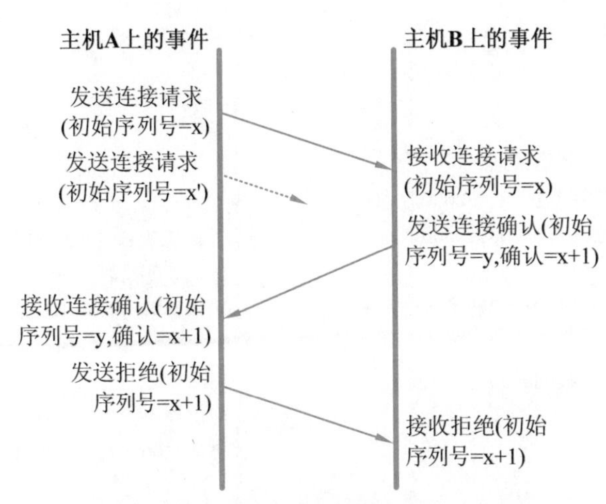

图 10-6 利用 3 次握手法避免过时的连接请求

在 TCP 中,连接的双方都可以发起关闭连接的操作。为了保证在关闭连接之前所有数据都可靠地到达了目的地,TCP 再次使用了与 3 次握手法类似的方法。一方发出关闭请求后并不立即关闭连接,而是要等待对方确认。只有收到对方的确认信息,才能关闭连接。

10.2.4 TCP 的缓冲、流控与窗口

TCP 使用窗口机制进行流量控制。当一个连接建立时,连接的每一端分配一块缓冲区存储接收到的数据,并将缓冲区的尺寸发送给另一端。当数据到达时,接收方发送确认,其中包含了自己剩余的缓冲区尺寸。剩余缓冲区空间的数量称为窗口(window),接收方在发送的每一个确认中都含有一个窗口通告。

如果接收方应用程序读取数据的速度与数据到达的速度一样,接收方将在每一个确认中发送一个非零的窗口通告。但是,如果发送方操作的速度快于接收方,接收到的数据最终将充满接收方的缓冲区,导致接收方通告一个零窗口。发送方收到一个零窗口通告时,必须停止发送,直到接收方重新通告一个非零窗口。

图 10-7 揭示了 TCP 利用窗口进行流量控制的过程。在图 10-7 中,假设发送方每次最多可以发送 1000B,并且接收方通告了一个 2500B 的初始窗口。由于 2500B 的窗口说明接收方具有 2500B 的空闲缓冲区,因此,发送方传输了 3 个数据段,其中两个数据段包含 1000B,一段包含 500B。在每个数据段到达时,接收方都产生一个确认,其中的窗口减去了到达的数据尺寸。

由于前 3 个数据段在接收方应用程序使用数据之前就充满了缓冲区,因此,通告的窗口达到零,发送方不能再传送数据。在接收方应用程序用掉 2000B 之后,接收方 TCP 发送一个额外的确认,其中的窗口通告为 2000B,用于通知发送方可以再传送 2000B。于是,发送方又发送两个数据段,致使接收方的窗口再次变为零。

窗口和窗口通告可以有效地控制 TCP 的数据传输流量,使发送方发送的数据永远不会溢出接收方的缓冲空间。

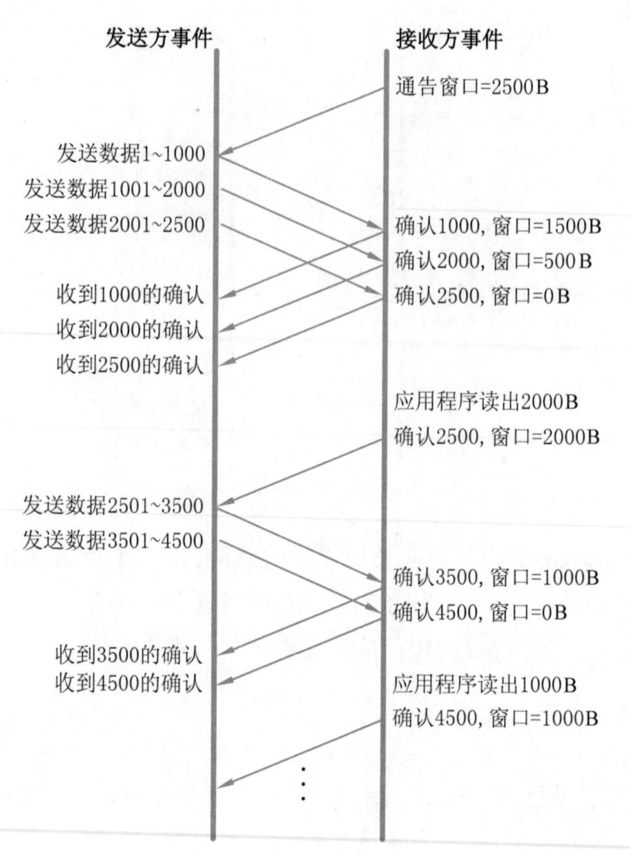

图 10-7　TCP 的流量控制过程

10.2.5　TCP 连接与端口

在应用程序利用 TCP 传输数据之前，首先需要建立一条到达目的主机的 TCP 连接。TCP 将一个 TCP 连接两端的端点称为端口，如图 10-8 所示。端口用一个 16 位的二进制数表示，例如，21 端口、8080 端口等。实际上，应用程序利用 TCP 进行数据传输的过程就是数据从一台主机的 TCP 端口流入，经 TCP 连接从另一主机的 TCP 端口流出的过程。

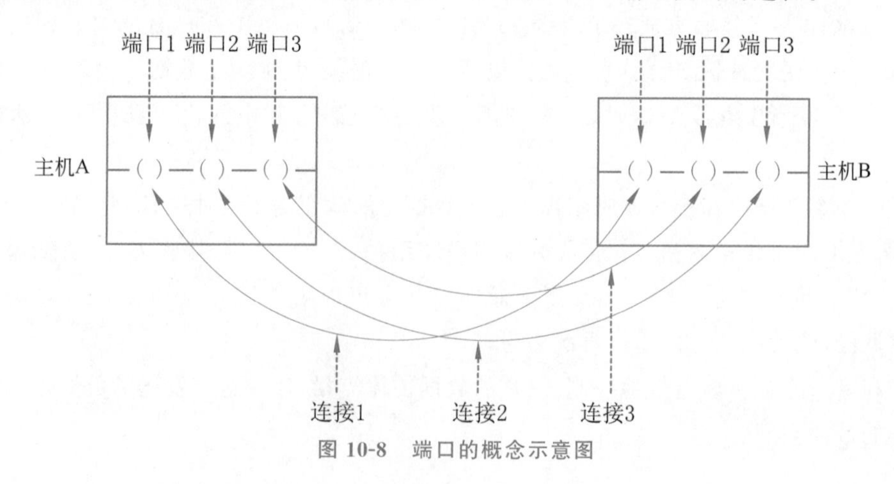

图 10-8　端口的概念示意图

TCP可以利用端口提供多路复用功能。一台主机可以通过不同的端口建立多个到其他主机的连接,应用程序可以同时使用一个或多个TCP连接发送或接收数据。

在TCP的所有端口中,有些端口被指派给一些著名的应用程序(如Web应用程序、FTP应用程序等),这些端口称为TCP著名端口。表10-1给出了一些著名的TCP端口号。由于这些TCP端口已被著名的应用程序占用,因此,在编写其他应用程序时应尽量避免使用。

表10-1　著名的TCP端口号

TCP端口号	关键字	描　述	TCP端口号	关键字	描　述
20	FTP-DATA	文件传输协议数据	53	DOMAIN	域名服务器
21	FTP	文件传输协议控制	80	HTTP	超文本传输协议
23	TELENET	远程登录协议	110	POP3	邮局协议
25	SMTP	简单邮件传输协议	119	NNTP	新闻传送协议

10.3　用户数据报协议

与TCP相同,用户数据报协议(UDP)也位于传输层。但是,它的可靠性远没有TCP高。

1. UDP提供的服务

从用户的角度看,UDP提供了面向非连接的、不可靠的传输服务。它使用IP数据包携带数据,但增加了对给定主机上多个目标进行区分的能力。

由于UDP是面向非连接的,因此它可以将数据直接封装在IP数据包中进行发送。这与TCP发送数据前需要建立连接有很大的区别。UDP既不使用确认信息对数据的到达进行确认,也不对收到的数据进行排序。因此,利用UDP传送的数据有可能出现丢失、重复或乱序现象,一个使用UDP的应用程序要承担可靠性方面的全部工作。

UDP的最大优点是运行的高效性和实现的简单性。尽管可靠性不如TCP,但很多著名的应用程序还是采用了UDP。

2. UDP用户数据报格式

使用UDP传送的数据包通常称为UDP用户数据报,其格式如图10-9所示。UDP用户数据报有固定8B的报头。报头中包括以下字段。

0　　　　15	16　　　　31
源端口号	目的端口号
长度	核验和
数据	

图10-9　UDP用户数据报格式

(1) 端口号:UDP数据报的端口号包括源端口号与目的端口号两个字段。每个端口号字段的长度都为16位,它们分别表示发送该报文应用进程的端口号与接收该报文应用进程的端口号。

(2) 长度：该字段为16位，定义了包括报头在内的用户数据报的总长度。因此，用户数据报的总长度最大为65535B，最小为8B。如果长度字段的值为8，就说明该用户数据报只有报头，没有数据。

(3) 校验和：与TCP的校验和相似，用户数据报的校验和字段长度为16位，是对报头和数据以16位字进行计算所得。该校验和的计算范围也包含96位的伪首部。

(4) 数据：数据区包括了高层(通常为应用层)需要传输的数据。

3. UDP的端口号

UDP使用端口对给定主机上的多个目标进行区分。与TCP相同，UDP的端口也使用16位二进制数表示。需要注意，TCP和UDP各自拥有自己的端口号，即使TCP和UDP的端口号相同，主机也不会混淆。

与TCP端口相同，UDP的有些端口也被指派给一些著名的应用程序(如SNMP应用程序)，我们把这些端口称为UDP著名端口。表10-2给出了一些著名的UDP端口号。由于这些UDP端口已被著名的应用程序占用，因此，在编写其他应用程序时也应尽量避免使用。

表10-2 著名的UDP端口号

UDP端口号	关键字	描述	UDP端口号	关键字	描述
53	DOMAIN	域名服务器	69	TFTP	简单文件传送
67	BOOTPS	引导协议服务器	161	SNMP	简单网络管理协议
68	BOOTPC	引导协议客户机	162	SNMP-TRAP	简单网络管理协议陷阱

10.4 实验：端口的应用——网络地址转换

网络地址转换(Network Address Translation，NAT)是TCP和UDP端口的典型应用之一。网络地址转换的主要目的是，利用较少和有限的IP地址资源，将私有的互联网接入公共互联网。由于网络地址转换技术的运用对用户是透明的，用户使用公共互联网上的服务(如DNS服务、Web服务、E-mail服务)不需要安装特殊的软件和进行特殊的设置，因此，网络地址转换技术的使用和部署相对比较简单。

目前，很多路由器、无线AP等硬件设备都支持NAT功能。本实验在仿真环境下实现网络地址转换，验证网络地址转换功能。

10.4.1 使用网络地址转换的动机

在TCP/IP互联网中，IP地址用来标识网络连接。如果一个网络设备与互联网有多个网络连接，那么它就应该具有多个IP地址。在目前使用的互联网中，由于IP地址使用32位的二进制数表示，因此，理论上它可以唯一地标识2^{32}个网络连接。实际上，由于需要为多播和测试等目的预留IP地址，因此，真正可以分配给用户的IP地址的数量要比2^{32}小一些。随着TCP/IP互联网应用的广泛和深入，越来越多的用户、家庭网络和企业网络要求连入互联网，这导致IP地址的分配逐渐出现短缺和不足。

解决IP地址短缺和不足问题的最直接和显而易见的方法是抛弃现有的IP地址方案，重新设计和启用新的IP地址方案。下一代互联网使用的IPv6就是通过将目前使用的32位IP地址扩展为128位(理论上,IP地址的数量由2^{32}个增加到2^{128}个)解决这个问题。但是,由于实施IPv6需要更换和升级整个互联网的网络设施(如路由器),因此,完成IPv6的部署需要很长的时间和大量的资金投入。

NAT就是为了在现阶段解决IP地址短缺和不足的问题而设计的。它允许用户使用单一的设备作为外部网(如Internet)和内部网(如家庭内部网或企业内部网)之间的代理,利用一个或很少的几个全局IP地址代表整个本地网上所有计算机的IP地址,达到本地网上的所有计算机通过这一个或很少的几个全局IP地址上网的目的。

10.4.2 NAT的主要技术类型

NAT的主要技术类型有3种:静态NAT(static NAT)、动态NAT(pooled NAT)和网络地址端口转换(NAPT)。

1. 静态NAT

静态NAT是最简单的一种NAT转换方式,如图10-10所示。在使用静态NAT之前,网络管理员需要在NAT设备中设置NAT地址映射表,该表确定了一个内部IP地址与一个全局IP地址的对应关系。NAT地址映射表中的内部地址与全局地址是一一对应的,只要网络管理员不重新设置,这种对应关系将一直保持。

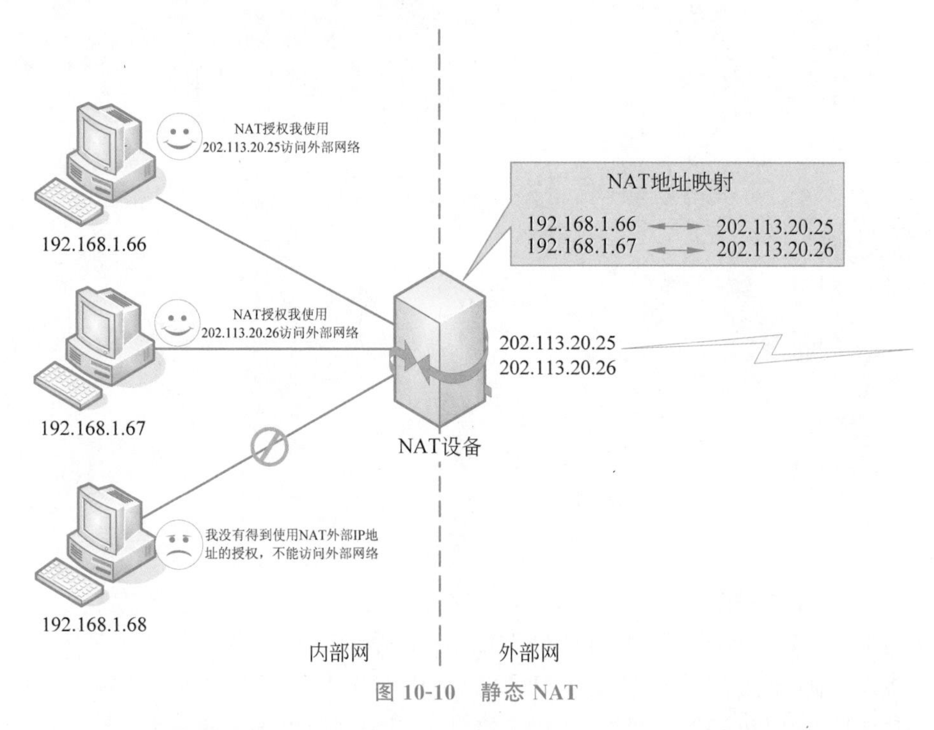

图10-10 静态NAT

每当内部结点与外界通信时,内部地址就会转换为对应的全局地址。在图10-10中,当NAT设备接收到主机192.168.1.66发来的数据包时,它按照NAT地址映射表将数据包中的源地址192.168.1.66转换为202.113.20.25,然后发送至外部网络;同样,当NAT设备从外网接收到目的地址为202.113.20.25的数据包时,它也将按照NAT地址映射表将其转换为192.168.1.66,之后发往内部网络。注意,由于NAT地址映射表中没有192.168.1.68的映射项，因此，使用 192.168.1.68 的主机不能利用静态 NAT 技术访问外部网络。

2. 动态 NAT

在动态 NAT 方式中，网络管理员首先需要为 NAT 设备分配一些全局 IP 地址，这些全局的 IP 地址构成 NAT 地址池。当内部主机需要访问外部网络时，NAT 设备就在 NAT 地址池中为该主机选择一个目前未被占用的 IP 地址，并建立内部 IP 地址与全局 IP 地址之间的映射；当该主机本次通信结束时，NAT 设备将回收该全局 IP 地址，并删除 NAT 地址映射表中对应的映射项，以便其他内部主机访问外部网络时使用，如图 10-11 所示。需要注意的是，当 NAT 池中的全局地址被全部占用后，NAT 设备将拒绝再来的地址转换申请。在图 10-11 中，NAT 地址池中有两个全局 IP 地址 202.113.20.25 和 202.113.20.26。当内部主机 192.168.1.66、192.168.1.67 和 192.168.1.68 需要访问外部网络时，NAT 设备就会按照内部主机的申请顺序为其中的两台主机（如 192.168.1.66 和 192.168.1.67）分配全局 IP 地址，并在 NAT 地址映射表建立映射。由于 NAT 地址池中只有 2 个全局 IP 地址，第 3 个申请的主机（如 192.168.1.68）此时将会被拒绝。因此，如果主机 192.168.1.68 想与外部网络进行通信，那么它必须等到 192.168.1.66或 192.168.1.67 通信结束并释放全局 IP 地址。

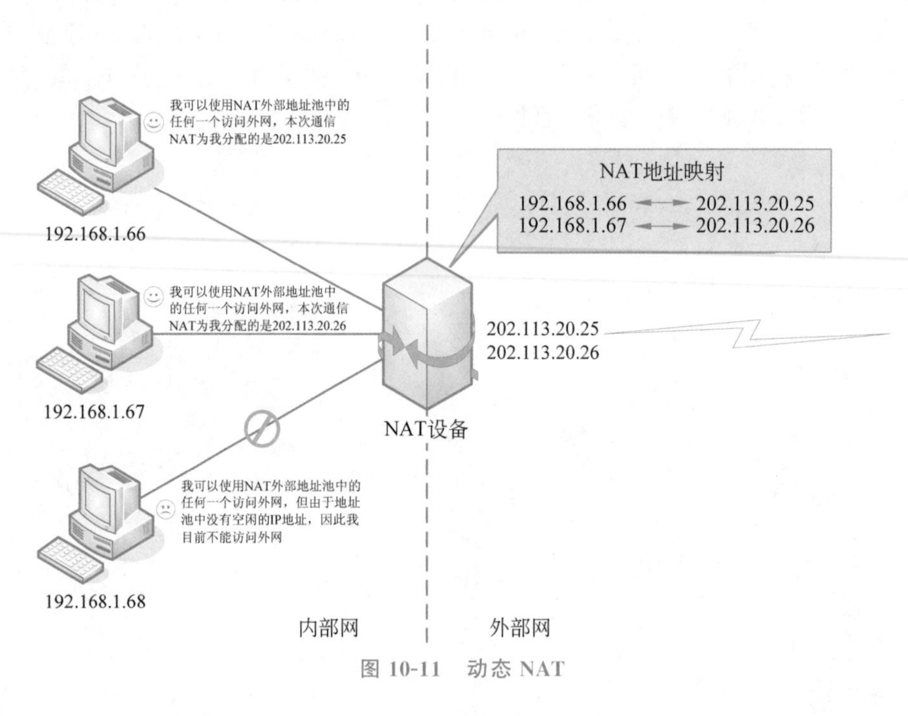

图 10-11　动态 NAT

3. 网络地址端口转换

网络地址端口转换（NAPT）是目前最常使用的一种 NAT 类型，它利用 TCP/UDP 的端口号区分 NAT 地址映射表中的转换条目，可以使内部网中的多个主机共享一个（或少数几个）全局 IP 地址，同时访问外部网络。图 10-12 为一个内部网内多个用户共享两个全局 IP 地址的示意图，图中网络管理员将 NAT 设备的工作方式设置为 NAPT，同时为 NAT 设备配置了两个全局 IP 地址，一个为 202.113.20.25，另一个为 202.113.20.26。当内部网络中的一台主机（如 192.168.1.66）利用一个 TCP 或 UDP 端口（如 TCP 的 6837 端口）开始访问外部网络中的主机时，NAPT 设备在自己拥有的全局 IP 地址中随机选择一个（如 202.113.20.25）作为其外部网络中使用的 IP 地址，同时为其指定外部网络中使用的 TCP 端口号（如 3200）。NAPT

在自己的地址转换表中添加该地址转换信息(如 192.168.1.66:6837-202.113.20.25:3200),并在之后的数据包转发中通过变换发送数据包的源地址和接收数据包的目的地址维持内部主机和互联网中外部主机的通信。

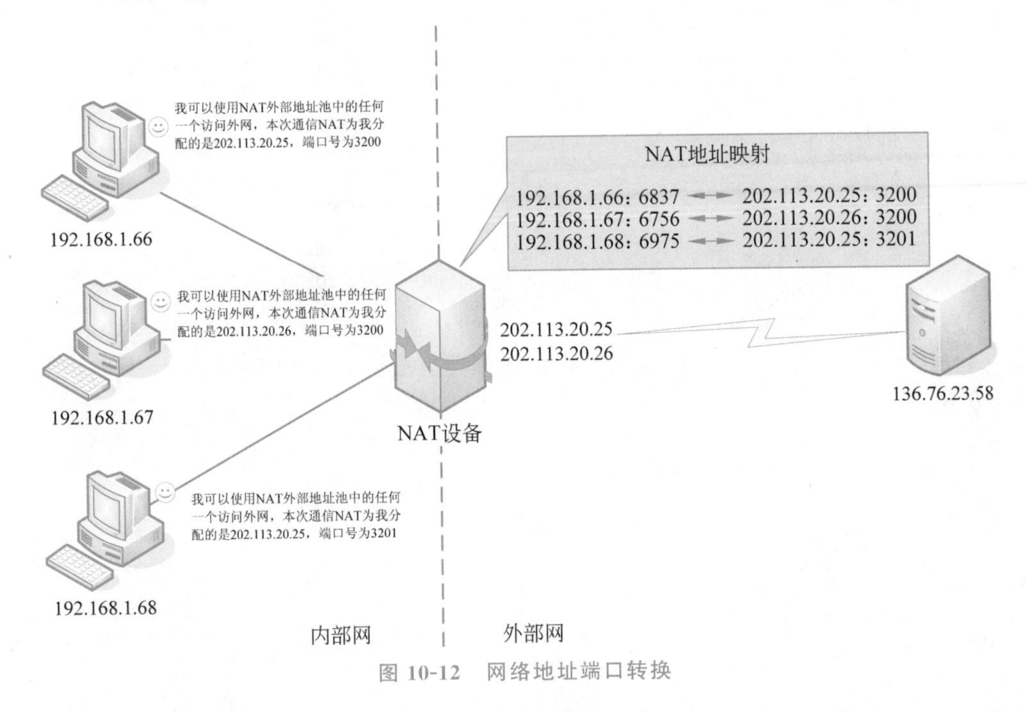

图 10-12　网络地址端口转换

当内部网中的其他主机(如 192.168.1.68)需要与外部网中的主机通信时,NAPT 设备可以将其 IP 地址映射为 NAPT 地址映射表中正在使用的全局 IP 地址(如 202.113.20.25),但需要为其指定不同的 TCP 或 UDP 端口号(如可以将 TCP 端口号指定为 3201,但不能为 3200)。由于映射的 TCP 或 UDP 的端口号不同,NAPT 接收到来自外部网络的数据包时,就可以根据端口号转发到不同的主机和应用程序。例如,在图 10-12 的地址映射表中有两个表项用到外部全局地址 202.113.20.25,它们是 192.168.1.66:6837-202.113.20.25:3200 和 192.168.1.68:6975-202.113.20.25:3201。NAPT 将 192.168.1.66:6837 发送的数据包的源地址转换为 202.113.20.25:3200,而将 192.168.1.68:6975 发送的数据包的源地址转换为 202.113.20.25:3201。由于 192.168.1.66 和 192.168.1.68 主机上的应用对外都使用了 202.113.20.25,因此,这两个应用对应的目的主机回送的数据包都利用 202.113.20.25 作为其目的地址。当接收到这些外部网络发送来的数据包时,NAPT 设备根据不同的 TCP 或 UDP 端口号将其映射到不同的内部主机或应用。按照图 10-12 所示的地址映射表,当 NAPT 接收到 IP 地址为 202.113.20.25、端口号为 3200 的数据包,它将其 IP 地址转换为 192.168.1.66、端口号转换为 6837 进行转发;当 NAPT 接收到 IP 地址为 202.113.20.25、端口号为 3201 的数据包,它将其 IP 地址转换为 192.168.1.68、端口号转换为 6975 进行转发。

NAT 技术(特别是 NAPT 技术)较为成功地解决了目前 IP 地址的短缺问题,可以使内部网络的多个主机和用户共享少数几个全局 IP 地址。同时,NAT 还可以一定程度上提高内部网络的安全性。在图 10-13 所示的示意图中,外部网络的主机不能主动访问内部网络中的主机,即使内部网络中的主机 192.168.1.67 为 Web 服务器。这是因为这个内部网络对外只有 202.113.20.25 和 202.113.20.26 两个 IP 地址。由于 NAT 地址映射表中不存在到达内部 Web

服务器的映射,因此,外部主机发起的访问内部 Web 服务器的数据包在到达 NAT 设备时将被抛弃。但是,NAT 这种隐藏内部主机使外部主机不可访问内部主机的方式也会给一些网络应用(如 P2P 应用)带来问题,这些应用常常希望内部网主机和外部网主机之间能够自由地进行通信。

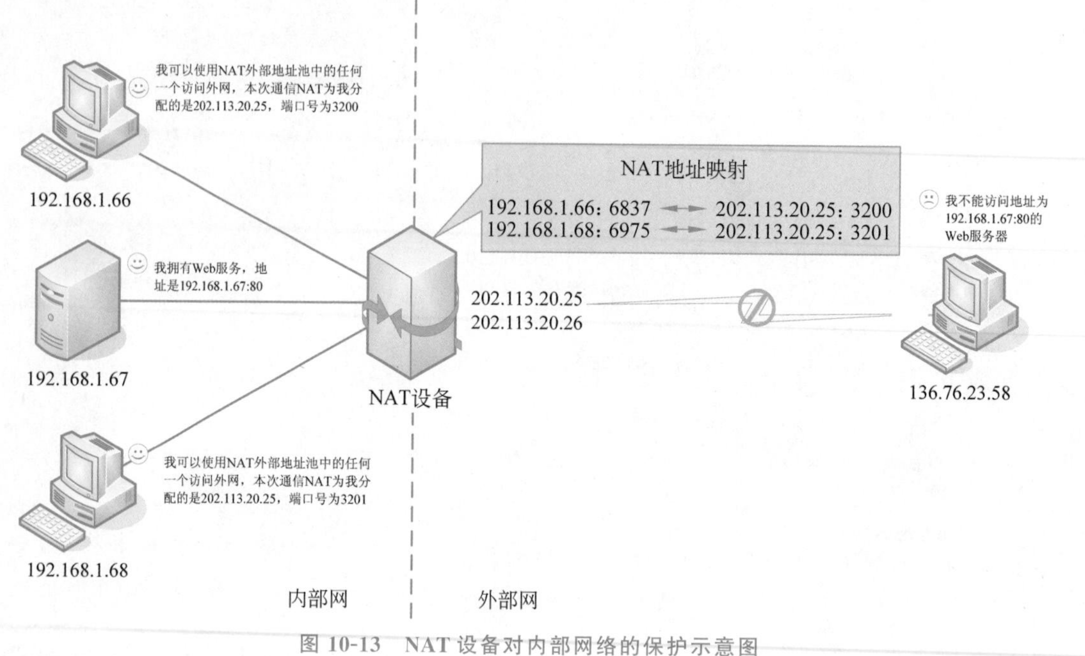

图 10-13　NAT 设备对内部网络的保护示意图

10.4.3　实现网络地址转换

目前,市场上流行的路由器、防火墙等网络设备大部分都集成了 NAT 功能。本实验在仿真环境下,通过合理地配置路由器,使其完成网络地址转换。

在 Packet Tracer 中形成一个如图 10-14 所示的网络拓扑图,图中 Router0 完成 NAT 转换功能,服务器 Server-PT 用于提供 Web 服务。

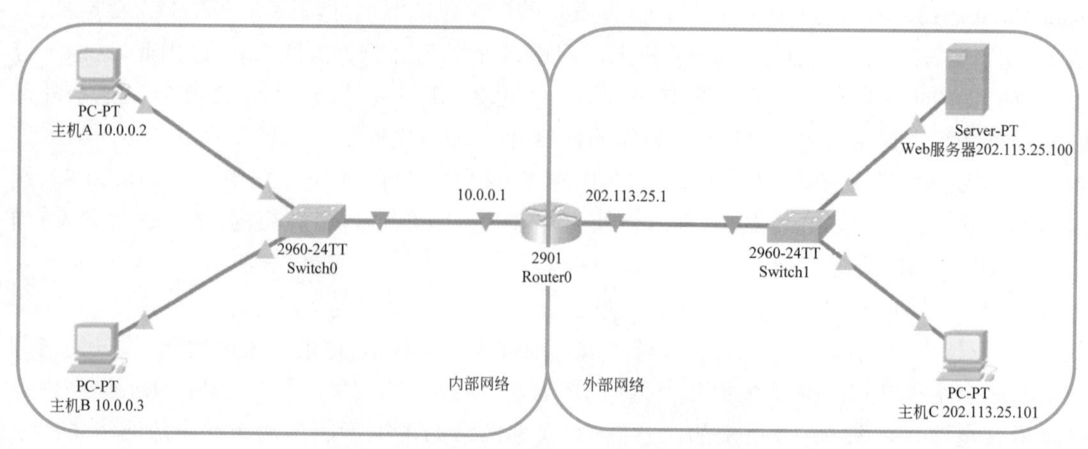

图 10-14　仿真环境中使用的网络拓扑图

1. NAT服务的配置

在Cisco路由器上配置NAT服务的方法如下：

(1) 配置路由器的IP地址。按照前面学习的方法配置路由器Router0的IP地址，并保证接口处于激活状态。

(2) 指定NAT使用的全局IP地址范围。在全局配置模式下，使用命令"ip nat pool PoolName StartIP EndIP netmask Mask"定义一个IP地址池。其中，PoolName是一个用户选择的字符串，用于标识该IP地址池；StartIP、EndIP和Mask分别表示该地址池的起始IP地址、终止IP地址和掩码。在NAT配置中，IP地址池定义了内网访问外网时可以使用的全局IP地址。例如，"ip nat pool MyNATPool 202.113.25.1 202.113.25.10 netmask 255.255.255.0"命令定义了一个名字为MyNATPool的IP地址池。该MyNATPool地址池中的IP地址从202.113.25.1开始，至202.113.25.10结束，共10个IP地址。

(3) 设置内部网络使用的IP地址范围。在全局配置模式下，使用命令"access-list LabelID permit IPAddr WildMask"定义一个允许通过的标准访问列表。其中，LabelID是一个用户选择的数字编号，标号的范围为1～99，标识该访问列表；IPAddr和WildMask分别表示起始IP地址和通配符，用于定义IP地址的范围。在NAT配置中，访问列表用于指定内部网络使用的IP地址范围。例如，命令"access-list 6 permit 10.0.0.0 0.255.255.255"定义了一个标号为6的访问列表，该访问列表允许10.0.0.0～10.255.255.25的IP地址通过。

(4) 建立全局IP地址与内部私有IP地址之间的关联。在全局模式下，利用命令"ip nat inside source list LabelID pool PoolName overload"建立全局IP地址与内部私有IP地址之间的关联。其意义为访问列表LabelID中指定的IP地址可以转换成地址池PoolName中的IP地址访问外部网络。overload关键词表示NAT转换中采用NAPT方式，PoolName中的IP地址可以重用。如果不加overload关键词，则说明NAT转换中采用动态NAT方式。例如，命令"ip nat inside source list 6 pool MyNATPool overload"通知系统该NAT转换采用NAPT方式，将访问列表6中指定的IP地址(10.0.0.0～10.255.255.255)转换成地址池MyNATPool中的IP地址(202.113.25.1～202.113.25.10)访问外部互联网。

(5) 指定连接内部网络和外部网络的接口。指定哪个接口连接内部网络，哪个接口连接外部网络需要在具体的接口配置模式下设定。使用命令"ip nat inside"指定该接口连接内部网络，使用命令"ip nat outside"指定该接口连接外部网络。例如，图10-15给出的例子中，我们将Gig0/0接口配置为连接内部网络，Gig0/1接口配置为连接外部网络。

```
Router(config)#interface Gig0/0
Router(config-if)#ip nat inside
Router(config-if)#exit
Router(config)#interface Gig0/1
Router(config-if)#ip nat outside
Router(config-if)#exit
```

图10-15 内部网络和外部网络接口配置示例

2. 配置主机的IP地址

主机的IP地址可以按照前面学习的方法进行配置。需要注意的是，由于内部主机在进行路由选择时，遇到访问外网的IP数据包都需要投递到NAT服务器，因此，需要将内部主机的默认网关指向 NAT 服务器(即图 10-14 中用作 NAT 服务器的 Router0)。

对于外网主机的 IP 地址，由于图 10-14 中 Router0 连接外网的接口与外网中的主机(Web 服务器和主机 C)处于一个网络中，IP 地址使用相同的网络前缀，因此，本实验中外网主机不需要配置默认路由。

3. 查看 NAT 的工作状况

为了测试网络的连通性，既可以在内部主机中使用 ping 命令去 ping 外部主机，也可以使用 tracert 命令跟踪 IP 数据包的传输路径。但是，为了更清晰地查看 NAT 的工作情况，学习 NAT 的工作原理，需要在外网中启动和配置 Web 服务，而后使用内网中的主机访问该 Web 服务。

(1) 启动和配置 Web 服务：单击 Packet Tracer 工作区的 Web 服务器图标，选中 Services 页面。在 Services 页面中的服务列表中选中 HTTP，保证 HTTP 服务处于开启状态，如图 10-16 所示。

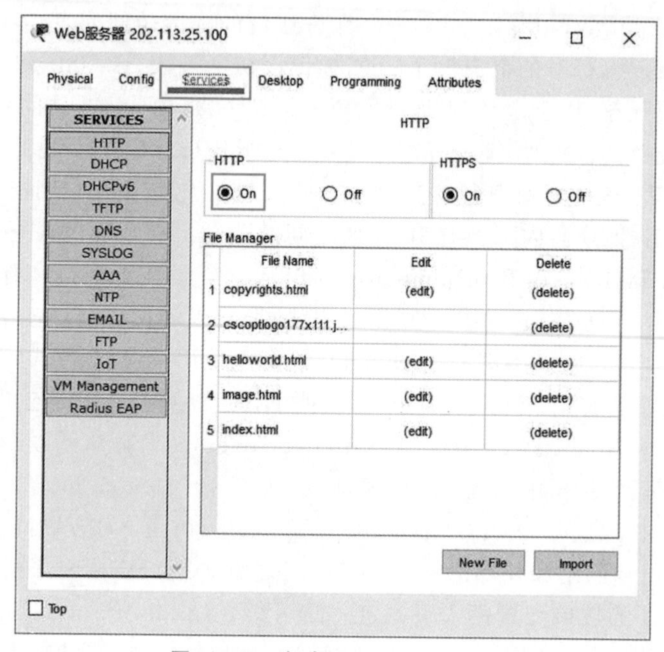

图 10-16　启动和配置 Web 服务

(2) 利用内网主机浏览外网的 Web 服务器：单击 Packet Tracer 工作区中的内网主机(如主机 A)。在弹出的界面中选中 Desktop 页面，运行其中的 Web Browser。在 Web Browser 中输入 Web 服务器的地址 http://202.113.25.100，确保能够看到 Web 服务器中存储的界面，如图 10-17 所示。

(3) 查看 NAT 服务器的工作情况：完成以上工作之后，可以使用 Cisco 路由器提供的“show ip nat statistics”命令显示 NAT 转换的统计信息，使用“show ip nat translations”命令显示 NAT 地址转换表。在 Packet Tracer 中单击 Router0，在弹出的界面中选中 CLI。在使用“enable”命令进入特权模式后，可以使用“show ip nat statistics”命令和“show ip nat translations”命令显示 NAT 转换统计信息和 NAT 地址转换表，如图 10-18 所示。仔细阅读“show ip nat statistics”和“show ip nat translations”命令的返回信息，看看能否理解其中的内容。

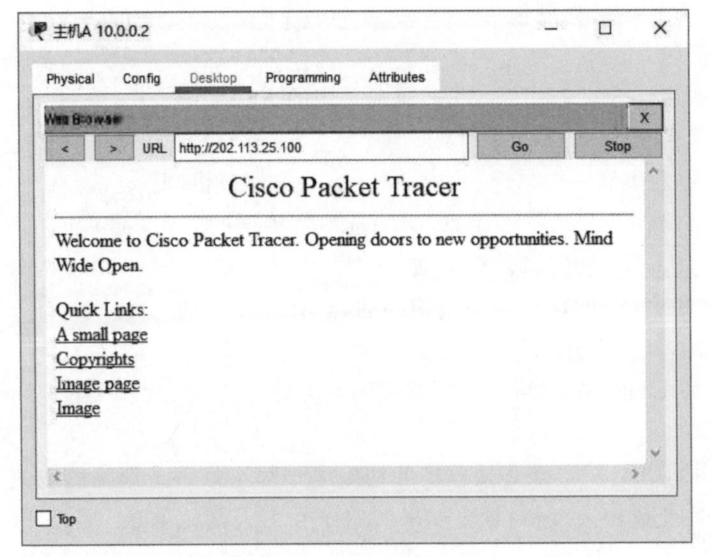

图 10-17 利用内网主机浏览外网的 Web 服务器

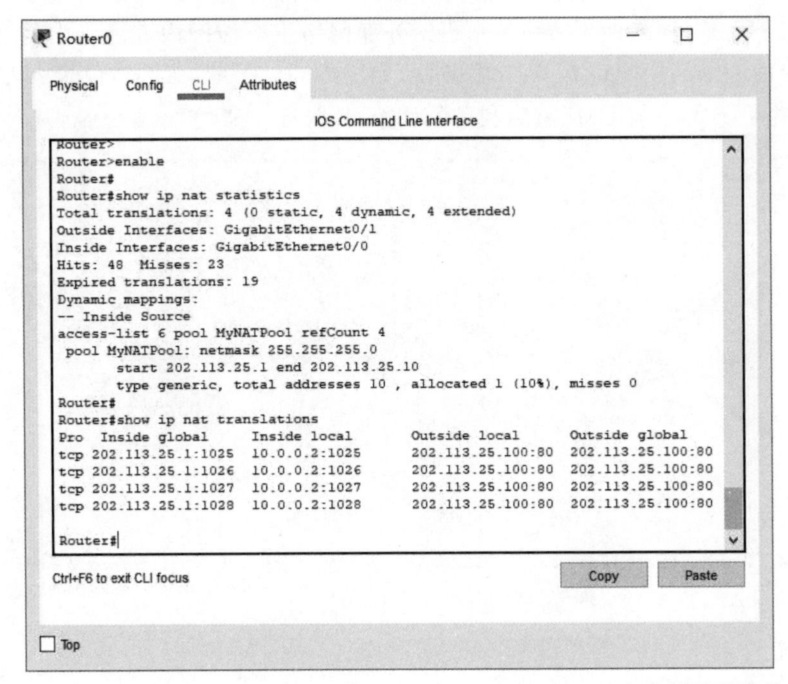

图 10-18 “show ip nat statistics”和“show ip nat translations”命令的返回信息

练习与思考

一、填空题

(1) TCP 可以提供________服务。

(2) UDP 可以提供________服务。

(3) 为了估算重发前需要等待的时间,TCP 需要测量多个________。

（4）NAT 的主要技术类型包括________、________、________。

二、单项选择题

（1）为了保证连接的可靠建立，TCP 通常采用的方法为（　　）。

a）3 次握手法　　　　b）窗口控制机制

b）自动重发机制　　　　c）端口机制

（2）关于 TCP 和 UDP 的描述中，（　　）选项是错误的。

a）TCP 和 UDP 的端口是相互独立的

b）TCP 和 UDP 的端口是完全相同的，没有本质区别

c）在利用 TCP 发送数据前，需要与对方建立一条 TCP 连接。

d）在利用 UDP 发送数据时，不需要与对方建立连接。

三、动手与思考题

（1）在 TCP 协议中，发送端和接收端的初始序号都不是一个固定的数值（如 1），而是采用了随机选择方式。查找相关资料，分析如果初始序号为一固定数值，那么 TCP 协议会产生什么问题。

（2）利用网络地址转换，内部网络的多个主机可以利用一个或少数几个全局 IP 地址访问外部网络服务。但是，网络地址转换技术也给外部网络主机访问内部网络中的服务带来一定的问题。如果内部网络中配备有 Web 服务器，如图 10-19 所示，那么请设置 NAT 服务器，使外部主机（如主机 B 和主机 C）能够顺利访问该 Web 服务。

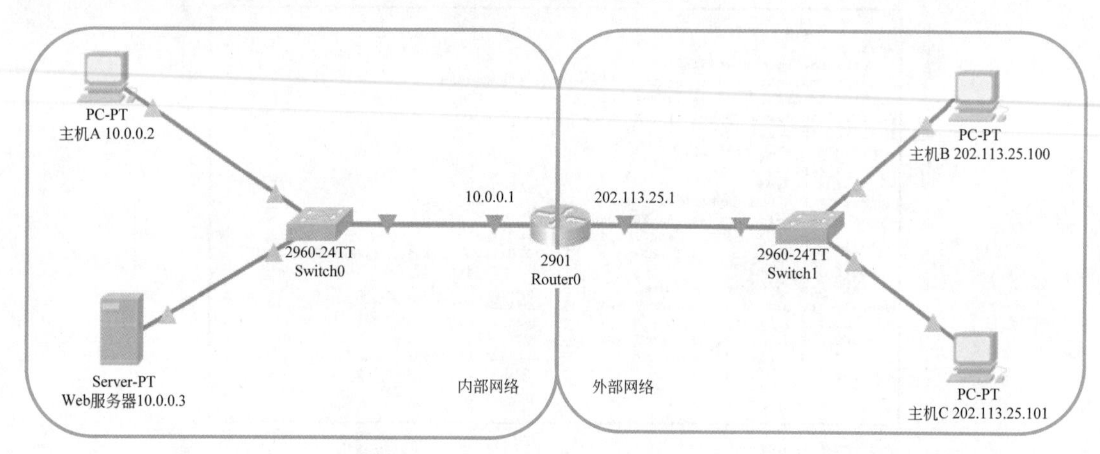

图 10-19　内部网络中包含 Web 服务器

第 11 章 应用进程交互模型

从网络的系统结构看，传输层、互联层和主机-网络层提供了一个通用的通信架构，负责将数据准确、可靠地从一端传输到另一端。然而，用户最感兴趣的服务功能却是由应用软件提供的，尽管这些应用软件必须使用下层的通信架构进行沟通。应用软件使电子邮件收发、信息浏览、文件共享等成为可能。

应用进程之间最常用、最重要的交互模型有两种：一种是客户/服务器（Client/Server，C/S）模型；另一种是对等计算模型。互联网提供的 Web 服务、E-mail 服务、文件传输与共享服务、即时通信服务等都是以这两种模型为基础的。

11.1 客户/服务器模型

客户/服务器（C/S）模型是一种重要的应用进程交互模型。它能很好地适应客户端和服务器端资源分配不均等状况，使客户计算机在很少的资源支持下流畅地使用网络服务。目前，Web、E-mail 等重要应用都采用了客户/服务器模型。

11.1.1 客户/服务器的概念

应用程序之间为了能顺利地进行通信，一方通常需要处于守候状态，等待另一方请求的到来。在分布式计算中，这种一个应用程序被动地等待，另一个应用程序通过请求启动通信的模式就是客户/服务器交互模式。

实际上，客户和服务器分别指两个应用程序进程。客户向服务器发出服务请求，服务器做出响应。图 11-1 显示了一个通过互联网进行交互的客户/服务器模型。图中服务器处于守候状态并监视客户端的请求，客户端发出请求，该请求经互联网传送给服务器。一旦服务器接收到这个请求，就可以执行请求指定的任务，并将执行的结果经互联网回送给客户。

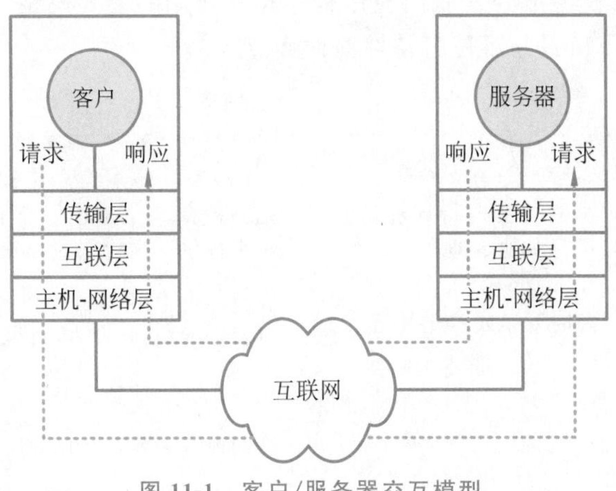

图 11-1 客户/服务器交互模型

11.1.2 客户与服务器的特性

一台主机上通常可以运行多个服务器程序,每个服务器程序需要并发地处理多个客户的请求,并将处理的结果返回给客户。因此,服务器程序通常比较复杂,对主机的硬件资源(如CPU的处理速度、内存的大小等)及软件资源(如分时、多线程网络操作系统等)都有一定的要求。而客户程序由于功能相对简单,通常不需要特殊的硬件和高级的网络操作系统。在图11-2中,运行服务器程序的主机同时提供Web服务、FTP服务和文件服务。由于客户1、客户2和客户3分别运行访问文件服务和Web服务的客户端程序,因此,通过互联网,客户1可以访问运行文件服务主机上的文件系统,而Web服务器程序则需要根据客户2和客户3的请求,同时为它们提供服务。

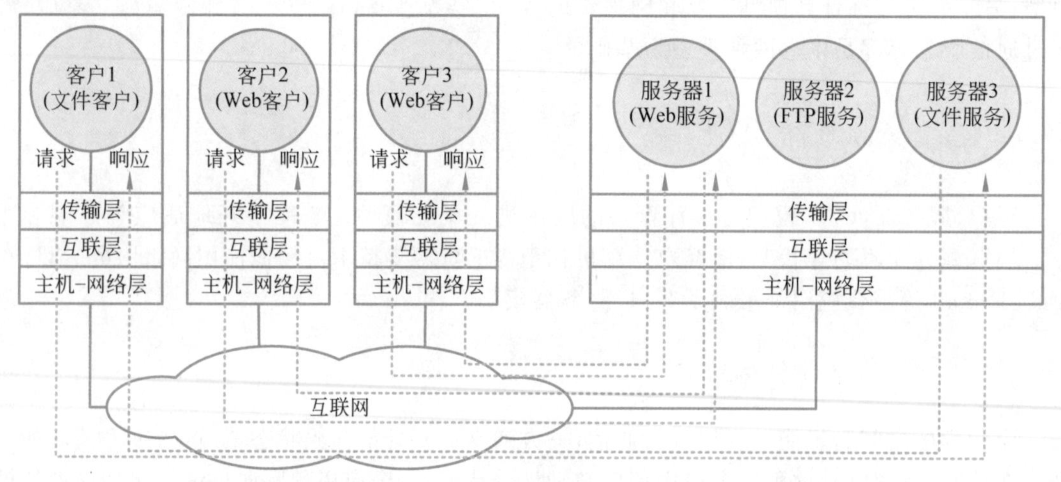

图11-2 一台主机可同时运行多个服务器程序,服务器程序需要并发地处理多个客户的请求

客户/服务器模型不但很好地解决了互联网应用程序之间的同步问题(何时开始通信、何时发送信息、何时接收信息等),而且客户/服务器非对等相互作用的特点(客户与服务器处于不平等的地位,服务器提供服务,客户请求服务)很好地适应了互联网资源分配不均的客观事实(有些主机是具有高速CPU、大容量内存和外存的巨型机,有些主机则仅是简单的个人计算机),因此,客户/服务器模型成为互联网应用程序相互作用的主要模型。

表11-1为客户程序和服务器程序特性对照表。

表11-1 客户程序和服务器程序特性对照表

客户程序	服务器程序
是一个非常普通的应用程序,在需要进行远程访问时临时成为客户,同时也可以进行其他本地计算	是一种有专门用途的、享有特权的应用程序,专门用来提供一种特殊的服务
为一个用户服务,用户可以随时开始或停止其运行	同时处理多个远程客户的请求,通常在系统启动时自动调用,并一直保持运行状态
在用户的计算机上本地运行	在一台共享计算机上运行
主动地与服务器程序进行联系	被动地等待各个客户的通信请求
不需要特殊硬件和高级操作系统	需要强大的硬件和高级操作系统支持

11.1.3 标识一个特定的服务

由于一个主机可以运行多个服务器程序，因此，必须提供一套机制让客户程序无二义性地指明所希望的服务。这种机制要求赋予每个服务一个唯一的标识，同时要求服务器程序和客户程序都使用这个标识。当服务器程序开始执行时，首先在本地主机上注册自己提供服务使用的标识。在客户需要使用服务器提供的服务时，则利用服务器使用的标识指定所希望的服务。一旦运行服务器程序的主机接收到一个具有特定标识的服务请求，它就将该请求转交给注册该特定标识的服务器程序处理。

在 TCP/IP 互联网中，服务器程序通常使用 TCP 或 UDP 的端口号作为自己的特定标识。在服务器程序启动时，它首先在本地主机注册自己使用的 TCP 或 UDP 端口号。这样，服务程序在声明该端口号已被占用的同时，也通知本地主机如果在该端口上收到信息，则需要将这些信息转交给注册该端口的服务器程序处理。在客户程序需要访问某个服务时，可以通过与服务器程序使用的 TCP 端口建立连接（或直接向服务器程序使用的 UDP 端口发送信息），实现与服务器程序的交互。

11.1.4 服务器对并发请求的响应

在互联网中，客户发起请求完全是随机的，很有可能出现多个请求同时到达服务器的情况。因此，服务器必须具备处理多个并发请求的能力。服务器处理并发请求可以采用重复服务器或并发服务器解决方案。

(1) 重复服务器(iterative server)解决方案：该方案实现的服务器程序中包含一个请求队列，客户请求到达后，首先进入队列中等待，服务器按照先进先出(First In First Out，FIFO)的原则顺序做出响应，如图 11-3 所示。

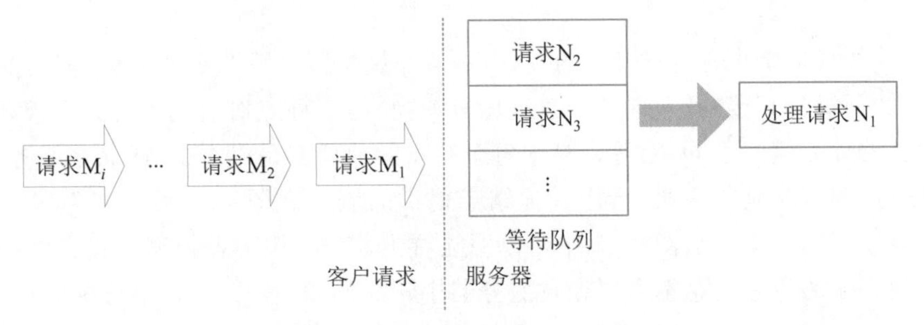

图 11-3 重复服务器解决方案

(2) 并发服务器(concurrent server)解决方案：并发服务器是一个守护进程，在没有请求到达时，它处于等待状态。一旦客户请求到达，服务器立即再为之创建一个子进程，然后回到等待状态，由子进程响应请求。当下一个请求到达时，服务器再为之创建一个新的子进程。其中，并发服务器称为主服务器(master)，子进程称为从服务器(slave)，如图 11-4 所示。

重复服务器解决方案和并发服务器解决方案各有各的特点，应按照特定服务器程序的功能需求选择。重复服务器对系统资源要求不高，但是，如果服务器需要在较长时间内才能完成一个请求任务，那么其他请求必须等待很长时间才能得到响应。例如，一个文件传输服务允许客户将服务器端的文件复制至客户端，客户在请求中包含文件名，服务器在收到该请求后返回这个文件副本。当然，如果客户请求的文件很小，那么服务器能在很短的时间内送出整个文

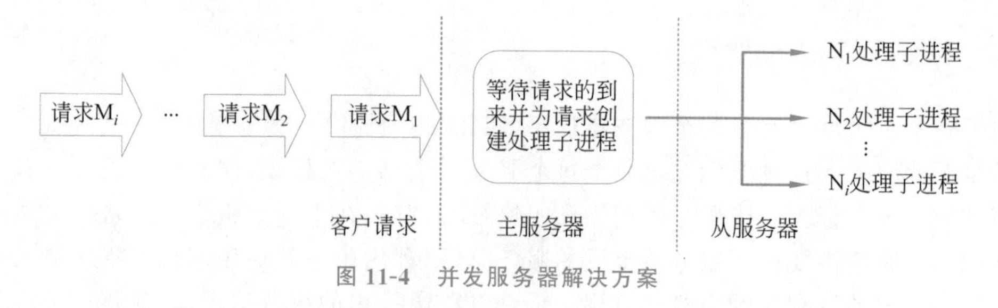

图 11-4 并发服务器解决方案

件，等待队列中的其他请求就可以迅速得到响应。但是，如果客户请求的文件很大，那么服务器送出该文件的时间自然会很长，等待队列中的其他请求就不可能立即得到响应。因此，重复服务器解决方案一般用于处理可在预期时间内处理完的请求，针对面向无连接的客户/服务器模型。

与重复服务器解决方案不同，并发服务器解决方案具有实时性和灵活性的特点。由于主服务器经常处于守护状态，多个客户同时请求的任务分别由不同的从服务器并发执行，因此，请求不会长时间得不到响应。但是，由于创建从服务器会增加系统开销，因此，并发服务器解决方案通常对主机的软硬件资源要求较高。实践中，并发服务器解决方案一般用于处理不可在预期时间内处理完的请求，针对面向连接的客户/服务器模型。

11.2 对等计算模型

随着计算机技术的发展，用户计算机的硬件资源越来越强大。这些计算机的 CPU、内存、硬盘等资源常常处于闲置状态。为了充分利用这些闲置的资源，对等计算模式诞生了。

11.2.1 对等计算的概念

对等计算模式通常也称为 P2P(Peer-to-Peer)计算模型。所谓对等计算，就是交互双方为达到一定目的而进行直接的、双向的信息或服务交换，是一种点对点的对等计算模式。与传统的客户/服务器计算模式不同，对等计算中每个结点的地位都是平等的，既充当服务器，为其他结点提供服务；同时又是客户机，享用其他结点提供的服务。图 11-5 显示了对等计算模型与客户/服务器模型的对比。从图 11-5 中可以明显看到，客户/服务器模型中存在中心服务器结点，客户之间交换的所有信息都需要通过服务器中转。例如，客户 A 希望与客户 C 交换信息，那么客户 A 首先需要将信息上传给服务器，而后客户 C 再从服务器下载这些信息。在对等计算模型中，结点之间交换信息可以直接进行。例如，结点 A 希望与结点 C 交换信息，那么结点 A 可以将信息直接传送给结点 C，不需要中间结点的中转。

过去，客户/服务器计算模型一直是最主要的计算模型。这是由 3 方面原因造成的：①从硬件原因看，当时个人计算机的存储和计算能力很弱，而且网络带宽是“非对称的”，因此，个人计算机之间相互提供并共享服务是不可能的；②从软件原因看，随着客户/服务器计算模型的出现，诞生了一些非常有效的软件开发方法和协议，这些方法和协议大大提高了软件开发的效率，降低了软件开发的成本；③从人为因素看，病毒、垃圾邮件、网络攻击的泛滥以及一些网络协议的滥用，导致网络管理的加强，特别是防火墙的广泛设立和拥塞控制的加强，这些措施虽然保障了网络的正常运作，却削弱了结点间的协作能力，抑制了对等计算发展的可能。客户/

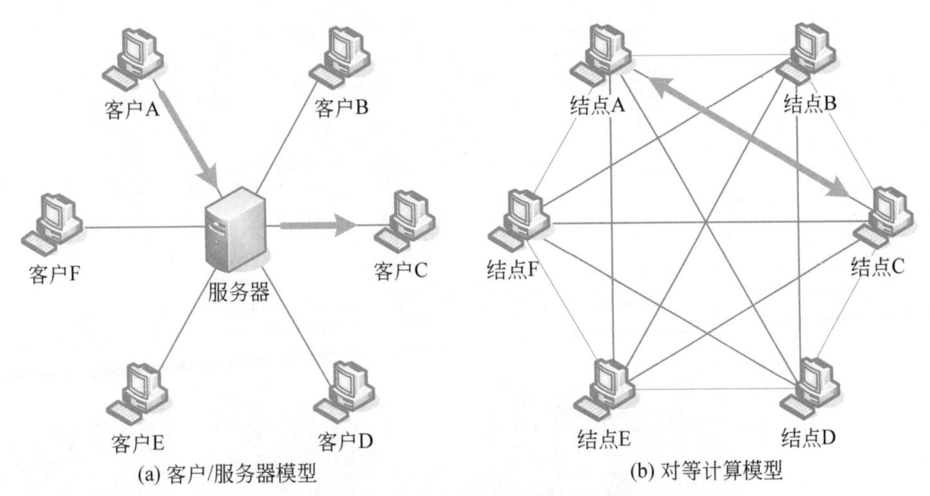

图 11-5 对等计算模型与客户/服务器模型的对比

服务器计算模型对客户机的性能资源要求非常低，可使用户以非常低廉的成本方便地连接 Internet，从而推动了 Internet 的快速普及。可以说，Internet 的高速发展得益于客户/服务器模型的成熟应用。

但随着个人计算机数目的增加，C/S 模型中服务器的负载越来越重，很多时候难以满足客户机的服务请求；同时，随着计算机网络性能的提升，人们已经能够以越来越低廉的价格成本得到性能越来越好的终端机器和网络连接，但在传统的应用模式下，个人计算机只能处于客户机地位，这将导致可用资源闲置。因此，传统的客户/服务器模型会造成这样一种现象：一方面，处在网络中心的服务器不堪重负；另一方面，网络边缘存在大量的空闲资源，网络负载极不平衡。在这种背景下，对等计算模型应运而生了。在短短数年间，对等计算模型已渗入 Internet 的众多应用领域，并在这些领域里迅速展现出挑战传统客户/服务器模型的势头和潜力。对等计算技术的出现将推动 Internet 的计算和存储模式由现在的集中式向分布式转移，网络应用的核心也会从中央服务器向网络边缘的智能终端设备扩散。

11.2.2 对等网络的分类

每种具体的对等计算应用都会在网络的应用层形成一个面向应用的网络，这个网络称为对等网络（或 P2P 网络）。由于这个面向应用的对等网络建立在具体的互联网络之上，因此又被称为覆盖网络（overlay network）。覆盖网络通常不考虑或很少考虑下层网络的问题（如网络的互联层问题、网络接口层问题），结点之间通过虚拟的和逻辑的链路相互连接。图 11-6 显示了一个覆盖网络示意图。图中，结点 A、C、D、E 和 F 参与同一个对等计算应用，进而形成一个对等网络（或覆盖网络）。在该对等网络中，结点 A 与结点 D、E 和 F 相邻（即结点 A 与结点 D、E 和 F 之间拥有直达的逻辑链路），结点 A 到这些结点的逻辑链路可能跨越了互联网上的多个物理网络。

从采用的拓扑结构看，应用形成的对等网络可以分为 4 种类型：集中式对等网络、分布式非结构化对等网络、混合式对等网络、分布式结构化对等网络。

1. 集中式对等网络

与传统 C/S 网络模式的拓扑结构类似，集中式对等网络结构采用了星状结构，如图 11-7 所示。中心服务器位于星状结构的中心点，负责保存和维护对等网络中所有结点发布的共享

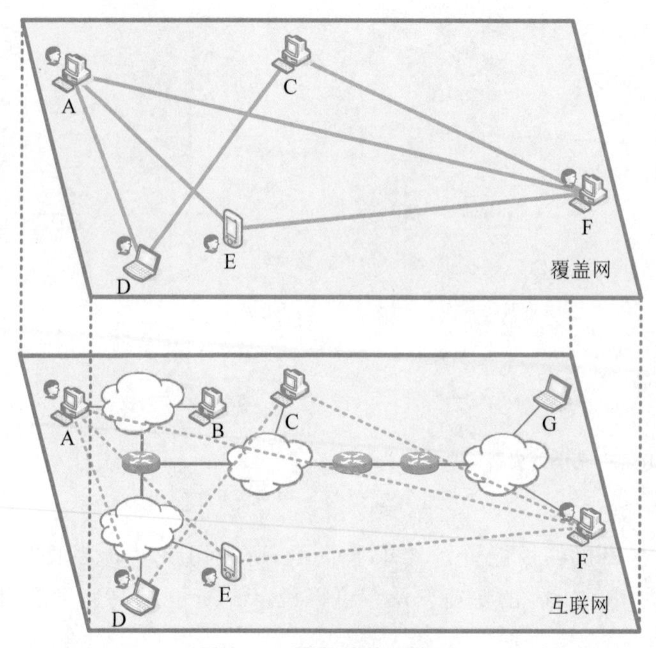

图 11-6　覆盖网络示意图

资源的描述信息并提供资源搜索功能。结点通过向中心服务器发送请求以搜索资源，服务器将结点请求和已发布的资源信息进行匹配并返回存储匹配资源的结点地址信息，然后资源的访问将在请求的发起结点与资源的存储结点之间直接进行，不需要通过中央服务器。

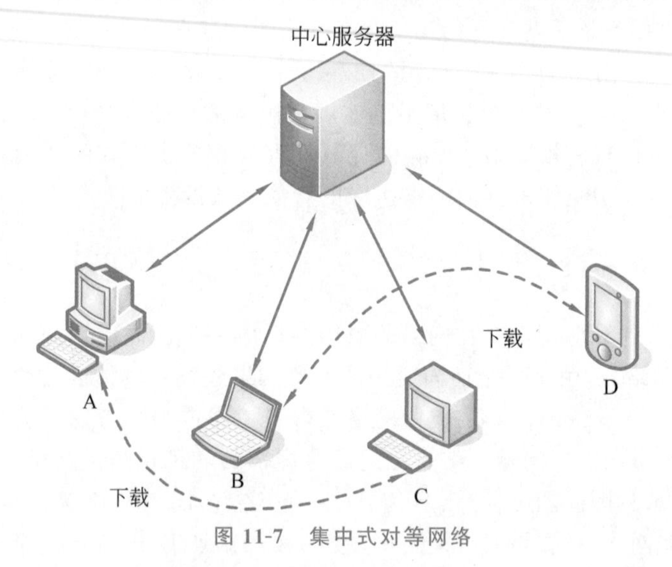

图 11-7　集中式对等网络

假设图 11-7 为一个文件共享系统，结点 A、B、C 和 D 可以将自己共享文件的描述信息（如文件名、文件大小、文件内容说明）随时发布到中心服务器，中心服务器记录这些描述信息和文件的位置（如发布结点的 IP 地址）。如果某一结点（如结点 A）需要下载一个文件，那么它首先通过中心服务器进行查询。当中心服务器返回该文件所在的具体位置（如结点 C 的 IP 地址）后，结点 A 直接与结点 C 建立连接，从结点 C（而不是中心服务器）直接下载所需的文件。

尽管集中式对等网络中存在中心服务器，但集中式对等网络与传统的客户/服务器网络有根本的区别。对等网络中的中心服务器仅提供资源的描述信息（如文件名）、各个结点直接连接交换信息的具体内容(如文件本身)。

集中式对等网络有两个最大的优点：一是维护简单；二是资源的查询和搜索可以借助集中式的目录系统，灵活高效且能实现复杂查询。但是，和传统客户/服务器系统类似，集中式对等网络最大的问题是健壮性和可扩展性较差，易受单点失效、服务器过载等问题的影响。第一代对等网络(如 Napster、BitTorrent 等)多采用这种结构。

2. 分布式非结构化对等网络

分布式非结构化对等网络通常采用随机图的方式组织网络中的结点，结点之间的连接关系随机形成，没有预先定义的拓扑构造要求，如图 11-8 所示。分布式非结构化对等网络中不存在居中的中心服务器，各个结点自由地与其他结点相连。每个结点存储的资源都放置在本地，不需向网络中的其他结点发送资源描述信息。当用户提出资源搜索请求时，网络以洪泛(flooding)方式向其他结点发送查询消息。其他结点收到查询消息后检索本地资源，如果找到符合条件的资源时，则将查询结果返回给查询的发起结点。

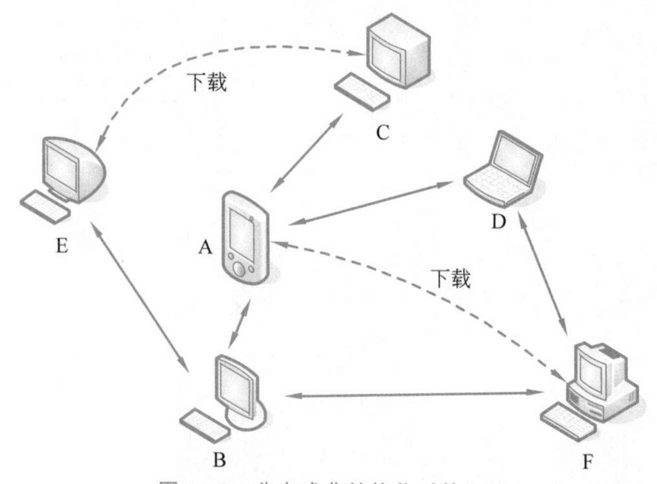

图 11-8　分布式非结构化对等网络

假设图 11-8 为文件共享系统，每个结点将需要共享的文件存储在本地硬盘中。如果某一结点(如结点 A)需要下载一个文件，那么它需要形成一个包含文件描述的查询，并将该查询发送给自己的邻居结点(如结点 A 可以把查询消息发送给结点 B、C 和 D)。收到查询消息的 B、C 和 D 结点搜索本地文件，如果发现与查询请求相关的共享文件，则向查询发起结点 A 返回查询应答。与此同时，收到查询请求的结点继续向各自的邻居结点转发结点 A 的查询请求(如结点 B 将向结点 E 和 F 转发 A 的查询请求，结点 D 将向结点 F 转发查询请求)，直到查询请求的生命周期完结。这样，一个结点的查询请求将在整个对等网络中传播开。当发起查询的结点 A 收到其他结点返回的查询应答后，汇总这些应答。如果发现多个结点都拥有符合自己下载条件的文件，那么选择其中一个，直接从该结点进行下载。

分布式非结构化对等网络的优点是不受单点故障的影响，容错性好，支持复杂查询，受结点频繁进出网络的影响较小，具有较好的可用性。但是，由于没有确定拓扑结构的支持，全分布式非结构化对等网络无法保证资源发现的效率，搜索、查询的结果可能不完全。同时，随着结点的不断增加，网络规模不断扩大，通过洪泛方式查找资源的方法会造成网络流量急剧增加，导致网络中部分低带宽结点因网络资源过载而失效，可扩展性较差。Gnutella、Freenet 等系统是分布式非结构化对等网络的典型应用。

3. 混合式对等网络

混合式对等网络如图 11-9 所示,它结合了集中式对等网络和分布式非结构化对等网络的特点,运用了超级结点(super node)的概念。在这种对等网络中,一些性能较好的结点被挑选作为超级结点(如图 11-9 中的结点 S1、S2、S3 和 S4)。每个超级结点与对等网络中的一部分普通结点以集中式拓扑的方式建立一个子对等网络,由超级结点保存并维护其子网中普通结点的资源索引信息(如超级结点 S1 与普通结点 A1、B1、C1 构成一个子对等网络,超级结点 S2 与普通结点 A2、B2、C2 构成一个子对等网络)。超级结点之间则以分布式非结构化的形式进行连接。普通结点搜索资源时,首先向其连接的超级结点发送查询,其次由该超级结点根据需要将查询在各超级结点之间转发,最后由该超级结点将查询结果返回给查询的发起结点。与集中式对等网络中的中央服务器不同,超级结点的选择是动态的。超级结点像普通结点一样,随时可能离开网络。一旦系统发现某个超级结点不再工作时,将采用某种选举机制通过比较某个区域内结点的 CPU 处理能力、网络带宽等性能信息重新选择一个性能好的结点担任超级结点。

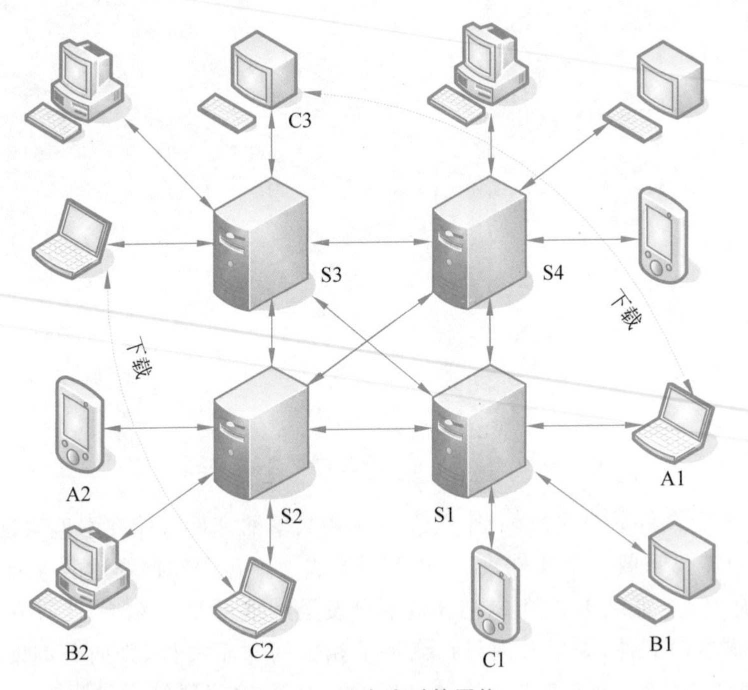

图 11-9 混合式对等网络

假设图 11-9 给出的对等网络为一文件共享网络,那么普通结点在共享自己的文件时首先需要将该文件的描述信息(如文件名等)发布到超级结点。当一个结点(如结点 A1)需要下载一个文件时,它需要向它的超级结点 S1 发送一个包含文件名等描述信息的查询请求。按照无结构对等网络信息查询方法,超级结点 S1 在各超级结点上查询结点 A1 所需的文件,然后将查询结果返回给 A1。当 A1 得到查询结果并确定所需文件的具体位置后,直接与该结点(如结点 C3)建立连接并下载所需文件。

使用混合式对等网络的目的是希望结合集中式和分布式非结构化的优点,提升对等网络的性能和可用性。通过使用多个超级结点,混合式结构的对等网络在一定程度上缓解了单点失效问题。从结构上看,超级结点的全分布式非结构化拓扑结构使系统具有更好的扩展性。

同时,超级结点具备索引功能,使搜索效率大大提高。但由于对超级结点依赖性大,混合式对等网络的可扩展性、健壮性仍然较差。混合式对等网络的典型应用包括 KaZaA、Grokster、iMesh 等系统。

4. 分布式结构化对等网络

每种分布式结构化对等网络都有严格的逻辑拓扑结构和查询路由算法。尽管逻辑结构和查询路由算法各不相同,但由于它们都需要维护一个庞大的分布式哈希表(distributed hash table,DHT),因此,分布式结构化对等网络也被称为 DHT 网络。DHT 网络的哈希表被划分成多个不重叠的子空间,结点在加入网络时根据自身的标识获得属于自己的子空间,并成为这一子空间中标识的管理维护者。

在 DHT 网络中,每个结点都具有一个称为 Nid 的标识符,Nid 通常可以通过哈希主机的 IP 地址等信息得到。一旦结点的 Nid 确定,该结点将负责哈希表中与其 Nid 值相近的一块区域。另外,DHT 网络中的每个资源也都拥有一个资源标识符,称为 Rid,Rid 通过哈希资源的名称、内容等信息得到。Nid 与 Rid 使用相同的哈希值空间,一个资源的描述信息通常存储在与其 Rid 较近的 Nid 上。

Chord 为一个典型的分布式结构化 DHT 网络,它采用环状的逻辑拓扑结构,首尾相接。如果存在 Nid=Rid 的结点,那么资源 Rid 的描述信息就存储在结点 Nid 上;否则,资源 Rid 的描述信息存储在 Nid 大于 Rid 的第一个结点上。图 11-10(a)显示了一个仅能容纳 8 个结点的小型 Chord 网络(实际的 Chord 网络能容纳成千上万个结点)。在这个 Chord 网络中存在 5 个实际的结点,Nid 分别为 0、1、3、5 和 6。这样,Rid 为 1 的资源描述将存储在结点 1,Rid 为 2 的资源描述将存储在结点 3,Rid 为 6 的资源描述将存储在结点 6。由于采用的是环状结构,Rid 为 7 的资源描述将存储在结点 0 上。

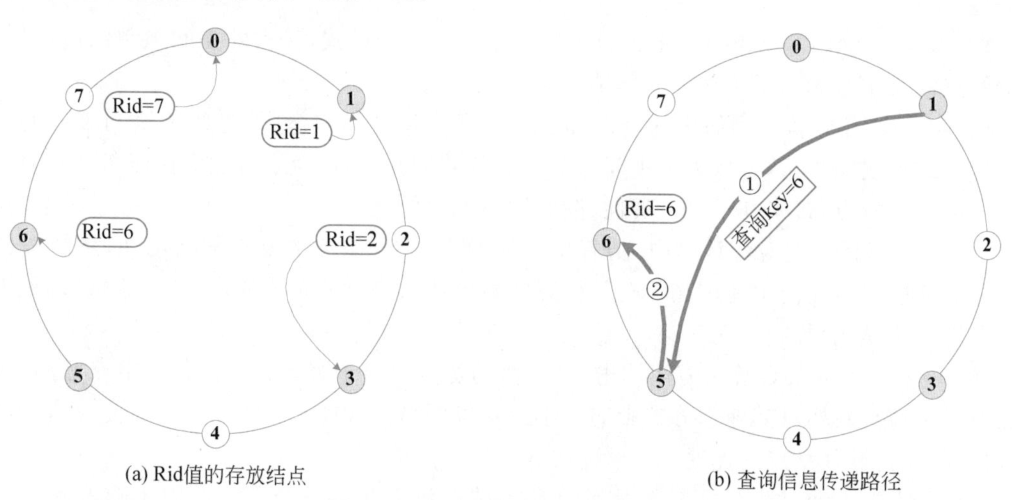

图 11-10 Chord 网络的结构示意图

注: 为活动结点。

由于 DHT 网络具有固定的逻辑拓扑结构,网络中结点的连接关系严格遵守某一特定规则,因此,可以使用精确的查询路由算法将一个查询信息传递到存储查询信息的结点。为此,DHT 网络中的每一结点都需要维护一张路由表,以记录在逻辑拓扑结构中与之相连的结点的信息。当结点收到查询时,它会将查询转发给其路由表中与目标结点“距离”更接近的结点。DHT 网络的查询请求通常只需要 $O(\log N)$ 步传递,就能到达目标结点(其中 N 为网络中结点的数量)。

Chord路由的设计采用“距离远,大步跨越;距离近,小步到达”的思想,保证转发的信息能够高效到达目的结点。如果目标结点距离自己很远,那么一次投递可能跨越半个Chord环;如果目标结点距离自己很近,那么一次投递可能仅跨越一个或两个结点。在图11-10(b)显示的查询信息传递路径示例中,由结点1发起键值key=6的查询。Chord第一步将查询信息转发至结点5(跨越半个Chord环),第二步就可以到达目的结点6。由于Chord的路由算法比较复杂,这里不详细叙述。

与分布式非结构化对等网络不同,只要给定资源的Rid,DHT网络就能准确、高效地在DHT哈希表中定位维护该资源的结点。查询请求通常只需要$O(\log N)$步传递,就能到达目标结点,因此查询代价相对较低。同时,DHT网络可以自适应结点的动态进出,均衡结点的负载,具有良好的可扩展性、健壮性和自组织能力。DHT网络的最大问题是网络的维护与修复算法比较复杂,拓扑结构维护代价较大,对内容、语义等复杂查询的支持困难等。

11.2.3 对等计算的特点

对等计算的特点体现在以下9方面:

(1) 资源利用率高。闲散的资源可以得到较好的利用,所有结点的资源综合起来构成整个网络的资源,整个对等网络可以作为提供海量存储以及巨大计算处理能力的网络超级计算机。

(2) 自组织性。结点可以在没有仲裁者的情况下自己维护网络的连接和性能,对等网络拓扑会随着结点的加入和离去而重新组织。对等网络的自组织性使其能够适应动态变化的应用环境。

(3) 结点自治性。结点可以依据自己的意愿选择行为模式,没有外在的强制约束,对等网络对结点的自主行为给予了充分的尊重。

(4) 无中心化结构。网络中的资源和服务分散在所有结点上,信息的传输和服务的实现都直接在结点之间进行,可以无须中间环节和服务器的介入,避免了可能的性能瓶颈。对等网络无中心化的特点,带来其在可扩展性、健壮性等方面的优势。

(5) 可扩展性。在对等计算中,随着用户的加入,不仅服务的要求随之增加,系统整体的资源和服务能力也在同步地扩充。对等计算的整个体系是全分布式的,不存在瓶颈,理论上其可扩展性几乎是无限的。

(6) 健壮性。对等计算具有耐攻击、高容错的优点。由于服务分散在各个结点之间,部分结点或网络遭到破坏对其他部分的影响很小。对等网络一般在部分结点失效时能够自动调整整体拓扑,保持其他结点的连通性。

(7) 高性能/价格比。性能优势是对等计算被广泛关注的一个重要原因。随着硬件技术的发展,个人计算机的计算能力和存储能力以及网络带宽等性能依照摩尔定理高速增长。采用对等计算可以有效地利用Internet中散布的大量普通结点,将计算任务或数据存储分布到所有结点上,以利用其中闲置的计算能力或存储空间,达到高性能计算和海量存储的目的。通过利用网络中的大量空闲资源,可以用更低的成本提供更高的计算和存储能力。

(8) 隐私保护。在对等计算中,由于信息的传输分散在各结点之间进行,无须经过某个集中环节,用户的隐私信息被窃听和泄露的可能性大大减小。此外,目前解决Internet隐私问题主要采用中继转发的技术方法,从而将通信的参与者隐藏在众多的网络实体中。在传统的一些匿名通信系统中,实现这一机制依赖于某些中继服务器结点。而在对等网络中,所有参与者都可以提供中继转发的功能,因而大大提高了匿名通信的灵活性和可靠性,能够为用户提供更好的隐私保护。

(9) 负载均衡。在对等计算环境下,由于每个结点既是服务器,又是客户机,减少了对传统客户/服务器模型的服务器计算能力、存储能力的要求,同时因为资源分布在多个结点之上,更好地实现了整个网络的负载均衡。

11.2.4 对等计算的主要应用

1. 文件共享

对等计算技术使 Internet 上任意两台计算机之间直接共享文件成为可能。按照传统的文件共享模式,每个共享文件的计算机必须先把文件上载到中央服务器上,而需要获取文件的计算机必须到服务器上下载所需的文件。传统模式不仅耗费了大量的服务器资源,而且存在单点失效的问题。利用对等网络技术,计算机之间可以直接交换数据和文件,而不需要借助中央服务器的中转,不仅节约了资源,还提高了系统的健壮性。实际上,正是对文件共享与交换的巨大需求直接引发了对等计算的热潮。第一个对等文件共享系统是 1999 年 Fann 开发的 Napster 系统。Napster 抓住了人们对共享和交换 MP3 音乐的强大需求,引发了应用程序计算模式的进一步变革。其他典型的对等文件共享系统还有 Gnutella、KaZaA、eDonkey、eMule、Maze 等。基于对等网络的文件共享应用已经超过 HTTP 和 FTP,一跃成为 Internet 上最受欢迎和流量最大的网络应用。

2. 分布式数据存储

随着信息化进程步伐的加快,每时每刻都有海量的数据产生,这些数据的存储和备份已经成为很多信息系统的沉重负担。基于对等网络技术构建的分布式存储系统为这一问题的解决带来了希望。对等网络可以充分收集和利用位于网络边缘的空闲存储空间,并将其聚合成为一个容量近乎无限的存储系统,从而节约购买昂贵存储设备的费用。目前已出现很多基于对等网络的存储系统模型,如 Freenet、FreeHaven、OceanStore、PAST、CFS、Farsite 等。

3. 分布式计算

人们一直在尝试通过并行技术、分布式技术将多个网络结点联合起来,利用闲散计算资源共同完成大规模的计算任务。现在,对等计算的结构组织方式为这种计算技术提供了新的契机。对等计算可以通过结点之间的协调与合作,整合许多弱小而分散的计算能力共同完成大型的计算任务,构成一个对等网络分布式计算系统。其典型代表是伯克利大学于 1999 年开发的 SETI@HOME 项目。SETI@HOME 项目旨在利用连入 Internet 的成千上万台计算机的闲置计算能力搜寻地外文明,它可以将连入 Internet 的计算机在闲置时的处理运算能力整合起来,形成一个巨大的虚拟机,并且通过这个虚拟机对由巨型望远镜收集的来自外太空的无线电磁波数据进行分析。2000 年,斯坦福大学开发的 Folding@Home 项目致力于研究蛋白质折叠、误折、聚合及由此引起的相关疾病,目前已经成功吸引了 400 000 多个用户加入。Intel 公司研制的 P2P 分布式中间件 NetBatch 使工程师能够在本地和全球的 Intel 环境中寻找可用的计算能力,使计算机能够提高吞吐量,缩短程序运行时间,从而降低开发成本。

4. 协同工作

协同工作是指多个用户之间利用网络中的协同计算平台互相协同共同完成计算任务,共享各种各样的信息资源等。协同工作使得在不同地点的参与者可以一起工作。在对等计算出现之前,协同工作的任务通常由诸如 Lotus Notes 或者 MSExchange 等软件实现,但是,无论采用哪种软件,都会产生极大的计算负担,造成昂贵的成本支出,而且并不能很好地完成企业与合作伙伴、客户、供应商之间的交流。对等网络技术的出现,使 Internet 上任意两台 PC 都可以建立实时的联系,在这种安全、共享、互通的虚拟空间中,人们可以进行各种各样的活动,这些活动可以是同时进行的,也可以是交互进行的。对等网络技术可以帮助企业与关键客户以及合作伙伴之间建立起一种方便、安全的网上工作联系方式,因此,基于对等网络技术的协同工作系统受到了极大的重视。Lotus 公司开发的 P2P 协同工作产品 Groove(2006 年被 Microsoft 公司收购,并成为 Office 2007 的一部分)就是对等网络技术在该领域最具有代表性的应用之一。Sun 公司的 JXTA 规范和 Microsoft 公司的.NET My Service 架构则为开发和构建基于对等结构的协同工作系统提供了两个更加通用的平台。

5. 分布式搜索引擎

搜索引擎是人们在网络中检索信息资源的主要手段,目前普遍采用的 Google、Baidu、Yahoo 等搜索引擎工具都具有集中式的特点:在需要搜索信息时,用户向服务器发出指令,服务器将检索出的相关条目进行排序后返回给用户。随着网络规模的不断扩大,这种集中的模式势必会带来诸如单点失效等问题。将对等计算技术应用到搜索引擎领域可以使搜索以用户为中心,每个终端都共享他们认为的有价值的信息,这将极大地提高系统的健壮性和稳定性。这种搜索引擎模式被称为第三代搜索引擎,将成为下一代搜索引擎发展的方向。

6. 网络游戏

由于大型网络游戏庞大的规模(网络游戏中在线用户数可以达到百万级),网络游戏对游戏服务器的性能(如网络带宽、CPU 处理能力)有很高的要求:游戏服务器需要在短时间内处理大量用户发送的信息。通过对等计算技术,网络游戏软件的运行方式将不再完全依赖游戏服务器。游戏用户可以直接通信和进行信息交互,而不需要通过游戏服务器,从而能够降低游戏服务器的负载,提供系统整体的健壮性。在基于对等网络的游戏系统中,游戏服务器的数量将大大降低,因此,有助于降低游戏运营商的运营成本。

7. 即时通信

即时通信是目前 Internet 上最受欢迎的应用形式之一。腾讯 QQ、微软 MSN、点对点网络电话 Skype 等都已经成功吸引了大量用户。目前,即时通信软件通常采用中央服务器与 P2P 技术相结合的方式进行设计。例如,QQ 和 MSN 软件的最新版本都支持点对点的直接文件传送,并且语音和视频聊天功能也可以不经过中央服务器中转,中央服务器仅用于管理用户的登录,以及帮助完成结点之间的初始互连等。

8. 网络流媒体服务

流媒体指在数据网络上按时间先后次序传输和播放的连续音视频数据流。以前人们在网络上观看电影或收听音乐时,必须先将整个影音文件下载并存储在本地计算机上。与传统的播放方式不同,流媒体在播放前并不下载整个文件,只将部分内容缓存,使流媒体数据流边传送边播放,这样就节省了文件下载的等待时间和存储空间,同时流媒体方式为媒体内容的版权控制提供了有效的解决方案。本质上,流媒体技术是一种在数据网络上传递多媒体信息的技术。传统的流媒体服务主要基于内容分发网技术(Content Distribution Network,CDN)和 IP 组播(IP multicast)技术,但这两者都受到硬件条件的限制,往往不能普及应用。同时,目前数据网络具有无连接、无确定路由路径、无质量保证的特点,给多媒体实时数据在数据网络上的传输带来了极大的困难。在基于对等计算的流媒体服务中,通过引入应用层组播(application layer multicast)技术,应用中只有少数结点从服务器直接获取数据,更多的结点则通过彼此共享、交换数据获得多媒体数据流。利用对等结点之间资源的共享,可以通过低成本实现流媒体分发网络。这方面的研究和开发包括香港科技大学的 Coolstreaming、华中科技大学的 Anysee,以及由企业开发的 PPlive、PPstream 等系统。

11.3 实验:编写简单的客户/服务器程序

TCP/IP 技术的核心部分是传输层(TCP 和 UDP)、互联层(IP)和主机-网络层,这 3 层通常在操作系统的内核中实现。为了使应用程序方便地调用内核中的功能,操作系统常常提供编程界面(有时也称为程序员界面或应用编程界面)。其中,套接字(Socket)调用就是 TCP/IP 网络操作系统为网络程序开发提供的典型网络编程界面。

数据报 Socket(datagram socket)和流式 Socket(stream socket)是 Socket 的两种主要服务类型。其中,数据报 Socket 使用传输层的 UDP 服务,支持主机之间面向非连接、不可靠的信息传输;流式 Socket 使用传输层的 TCP 服务,支持主机之间面向连接的、顺序的、可靠的、全双工字节流传输。

本实验要求利用 Socket 编写一个简单的客户/服务器程序,客户/服务器之间使用数据报方式传送信息,服务器在收到客户发来的 Time 或 Date 请求后,利用本地的时间和日期分别进行响应,如图 11-11 所示。通过该编程实验,可以加深对客户/服务器交互模型的理解,学习简单的 Socket 编程方法。

图 11-11 简单客户/服务器程序的实验环境

常用的网络操作系统都支持 Socket 网络编程接口。程序员可以利用 Socket 编程界面使用 TCP/IP 互联网功能,完成主机之间的通信。Windows 网络操作系统提供的 Socket 被称为 Windows Sockets API。本节以 Windows 操作系统提供的 Socket 为例,介绍数据报 Socket 的使用方法,流式 Socket 的实用方法将在第 14 章进行介绍。

11.3.1 数据报 Socket

利用数据报 Socket 开发网络应用程序,程序的编写过程通常包括 Socket 创建、地址绑定、数据收发、Socket 关闭等主要步骤。其中,编写客户程序时,地址绑定可以省略。

1. 创建 Socket

socket()函数用于创建一个 Socket,同时指定该 Socket 的运行方式。socket()函数的具体形式如下:

```
SOCKET WSAAPI socket(
  [in] int    af,
  [in] int    type,
  [in] int    protocol
);
```

各参数的意义如下：

af：该 Socket 使用的地址类型。常用的地址类型有 IPv4 地址和 IPv6 地址两种。其中，常数 AF_INET 指定该 Socket 使用 IPv4 地址类型，常数 AF_INET6 指定该 Socket 使用 IPv6 地址类型。

type：该 Socket 使用的服务类型。常用的服务类型有数据报式 Socket 和流式 Socket 两种。数据报式 Socket 使用传输层的 UDP 服务，需要使用 SOCK_DGRAM 指定。

protocol：该 Socket 使用的具体协议。可以指定的协议与这个 Socket 使用的地址类型和服务类型相关。编写程序时可以将该参数设置为 0，让系统自动选择合适的协议。

如果 Socket 创建成功，则 socket()返回 Socket 描述符；如果 Socket 创建失败，则 socket()返回 INVALID_SOCKET。创建失败的具体原因可以通过调用 WSAGetLastError()函数获得。

创建数据报 Socket 的例子如下：

```
//创建数据报 Socket
SOCKET  MySock;
MySock=socket(AF_INET,SOCK_DGRAM,0);
if(MySock==INVALID_SOCKET)
{
    …      //错误处理
}

…
```

2. 绑定本地地址

创建后的 Socket 可以利用 bind()函数绑定本地地址(IP 地址+端口号)。服务器端一般都会利用该函数绑定本地地址，以便使客户方便地找到自己。而客户端既可以使用该函数绑定本地地址，也可以让系统自动为自己选择本地地址。由于客户主动发出的消息都带有自己的本地地址，服务器收到后很容易获取客户的地址并向该地址回送响应消息。

bind()函数的具体形式如下：

```
int WSAAPI bind(
  [in] SOCKET              s,
  [in] const sockaddr     * name,
  [in] int                 namelen
);
```

各参数的意义如下：

s：已创建 Socket 的描述符。该 Socket 将与指定的本地地址进行绑定。

name：本地地址(IP 地址+端口号)。

namelen：name 给出的本地地址的长度。

如果绑定成功，则 bind()函数返回 0；否则，返回 SOCKET_ERROR。在错误返回时，具体错误原因可以通过调用 WSAGetLastError()函数获得。

3. 数据报 Socket 的发送和接收

sendto()和 recvfrom()是在数据报 Socket 上发送数据和接收数据的函数，其中 sendto()用于发送数据，recvfrom()用于接收数据。

sendto()函数的定义如下：

```
int WSAAPI sendto(
  [in] SOCKET              s,
  [in] const char          * buf,
  [in] int                 len,
  [in] int                 flags,
  [in] const sockaddr      * to,
  [in] int                 tolen
);
```

各参数的意义如下：

s：已经创建Socket的描述符。本次通过该Socket发送数据。

buf：发送数据缓存区。

len：需要发送的数据长度。

flags：指定该函数的处理方式，一般置0即可。

to：远端Socket地址。由于数据报Socket下层采用UDP服务，无须进行连接，因此，在数据报Socket上的发送数据时一定要指明远端Socket的地址。

tolen：to给出的远端地址的长度。

如果没有发生错误，则sendto()返回已经发送的字节数，该返回值可能比len参数指定发送的字节数小；如果发生错误，则sendto()返回SOCKET_ERROR。在错误返回时，具体错误原因可以通过调用WSAGetLastError()函数获得。

recvfrom()函数的定义如下：

```
int WSAAPI recvfrom(
  [in]  SOCKET             s,
  [out] char               * buf,
  [in]  int                len,
  [in]  int                flags,
  [out] sockaddr           * from,
  [in, out, optional] int  * fromlen
);
```

各参数的意义如下：

s：已经创建Socket的描述符。本次将从该Socket接收数据。

buf：接收数据缓存区。

len：希望接收的数据长度。

flags：指定该函数的处理方式，一般置0即可。

from：正确返回后，该参数给出接收数据是从哪个远端Socket发出的。

fromlen：fromlen给出的远端地址的长度。

如果没有发生错误，则recvfrom()返回接收到的字节数，同时，buf缓冲区中保存着接收到的数据。如果发生错误，则recvfrom()返回SOCKET_ERROR。在错误返回时，具体错误原因可以通过调用WSAGetLastError()函数获得。

4. 关闭Socket

使用完Socket后，需要使用closesocket()函数将其关闭，以释放Socket占用的系统资源。closesocket()函数非常简单，函数定义如下：

```
int WSAAPI closesocket(
  [in] SOCKET s
);
```

各参数的意义如下：

s：需要关闭 Socket 的描述符。

如果没有发生错误，closesocket()返回 0；否则，返回 SOCKET_ERROR。在错误返回时，具体错误原因可以通过调用 WSAGetLastError()函数获得。

11.3.2 简单的客户/服务器程序实验指导

利用 Socket 编写网络应用程序相对比较简单。本实验要求利用数据报 Socket 编写一个简单的客户/服务器程序，实现服务器对客户时间和日期请求的响应。客户程序和服务器程序界面分别如图 11-12 和图 11-13 所示。

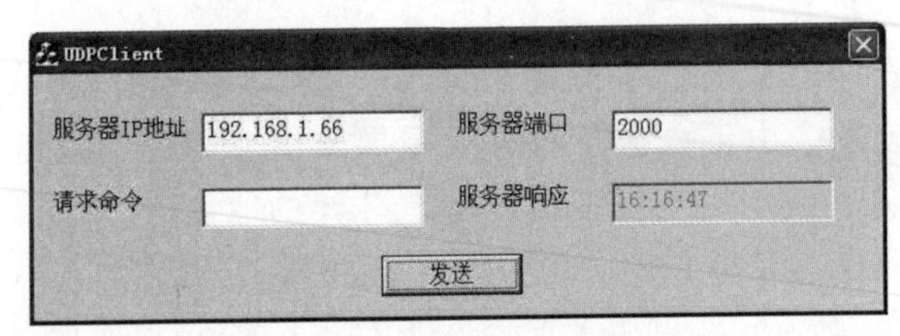

图 11-12 客户程序界面示例

UDPServer

UDP服务器工作日志

08/16/04 16:16:04:收到IP=192.168.1.66 Port=1242请求【date】，响应【08/16/04】
08/16/04 16:16:15:收到IP=192.168.1.66 Port=1242请求【Time】，响应【16:16:15】
08/16/04 16:16:19:收到IP=192.168.1.66 Port=1242请求【Date】，响应【08/16/04】
08/16/04 16:16:26:收到IP=192.168.1.66 Port=1242请求【time】，响应【16:16:26】
08/16/04 16:16:37:收到IP=192.168.1.66 Port=1242请求【data】，响应【错误请求】
08/16/04 16:16:42:收到IP=192.168.1.66 Port=1242请求【time】，响应【16:16:42】
08/16/04 16:16:47:收到IP=192.168.1.66 Port=1242请求【Time】，响应【16:16:47】
08/16/04 16:18:19:收到IP=192.168.1.66 Port=1242请求【DATA】，响应【错误请求】
08/16/04 16:18:23:收到IP=192.168.1.66 Port=1242请求【TIME】，响应【16:18:23】

图 11-13 服务器程序界面示例

在利用 Socket 编写网络应用程序过程中，需要注意以下问题。

1. 客户/服务器交互协议

在动手编程之前，需要定义一组客户和服务器交互使用的命令和响应。为了简单起见，客户和服务器的交互命令和响应采用字符串的形式，同时忽略一些不影响理解工作原理的错误处理过程(如发送命令请求后未收到响应时如何处理等)。

本实验要求实现的命令集包括"Hello""Date""Time""Exit"。当客户端发送"Hello"后，服务器使用"Hello from Server"进行响应；当客户端发送"Date"请求后，服务器使用当前日期字符串进行响应；当客户端发送"Time"后，服务器使用当前时间字符串进行响应；当客户端发送"Exit"后，服务器使用"Bye"进行响应；当用户发送非规定的字符串后，服务器使用"Error Command"进行响应。

2. Socket 的加载和初始化

Windows 实现的 Socket 采用动态链接库的形式供应用程序调用。应用程序在调用 Socket 函数之前，需要首先调用 WSAStartup()函数加载和初始化 Winsock DLL。除此之外，

WSAStartup()函数还用于协商程序使用的 Socket 版本号。

WSAStartup()函数的定义如下：

```
int WSAAPI WSAStartup(
  [in]  WORD         wVersionRequested,
  [out] LPWSADATA    lpWSAData
);
```

各参数的意义如下：

wVersionRequested：调用程序请求使用的最高 Socket 版本号。其中，wVersionRequested 的高字节指定小版本号，低字节指定主版本号。例如，如果希望使用的版本号为 2.1，那么 wVersionRequested 的高字节为 1，低字节为 2。

lpWSAData：指向一个 WSADATA 结构的数据，包含了 Winsock 实现的一些详细信息。其中，其中 WSADATA 结构中的 wVersion 为系统推荐使用的 Winsock 版本号，wHighVersion 为系统实现的最高 Winsock 版本号。

如果调用成功，则 WSAStartup()返回 0；否则，返回错误代码。需要注意，WSAStartup()直接返回错误代码，无须调用 WSAGetLastError()函数获取具体错误信息。

不再使用 Socket 时，需要调用 WSACleanup()通知系统，以便系统进行一些清理工作。WSACleanup()函数的定义如下：

```
int WSAAPI WSACleanup();
```

如果调用成功，则 WSACleanup()返回 0；否则，返回 SOCKET_ERROR。在错误返回时，具体错误原因可以通过调用 WSAGetLastError()函数获得。

练习与思考

一、填空题

(1) 在客户/服务器交互模型中，客户和服务器是指________，其中________经常处于守候状态。

(2) 为了使服务器能够响应并发请求，服务器实现中通常可以采取的解决方案包括：________和________。

(3) 对等网络的类型分为 4 种：________、________、________和________。

(4) DHT 网络的查询请求通常需要________步传递就能到达目标结点。

二、单项选择题

(1) 以下关于客户/服务器工作模型的描述中，错误的选项是(　　)。

a) 服务器通常需要强大的硬件资源和高级网络操作系统的支持

b) 客户利用重复或并发服务器方案支持并发请求

c) 客户主动与服务器联系才能使用服务器提供的服务

d) 服务器需要经常地保持在运行状态

(2) 标识一个特定的服务通常可以使用(　　)。

a) MAC 地址　　b) CPU 型号

c) 操作系统种类　　d) TCP 和 UDP 端口号

(3) 如果一个 Chord 网络中存在 4 个结点，它们的 Nid 分别为 1、15、26 和 42，那么

Rid=45 的资源描述应该存放在(　　)。

a) 结点 1　　b) 结点 15　　c) 结点 26　　d) 结点 42

三、动手与思考题

客户/服务器工作模型是目前大多数网络应用程序使用的模型,因此,学习客户/服务器的工作原理、编程思想具有重要的意义。在完成简单的客户/服务器程序编程的基础上,编写一个简单的客户/服务器程序,要求实现:①使用 UDP 数据报完成客户与服务器的交互;②服务器根据客户请求的文件名将相应的文件传送给客户(可以只处理文本文件);③客户进行文件传送请求,并将获得的文件显示在屏幕上(可以只处理文本文件)。在程序编制完成后,从不同客户端同时对服务器发起请求,改变请求文件的大小,观察客户程序和服务器程序的运行状态及响应时间。

第12章 域名系统

在TCP/IP互联网中,可以使用IP地址的32位整数识别主机。虽然这种地址能方便、紧凑地表示传递分组的源地址和目的地址,但是对一般用户而言,IP地址还是太抽象,最直观的表达方式也不外乎将它分为4个十进制整数。为了使用户能够利用好读、易记的字符串为主机指派名字,IP互联网采用了域名系统(Domain Name System,DNS)。

主机名是一种比IP地址更高级的地址形式,主机名的管理、主机名-IP地址映射等是域名系统要解决的重要问题。

12.1 互联网的命名机制

互联网提供主机名的主要目的是为了让用户更方便地使用互联网。一种优秀的命名机制应能很好地解决以下3个问题。

(1) 全局唯一性:一个特定的主机名在整个互联网上是唯一的,它能在整个互联网中通用。不管用户在哪里,只要指定这个名字,就可以唯一地找到这台主机。

(2) 便于名字管理:优秀的命名机制应能方便地分配名字、确认名字以及回收名字。

(3) 高效地进行映射:用户级的名字不能为使用IP地址的协议软件所接受,而IP地址也不能为一般用户所理解,因此,二者之间存在映射需求。优秀的命名机制可以使域名系统高效地进行映射。

12.1.1 层次型命名机制

命名机制可以分成两类:一类是无层次型命名机制(flat naming);另一类是层次型命名机制(hierarchy naming)。

在无层次命名机制中,主机的名字简单地由一个字符串组成,该字符串没有进一步的结构。从理论上说,无层次名字的管理与映射很简单。其名字的分配、确认及回收等工作可以由一个部门集中管理。名字-地址之间的映射也可以通过一个一对一的表格实现。但是,随着无层次命名机制中名字数量的增加,不但名字冲突的可能性增大,单一管理机构的工作负担变重,而且名字的解析效率会变得越来越低。因此,无层次型命名机制只能适用于主机不经常变化的小型互联网。对于主机经常变化、数量不断增加的大型互联网,无层次命名机制无能为力。事实上,无层次命名机制已被TCP/IP互联网淘汰,取而代之的是一种层次型命名机制。

所谓的层次型命名机制,就是在名字中加入结构,而这种结构是层次型的。具体地说,在层次型命名机制中,主机的名字被划分成几个部分,而每一部分之间存在层次关系。实际上,在现实生活中经常应用层次型命名。例如,人们邮寄信件时采用的收件人、发件人地址(如中华人民共和国河北省石家庄市长安区)就具有一定的结构和层次。

层次型命名机制将名字空间划分成一个树状结构,如图12-1所示,树中的每一结点都有一个相应的标识符,主机的名字就是从树叶到树根(或从树根到树叶)路径上各结点标识符的有序序列。例如,www→nankai→edu→cn就是一台主机的完整名字。

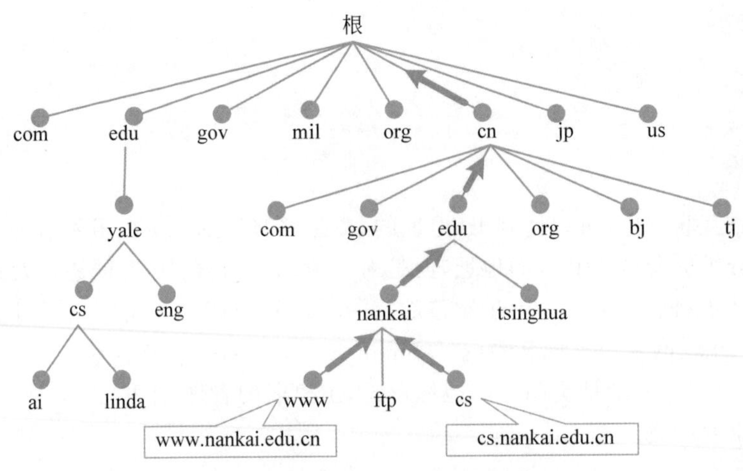

图 12-1　层次型名字的树状结构

显然，只要同一子树下每层结点的标识符不冲突，完整的主机名绝对不会冲突。在图 12-1 所示的名字树中，尽管相同的 edu 出现了两次，但由于它们出现在不同的结点之下（一个在根结点下，一个在 cn 结点下），完整的主机名不会因此而产生冲突。

层次型命名机制的这种特性对名字的管理非常有利。一棵名字树可以划分成几棵子树，每棵子树分配有一个管理机构。只要这个管理机构能够保证自己分配的结点名字不重复，完整的主机名就不会重复和冲突。实际上，每个管理机构可以将自己管理的子树再次划分成若干部分，并将每一部分指定一个子部门负责管理。这样，对整个互联网名字的管理也形成了一个树状的层次化结构。

在图 12-2 显示的层次化树状管理机构中，中央管理机构管辖下的结点标识符为 com、edu、cn、us 等。与此同时，中央管理机构还将其 com、edu、cn、us 的下一级标识符的管理分别授权给 com 管理机构、edu 管理机构、cn 管理机构和 us 管理机构。同样，cn 管理机构又将 com、edu、bj 等标识符分配给它的下述结点，并分别交由 com 管理机构、edu 管理机构和 bj 管理机构进行管理。只要图中的每个管理机构能够保证其管辖的下一层结点标识符不发生重复和冲突，从树叶到树根（或从树根到树叶）路径上各结点标识符的有序序列就不会重复和冲突，由此产生的互联网中的主机名就是全局唯一的。

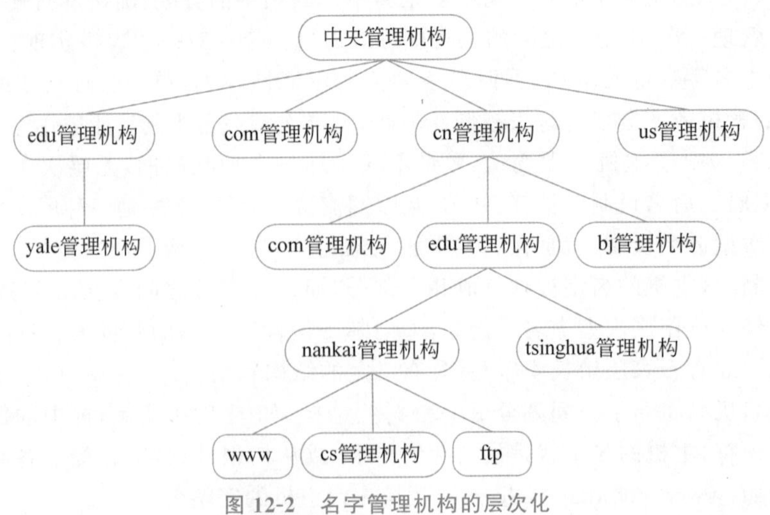

图 12-2　名字管理机构的层次化

12.1.2 TCP/IP 互联网域名

在 TCP/IP 互联网中实现的层次型名字管理机制称为域名系统(DNS)。TCP/IP 互联网中的域名系统一方面规定了名字语法以及名字管理特权的分派规则;另一方面描述了关于高效的名字-地址映射分布式计算机系统的实现方法。

域名系统的命名机制称为域名。完整的域名由名字树中的一个结点到根结点路径上结点标识符的有序序列组成,其中结点标识符之间以英文句点(.)隔开,如图 12-1 所示。域名 cs.nankai.edu.cn 由 cs、nankai、edu 和 cn 这 4 个结点标识符组成(根结点标识符为空,省略不写),这些结点标识符通常称为标号(label),而每一标号后面的各标号称为域。在 cs.nankai.edu.cn 中,最低级的域为 cs.nankai.edu.cn,代表计算机系;第三级域为 nankai.edu.cn,代表南开大学;第二级域为 edu.cn,代表教育机构;顶级域为 cn,代表中国。

12.1.3 Internet 域名

TCP/IP 域名语法只是一种抽象的标准,其中各标号值可任意填写,只要原则上符合层次型命名规则的要求即可。因此,任何组织均可根据域名语法构造本组织内部的域名,但这些域名的使用仅限于组织内部。

作为国际性的大型互联网,Internet 规定了一组正式的通用标准标号,形成了国际通用顶级域名,如表 12-1 所示。顶级域的划分采用了两种划分模式,即组织模式和地理模式。前 7 个域对应组织模式,其余的域对应地理模式。地理模式的顶级域是按国家进行划分的,每个申请加入 Internet 的国家都可以作为一个顶级域,并向 Internet 域名管理机构 NIC 注册一个顶级域名,如 cn 代表中国、us 代表美国、uk 代表英国、jp 代表日本等。

表 12-1 Internet 顶级域名分配

划分模式	顶级域名	分配给
组织模式	com	商业组织
	edu	教育机构
	gov	政府部门
	mil	军事部门
	net	网络支持中心
	org	非营利组织
	int	国际组织
地理模式	国家代码	各个国家

将顶级域的管理权分派给指定的子管理机构,各子管理机构对其管理的域继续划分,即划分成二级域,并将各二级域的管理权授予给其下属的管理机构,如此下去,便形成层次型域名结构。由于管理机构是逐级授权的,因此,最终的域名都得到 NIC 承认,成为 Internet 中的正式名字。

图 12-3 列举出了 Internet 域名结构中的一部分,如顶级域名 cn 由中国互联网络信息中心(CNNIC)管理,它将 cn 域划分成多个子域,包括 ac、com、gov、edu、net、org、bj 和 tj 等,并将二级域名 edu 的管理权授予 CERNET 网络中心。CERNET 网络中心又将 edu 域划分成多个子域,即三级域,各大学和教育机构均可以在 edu 下向 CERNET 网络中心注册三级域名,如 edu 下的 tsinghua 代表清华大学、nankai 代表南开大学,并将这两个域名的管理权分别授予清华大学和南开大学。南开大学可以继续对三级域 nankai 进行划分,将四级域名分配给下属部门或主机,如 nankai 下的 cs 代表南开大学计算机系,而 www 和 ftp 代表两台主机等。表 12-2 列出了我国二级域名的分配情况。

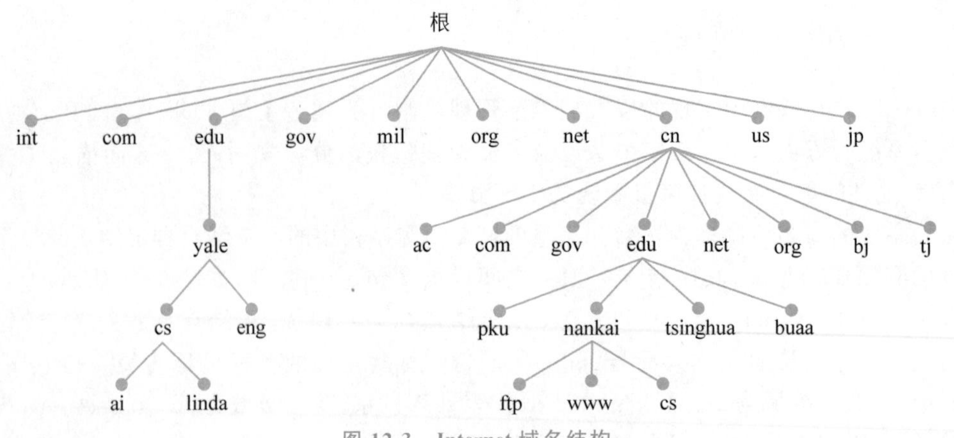

图 12-3 Internet 域名结构

表 12.2 我国二级域名分配

划分模式	二级域名	分配给
类别域名(6个)	ac	科研机构
	com	工、商、金融等企业
	edu	教育机构
	gov	政府部门
	net	互联网络、接入网络的信息中心和运行中心
	org	非营利性的组织
行政区域名	bj	北京市
	sh	上海市
	tj	天津市
	cq	重庆市
	he	河北省
	sx	山西省
	…	…

12.2 域名解析

域名系统的提出为 TCP/IP 互联网用户提供了极大的方便。通常,构成域名的各个部分(各级域名)都具有一定的含义,相对于主机的 IP 地址来说更容易记忆。但域名只是为用户提供了一种方便记忆的手段,主机之间不能直接使用域名进行通信,仍然要使用 IP 地址完成数据的传输。所以,当应用程序接收到用户输入的域名时,域名系统必须提供一种机制,该机制负责将域名映射为对应的 IP 地址,然后利用该 IP 地址将数据送往目的主机。

12.2.1 TCP/IP 域名服务器与解析算法

到哪里寻找一个域名对应的 IP 地址呢?这就要借助一组既独立又协作的域名服务器完成。这组域名服务器是解析系统的核心。

所谓的域名服务器，实际上是一个服务器软件，运行在指定的主机上，完成域名-IP 地址映射。有时，我们也把运行域名服务软件的主机称为域名服务器，该服务器通常保存着它所管辖区域内的域名与 IP 地址的对照表。相应地，请求域名解析服务的软件称为域名解析器。在 TCP/IP 域名系统中，一个域名解析器可以利用一个或多个域名服务器进行名字映射。

在 TCP/IP 互联网中，对应于域名的层次结构，域名服务器也构成一定的层次结构，如图 12-4 所示。这个树形域名服务器的逻辑结构是域名解析算法赖以实现的基础。总的来说，域名解析采用自顶向下的算法，从根服务器开始直到叶服务器，在其间的某个结点上一定能找到所需的名字-地址映射。当然，由于父子结点的上下管辖关系，域名解析的过程只需走过一条从树根结点开始到另一结点的一条自顶向下的单向路径，无须回溯，更不用遍历整个服务器树。

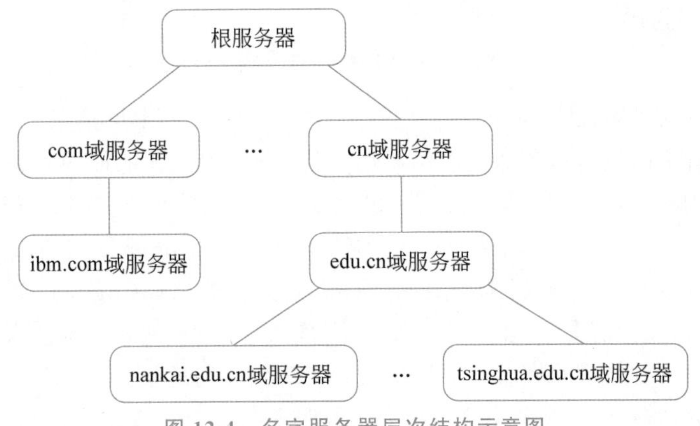

图 12-4　名字服务器层次结构示意图

但是，如果每一个解析请求都从根服务器开始，那么，到达根服务器的信息流量随互联网规模的增大而加大。在大型互联网中，根服务器有可能因负荷太重而超载。因此，每个解析请求都从根服务器开始并不是一个很好的解决方案。

实际上，在域名解析过程中，只要域名解析器软件知道如何访问任意一个域名服务器，而每一域名服务器都知道根服务器的 IP 地址(或父结点服务器的 IP 地址)，域名解析就可以顺利地进行。

域名解析有两种方式：一种称为递归解析(recursive resolution)；另一种称为反复解析(iterative resolution)。使用递归解析方式的解析器希望其请求的域名服务器能够给出域名与 IP 地址对应关系的最终答案，一次性完成全部名字-地址变换过程，如图 12-5(a)所示。如果解析器请求的域名服务器保存着请求域名与 IP 地址的对应关系，那么这台服务器直接应答解析器；否则，该域名服务器请求其他域名服务器帮助解析该域名并将结果传给自己。在获得最终域名与 IP 地址对应关系后，服务器将结果传递给解析器。例如，在图 12-5(a)中，当客户机需要解析域名 www.nankai.edu.cn 时，解析器首先向本地域名服务器 A(tsinghua.edu.cn)提出请求。由于域名服务器在本地没有找到 www.nankai.edu.cn 与其 IP 地址的映射关系，因此服务器 A 请求服务器 B(edu.cn)帮助解析该域名。与此类似，服务器 B 会请求服务器 C(nankai.edu.cn)帮助解析该域名。由于 www.nankai.edu.cn 域名由服务器 C 管理，因此服务器 C 会将该域名与其 IP 地址的映射关系回送给服务器 B。之后，服务器 B 将得到的结果传递给服务器 A，由服务器 A 将最终结果通知客户机。

与递归解析方式不同，采用反复解析方式的解析器每次请求一个域名服务器，如果该域名

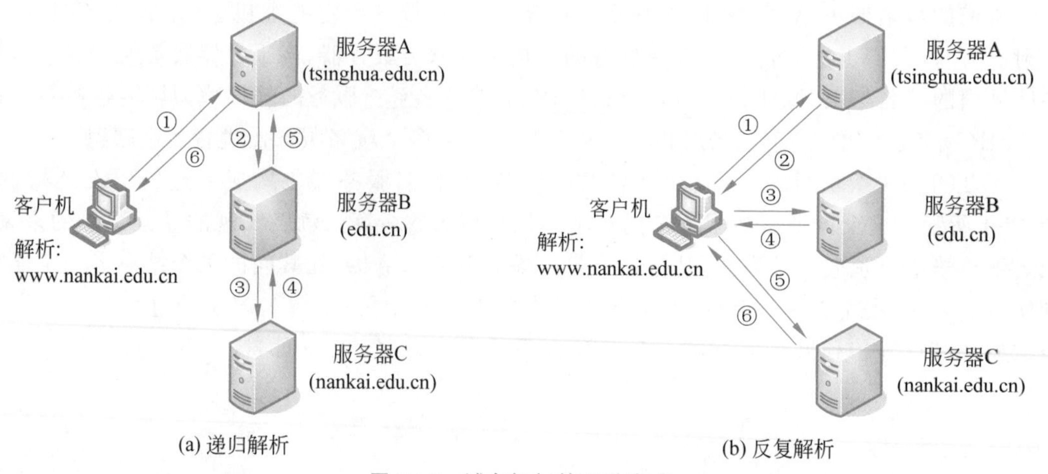

图 12-5　域名解析的两种方式

服务器给不出最终的答案,那么解析器再向其他的域名服务器发出请求,如图 12-5(b)所示。尽管解析器每次请求的域名服务器可能给不出最终的域名与 IP 地址的对应关系,但是域名服务器应该给出下次解析器请求时可以使用的域名服务器的 IP 地址。例如,根域名服务器的 IP 地址。解析器经过多次反复请求,最终可以得到请求域名与 IP 地址的对应关系。在图 12-5(b)显示的例子中,当客户机的解析器请求本地域名服务器 A(tsinghua.edu.cn)解析 www.nankai.edu.cn 时,由于服务器 A 没有在本地找到该域名与 IP 地址的对应关系,因此,它返回了一个可能知道该映射关系的域名服务器地址(服务器 B 的地址)。于是,解析器向服务器 B(edu.cn)再次发出请求。当服务器 B 返回域名服务器 C(nankai.edu.cn)可能存有 www.nankai.edu.cn 与其 IP 地址的对应关系后,解析器向域名服务器 C 发出请求。由于 www.nankai.edu.cn 域名由服务器 C 管理,因此服务器 C 直接将结果传送给客户机的解析器。

图 12-6 描述了一个简单的域名解析流程。其中,构造的域名请求报文包含有需要解析的域名及希望使用何种方式解析域名。

12.2.2　提高域名解析的效率

在大型 TCP/IP 互联网中,域名解析请求频繁发生,因此,名字-IP 地址的解析效率是检验域名系统成功与否的关键。尽管 TCP/IP 互联网的域名解析可以沿域名服务器树自顶向下进行,但是严格按照自树根到树叶的搜索方法并不是最有效的。在实际的域名解析系统中,可以采用以下解决方法提高解析效率。

1. 解析从本地域名服务器开始

大多数域名解析都是解析本地域名,都可以在本地域名服务器中完成。因此,域名解析器如果首先向本地域名服务器发出请求,那么多数请求都可以在本地域名服务器中直接完成,无须从根开始遍历域名服务器树。这样,域名解析既不会占用太多的网络带宽,也不会给根服务器造成太大的处理负荷,因此可以提高域名的解析效率。当然,如果本地域名服务器不能解析请求的域名,解析只好请其他域名服务器帮忙(通常是根服务器或本地服务器的上层服务器)。

2. 域名服务器的高速缓冲技术

在域名解析过程中,如果域名和其 IP 地址的映射没有保存在本地域名服务器中,那么域名请求通常需要传往根服务器,进行一次自顶向下的搜索。这些请求势必增加网络负载,开销

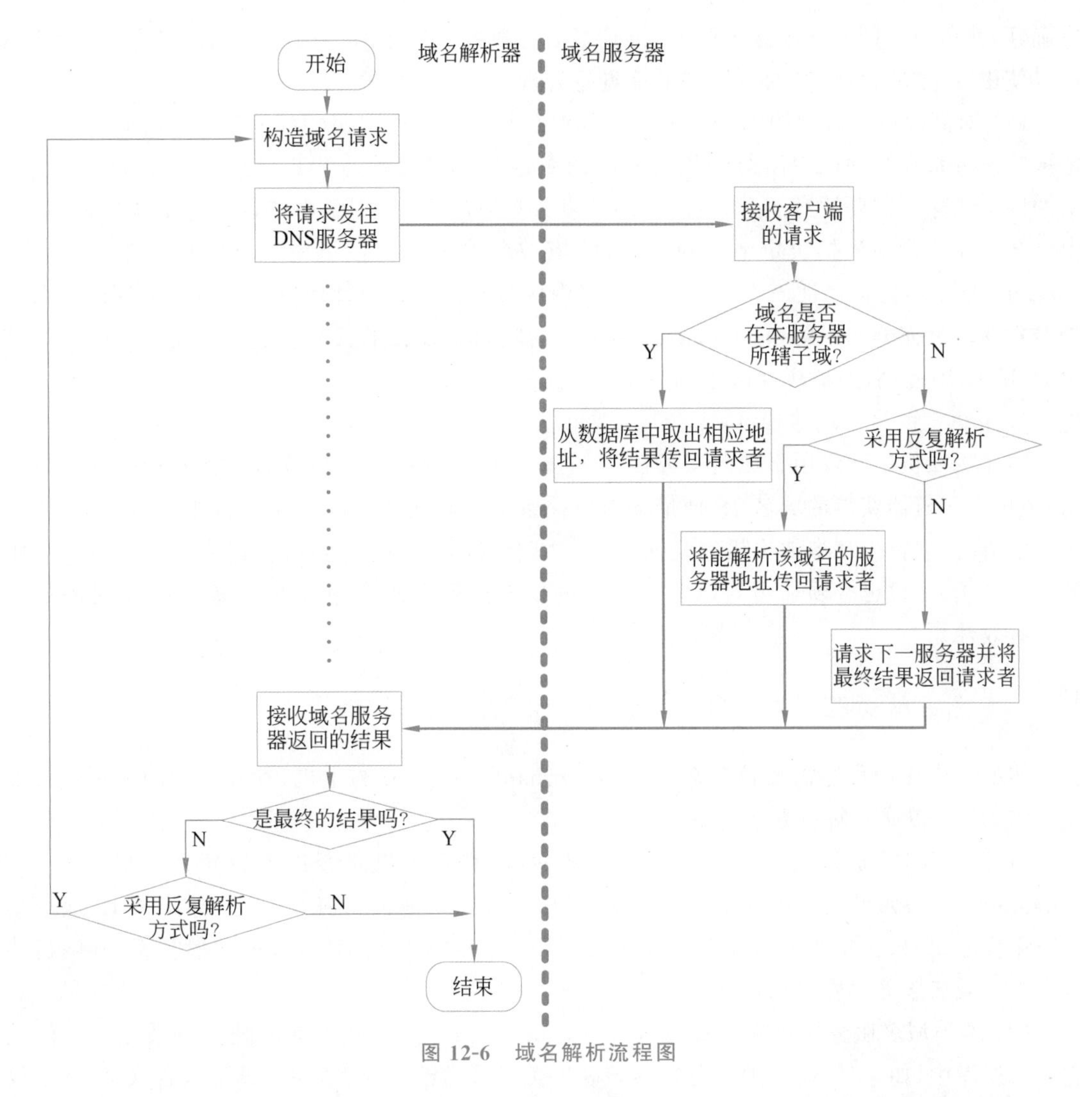

图 12-6　域名解析流程图

很大。在互联网中,域名服务器采用域名高速缓冲技术可以极大地减少非本地域名解析的开销。

所谓的高速缓冲技术,就是在域名服务器中开辟一个专用内存区,存放最近解析过的域名及其相应的 IP 地址。服务器一旦收到域名请求,首先检查该域名与 IP 地址的对应关系是否存储在本地,如果是,则进行本地解析,并将解析的结果报告给解析器;否则,检查域名缓冲区,查看是否最近解析过该域名。如果高速缓冲区中保存着该域名与 IP 地址的对应关系,则服务器就将这条信息报告给解析器;否则,本地服务器再向其他服务器发出解析请求。

在使用高速缓冲技术中,一定要注意缓冲区中域名-IP 地址映射关系的有效性。因为缓冲区中的域名-IP 地址映射关系是从其他服务器得到的,如果该域名-IP 地址映射关系在保存它的服务器上已经发生变化,而本地域名服务器又未做出相应的缓冲区刷新,那么请求者得到的就是一个过时的域名-IP 地址映射关系。

为了保证缓冲区中域名-IP 地址映射关系的有效性,通常采用以下两种策略:

(1) 域名服务器向解析器报告缓冲信息时,需注明这是"非权威性"(nonauthoritative)的映射,并且给出获取该映射的域名服务器 IP 地址。这样,解析器如果注重域名-IP 地址映射的准确性，就可以立即与此服务器联系，得到当前的映射。当然，如果解析器仅注重效率，解析器可以使用这个“非权威性”的应答并继续进行处理。

（2）对高速缓冲区中的每一映射关系都保存其最大生存周期（Time To Live，TTL），它规定该映射关系在缓冲区中保留的最长时间。一旦某映射关系的TTL时间到，系统便将它从缓冲区中删除。需要注意的是，缓冲区中各表目对应的TTL不是由本地服务器决定的，而是由域名所在的管理机构决定的。换言之，响应域名请求的管理机构在其响应中附加了一个TTL值，指出本机构保证该表目在多长时间内保持不变。由于管理机构对自己管理的域名是否经常变动有充分的了解，它可以给长期不变的映射以较长的TTL，给经常变动的映射以较短的TTL，因此，服务器缓冲区中的各条目一般是正确的。

3. 主机上的高速缓冲技术

高速缓冲机制不仅用于域名服务器，在主机上也可以使用。与域名服务器的缓冲机制相同，主机将解析器获得的域名-IP地址的对应关系也存储在一个高速缓冲区中，当解析器进行域名解析时，它首先在本地主机的高速缓冲区中查找，如果找不到，再将请求送往本地域名服务器。当然，主机也必须采用与服务器相同的技术保证高速缓冲区中的域名-IP地址映射关系的有效性。

12.2.3 域名解析的完整过程

假如一个应用程序需要访问名字为www.nankai.edu.cn的主机，其较完整的解析过程如图12-7所示（以递归解析方式为例）。

（1）域名解析器首先查询本地主机的缓冲区，查看主机是否以前解析过主机名www.nankai.edu.cn。如果在此找到www.nankai.edu.cn的IP地址，则解析器立即用该IP地址响应应用程序；如果主机缓冲区中没有www.nankai.edu.cn与其IP地址的映射关系，则解析器将向本地域名服务器发出请求。

（2）本地域名服务器首先检查www.nankai.edu.cn与其IP地址的映射关系是否存储在它的数据库中，如果是，则本地服务器将该映射关系传送给请求者，并告诉请求者这是一个“权威性”的应答；如果不是，则本地服务器将查询它的高速缓冲区，检查是否在自己的高速缓冲区中存储有该映射关系。如果在高速缓冲区中发现该映射关系，则本地服务器将使用该映射关系进行应答，并通知请求者这是一个“非权威性”的应答。当然，如果在本地服务器的高速缓冲区中也没有发现www.nankai.edu.cn与其IP地址的映射关系，就只好请其他域名服务器帮忙了。

（3）其他域名服务器接收到本地服务器的请求后，继续进行域名的查找与解析工作，当发现www.nankai.edu.cn与其IP地址的对应关系时，就将该映射关系送交给提出请求的本地服务器。进而，本地服务器再使用从其他服务器得到的映射关系响应客户端。

12.3 资源记录和DNS报文

在TCP/IP互联网中，域名与IP地址的对应关系通常以资源记录（Resource Record，RR）的形式存在，存储在域名服务器的DNS数据库中。域名解析器和域名服务器之间通过DNS报文传递域名请求和应答信息。

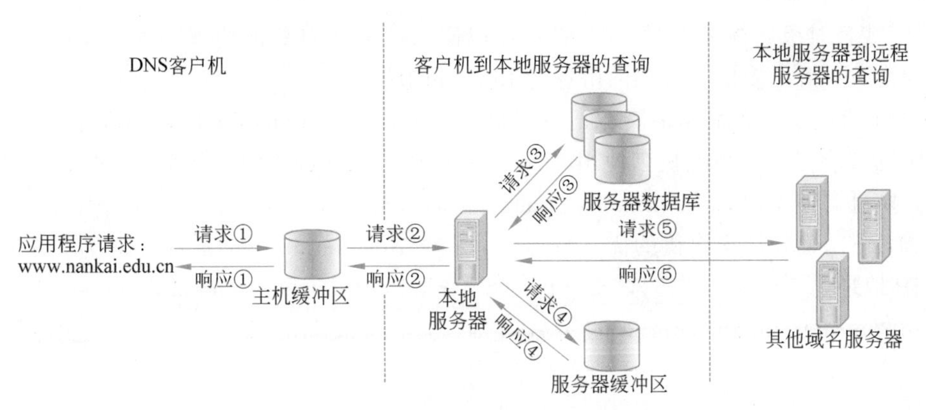

图 12-7 域名解析的完整过程

12.3.1 资源记录

除了包含域名与IP地址的对应关系外，一条资源记录通常还包含生存周期（TTL）、类别（class）、类型（type）域。其中，TTL通常在用户注册域名时由管理机构设置。当域名服务器或本地主机缓存从其他服务器得到的资源记录时，资源记录中的TTL值决定了该资源记录能够被缓存的最长时间。由于用户通常不会随意更改或更换域名，因此，资源记录的TTL值通常很大。

在TCP/IP互联网中，域名系统具有广泛的通用性。它既可用于标识主机，也可以标识邮件交换机，甚至标识用户。为了区分不同类型的对象，域名系统中的每一条目都被赋予了“类型”属性。这样，一个特定的名字就可能对应域名系统的若干条目。

例如，netlab.nankai.edu.cn可以被域名系统赋予不同的类型，这个名字既可以指南开大学网络实验室的一台Web服务器（IP地址为202.113.27.53），也可以指南开大学网络实验室的一台邮件交换机（IP地址为202.113.27.55）。当解析器进行域名解析请求时，它需要指出要查询的域名及其类型，而服务器仅返回一个符合查询类型的映射。这里，如果解析器发出域名为netlab.nankai.edu.cn，类型为“邮件交换机”的解析请求，服务器将以IP地址202.113.27.55响应。

表12-3显示了域名系统具体的对象类型。其中，A类型标识一个主机名与其对应的IP地址的映射，MX类型标识一个邮件服务器（或邮件交换机）与其对应的IP地址的映射。这两种类型的应用都非常普遍，ping应用程序经常请求一个符合A类型的映射，而电子邮件应用程序则经常请求一个符合MX类型的映射。

表 12-3 域名系统具体的对象类型

类 型	意 义	内 容
SOA	授权开始	一个资源记录集合（称为授权区段）的开始
A	主机地址	32位二进制值IP地址
MX	邮件交换机	邮件服务器名及优先级
NS	域名服务器	域的授权名字服务器名
CNAME	别名	别名的规范名字
PTR	指针	对应于IP地址的主机名
HINFO	主机描述	ASCII字符串，CPU和OS描述
TXT	文本	ASCII字符串，不解释

另外,域名对象还被赋予"类别"属性,标识使用该域名对象的协议类别。其中,最常用的协议类别为 IN,指出使用该对象的协议为 Internet 协议。

表 12-4 给出了一个简单的资源记录集合。其中,netlab.nankai.edu.cn 可以作为主机名和邮件交换机名使用。作为主机名使用时,netlab.nankai.edu.cn 的 IP 地址为 202.113.27.53;作为邮件交换机名使用时,netlab.nankai.edu.cn 指向 mail.netlab.nankai.edu.cn(对应 IP 地址为 202.113.27.55),且邮件交换机的优先级为 5。另外,info.netlab.nankai.edu.cn 为一主机名,其对应的 IP 地址为 202.113.27.54,www.netlab.nankai.edu.cn 和 ftp.netlab.nankai.edu.cn 都是主机名 info.netlab.nankai.edu.cn 的别名,它们与 info.netlab.nankai.edu.cn 使用同样的 IP 地址。

表 12-4　资源记录示例

域　　名	TTL	类别	类型	值
nankai.edu.cn	86 400s	IN	SOA	NankaiDNS (…)
nankai.edu.cn	86 400s	IN	TXT	"Nankai University"
netlab.nankai.edu.cn	86 400s	IN	HINFO	HP Unix
netlab.nankai.edu.cn	86 400s	IN	A	202.113.27.53
netlab.nankai.edu.cn	86 400s	IN	MX	5 mail.netlab.nankai.edu.cn
mail.netlab.nankai.edu.cn	86 400s	IN	A	202.113.27.55
info.netlab.nankai.edu.cn	86 400s	IN	A	202.113.27.54
www.netlab.nankai.edu.cn	86 400s	IN	CNAME	info.netlab.Nankai.edu.cn
ftp.netlab.nankai.edu.cn	86 400s	IN	CNAME	info.netlab.nankai.edu.cn

12.3.2　DNS 报文

DNS 解析器与 DNS 服务器之间的信息传递既可以采用 TCP,也可以采用 UDP。通常,DNS 服务器使用 TCP 的 53 端口或者 UDP 的 53 端口。

DNS 解析器和 DNS 服务器之间传递的报文类型有两种:一种为查询报文(query message);另一种为响应报文(response message)。这两种报文具有相同的格式,其中查询报文由首部和查询问题部分组成;响应报文由首部、查询问题、应答资源记录、授权资源记录和附加资源记录组成。图 12-8 显示了 DNS 报文的格式。

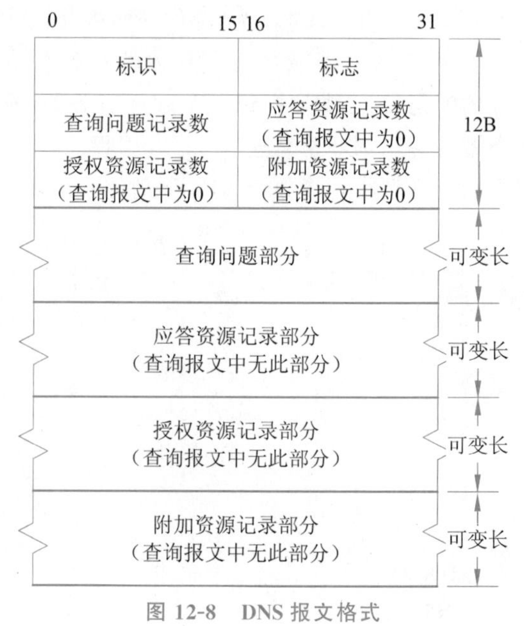

图 12-8　DNS 报文格式

DNS 报文的头部共 12B,由 6 个字段组成。其中,标识字段用于标识一个查询请求。这个字段的值由解析器生成请求报文时随机形成,DNS 服务器响应时将其复制到响应报文中,以便解析器进行匹配。标志字段含有若干标志位,指明该报文的特征及应如何处理。例如，该字段含有一个“查询/响应”位，用于指出该报文是请求报文，还是响应报文；一个“希望递归”位，指明请求报文是否希望采用递归解析方式；一个“递归可用”位，指明服务器是否可以支持递归方式等。查询问题记录数、应答资源记录数、授权资源记录数、附加资源记录数分别指示头部后这4类数据的数量。

查询问题部分包含了解析器请求解析的域名及其类别。该部分数据根据查询问题数的多少长度可变。

应答资源记录部分包含了服务器的解析结果。解析结果以资源记录的形式给出，每条资源记录都包含了域名、类型、类别、TTL、值等域。由于一个域名可以对应多个IP地址，因此，即使请求解析的域名数量为1，也有可能返回多条资源记录。

授权资源记录部分包含了授权域名服务器资源记录。例如，在反复解析方式中，该部分数据可能包含了解析器下次可以使用的域名服务器信息等。

附加资源记录部分包含了一些可能对解析器“有帮助”的记录信息。例如，对于请求解析MX类型域名的应答，应答资源记录部分包含了邮件服务器的规范主机名和优先级。附加资源记录部分包含类型为A的资源记录，提供该邮件服务器的IP地址。

12.4 实验：配置DNS服务器

DNS服务器是DNS域名系统的重要组成部分，域名服务器的配置和维护是网络管理员的主要任务之一。

互联网上运行的DNS服务器分为3种类型：①主DNS服务器；②从DNS服务器；③唯缓存DNS服务器。主DNS服务器是一种权威性的DNS服务器，它从管理员构造的本地磁盘文件中加载域信息，该信息包含对其管理的域名的最精确信息。在这台服务器上，网络管理员通常可以对其管理的DNS域名进行增加、删除和修改；从DNS服务器可以看成主DNS服务器的备份。它从主DNS服务器下载资源记录信息，使其DNS数据库与主DNS数据库保持同步。从DNS服务器可以对解析器提出的请求进行应答，但不能按照用户的要求修改资源记录。唯缓存DNS服务器中不存在DNS数据库。当收到解析器的域名解析请求后，缓存DNS服务器将请求转发至其他域名服务器并将获得的结果返回给解析器。与此同时，缓存DNS服务器将得到的解析结果缓存在自己的内存中，以便下次直接使用。唯缓存DNS服务器不是权威性的服务器，它提供的所有域名信息都是间接信息。

DNS服务器软件通常需要运行在服务器版本的操作系统上（如Windows Server、Linux Server等），Windows 10系统没有集成DNS服务软件。在Packet Tracer仿真环境中，服务器Server设备集成了DNS的服务功能，可以实现简单的域名服务器。为了对域名系统DNS有直观的了解，本实验在仿真环境下配置DNS服务器。

图12-9为一棵假想的名字树，root为教育机构分配了edu结点标识符，edu为A学校和B学校分别分配了a、b两个结点标识符，a和b又分别为其管理的主机分别了结点标识符。本实验要求配置root域名服务器、edu域名服务器、A学校和B学校的域名服务器，使其逻辑上形成一个层次化的域名解析结构。

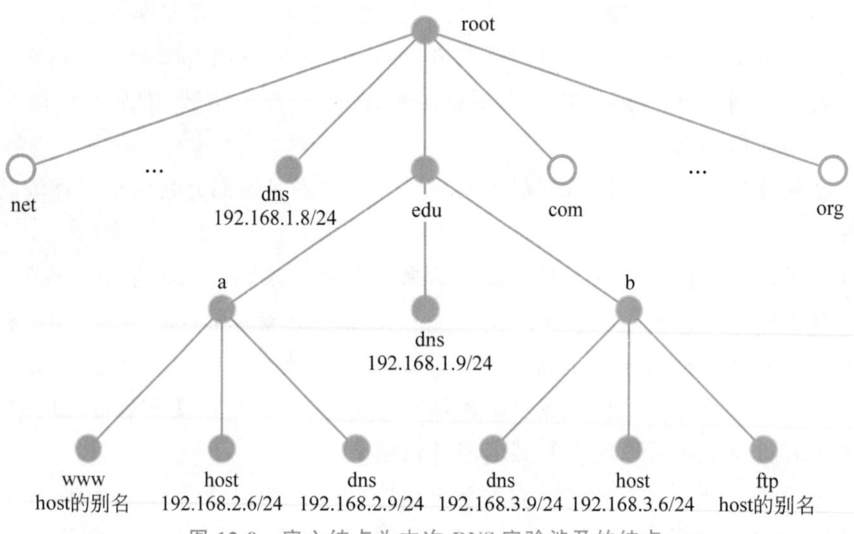

图 12-9 实心结点为本次 DNS 实验涉及的结点

配置 DNS 服务器

12.4.1 配置域名服务器

为了完成 DNS 实验任务,首先需要构建一个实验环境,而后才能进一步配置域名服务器。

1. 构建实验拓扑

在 Packet Tracer 环境下构建一个与图 12-10 类似的 DNS 仿真实验拓扑。在图 12-10 中,A 学校和 B 学校的网络分别通过路由器连入互联网,root 域名服务器和 edu 域名服务器直接挂接在互联网上。其中,root DNS 为根域名服务器,dns.edu 为 edu 级别的域名服务器,dns.a.edu 和 dns.b.edu 分别为 A 学校和 B 学校的域名服务器。由于 DNS 服务器形成的层次结构是逻辑的而不是物理的,因此互联网部分可以通过一个局域网进行模拟。

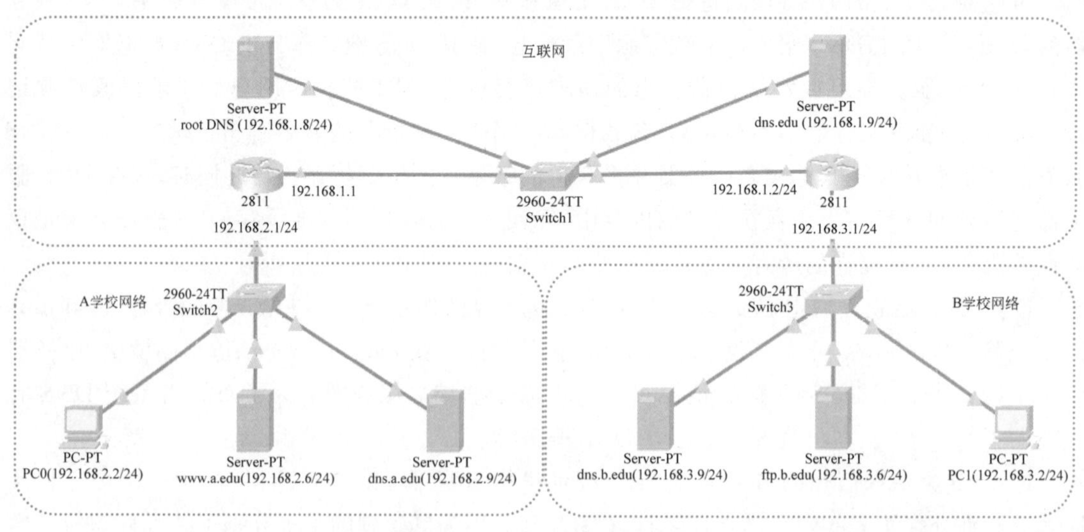

图 12-10 DNS 仿真实验拓扑

在 Packet Tracer 仿真环境下按照图 12-10 给出的 IP 地址配置路由器、服务器和 PC 的 IP 地址,同时配置路由器的路由表和主机的默认路由,保证在不使用域名的情况下,所有设备能够互相连通。

2. 配置 DNS 服务器

Packet Tracer 的 Server 服务器集成了 DNS 的服务功能，无论 root 根域名服务器、edu 域名服务器还是 A、B 两所学校的域名服务器，配置的方法和界面完全一致。

在 Packet Tracer 中单击需要配置的 DNS 服务器(如 root DNS)，在弹出的界面中选择 Services 页面，然后单击左侧服务列表中的 DNS，DNS 的配置对话框将显示在屏幕上，如图 12-11 所示。

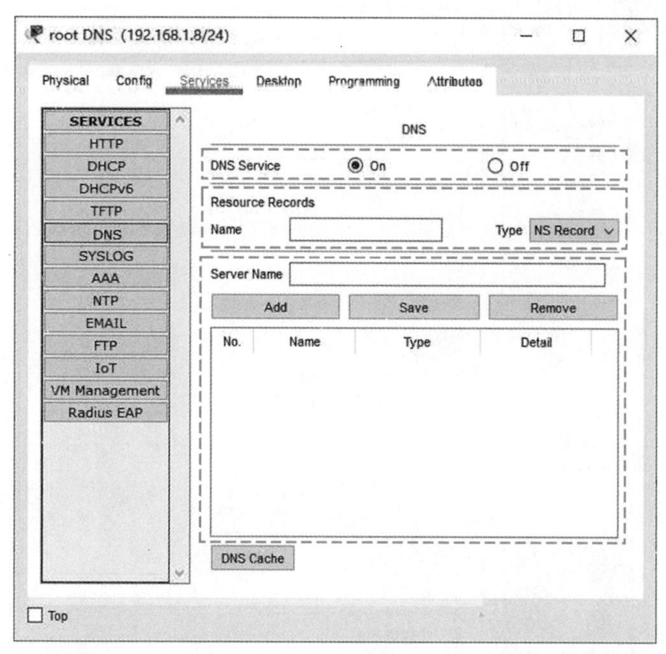

图 12-11　DNS 配置界面

图 12-11 所示的 DNS 服务器的配置包括了 3 部分：第 1 部分为服务器的启动与关闭，在使用 DNS 服务时，一定要保证 DNS 服务处于启动状态；第 2 部分为资源记录的输入部分，该部分可以选择输入资源记录的类型；第 3 部分为资源记录列表，包括了已经输入的资源记录列表。

本实验需要配置 root 根域名服务器、edu 域名服务器以及 A、B 两所学校的域名服务器。

(1) root 根域名服务器的配置：根域名服务器是最顶层的域名服务器。在本地服务找不到需要的域名时，通常都会向根域名服务器发出查询请求。按照图 12-9 显示的域名树，root 下面需要管理一个 edu 子域。配置一个子域需要两条资源记录：第 1 条为 NS 类型的资源记录，指出一个子域使用的域名服务器的名字；第 2 条为 A 类型的资源记录，说明该域名服务器的名字对应的 IP 地址。例如，对于 root 根域下需要管理的 edu 子域，第 1 条资源记录为 NS 类型，需要说明 edu 域使用的域名服务器的名字为 dns.edu；第 2 条资源记录为 A 类型，需要说明名字为 dns.edu 的服务器对应的 IP 地址为 192.168.1.9，如图 12-12 所示。在 Packet Tracer 中，DNS 资源记录列表不是按照输入的循序显示，而是按照名字的顺序显示。

(2) edu 域名服务器的配置：在图 12-9 给出的域名树中，edu 域需要管理 a 和 b 两个子域。我们可以按照根域名服务器中添加下层子域的方法，将 a 和 b 两个子域的域名服务器添加到 edu 的域名服务器中。除此之外，由于在 edu 域查不到的域名，需要到根域名服务器查找，因此需要告知 root 根域名服务器的地址。根域除了使用“.”表示外，其他的与普通的域名服务没有差别。edu 域名服务器配置完成后的界面如图 12-13 所示。

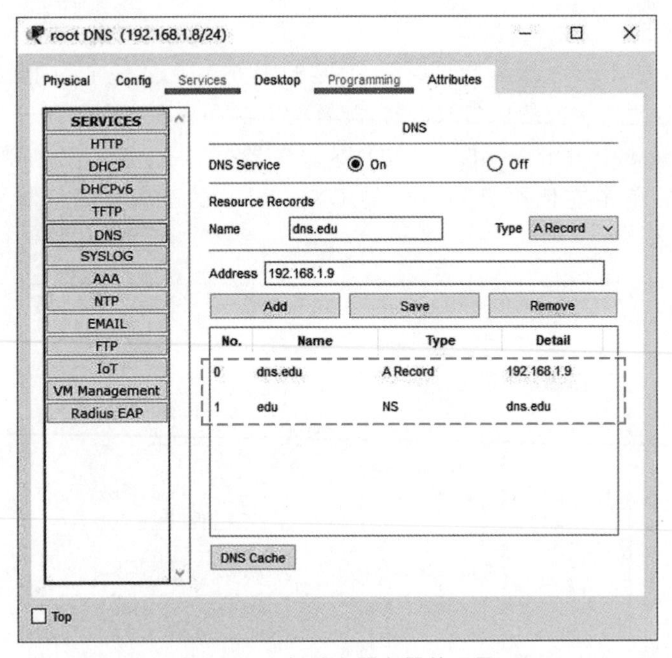

图 12-12　根域名服务器的配置

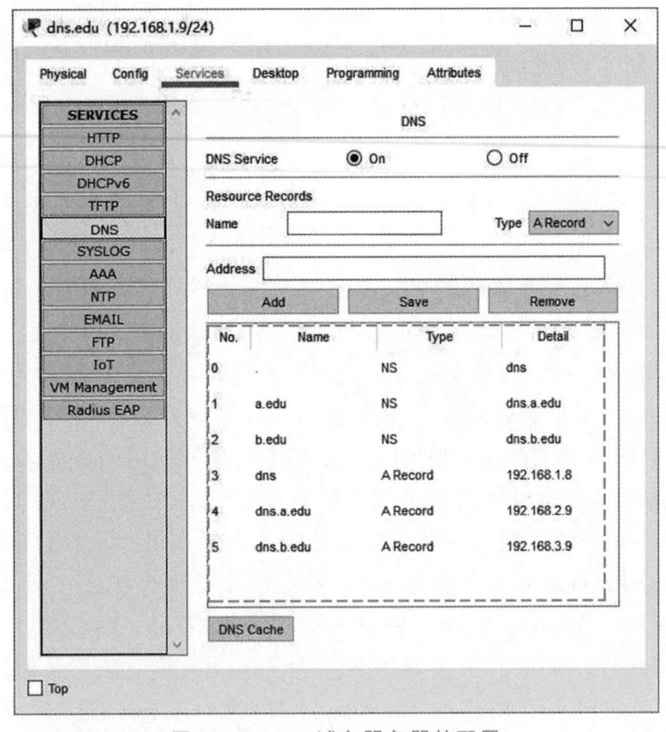

图 12-13　edu 域名服务器的配置

(3) A 校和 B 校域名服务器的配置：按照图 12-9 显示的域名树，a 域和 b 域之下不再划分子域，它们之下只有主机和别名。在添加资源记录时，主机与 IP 地址的对应关系使用 A 类型资源记录，主机的别名使用 CNAME 型资源记录。另外，如果一个域名在学校的域名服务器上查询不到，那么需要将请求转移到根域名服务器，因此，在 A 校和 B 校的域名服务器中，都需要添加 root 根域名服务器。图 12-14 显示了 A 校和 B 校配置完成之后的资源记录列表。

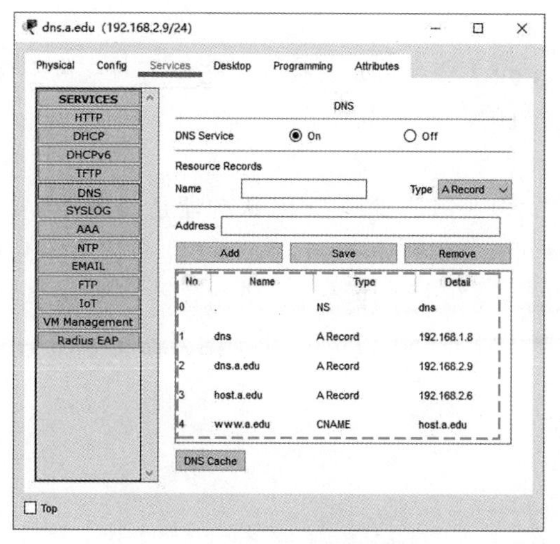

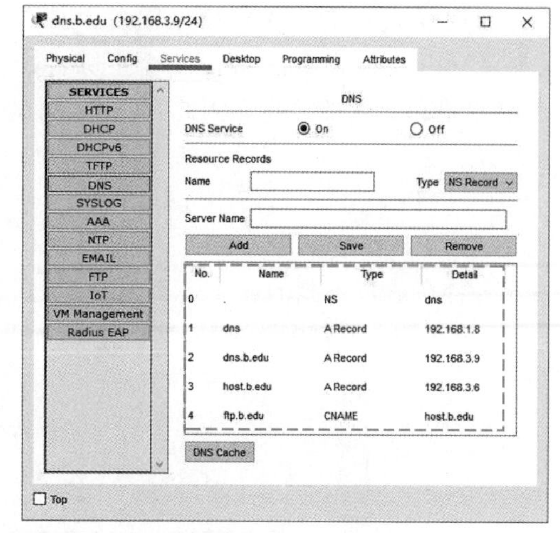

图 12-14 A 校和 B 校域名服务器的配置

12.4.2 测试配置的 DNS

测试配置的 DNS，首先需要配置测试主机，然后再看能否按照配置的服务器找到需要的域名。

1. 配置测试主机

在图 12-10 中，可以将 PC0 和 PC1 作为测试主机。其中，PC0 和 PC1 分别使用各自学校的域名服务器，PC0 指向 dns.a.edu(192.168.2.9)，PC1 指向 dns.b.edu(192.168.3.9)。

配置主机使用的 DNS 比较简单。单击需要配置的主机(如 PC0)，在弹出的界面中选择 Desktop 页面。然后，执行 Desktop 页面中的 IP Configuration 程序，系统将显示 IP 配置界面，如图 12-15 所示。在图 12-15 的 DNS Server 文本框中，输入需要使用域名服务的 IP 地址(如 192.168.2.9) 即可完成配置。

图 12-15 配置测试主机使用的 DNS

2. 利用 ping 命令测试配置的 DNS 系统

如果使用 ping 命令去 ping 一个主机名,那么 ping 命令首先去找这个主机名对应的 IP 地址,然后再进行其他的工作。因此,在完成测试主机的配置工作后,就可以利用简单的 ping 命令来测试配置的 DNS 服务器是否可以正确的工作。

例如,在 PC0 上,可以使用"ping host.a.edu"命令检查本地的 DNS 服务器是否能将 www.a.edu 对应的 IP 地址 192.168.0.3 返回至 PC0,也可以使用"ping host.b.edu"命令检查本地的 DNS 服务器中查询不到的域名是否能够通过域名服务器之间的协作,给出最终的解析结果。如果各个域名服务器都配置正确,那么在 PC0 上使用"ping host.b.edu"命令的界面将如图 12-16 所示。

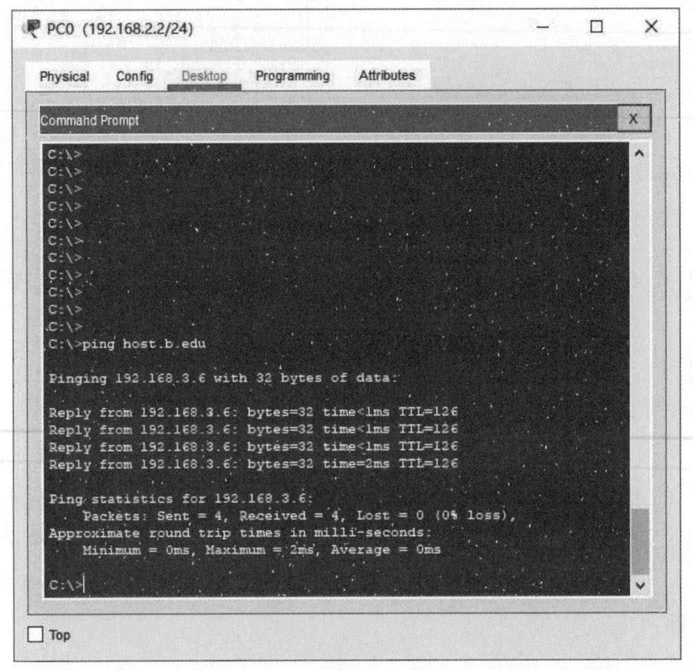

图 12-16 使用 ping 命令测试配置的域名服务器

3. 利用 nslookup 命令测试配置的 DNS 系统

另一种测试 DNS 服务器有效性的方法是利用 nslookup 命令。nslookup 命令是一个比较复杂的命令,最简单的命令形式为"nslookup host server",其中 host 是需要查找 IP 地址的主机名,而 server 则是查找使用的域名服务器。在使用 nslookup 过程中,server 参数可以省略。如果省略 server 参数,系统将使用默认的域名服务器。尽管 Packet Tracer 中提供的 nslookup 功能没有真实环境中的强大,但还是可以利用其测试配置的 DNS 系统。

例如,可以在 PC0 中使用"nslookup ftp.b.edu 192.168.2.9"命令请求配置的域名系统返回 ftp.b.edu 的 IP 地址,如图 12-17 所示。如果 nslookup 正确返回 ftp.b.edu 与其 IP 地址的映射关系,则说明域名服务器的配置是正确的。

4. 查看主机和 DNS 服务器的高速缓冲区

为了提高域名的解析效率,域名服务器一般都会采用高速缓冲区来存储查询过的资源记录。在 Packet Tracer 中,如果希望查看 DNS 服务器缓存的资源记录,那么可以通过单击需要查看的 DNS 服务器进入 DNS 服务配置界面,如图 12-11 所示。然后单击 DNS Cache 按钮,

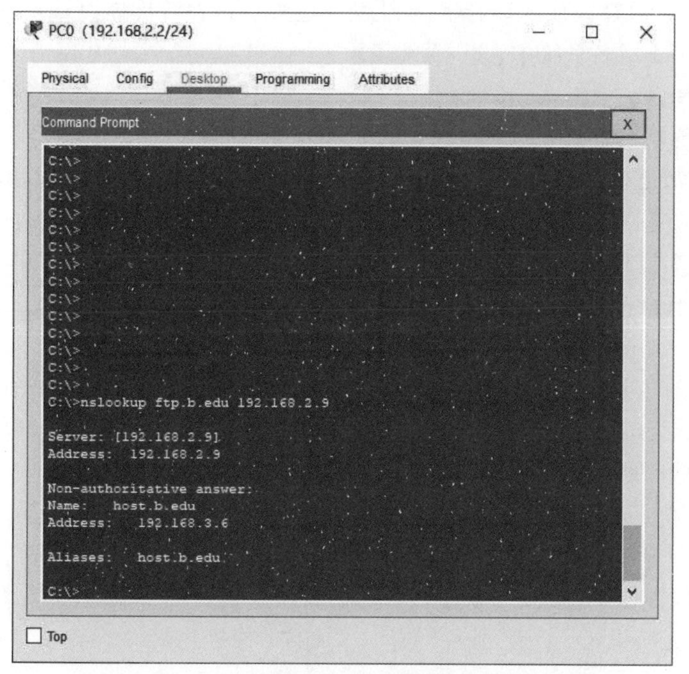

图 12-17 利用 **nslookup** 命令测试配置的域名系统

DNS 服务器的高速缓冲区中缓存的资源记录就会显示在屏幕上，如图 12-18 所示。

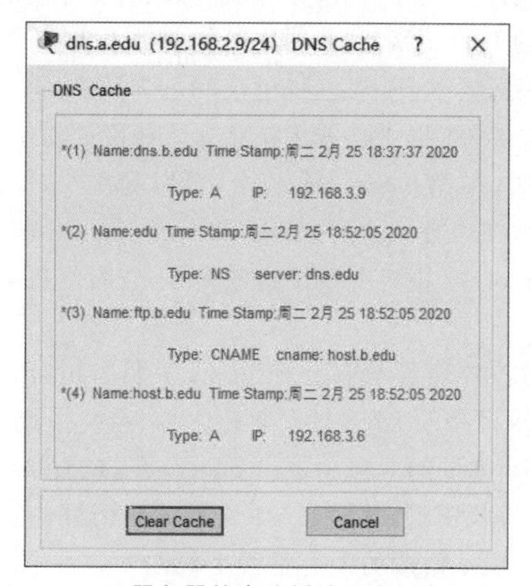

图 12-18 **DNS** 服务器的高速缓冲区中缓存的资源记录

在图 12-18 中，单击 Clear Cache 按钮，可以将这些缓存的资源记录从服务器的高速缓冲区中清除。

练习与思考

一、填空题

（1）TCP/IP 互联网上的域名解析有两种方式：一种是________，另一种是________。

（2）有一种域名解析方式，解析器希望其请求的域名服务器能够给出域名与 IP 地址对应关系的最终答案,一次性完成全部名字-地址变换过程。这种解析称为________。

(3) 在 Internet 域名系统中,edu 通常表示________。

二、单项选择题

(1) 为了实现域名解析,客户机(　　)。

a) 必须知道根域名服务器的 IP 地址

b) 必须知道本地域名服务器的 IP 地址

c) 必须知道根域名服务器的域名

d) 知道任意一个域名服务器的 IP 地址既可

(2) 下列(　　)符合 TCP/IP 域名系统的要求。

a) www-nankai-edu-cn　　b) www.nankai.edu.cn

c) netlab>nankai>edu>cn　　d) www<nankai<edu<cn

(3) 域名解析的两种方式为(　　)。

a) 递归解析和重复解析　　b) 反复解析和重复解析

c) 重复解析和过程解析　　d) 递归解析和反复解析

(4) 在域名服务器中,类型 A 表示(　　)。

a) 邮件交换机　　b) 别名　　c) 授权开始　　d) 主机地址

三、动手与思考题

配置和维护 DNS 域名服务器是一项相对比较复杂的任务,同时也是网络管理人员的主要任务之一。因此,掌握域名服务系统的工作原理、学习域名服务器的配置过程和方法具有重要的意义。在完成配置简单的 DNS 域名服务器实验的基础上,请练习和思考以下问题:

(1) 为了提高域名的解析效率,通常主机也会和域名服务器一样采用高速缓冲技术。尽管 Packet Tracer 仿真环境中没有提供查看主机高速缓冲区的功能,但是实际应用的操作系统一般都具有这种功能。例如,在 Windows 系统中,可以利用“ipconfig /displaydns”命令将缓冲区中缓存的资源记录显示在屏幕上,也可以利用“ipconfig /flushdns”命令清楚缓冲区中缓存的资源记录。在你的 Windows 主机上试试这些命令,查看主机中是否缓存了你最近访问过的一些域名。

(2) 在 Windows 等系统中,通常都有一个 hosts 文件。hosts 文件中保存的也是域名与 IP 地址的对应关系。在请求网络的 DNS 域名解析之前,系统一般首先查看 hosts 文件中是否保存着需要查找的域名与 IP 地址的对应关系。如果存在,就直接使用此对应关系,否者再请求网络上的 DNS 解析。请查找资料,学习 hosts 文件的使用方法。同时,在主机上打开 hosts 文件,试着修改这个文件,并验证修改的内容是否生效。

第13章　Web服务

Web服务是目前TCP/IP互联网上最方便和最受欢迎的信息服务类型。Web的影响力远远超出专业技术的范畴，已经进入广告、新闻、销售、电子商务与信息服务等诸多领域。Web的出现是TCP/IP互联网发展中一个革命性的里程碑。

13.1　Web服务基础

Web是TCP/IP互联网上一个完全分布的信息系统，最早由欧洲核子物理研究中心的Tim Berners Lee主持开发，其目的是为分布在世界各地的科学家提供一个共享信息平台。当第一个图形界面的Web浏览器Mosaic在美国国家超级计算应用中心诞生后，Web系统逐渐成为TCP/IP互联网上不可或缺的服务系统。

13.1.1　Web服务系统

Web服务采用客户机-服务器工作模式。它以超文本标记语言(Hyper Text Markup Language，HTML)与超文本传输协议(Hyper Text Transfer Protocol，HTTP)为基础，为用户提供界面一致的信息浏览服务。在Web服务系统中，信息资源以页面(也称网页)的形式存储在服务器(通常称为Web服务器或Web站点)中。页面采用超文本方式对信息进行组织，通过链接将一页信息连接到另一页信息。这些相互链接的页面信息既可放置在同一主机上，也可放置在不同的主机上。页面到页面的链接信息由统一资源定位符(Uniform Resource Locators，URL)维持，用户通过客户端应用程序(即浏览器)向Web服务器发出请求，服务器根据客户端的请求内容将保存在服务器中的某个页面返回给客户端，浏览器接收到页面后对其进行解释，最终将图、文、声并茂的画面呈现给用户。Web服务的工作模式如图13-1所示。

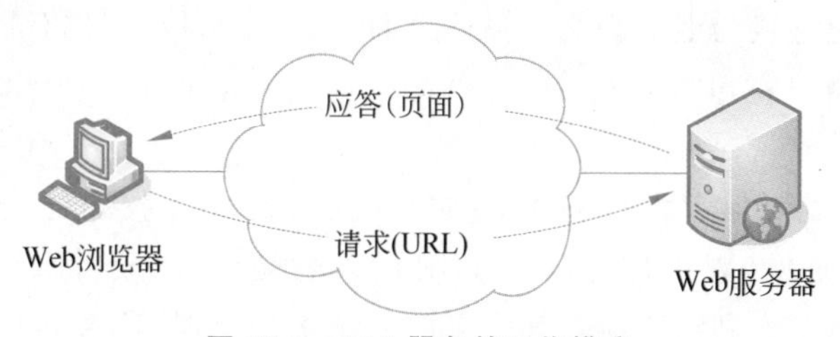

图13-1　Web服务的工作模式

与其他服务相比，Web服务具有其鲜明的特点。它具有高度的集成性，能将各种类型的信息(如文本、图像、声音、动画、视频等)与服务(如News、FTP、Gopher等)紧密连接在一起，提供生动的图形用户界面。Web不仅为人们提供了查找和共享信息的简便方法，还为人们提供了动态多媒体交互的最佳手段。总的来说，Web服务具有以下5个主要特点：

- 以超文本方式组织网络多媒体信息。
- 用户可以在世界范围内任意查找、检索、浏览及添加信息。

- 提供生动直观、易于使用、统一的图形用户界面。
- 服务器之间可以互相链接。
- 可访问图像、声音、影像和文本等信息。

13.1.2 Web 服务器

Web 服务器可以分布在互联网的各个位置,每个 Web 服务器都保存着可以被 Web 客户共享的信息。Web 服务器上的信息通常以页面(也称 Web 页面)的方式组织。页面一般都是超文本文档。也就是说,页面通常由多个对象组成,除普通文本外,还包含指向其他页面的指针(通常称这个指针为超链接)。利用 Web 页面上的超链接,可以将 Web 服务器上的一个页面与互联网上其他服务器的任意页面进行关联,使用户在检索一个页面时,可以方便地查看其相关页面。图 13-2 显示了 Web 服务器上存储的超文本 Web 页面,这些页面可以在同一台服务器上,也可以分布在互联网上不同的服务器中,但它们通过超链接进行关联。用户一旦检索到财务页面,就可以顺着财务页面这根"藤"摸到销售、制造、产品这 3 个"瓜"。

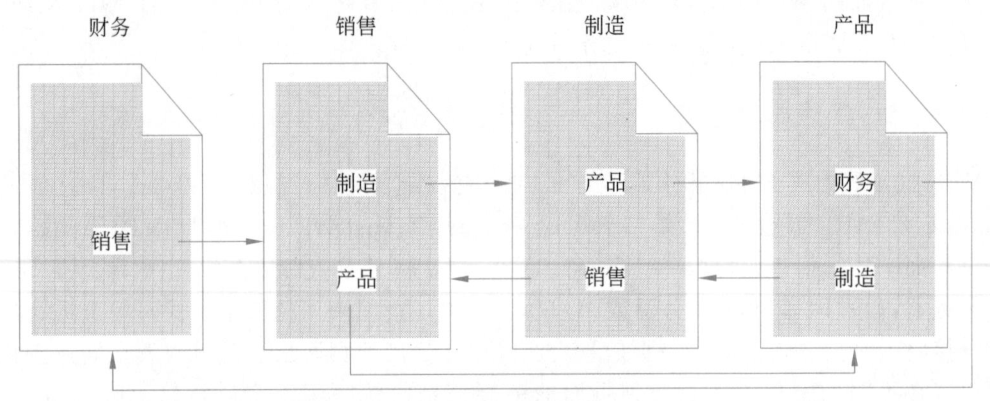

图 13-2 Web 服务器上存储的 Web 页面

超链接不但可以将一个 Web 页面与另一个 Web 页面关联,而且可以将一个 Web 页面与图形图像、音频、视频等多媒体信息进行关联,形成所谓的超媒体信息。例如,一个介绍老虎的页面,不但可以通过超链接与老虎的文字描述页面关联,也可以通过超链接与老虎的音频和视频文件关联。这样,用户就可以通过文字、声音和视频对老虎有一个全面的了解,如图 13-3 所示。

Web 服务器不但需要保存大量的 Web 页面,而且需要接收和处理浏览器的请求,实现 HTTP 服务器功能。通常,Web 服务器在 TCP 的著名端口 80 侦听来自 Web 浏览器的连接请求。当 Web 服务器接收到浏览器对某一页面的请求信息时,服务器搜索该页面,并将该页面返回给浏览器,如图 13-4 所示。

13.1.3 Web 浏览器

Web 的客户程序称为 Web 浏览器(browser),它是用来浏览服务器中 Web 页面的软件。

在 Web 服务系统中,Web 浏览器负责接收用户的请求(如用户的键盘输入或鼠标输入),并利用 HTTP 将用户的请求传送给 Web 服务器。在服务器将请求的页面送回到浏览器后,浏览器再对页面进行解释,显示在用户的屏幕上。

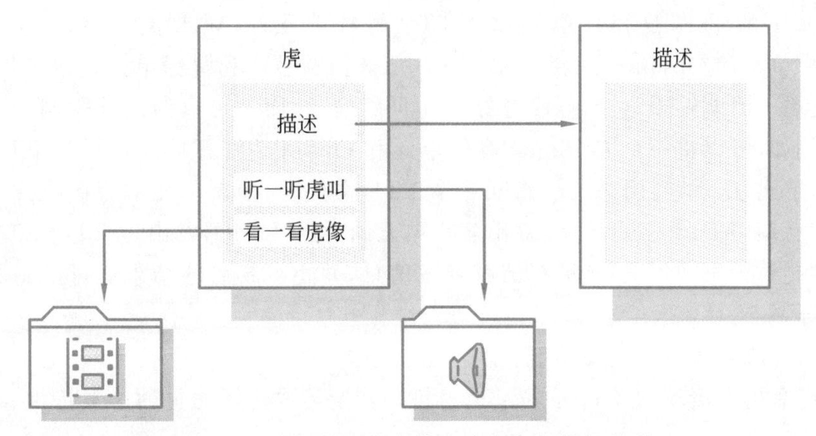

图 13-3 页面通过超链接与音频和视频相关联

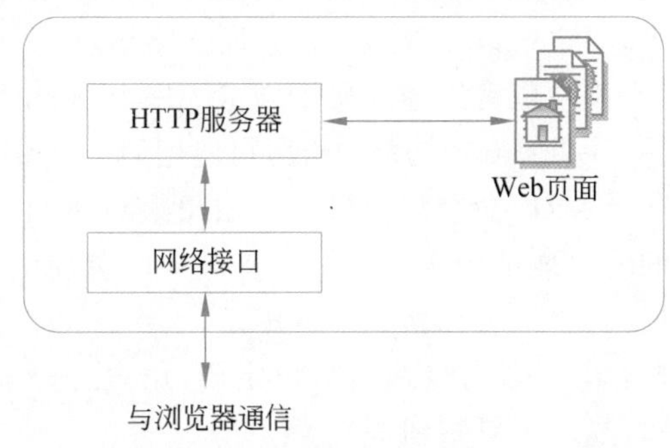

图 13-4 Web 服务器的主要组成部分

从浏览器的结构上讲，浏览器由一个控制单元和一系列的客户单元、解释单元组成，如图 13-5 所示。控制单元是浏览器的中心，负责协调和管理客户单元和解释单元。控制单元接收用户的键盘或鼠标输入，并调用其他单元完成用户的指令。例如，用户输入了一个请求某个 Web 页面的命令或单击了一个超链接，控制单元接收并分析这个命令，然后调用 HTML 客户单元并由客户单元向 Web 服务器发出请求；当服务器返回用户指定的页面后，控制单元再调用 HTML 解释器解释该页面，并将解释后的结果通过显示驱动程序显示在用户的屏幕上。

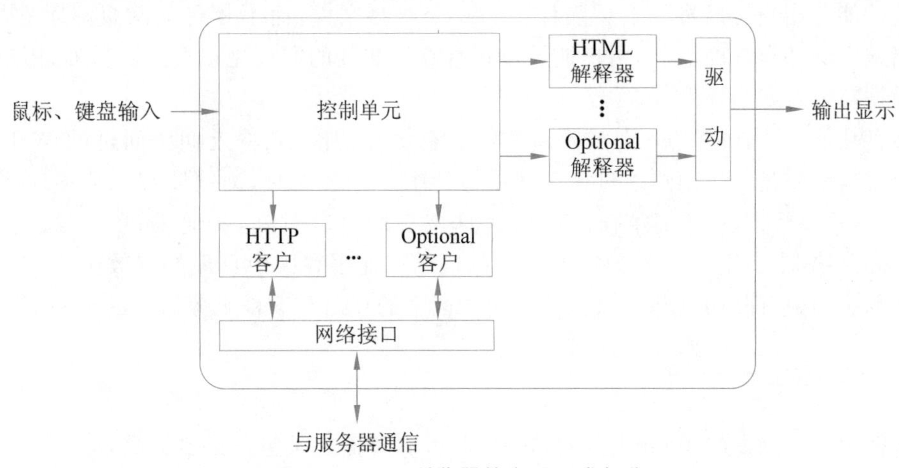

图 13-5 Web 浏览器的主要组成部分

除包含基本的HTTP客户单元和HTTP解释单元外,Web浏览器的结构中还包含Optional客户单元和Optional解释单元。这些可选择的客户和解释单元可以扩展Web浏览器的功能,使之不但能够浏览Web服务器中的页面信息,而且可以访问互联网中的其他服务器和资源。例如,可以将一个Optional客户单元和Optional解释单元扩展为FTP客户单元和FTP解释单元,这样,当用户请求访问一个FTP文件时,控制单元就会接收并分析用户输入的命令,然后调用FTP客户单元,并由客户单元向FTP服务器发出请求;当FTP服务器返回信息后,控制单元再调用FTP解释器解释该信息,并将解释后的结果通过显示驱动程序显示在用户的屏幕上。

浏览器软件应具备以下主要功能:

- 通过键盘指定请求的Web页面:通过键盘指定需要访问的页面是最传统、最有效的方法之一。
- 利用浏览器显示的超链接指定Web页面:浏览器通常以加亮或加下画线方式显示带有超链接的文字内容,用户可以简单地单击这段文字请求另一个页面。当然,图像或图标也可以带有超链接,用户也可以通过单击指定下一个Web页面。
- 历史(history)与书签(bookmark)功能:当用户使用历史命令时,用户能得到最后访问过的一些页面。实际上,历史命令只记录一个用户最新访问过的页面地址列表。书签命令能够提供更多的网页地址记录。当用户将一个网页地址加入书签表中时,只要用户不将它移出或更换,它将一直保留在书签中。
- 自由定制浏览器窗口:浏览器窗口通常可以定制,用户可以根据自己的喜好选择浏览器窗口的样式(如是否显示工具按钮等)。
- 选择起始页:起始页是打开窗口后第一个在屏幕中出现的页面。用户可以自行设置和修改起始页,也可以随时将起始页恢复到默认状态。
- 图像的下载与显示:通常,图像、文本、表格等元素同时显示在页面上。与文本相比,图像的字节数一般较大,因此,图像传输的时间也较长。为此,浏览器允许用户将图像的下载方式设置为"不下载、不显示",取而代之在图像处显示一个小小的标记。当用户单击这一标记时,浏览器再下载和显示图像。
- 保存与打印页面:一般的浏览器软件都提供了将页面作为一个文件保存到用户主机中的功能。用户可以将一个页面保存为一个磁盘文件,而不是将该网页显示在屏幕上。当这个文件存入磁盘后,用户能够以正常打开文件的方式显示页面。另外,用户也可以根据需要打印当前网页。
- 缓存功能:目前的Web浏览器通常都具有缓存功能,它将近期访问过的Web页面存放在本地磁盘。当用户通过键盘或鼠标请求一个页面时,浏览器首先从本地缓冲区中查找,只要缓冲区中保存有该页面而且该页面没有过期,浏览器就不再请求远程的Web服务器。当然,浏览器需要一定的机制保证缓存区中页面的有效性。一旦发现过期的页面,立即将其删除,以免造成缓冲区中的页面与远程服务器中的页面不一致。

13.1.4 页面地址——URL

互联网中存在众多的Web服务器,每台Web服务器中又包含很多页面,那么用户如何指明需要请求和获得的页面呢?要完成这一功能,需要求助于统一资源定位符(Uniform Resource Locators,URL)。利用URL,用户可以指定要访问什么协议类型的服务器、互联网上的哪台服务器以及服务器中的哪个文件。URL一般由协议类型、主机名、路径及文件名3部分组成。例如，南开大学网络实验室Web服务器中一个页面的URL如下：

http://netlab.nankai.edu.cn/student/network.html

协议类型　主机名　路径及文件名

其中，“http:”指明要访问的服务器为Web服务器；netlab.nankai.edu.cn指明要访问的服务器的主机名，主机名可以是该主机的IP地址，也可以是该主机的域名；而/student/network.html指明要访问页面的路径及文件名。

实际上，URL是一种比较通用的网络资源定位方法。除了指定http:访问Web服务器之外，URL还可以通过指定其他协议类型访问其他类型的服务器。例如，可以通过指定ftp:访问FTP文件服务器，通过指定file:访问本地主机上的文件等。

在Web服务系统中，可以使用忽略路径及文件名的URL指定Web服务器上的默认页面。例如，如果浏览器请求的页面为http://netlab.nankai.edu.cn/，那么服务器将使用它的默认页面(文件名通常为index.html或default.html)进行响应。

13.2 Web系统的传输协议

Web客户机与Web服务器之间传递信息通常使用超文本传输协议(HTTP)。HTTP建立在TCP基础之上，是一种无状态的传输协议。所谓无状态，是指HTTP服务器不记录HTTP客户端的状态信息，它为客户所做的工作马上就会“忘记”。即使客户端进行了连续两次相同的请求，服务器需要对这两个请求逐一应答，不会因为这两个请求相同且连续而尝试忽略其中一个。

由于下层使用TCP，因此HTTP不必考虑HTTP请求或应答数据的丢失问题。默认情况下，HTTP服务器使用TCP的80端口等待客户端连接请求的到来。

13.2.1 HTTP信息交互过程

HTTP支持两种形式的信息交互过程：一种为非持久连接(nonpersistent)；一种为持久连接(persistent)。

1. 非持久连接

不论是早期的HTTP版本，还是当前的HTTP版本，它们都支持非持久连接方式。采用非持久连接方式时，每个TCP连接只传送一个请求报文和一个响应报文。如果一个Web页面包含多个对象(如页面上含有多个图像链接)，就需要为每个对象建立一个新的TCP连接。例如，某个Web浏览器需要访问的页面为http://netlab.nankai.edu.cn/network.html。除包含文字信息外，页面network.html中还包含10幅图像信息。采用非持久连接方式时，HTTP服务器和HTTP客户机的交互过程如下：

(1) HTTP客户机向HTTP服务器netlab.nankai.edu.cn的80端口请求一个TCP连接。

(2) HTTP服务器对连接请求进行确认，TCP连接建立过程完成。

(3) HTTP客户机发出页面请求报文(如GET /network.html)。

(4) HTTP服务器netlab.nankai.edu.cn以network.html页面的具体内容进行响应。

(5) HTTP 服务器通知下层的 TCP 关闭该 TCP 连接。

(6) HTTP 客户机将收到的页面 network.html 交由 Web 浏览器显示。

(7) 对于 network.html 页面上的 10 个图像对象，浏览器重复上面的步骤(1) ～(6)，为每个图像对象建立一个新的 TCP 连接，从服务器获得对象信息并显示。

为了得到 network.html 页面上的 10 幅图像，浏览器可以采用串行或并行方式建立 TCP 连接。在串行方式下，浏览器先为第一幅图片建立 TCP 连接，在得到第一幅图像并关闭连接后，再为第二幅图像建立 TCP 连接……在并行方式下，浏览器一次建立多个 TCP 连接，分别下载第一幅图像、第二幅图像、第三幅图像……。由于并行方式可以缩短获取页面对象的时间，因此，多数浏览器都允许同时打开多个 TCP 连接。不过，由于每个 TCP 连接都会占用一部分系统资源，服务器在应付众多的客户机请求时可能会因为 TCP 连接数过多而耗尽资源，因此，每个浏览器同时打开的 TCP 连接数不宜过多(多数浏览器允许 5～10 个)。

2. 持久连接

非持久连接方式需要为每个请求的对象建立和维护一个新的 TCP 连接，TCP 连接需要不断地建立和关闭，这样不但增加了 Web 服务器的负担，而且每次连接的建立和关闭也增加了请求对象的响应时间。因此，新版本的 HTTP 增加了持久连接方式。目前，持久连接方式是多数服务器和浏览器的默认支持方式。

在持久连接方式下，服务器在发送响应信息后保持该 TCP 连接，在相同的客户机和服务器之间的后续请求和响应报文可以通过已建立的 TCP 连接传送。这样，一个完整的 Web 页面，不论其包含多少对象单元，都可以通过一个 TCP 连接传送，不用为每个对象建立一个新 TCP 连接。有时，一台客户机可以利用单一的 TCP 连接将多个 Web 页面从一台服务器下载下来。如果一个 TCP 连接在一定时间间隔内没有被使用，那么 HTTP 服务器就通知 TCP 软件关闭该连接。当然，客户机也可能主动发出关闭 TCP 连接的请求，这时服务器也会通知 TCP 软件关闭连接。

持久连接有两种操作方式：一种是非流水线方式；另一种是流水线方式。在非流水线方式下，客户机只在前一个响应收到之后才发出新的对象请求。而在流水线方式下，客户机能够将多个对象请求一个接一个地发送出去，即使还没有收到前面请求的应答。显然，流水线方式比非流水线方式效率更高，因此，多数 Web 服务器和 Web 浏览器都以流水线方式作为默认的工作方式。

13.2.2 HTTP 报文格式

为了保证 Web 客户机与 Web 服务器之间通信不会产生二义性，HTTP 精确定义了请求报文和响应报文的格式。

1. 请求报文的格式

HTTP 请求报文包括一个请求行和若干报头行，有时还可能带有报文体。报文头和报文体以空行分隔。

请求行：包括请求方法、被请求的文档、HTTP 版本。主要的请求方法如表 13-1 所示。

报头行：客户机利用请求报文的报头行向服务器传递附加的请求信息(如客户机可以请求服务器以某种特殊的格式响应请求的文件)。报头行由一行或多行组成，每一行都由一个名字、一个冒号加空格和一个值组成。表 13-2 列出了请求报文中主要使用的头部名及其意义。

表 13-1　主要的请求方法

请求方法	意　　义	请求方法	意　　义
GET	向服务器请求文档	POST	从客户端向服务器发送信息
HEAD	向服务器请求文档信息而不是文档本身	PUT	客户端向服务器上传文档

表 13-2　请求报文中主要使用的头部名及其意义

头　部　名	意　　义
Accept	客户端能够接受的媒体格式
Accept-charset	客户端可以处理的字符集
Accept-encoding	客户端可以处理的编码方案
Accept-language	客户端可以使用的语言
Host	目标对象所在的主机
If-modified-since	如果在指定的日期后有更新,则发送文档
Content-type	文档的类型
Content-length	文档的长度
Content-language	文档的语言

报文体：有的请求报文含有报文体,有的则没有。例如,在利用 GET 方法请求 Web 页面时,通常就没有报文体。但是,在使用 POST 方法提交表单时,表单信息常常包含在报文体中。

图 13-6 是一个简单的检索请求报文。请求报文的第一行是请求行,在请求行中指明方法为 GET(检索报文),请求页面的路径及文件名为/network.html,使用的 HTTP 的版本号为 1.1。报头 HOST 指出请求页面所在的主机 IP 地址为 192.168.0.66,而 User-Agent 则显示了用户使用 Web 浏览器的类型。

```
GET /network.html HTTP/1.1
HOST: 192.168.0.66
User-Agent: Mozilla/4.0 (Compatible; MSIE5.01; Windows NT 5.0)
…
```

图 13-6　检索请求报文

2. 响应报文的格式

与 HTTP 请求报文类似,HTTP 应答报文包括一个状态行和若干报头行,并可能在空行后带有报文体。

状态行：包括 HTTP 版本、状态码、状态短语。其中,状态码由 3 位数字组成,2xx 表示成功,3xx 表示重定向,4xx 表示客户方出错,5xx 表示服务器方出错。状态短语是对状态的简单文字说明。主要的状态码和状态短语如表 13-3 所示。

报头行：服务器利用响应报文的报头行向客户机传递附加的响应信息。与请求报文的报头行类似,响应报文的报头行由一行或多行组成,每行都由一个名字、一个冒号加空格和一个值组成。实际上,有些报头行既可以在请求报文中出现,也可以在响应报文中出现。表 13-4 列出了响应报文中主要使用的头部名及其意义。

表 13-3　主要的状态码和状态短语

状态码	状态短语	说明	备注
200	OK	请求成功	成功
201	Created	创建了新的 URL	
202	Accepted	收到请求但不能立即响应	
301	Moved permanently	服务器已不再使用所请求的 URL	重定向
302	Moved temporarily	请求的 URL 暂时移到其他位置	
400	Bad request	请求中有语法错误	客户端出错
403	Forbidden	请求的服务被拒绝	
404	Not found	没有找到请求的文档	
500	Internal server error	服务器内部错误	服务器端出错
501	Not implemented	请求的动作不能完成	

表 13-4　响应报文中主要使用的头部名及其意义

头部名	意义	头部名	意义
Server	服务器使用的软件及版本号	Content-type	文档的类型
Age	文档的使用年限	Content-length	文档的长度
Public	支持的方法列表	Content-language	文档的语言

报文体：响应报文的报文体中通常包含文档数据，该文档通常是客户端请求的文档。

图 13-7 是一个简单的 Web 服务器应答报文。报文的第一行是状态行，其中 200 是状态码，表示成功。报头 Server 指出 HTTP 服务器软件是什么，而 Content-Type 和 Content-Length 分别指出文档的数据类型和长度。从<HTML>开始是报文体，它是服务器为客户端传送的文档。

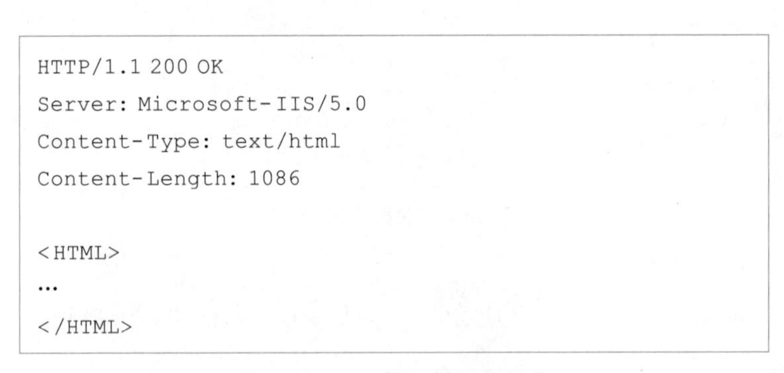

```
HTTP/1.1 200 OK
Server: Microsoft-IIS/5.0
Content-Type: text/html
Content-Length: 1086

<HTML>
...
</HTML>
```

图 13-7　Web 服务器应答报文

13.3　Web 系统的页面表示方式

Web 服务器中存储的页面是一种结构化的文档，采用超文本标记语言(HTML)书写而成。一个文档如果想通过 Web 浏览器显示，就必须符合 HTML 标准。HTML 是 Web 世界的共同语言。

HTML 是 Web 上用于创建超文本链接的基本语言，可以定义格式化的文本、色彩、图像与超文本链接等，主要用于 Web 页面的创建与制作。作为 Web 的核心技术，HTML 在互联网中得到了广泛的应用。

按照标准的 HTML 规范，不同厂商开发的 Web 浏览器、Web 编辑器与 Web 转换器等各类软件可以按照同一标准对页面进行处理，以便用户能够自由地在 Web 世界中漫游。

HTML 是一个简单的标记语言，主要用来描述 Web 文档的结构。用 HTML 描述的文档由两种成分组成：一种是 HTML 标记(tag)；另一种是普通文本。HTML 标记封装在尖括号"<"和">"中，不区分大小写字母。大部分标记都是成对出现的，如<HEAD>及</HEAD>是一对标记，分别称为开始标记和结束标记，这对标记将它所影响的文本夹在中间。也有一些标记是单个出现的，称为元素标记，如<IMG>是图像元素的开始标记，但它无结束标记。

许多标记都附有必需的或可选的属性(attribute)，它可以提供进一步的信息，便于浏览器解释。属性的形式为"属性名＝属性值"，多个属性之间可以用空格分开。例如，<IMG src＝"http://netlab.nankai.edu.cn/lan.jpg" alt＝"LAN Image">中，IMG 为标记，src 和 alt 是属性名。

1. 基本结构标记

HTML 中的基本结构标记包括<HTML>、</HTML>、<HEAD>、</HEAD>、<TITLE>、</TITLE>、<BODY>和</BODY>。

通常，一个 HTML 文档以<HTML>开始，以</HTML>结束。夹在<HEAD>和</HEAD>之间的信息为文档的头部信息，而夹在<BODY>和</BODY>之间的信息为文档的主体信息。在头部信息中，夹在<TITLE>和</TITLE>之间的信息形成了文档的标题。

一个文档的标题信息一般显示在浏览器的标题栏中，而文档的主体信息显示在浏览器的主窗口中。图 13-8 给出了一个简单的 HTML 文档以及浏览器对它的解释结果，可以看到源 HTML 文档标题和主体信息在浏览器中的显示位置。

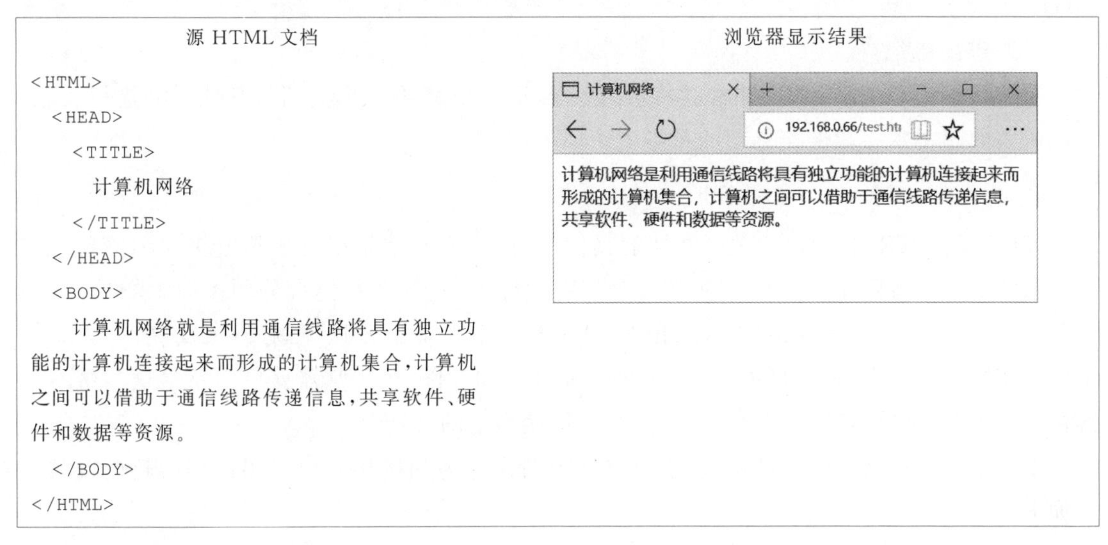

图 13-8　HTML 的基本结构标记实例

2. 段落标记

HTML 中最基本的元素是段落。段落可以用<P>表示，浏览器将段落的内容从左到右，从上到下显示。

3. 图像标记

如果希望在文档中嵌入图像，可以使用<IMG>标记。例如，如果希望将主机 192.168.0.66 上的图像 lan.jpg 嵌入页面中，可以使用<IMG src="http://192.168.0.66/lan.jpg">。其中，属性 src 是必需的，它的值说明图像的具体位置，图 13-9 给出了一个嵌入图像的 Web 页面，可以看到，HTML 并没有将真正的图像数据插入页面文档中，而仅嵌入图像的具体存放位置和名字。浏览器在解释该文档过程中，必须首先从 src 指定的位置获得该图像，然后才能将它显示在屏幕上。

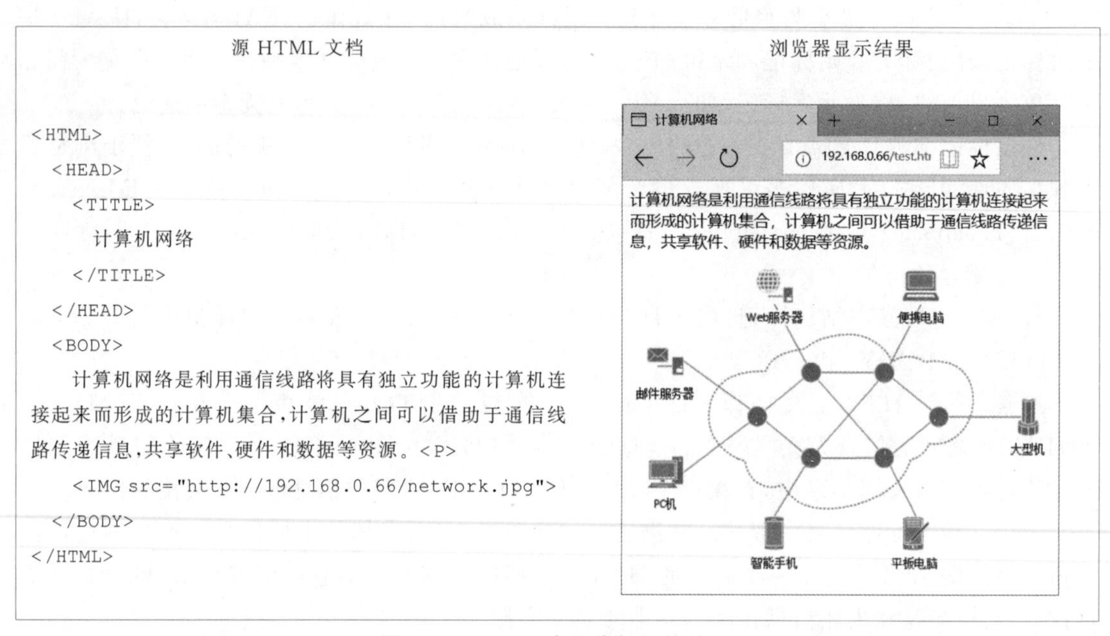

图 13-9　HTML 中图像标记的使用

4. 超链接标记

超链接标记是 HTML 中非常有特色的一个标记，它能将一个文档与其他文档进行关联，形成所谓的超文本。超链接标记的基本语法如下：

```
<A HREF="URL 或文件名">文本字符串 </A>
```

其中，属性 HREF 指定相关联文档的具体位置，而文本字符串是该超链接在浏览器窗口中显示的文字。在图 13-10 中，增加了 3 个超链接标记，这 3 个超链接分别指向 192.168.0.66 服务器上的 lan.html、man.html 和 wan.html 文档。浏览器通常以下画线（或高亮度）方式显示带有超链接的文本（如局域网、城域网和广域网）。当用户在浏览器窗口中单击这些带有超链接的文本时，浏览器就去检索并显示这些超链接指定的文档。

不但可以使用文字作为超链接，也可以使用图像作为超链接。使用图像作为超链接的形式如下：

```
<A HREF="URL 或文件名"> <IMG src="图像文件名"> </A>
```

浏览器通常为带有超链接的图像加彩色边框。用户单击这些图像，浏览器就会抓取并显示这些超链接指定的文档，如图 13-11 所示。

源 HTML 文档

```
<HTML>
  <HEAD><TITLE>计算机网络</TITLE></HEAD>
    <BODY>
    计算机网络就是利用通信线路将具有独立功能的计算机连接起
来而形成的计算机集合，计算机之间可以借助于通信线路传递信息，
共享软件、硬件和数据等资源。<P>
    <IMG src="http://192.168.0.66/network.png"><P>
    <A HREF="http://192.168.0.66/lan.html">局域网</A>
    <P>
    <A HREF="http://192.168.0.66/man.html">城域网</A>
    <P>
    <A HREF="http://192.168.0.66/wan.html">广域网</A>
  </BODY>
</HTML>
```

浏览器显示结果

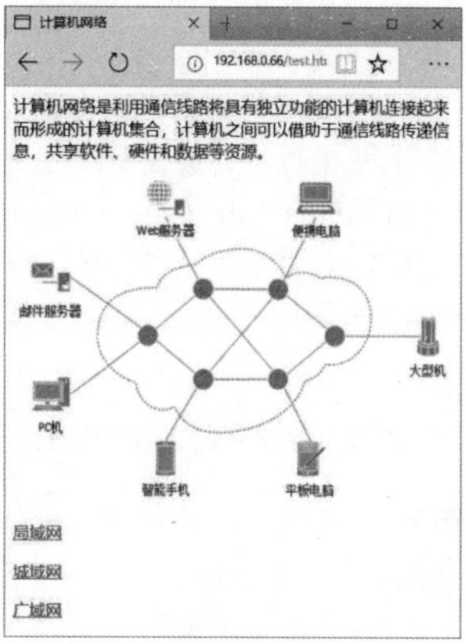

图 13-10　文字形式的超链接标记

源 HTML 文档

```
<HTML>
  <HEAD><TITLE>计算机网络</TITLE></HEAD>
    <BODY>
    计算机网络是利用通信线路将具有独立功能的计算机连接起来
而形成的计算机集合，计算机之间可以借助于通信线路传递信息，共
享软件、硬件和数据等资源。<P>
    <IMG src="http://192.168.0.66/network.png"><P>
    <A HREF="http://192.168.0.66/lan.html">局域网</A>
    <A HREF="http://192.168.0.66/lan.html">
    <IMG src="http://192.168.0.66/lan.png"></A>

    <A HREF="http://192.168.0.66/man.html">城域网</A>
    <A HREF="http://192.168.0.66/man.html">
    <IMG src="http://192.168.0.66/man.png"></A>

    <A HREF="http://192.168.0.66/wan.html">广域网</A>
    <A HREF="http://192.168.0.66/wan.html">
    <IMG src="http://192.168.0.66/wan.png"></A>
  </BODY>
</HTML>
```

浏览器显示结果

图 13-11　图像形式的超链接标记

13.4　实验：配置 Web 服务器，分析 HTTP 交换过程

Web 服务是 TCP/IP 互联网中最重要的服务之一。本实验通过学习配置 Web 服务器，获取 Web 服务器与浏览器交换的数据包，分析 HTTP 的交互过程，理解 Web 服务器的基本原理。

目前，市场上流行很多 Web 服务器软件。这些软件有的功能齐全，有的小巧简单，用户可以根据自己应用的特点进行选择。在这些 Web 服务器软件中，运行于 Windows 操作系统上的 Internet Information Server（IIS）和运行于 Linux 上的 Apache Web Server 最为常用。

Web 网站通常运行在服务器上（如 Windows Server、Linux Server 或 UNIX Server），但个人计算机中也可以运行 Web 服务，只不过有些功能受限。本实验将在 Windows 10 操作系统下对 Internet Information Server 进行配置，之后再利用 Wireshark 等工具捕获网络数据包，观察 Web 服务器与浏览器之间的交互过程。

13.4.1 IIS 的安装和配置

尽管 Windows 10 内置了 IIS，但是作为个人使用的终端操作系统，Windows 10 不会自动安装 IIS。为了完成本实验，首先需要在 Windows 10 系统下安装 IIS，而后对 IIS 进行配置。

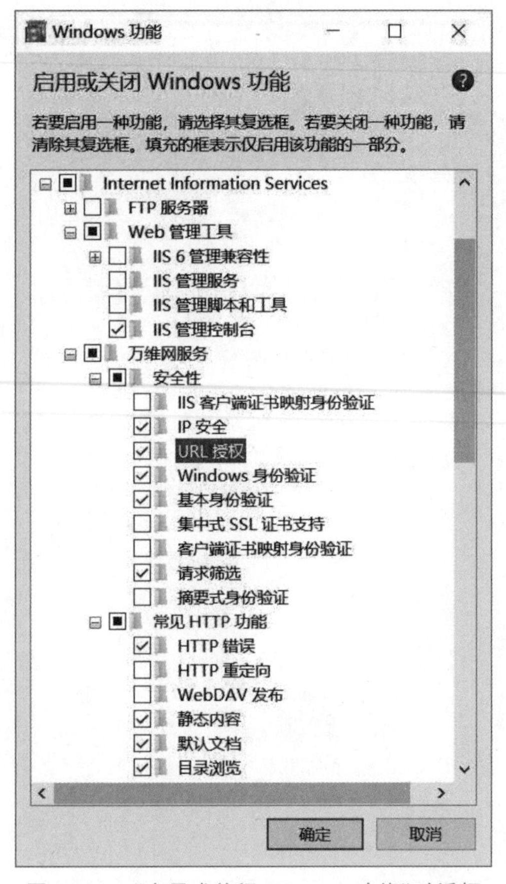

图 13-12 “启用或关闭 Windows 功能”对话框

本节主要介绍 ISS 的安装、IIS 管理控制台的使用、网站的启动与停止、默认文档设置、虚拟目录和应用程序的创建等基本内容。

1. IIS 的安装

在 Windows 10 系统中，安装 IIS 可以按如下步骤依次操作。

（1）单击屏幕左下角的开始图标，在出现的屏幕上单击设置按钮。

（2）当设置对话框出现时，单击其中的应用按钮。

（3）在应用程序设置界面，单击右侧的“程序和功能”。

（4）当出现程序和功能对话框后，单击左侧的“启用或关闭 Windows 功能”按钮，系统将进入“启用或关闭 Windows 功能”对话框，如图 13-12 所示。通过勾选需要的服务，可以在系统加载相应的功能。

在图 13-12 中勾选“万维网服务”，系统会自动选择一些常用的功能模块。利用这些模块，可以创建一个简单的 Web 网站。

2. IIS 管理控制台的使用

管理 IIS 服务需要在 IIS 管理控制器中进行。在安装 IIS 服务之后，点击屏幕左下角的，然后在弹出的列表中启动“Internet Information Services（IIS）管理器”。

IIS 管理器的界面整体上分成 3 部分，如图 13-13 所示。界面的左部是目录树，列出了可以管理的网站和网站下的目录。界面的中部可以通过界面下方的按钮选择“功能视图”或“内容视图”。在单击目录树的某一项后，如果选择的是“功能视图”，那么中部显示的是这一级别

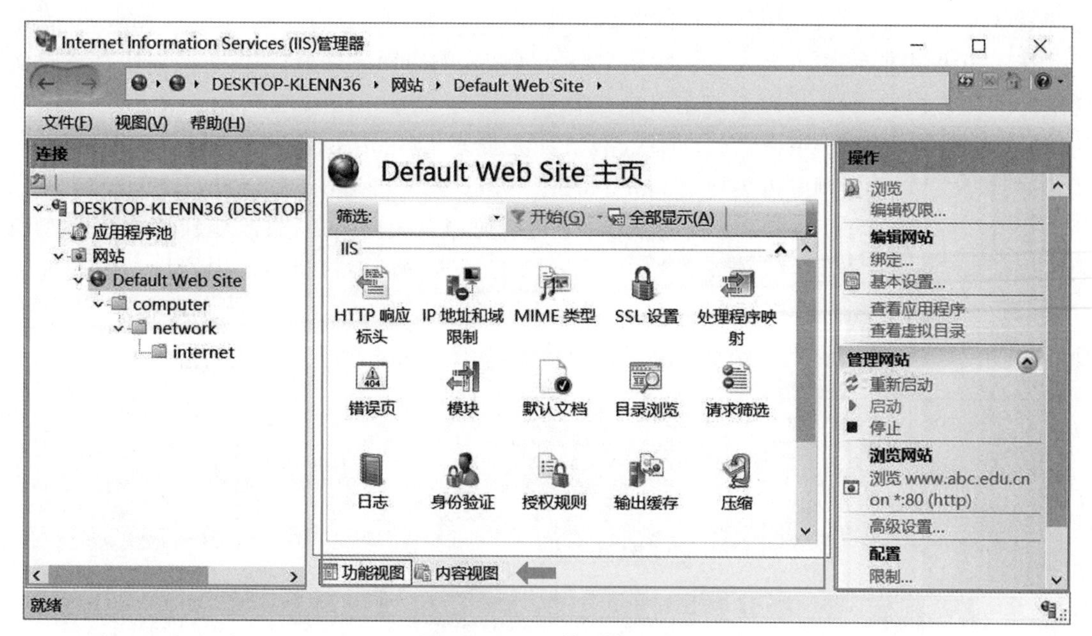

图 13-13 IIS 管理控制台

下可配置的功能模块;如果选择的是“内容视图”,那么中部显示的是这一级别下目录包含的内容。界面的右部是具体的配置项。这些配置项会随界面的左部、界面的中部选择内容的不同而不同。

例如,在图 13-13 中如果选择默认网站 Default Web Site,那么该网站可以配置的功能(如 IP 地址和域名限制、默认文档等)就会在中部的“功能视图”中显示。同时,可以配置的具体项目(如绑定、启动、停止等)也会出现在界面的右部。

3. 网站的启动与停止

如果一个网站当前为“停止”状态,那么可以在界面左部的目录区选中该网站(如图 13-13 中的 Default Web Site),然后用单击界面右部的“启动”按钮,以开始该网站的服务;如果一个网站当前为“启动”状态,那么可以在左部的目录区域选中该网站,然后用单击界面右部的“停止”按钮,以停止该网站的服务。另外,运行中的网站也可以重新启动,这时只要单击界面右部的“重新启动”按钮即可。

4. 默认文档设置

在通过浏览器访问 Web 网站时,用户通常只在浏览器的“地址”栏输入 Web 网站的地址,而不指定具体的文件名,这时被访问的 Web 网站将其默认的文档返回给浏览器。例如,www.abc.edu.cn 网站的默认文档为 Default.html,当使用“http://www.abc.edu.cn/”访问这个网站时,网站就用 Default.html 进行响应。

IIS 的每级目录可以单独设置适合自己的默认文档。例如,在图 13-14 显示的 Default Web Site 网站中,网站的主目录下面有子目录 computer,computer 下面还有 network。我们可以将主目录下的默认文档设置为 Default.html,将子目录 network 下的默认文档设置为 NetworkDefault.html。这样,当用户使用“http://www.abc.edu.cn/”访问时,网站用 Default.html 响应;当用户使用“http://www.abc.edu.cn/computer/network/”访问时,网站就用 NetworkDefault.html 网页响应。

为了简化设置,IIS 允许子目录继承父目录设置的默认文档。也就是说,父目录使用什么样的默认文档,子目录就是用什么样的默认文档。

在同一级目录下,可以指定多个默认文档。网站在响应用户的请求时,按照顺序查找应该使用的默认文档。例如,可以指定主目录的默认文档为 Default.html 和 index.html。当用户使用"http://www.abc.edu.cn/"访问时,网站首先搜索 Default.html。如果 Default.html 存在,就用该文档响应;否则,再去搜索 index.html。

在 IIS 中,用户可以指定是否启用默认文档、增加和删除默认文档、改变默认文档的匹配顺序等。为了完成这项工作,首先需要在图 13-13 显示界面的左部目录树中选择需要设置的目录(如 Default Web Site 下的 computer 目录),然后在界面中部区域的"功能视图"中单击"默认文档",默认文档的配置界面将出现的屏幕上,如图 13-14 所示。

图 13-14 "默认文档"配置界面

5. 虚拟目录和应用程序的创建

在 Windows 10 创建 IIS 网站时,系统会将物理路径指定为"%SystemDrive%\inetpub\wwwroot",即系统盘的"\inetpub\wwwroot"。以该目录作为起始目录,网站可以按照多级目录的方式进行组织。如果用户需要访问的文档,存储位置比较深,那么需要给出的 URL 就会比较繁长。假如用户需要访问 www.abc.edu.cn 网站中位于 computer/network/internet 下的 rfc.html 文档,那么用户需要输入的 URL 为"http://www.abc.edu.cn/computer/network/internet/rfc.html"。为了简化用户输入,在 IIS 中可以使用虚拟目录。

所谓的虚拟目录,就是指向物理目录路径的指针,用一个逻辑目录代替繁长的物理目录路径。在图 13-13 中右击界面左部的 Default Web Site,在弹出的菜单中选择"添加虚拟目录",系统将显示"添加虚拟目录"对话框,如图 13-15 所示。

在图 13-15 中输入别名(如 vinternet)和对应的物理路径(如 C:\inetpub\wwwroot\computer\network\internet),单击"确定"按钮,系统将在 Default Web Site 之下建立一个虚拟目录 vinternet,如图 13-16 所示。以后,用户可以使用"http://abc.edu.cn/vinternet/rfc.html"代替"http://www.abc.edu.cn/computer/network/internet/rfc.html"。

虚拟目录既可以在主目录中添加,也可以在各级子目录中添加。例如,可以在 computer 中添加一个 vint 虚拟目录,使其指向物理路径 C:\inetpub\wwwroot\computer\network\

添加虚拟目录

网站名称: Default Web Site

路径: /

别名(A):

vinternet

示例: 映像

物理路径(P):

C:\inetpub\wwwroot\computer\network\internet

传递身份验证

连接为(C)... 测试设置(G)...

确定 取消

图 13-15 “添加虚拟目录”对话框

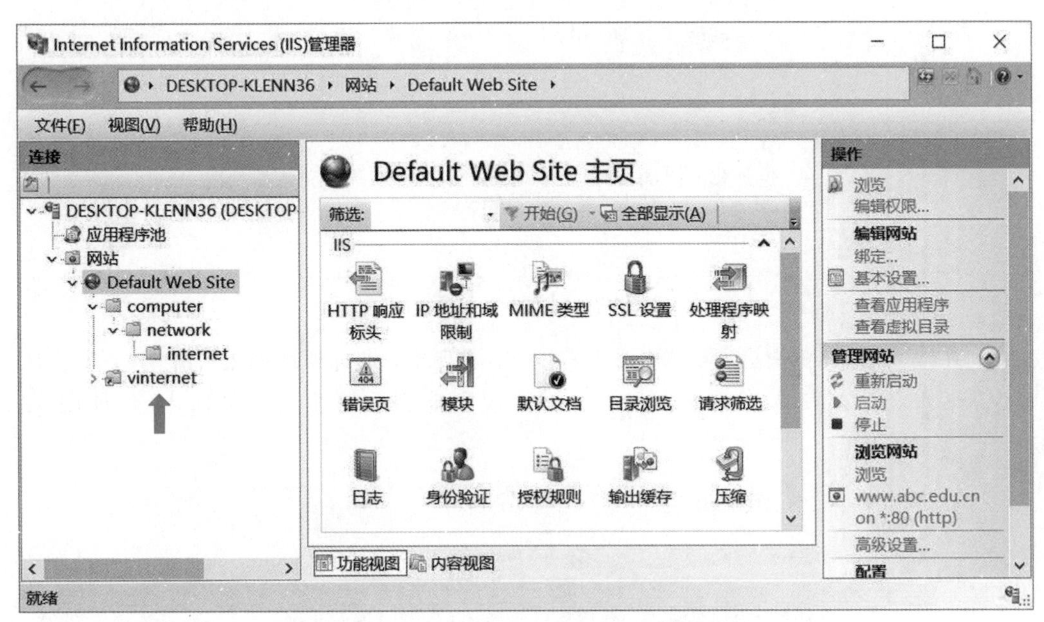

图 13-16 添加虚拟目录后的 IIS 管理器

internet。这样,用户访问网站可以使用 URL 为“http://www.abc.edu.cn/computer/vint/rfc.html”。

网站中除了使用虚拟目录,也可以使用应用程序。虚拟目录和应用程序比较类似,不过应用程序可以选择使用其他应用程序池。

13.4.2 测试配置的 Web 服务器

在完成 IIS 配置后,可以对配置的 Web 站点进行测试。测试可以采用如图 13-17 所示的网络结构。这里,Web 客户机中运行浏览器程序(如 Edge、Chrome),Web 服务器中运行 IIS

服务程序，同时假设 Web 服务器的 IP 地址为 192.168.0.66。

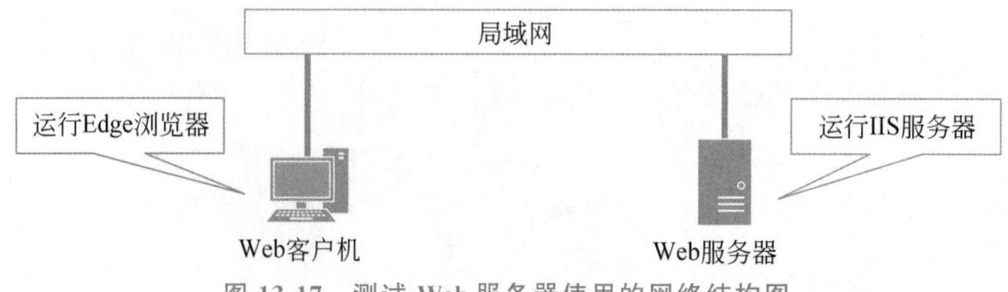

图 13-17　测试 Web 服务器使用的网络结构图

(1) 为了便于验证 Web 网站的配置情况，需要编制一些 Web 页面，并将这些页面存入 Web 网站目录下。例如，可以将图 13-18 所示的 Web 页面存入默认 Web 网站的主目录下(默认目录为\inetpub\wwwroot)，同时将其命名为 test.html。也可以利用本章介绍的其他 HTML 标记，编制更加复杂、美观的 Web 页面放入 Web 网站中。

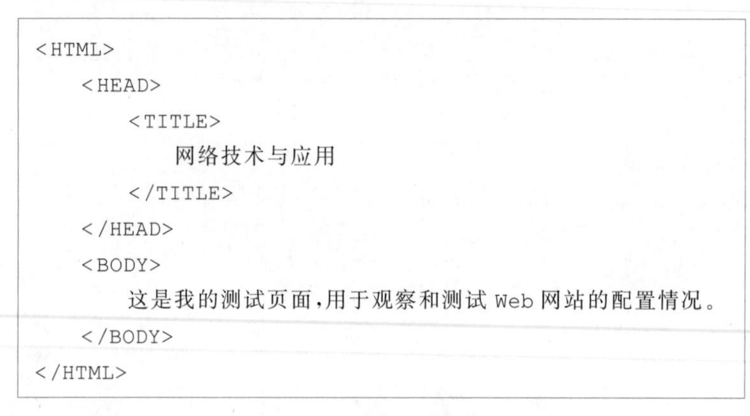

```
<HTML>
    <HEAD>
        <TITLE>
            网络技术与应用
        </TITLE>
    </HEAD>
    <BODY>
        这是我的测试页面，用于观察和测试 Web 网站的配置情况。
    </BODY>
</HTML>
```

图 13-18　测试用 Web 页面

(2) 在 Web 客户机中运行浏览器(如 Edge)。在 Edge 地址栏中输入配置网站的 URL 资源定位符(如 http://192.168.0.66/test.html)，观察能否看到希望的页面内容，如图 13-19 所示。

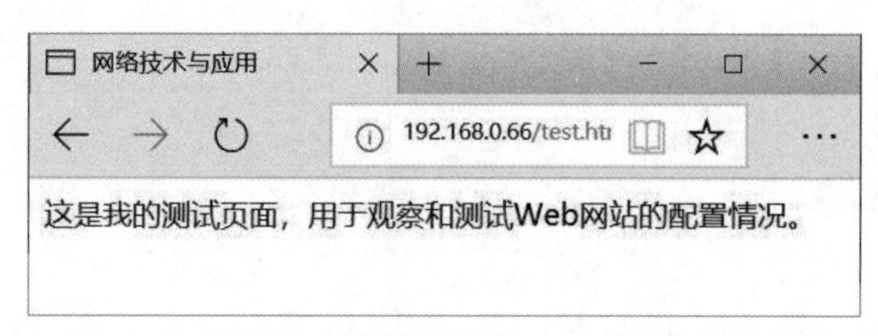

图 13-19　使用 Edge 浏览器测试 Web 网站的配置情况

13.4.3　观察 HTTP 交互过程

捕获并分析数据包，对学习网络技术、了解网络协议大有裨益。Wireshark、TCPDump 等工具软件都可以捕获数据包。其中，Wireshark 是一款开源的、免费的数据包捕获与分析软件。本实验利用 Wires hark 捕获数据包，分析 HTTP 的交互过程。

网络数据包捕获与分析

1. Wireshark 的主界面

Wireshark 的主界面如图 13-20 所示。Wireshark 主界面分成了菜单栏、工具栏、显示过滤设置栏、数据包列表区、数据包详情区、数据包二进制区和状态栏。

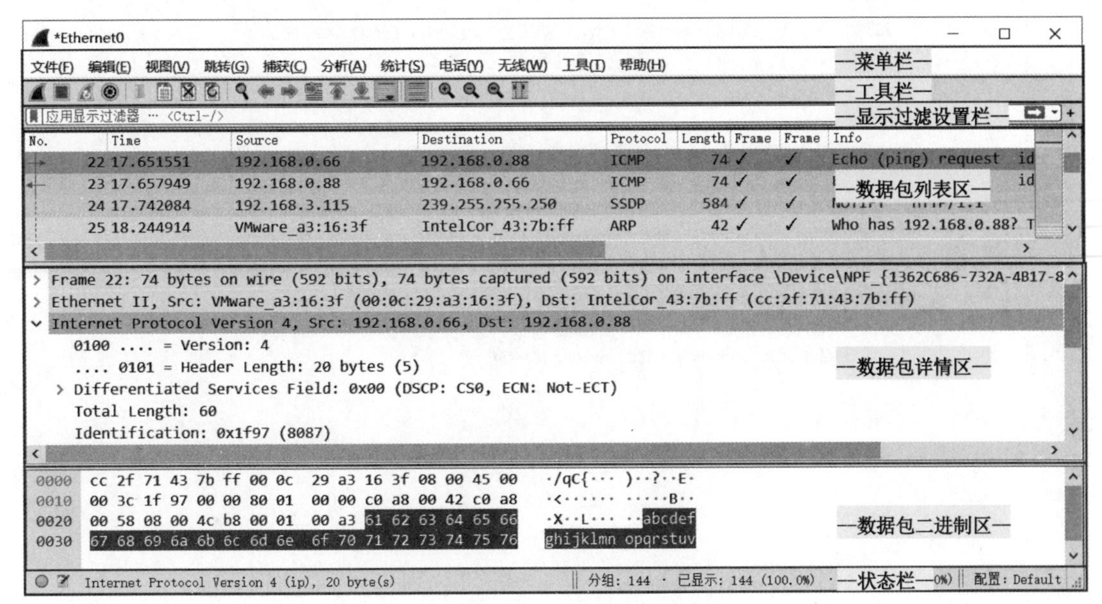

图 13-20 Wireshark 的主界面

- 菜单栏：Wireshark 操作的主要入口点。捕获、统计、分析和设置等功能都可以从这里进入。
- 工具栏：Wireshark 常用操作的便捷入口点。虽然工具栏列出的功能入口都可以通过菜单选择进入，但由于工具栏操作起来更简单，因此人们一般通过工具栏启动常用的功能。
- 显示过滤设置栏：用于设置过滤规则，以便在显示时过滤掉无关的数据包。
- 数据包列表区：捕获到的数据包（打开文件中保存的数据包）的列表。列表中给出了数据包的主要信息，如源 IP 地址、目的 IP 地址、协议类型和长度等。
- 数据包详情区：在选中数据包列表区中的一个数据包后，该数据包的详细信息将显示在数据包详情区中。详情区中的信息经过解码处理，将每层的封装信息采用树状结构进行展示，清晰易读。
- 数据包二进制区：在选中数据包列表区的一个数据包后，除了在数据包详情区显示该数据包的解码信息外，还会在数据包二进制区显示该数据包原始的二进制信息。如果单击数据包详情区的某个域，数据包二进制区中对应的二进制序列将以高亮显示。
- 状态栏：显示 Wireshark 当前的主要状态。

2. 捕获数据包

每次启动 Wireshark，都将显示一个欢迎界面，如图 13-21 所示。欢迎界面的上部，显示了以前捕获保存的文件名。通过单击这些文件名，可以打开并查看以前捕获的数据流。欢迎界面的下部列出了本机所有的网络接口，接口的右边显示捕获的实时波形图。双击需要捕获数据包的网络接口，Wireshark 进入如图 13-20 所示的主界面，开始进行数据包捕获。如果主机上有多个网络接口（如既有 Ethernet 接口，又有 Wi-Fi 接口），Wireshark 也可以同时捕获这些接口上的数据包。需要同时捕获多个接口数据包时，按住 Ctrl 键，用鼠标单击每个需要捕获数据包的接口，然后按鼠标右键（右击），在弹出的菜单中执行捕获命令。

图 13-21　Wireshark 欢迎界面

在数据包捕获过程中，单击工具栏上的按钮，可以暂停捕获；暂停捕获后，单击工具栏上的按钮，可以恢复捕获；暂停捕获后，单击工具栏上的按钮，可以重新开始一个捕获。重新开始捕获之前，系统会询问是否保存以前捕获的数据包。将以前捕获的数据包保存为一个文件，可以在需要时重新打开并查看。

3. 设置显示过滤规则

由于捕获到的数据包非常繁杂，有时很难定位到关心的数据包。Wireshark 提供了显示过滤功能，可以将关心的数据包过滤出来，显示在数据包列表中。

为了将关心的数据包过滤出来，需要在图 13-20 所示的显示过滤栏输入过滤规则。过滤规则由一个或多个表达式组成，表达式之间通过 &&（与）、||（或）、!（非）等逻辑符联系起来。例如，规则“expression1 && expression2”表示如果捕获的数据包既满足 expression1 又满足 expression2，那么就显示在数据包列表区；否则，不显示。

在过滤规则中，表达式的书写比较复杂，下面以举例的方式介绍常用表达式的书写方式。

（1）仅包含协议名：最简单的表达式只包含一个协议名，这是最常用的一种表达式。例如，在图 13-20 的显示过滤栏中输入 ip，Wireshark 将把所有 IP 数据包过滤出来，显示在数据包列表区；输入 http，Wireshark 将把所有的 HTTP 交换的消息过滤出来进行显示，如图 13-22

所示。

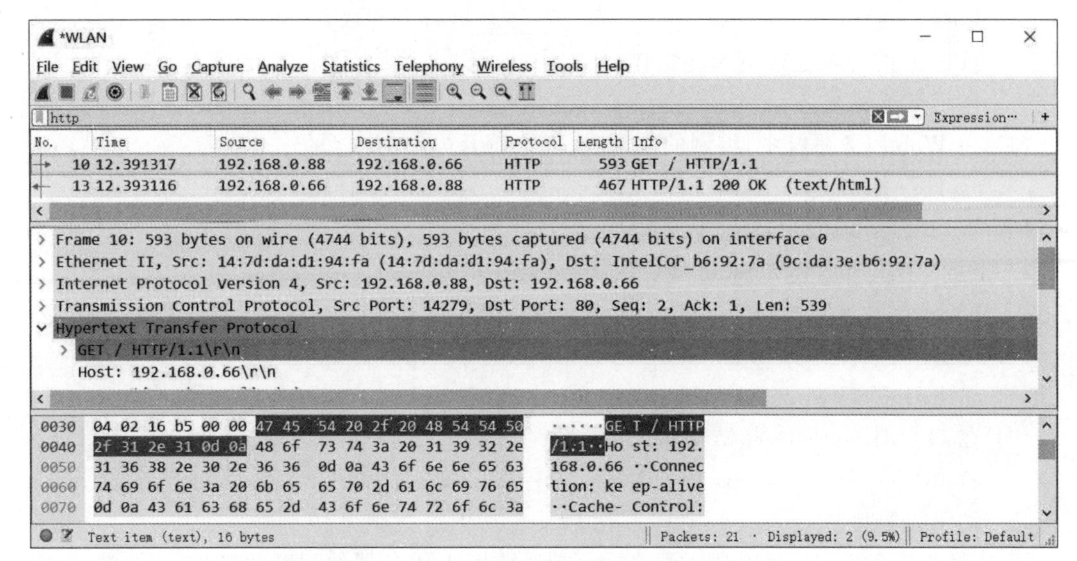

图 13-22 使用过滤规则过滤出 Http 交互消息

(2) 包含协议名和属性：过滤表达式可以包含协议名和协议的某个属性，协议名和属性之间用点符“.”隔开。例如，需要过滤出所有分片的 IP 数据包，可以使用的表达式为“ip.fragment”。

(3) 包含协议名、属性和属性值：除了包含协议名和属性之外，过滤表达式还可以通过==、!=、>、<、>=、<=等关系运算符给出属性的具体值或范围值。例如，要过滤出地址为 192.168.0.88 的 IP 数据包，可以使用的表达式为“ip.addr==192.168.0.88”；要过滤出源地址为 192.168.0.88 的 IP 数据包，可以使用的表达式为“ip.src==192.168.0.88”；要过滤出目的地址为 192.168.0.88 的 IP 数据包，可以使用的表达式为“ip.dst==192.168.0.88”。

需要注意，要使输入的过滤规则生效，在输入完毕后一定要输入回车键，或者单击显示过滤栏右侧的按钮。如果想清除已经生效的过滤规则，既可以将规则删除后输入回车键，也可以单击显示过滤栏右侧的按钮。

4. 分析 HTTP 的交互过程

在图 13-17 所示的实验环境中，利用 Wireshark 捕获网络数据包。通过设置显示规则，过滤出 Web 浏览器和 Web 服务器之间交互的 HTTP 消息，如图 13-22 所示。观察和分析这些 HTTP 消息，理解 HTTP 的交互过程。逐步向 Web 服务器的网页中增加超级链接、图像等元素，查看 HTTP 的交互过程是否和你理解的一致。

练习与思考

一、填空题

(1) 在 TCP/IP 互联网中，Web 服务器与 Web 浏览器之间的信息传递使用________协议。

(2) 从浏览器的结构上讲，浏览器通常由一个________单元和一系列的________单元、________单元组成。

(3) Web 服务器上的信息通常以________方式进行组织。

(4) URL 一般由________、________和________3 部分组成。

(5) HTTP 的持久连接有两种操作方式：一种是________,另一种是________。

二、单项选择题

(1) 在 Web 服务系统中,编制的 Web 页面应符合(　　)。

a) HTML 规范　b) RFC 822 规范　c) MIME 规范　d) HTTP 规范

(2) 下列 URL 的表达方式中,正确的是(　　)。

a) http://netlab.nankai.edu.cn/project.html

b) http://www.nankai.edu.cn\network\project.html

c) http:\\www.nankai.edu.cn\network\project.html

d) http:/www.nankai.edu.cn/project.html

(3) 在 HTML 页面中,超链接标记为(　　)。

a) IMG　b) BODY　c) HTML　d) HREF

三、动手与思考题

Web 服务是互联网中最基本的服务之一,掌握 Web 服务器的配置和维护方法,理解 Web 服务的工作原理和工作过程对网络知识的学习非常有益。在完成配置和管理 IIS Web 服务器实验的基础上,请查找和参阅相关的资料文献,练习和思考以下问题：

一台主机可以拥有多个 IP 地址,而一个 IP 地址又可以与多个域名相对应。在 IIS 中建立的 Web 网站可以和这些 IP(或域名)进行绑定,以便用户在 URL 中通过指定不同的 IP(或域名)访问不同的 Web 网站。例如,Web 网站 1 与 192.168.0.1(或 w1.school.edu.cn)进行绑定,Web 网站 2 与 192.168.0.2(或 w2.school.edu.cn)进行绑定。这样,用户通过 http://192.168.0.1/(或 http://w1.school.edu.cn/)就可以访问 Web 网站 1,通过 http://192.168.0.2/(或 http://w2.school.edu.cn/)就可以访问 Web 网站 2。查找和参阅相关资料,将主机配置成多 IP 或多域名的主机,同时,在 IIS 中建立两个新的 Web 网站,然后对这两个新站点进行配置,使用户能够通过指定不同的 IP 地址(或不同的域名)访问不同的 Web 网站。

第 14 章　电子邮件系统

电子邮件服务(又称 E-mail 服务)是互联网提供的一项重要服务。它为互联网用户之间发送和接收消息提供了一种快捷、廉价的现代化通信手段。早期的电子邮件系统只能传输西文文本信息,而目前的电子邮件系统不但可以传输各种文字的文本信息,而且还可以传输图像、音频和视频等多媒体信息。事实上,很多用户对互联网的了解都是从收发电子邮件开始的。

电子邮件具有其他通信方式不可比拟的特点。与人工邮件相比,电子邮件传递速度快、可达范围广、费用低廉。与电话系统相比,电子邮件不要求通信双方都在现场,不需要知道通信对象在网络中的具体位置。电子邮件可以实现一对多的邮件传送,使一个用户向多人发出通知的过程变得简单、容易。同时,电子邮件可以将文字、图像、音频和视频等多种类型的信息集成在一个邮件中,是多媒体信息传送的重要手段。

14.1　电子邮件系统基础

14.1.1　电子邮件系统概述

电子邮件系统采用客户/服务器工作模式。邮件服务器是邮件服务系统的核心,它的作用与人工邮递系统中邮局的作用非常相似。邮件服务器一方面负责接收用户送来的邮件,并根据邮件所要发送的目的地址将其传送到对方的邮件服务器中;另一方面负责接收从其他邮件服务器发来的邮件,并根据收件人的不同将邮件分发到各自的邮箱中。

邮箱是在邮件服务器中为每个合法用户开辟的一个存储用户邮件的空间,类似人工邮递系统中的信箱。电子邮箱是私人的,拥有账号和密码属性,只有合法用户才能阅读邮箱中的邮件。

在电子邮件系统中,用户发送和接收邮件需要借助装载在客户机中的电子邮件应用程序完成。电子邮件应用程序一方面负责将用户要发送的邮件送到邮件服务器;另一方面负责检查用户邮箱,读取邮件。因而,电子邮件应用程序最基本的功能是:①创建和发送邮件;②接收、阅读和管理邮件。除此之外,电子邮件应用程序通常还提供通讯簿管理、收件箱助理及账号管理等附加功能。

14.1.2　电子邮件的传输过程

在 TCP/IP 互联网中,邮件服务器之间使用简单邮件传输协议(Simple Mail Transfer Protocol,SMTP)相互传递电子邮件。而电子邮件应用程序使用 SMTP 向邮件服务器发送邮件,使用第 3 代邮局协议(Post Office Protocol,POP3)或交互邮件访问协议(Interactive Mail Access Protocol,IMAP)从邮件服务器的邮箱中读取邮件,如图 14-1 所示。尽管 IMAP 是一种相对较新的协议,但大量的服务器目前仍然使用 POP3。

TCP/IP 互联网上邮件的处理和传递过程如图 14-2 所示。

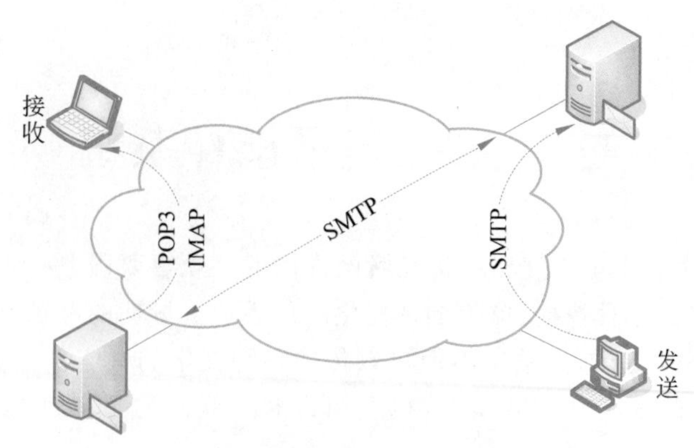

图 14-1　电子邮件系统示意图

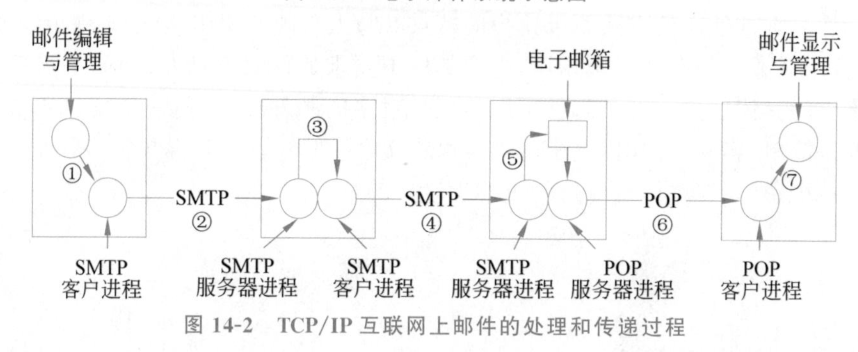

图 14-2　TCP/IP 互联网上邮件的处理和传递过程

① 用户需要发送电子邮件时,可以按照一定的格式起草、编辑一封邮件。在注明收件人的邮箱后提交给本机 SMTP 客户进程,由本机 SMTP 客户进程负责邮件的发送工作。

② 本机 SMTP 客户进程与本地邮件服务器的 SMTP 服务器进程建立连接,并按照 SMTP 将邮件传递到该服务器。

③ 邮件服务器检查收到邮件的收件人邮箱是否处于本服务器中。如果是,就将该邮件保存在这个邮箱中;如果不是,则将该邮件交由本地邮件服务器的 SMTP 客户进程处理。

④ 本地服务器的 SMTP 客户程序直接向拥有收件人邮箱的远程邮件服务器发出请求,远程 SMTP 服务器进程响应,并按照 SMTP 传递邮件。

⑤ 由于远程服务器拥有收件人的信箱,因此,邮件服务器将邮件保存在该信箱中。

⑥ 当用户需要查看自己的邮件时,首先利用电子邮件应用程序的 POP 客户进程向邮件服务器的 POP 服务进程发出请求。POP 服务进程检查用户的电子信箱,并按照 POP3 将信箱中的邮件传递给 POP 客户进程。

⑦ POP 客户进程将收到的邮件提交给电子邮件应用程序的显示和管理模块,以便用户查看和处理。

从邮件在 TCP/IP 互联网中的传递和处理过程可以看出,利用 TCP 连接,用户发送的电子邮件可以直接由源邮件服务器传递到目的邮件服务器,因此,基于 TCP/IP 互联网的电子邮件系统具有很高的可靠性和传递效率。

14.1.3　电子邮件地址

传统的邮政系统要求发信人在信封上写清楚收件人的姓名和地址,这样邮递员才能投递信件。互联网上的电子邮件系统也要求用户有一个电子邮件地址。TCP/IP 互联网上电子邮件地址的一般形式如下：

```
local-part@domain-name
```

这里，@把邮件地址分成两部分，其中 domain-name 是邮件服务器（也称邮件交换机）的域名，local-part 表示邮件服务器上的用户邮箱名。例如，南开大学网络实验室的一台邮件服务器的域名为 netlab.nankai.edu.cn，如果这台服务器上有一个名为 johnny 的用户邮箱，那么这个用户的电子邮件地址就是 johnny@netlab.nankai.edu.cn。实际上，所谓的用户邮箱，就是邮件服务器为这个用户分配的一块存储空间。

从电子邮件地址的一般形式看，只要保证邮件服务器域名在整个电子邮件系统中是唯一的，用户邮箱名在这台邮件服务器上是唯一的，就可以保证电子邮件地址在这个互联网上是唯一的。

电子邮件系统在投递电子邮件时，需要利用域名系统将电子邮件地址中的域名转换成邮件服务器的 IP 地址。一旦有了 IP 地址，电子邮件系统就知道邮件需要送到哪里了。当目的邮件服务器收到信件后，取出电子邮件地址中的本地部分，据此将邮件放入合适的用户邮箱。

电子邮件系统不仅支持两个用户之间的通信，而且可以利用所谓的邮寄列表（mailing list）向多个用户发送同一邮件。邮寄列表是一组电子邮件地址，这组电子邮件地址有一个共同的名称，称为“别名（alias）”。发给该“别名”的邮件会自动分发到它所包含的每一个电子邮件地址。

14.2 电子邮件传递协议

14.2.1 简单邮件传输协议

简单邮件传输协议（SMTP）是电子邮件系统中的一个重要协议，它负责将邮件从一个“邮局”传送给另一个“邮局”。SMTP 的最大特点是简单和直观，它不规定邮件的接收程序如何存储邮件，也不规定邮件发送程序多长时间发送一次邮件，它只规定发送程序和接收程序之间的命令和应答。

SMTP 邮件传输采用客户/服务器模式，邮件的接收程序作为 SMTP 服务器在 TCP 的 25 端口守候，邮件的发送程序作为 SMTP 客户在发送前需要请求一条到 SMTP 服务器的连接。一旦连接建立成功，收发双发就可以传递命令、响应和邮件内容。

SMTP 中定义的命令和响应都是可读的 ASCII 字符串。表 14-1 和表 14-2 分别给出了常用的 SMTP 命令和响应。其中，SMTP 响应字符串以 3 位数字开始，后面跟有该响应的具体描述。

表 14-1 常用的 SMTP 命令

命令	描述
HELO <主机域名>	开始会话
MAIL FROM: <发送者电子邮件地址>	开始一个邮递处理，指出邮件发送者
RCPT TO: <接收者电子邮件地址>	指出邮件接收者
DATA	接收程序将 DATA 命令后面的数据作为邮件内容处理，直到 <CR><LF>.<CR><LF>出现
RSET	中止当前的邮件处理
NOOP	无操作
QUIT	结束会话

表 14-2　常用的 SMTP 响应

命令	描　述	命令	描　述
220	域服务准备好	500	语法错误,命令不能识别
221	系统状态或系统帮助应答	502	命令未实现
250	请求的命令成功完成	550	邮箱不可用
354	可以发送邮件内容		

alice@nankai.edu.cn 向 bob@tsinghua.edu.cn 发送电子邮件的 SMTP 传输过程如图 14-3 所示,可以看到,SMTP 邮件传递过程分成如下 3 个阶段:

发送方与接收方的交互过程	命令和响应解释	阶段
S: 220 Tsinghua.edu.cn C: HELO nankai.eud.cn S: 250 tsinghua.edu.cn	"我的域名是 tsinghua.edu.cn" "我的域名是 nankai.edu.cn" "好的,可以开始邮件传递了"	连接建立
C: MAIL FROM: <alice@nankai.edu.cn> S: 250 OK C: RCPT TO: <bob@tsinghua.edu.cn> S: 250 OK C: DATA S: 354 Go ahead C: 邮件的具体内容…… C: …… C: <CR><LF>.<CR><LF> S: 250 OK	"邮件来自 alice@nankai.edu.cn" "知道了" "邮件发往 bob@tsinghua.edu.cn" "知道了" "准备好接收,要发送邮件具体内容了" "没问题,可以发送" 发送方发送邮件的具体内容…… …… "发送完毕" "好的,都接收到了"	邮件传送
C: QUIT S: 221	"可以拆除连接了" "好的,马上拆除"	连接关闭

图 14-3　SMTP 通信过程实例

注: S 为服务器,C 为客户,<CR>为回车,<LF>为换行。

(1) 连接建立阶段。在这一阶段,SMTP 客户请求与服务器的 25 端口建立一个 TCP 连接。一旦连接建立,SMTP 服务器和客户就开始相互通报自己的域名,同时确认对方的域名。

(2) 邮件传递阶段。利用 MAIL、RCPT 和 DATA 命令,SMTP 将邮件的源地址、目的地址和邮件的具体内容传递给 SMTP 服务器。SMTP 服务器进行相应的响应并接收邮件。

(3) 连接关闭阶段。SMTP 客户发送 QUIT 命令,服务器在处理命令后进行响应,随后关闭 TCP 连接。

通过仔细观察图 14-3 中 SMTP 通信过程可以知道,alice 在向 bob 发送邮件时,邮件服务器并没有对发件人的身份进行认证。也就是说,无论谁利用邮件服务器发送邮件,邮件服务器都不会拒绝。SMTP 的这个缺陷为垃圾邮件的传播提供了可乘之机。为了解决这个问题,SMTP 的扩展版本增加了几条命令和响应,以便在通信开始时进行身份验证。

在 SMTP 扩展中,EHLO 是对 HELO 命令的扩展。如果服务器支持扩展,在收到 EHLO 后发送确认信息,要求客户提供用户名、密码等进行身份验证;如果服务器不支持扩展,可以响应"502 命令未实现",以便邮件客户端按照未扩展时的方法与邮件服务器进行交互。

14.2.2 第3代邮局协议

当邮件到来后，首先存储在邮件服务器的电子邮箱中。如果用户希望查看和管理这些邮件，可以通过POP3将邮件下载到用户所在的主机。

POP3是邮局协议POP的第3个主要版本，它允许用户通过PC动态检索邮件服务器上的邮件。但是，除了下载和删除之外，POP3没有对邮件服务器上的邮件提供很多的管理操作。

POP3本身采用客户/服务器模式，客户程序运行在用户的PC上，服务器程序运行在邮件服务器上。当用户需要下载邮件时，POP客户首先向POP服务器的TCP守候端口110发送连接请求。一旦TCP连接建立成功，POP客户就可以向服务器发送命令，下载和删除邮件。

与SMTP相同，POP3的命令和响应也采用ASCII字符串的形式，非常直观和简单。表14-3列出了POP3常用的命令。POP3的响应有两种基本类型：一种以＋OK开始，表示命令已成功执行或服务器准备就绪等；另一种以－ERR开始，表示错误的或不可执行的命令。在＋OK和－ERR后面，一般都跟有附加信息对响应进行具体描述。如果响应信息包含多行，那么只包含“.”的行表示响应结束。

表14-3 POP3常用的命令

命 令	描 述
USER<用户邮箱名>	客户机希望操作的电子邮箱
PASS<口令>	用户邮箱的口令
STAT	查询报文总数和长度
LIST[<邮件编号>]	列出报文的长度
RETR<邮件编号>	请求服务器发送指定编号的邮件
DELE<邮件编号>	对指定编号的邮件作删除标记
NOOP	无操作
RSET	复位操作，清除所有删除标记
QUIT	删除具有“删除”标记的邮件，关闭连接

图14-4显示了一个名为bob的用户检索POP3邮件服务器的信息传递过程，可以看到，用户检索POP3邮件服务器的过程可以分成如下3个阶段：

(1) 认证阶段。由于邮件服务器中的邮箱具有一定权限，只有有权用户才能访问，因此，在TCP连接建立之后，通信的双方随即进入认证阶段。客户程序利用USER和PASS命令将邮箱名和密码传送给服务器，服务器据此判断该用户的合法性，并给出相应的应答。一旦用户通过服务器的验证，系统就进入了事务处理阶段。

(2) 事务处理阶段。在事务处理阶段，POP3客户可以利用STAT、LIST、RETR、DELE等命令检索和管理自己的邮箱，服务器在完成客户请求的任务后返回响应。不过需要注意，服务器在处理DELE命令请求时并未将邮件真正删除，只是给邮件做了一个特定的删除标记。

(3) 更新阶段。当客户发送QUIT命令时，系统进入更新阶段。POP3服务器将做过删除标记的所有邮件从系统中全部真正删除，然后TCP关闭连接。

发送方与接收方的交互过程	命令和响应解释	阶段
S：+OK POP3 mail server ready C：USER bob S：+OK bob is welcome here C：PASS ****** S：+OK bob's maildrop has 2 messages (320 octets)	"我是POP3服务器，可以开始了" "我的邮箱名是bob" "欢迎到这里检索你的邮箱" "我的密码是******" "你邮箱中有两个邮件，320字节"	认证阶段
C：STAT S：+OK 2 320 C：LIST S：+OK 2 messages S：1 120 S：2 200 S：. C：RETR 1 S：+OK 120 octets S：第1封邮件内容…… S：. C：DELE 1 S：+OK message 1 deleted C：RETR 2 S：+OK 200 octets S：第2封邮件内容…… S：. C：DELE 2 S：+OK message 2 deleted	"邮箱中信件总数和总长度是多少？" "2个信件，320字节" "请列出每个信件的长度" "总共2个信件" "第1个120字节" "第2个200字节" "结束了" "请发送第1个信件给我" "该信件120字节" 第1封信件的具体内容…… "发完了" "删除第1个信件" "好的，已为第1个信件作了删除标记" "请发送第2个信件给我" "该信件200字节" 第2封信件的具体内容…… "发完了" "删除第2个信件" "好的，已为第2个信件作了删除标记"	事务处理阶段
C：QUIT S：+ OK POP3 mail server signing off (maildrop empty)	"可以拆除连接了" "已经将作过删除标记的邮件全部删除"	更新阶段

图14-4 POP3通信过程实例

注：S为服务器，C为客户。

14.3 电子邮件的报文格式

SMTP和POP3都是有关电子邮件的传递协议，那么，电子邮件系统对电子邮件的报文有什么要求吗？

与普通的邮政信件一样，电子邮件本身也有自己固定的格式。RFC 822和多用途Internet邮件扩展（Multipurpose Internet Mail Extensions，MIME）协议对电子邮件的报文格式做出了具体规定。

14.3.1 RFC 822

RFC 822将电子邮件报文分成两部分：一部分为邮件头（mail header）；另一部分为邮件体（mail body），两者之间使用空行分隔。邮件头是一些控制信息，如发信人的电子邮件地址、收信人的电子邮件地址、发送日期等。邮件体是用户发送的邮件内容，RFC 822只规定它是ASCII字符串。

邮件头由多行组成,每行由一个特定的字符串开始,后面跟有对该字符串的说明,中间用英文冒号":"隔开。例如,From:alice@nankai.edu.cn 表示电子邮件发件人的电子邮件信箱是 alice@nankai.edu.cn,而 To:bob@tsinghua.edu.cn 表示电子邮件收件人的电子邮件信箱是 bob@tsinghua.edu.cn。

在邮件头中,有些行是由发信人在撰写电子邮件过程中加入的(如以 From、To、Subject 等开头的行),有些则是在邮件转发过程中机器自动加入的(如以 Received、Date 开始的行)。图 14-5 显示了一个完整的接收邮件,其中 Received 和 Date 是机器在转发邮件的过程中加入的,From、To 和 Subject 是由发信人在撰写邮件过程中添加的。

```
Received: (qmail 36260 invoked from network); 28 Mar 2002 12:40:41 +0800
Received: from unknown (HELO tsinghua.edu.cn) (202.113..180.83)
          by nankai.edu.cn with SMTP; 28 Mar 2002 12:40:41 +0800
Received: from teacher([202.113.27.53]) by (AIMC 2.9.5.2)
          with SMTP id jm223ca2fdd2; Thr, 28 Mar 2002 12:41:39 +0800
Date: Thu, 28 Mar 2002 12:41:58 +0800
From: alice@nankai.edu.cn
To: bob@tsinghua.edu.cn
Subject: Hello
X-mailer: FoxMail 4.0 beta 2 [cn]                              邮件头
-------------------------------------------------------------------------
Hi Bob,
Nice to get your message.
…
Alice                                                          邮件体
```

图 14-5 收件人收到的邮件示例

RFC 822 对邮件的最大限制是邮件体为 7 位 ASCII 文本,而且 SMTP 中又规定传输邮件时将 8 位字节的高位清 0,这样电子邮件就不能包括多国文字(如中文)和多媒体信息。

14.3.2 MIME

为了使电子邮件能够传输多媒体等二进制信息,MIME 对 RFC 822 进行了扩充。MIME 协议继承了 RFC 822 的基本邮件头和邮件体模式,但在此基础上增加了一些邮件头字段,并要求对邮件体进行编码,将 8 位二进制信息变换成 7 位 ASCII 文本。

1. 邮件体的编码算法

为了传输图像、视频、应用程序等二进制文件,电子邮件系统要求发送方使用编码技术将二进制文件转换成 7 位 ASCII 可打印字符文件。邮件的接收方通过相应的解码技术,再将编码后的文件还原成原始的二进制文件。目前,电子邮件系统常用的编码方法有两种:一种是基数 64 编码(base64);另一种是带引见符的可打印编码(quoted printable)。下面以 base64 为例,介绍邮件体的编码方法。

base64 编码的基本思想是:将每 3B(共 24 位)作为一个整体划分为 4 组,每组 6 位,然后将每组 6 位的值作为索引,将其映射为对应的可打印 ASCII 字符。因此,base64 将 3B 转换成 4 个可打印字符。图 14-6 显示了 base64 的编码方法。表 14-4 为 base64 编码中 6 位索引值与其可打印字符的映射表。

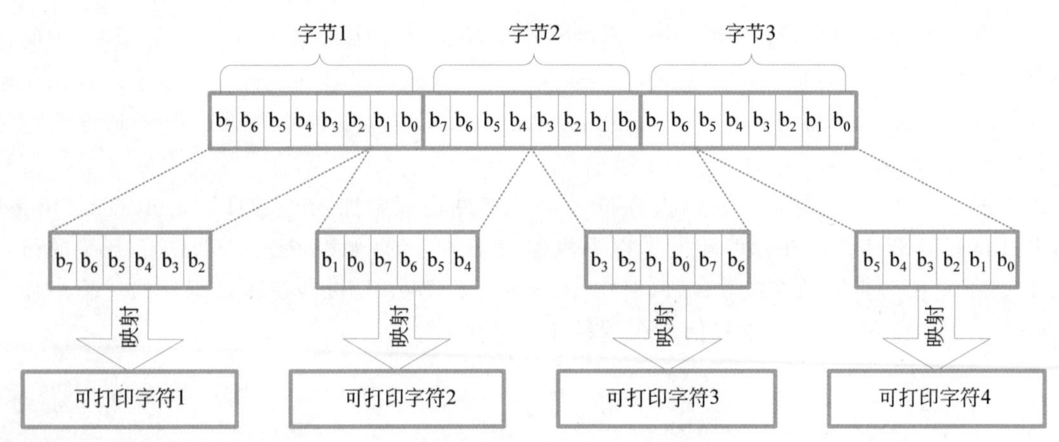

图 14-6　base64 编码方法示意图

表 14-4　base64 编码中 6 位索引值与其可打印字符的映射表

6 位值	对应字符	6 位值	对应字符	6 位值	对应字符	6 位值	对应字符
0	A	16	Q	32	g	48	w
1	B	17	R	33	h	49	x
2	C	18	S	34	i	50	y
3	D	19	T	35	j	51	z
4	E	20	U	36	k	52	0
5	F	21	V	37	l	53	1
6	G	22	W	38	m	54	2
7	H	23	X	39	n	55	3
8	I	24	Y	40	o	56	4
9	J	25	Z	41	p	57	5
10	K	26	a	42	q	58	6
11	L	27	b	43	r	59	7
12	M	28	c	44	s	60	8
13	N	29	d	45	t	61	9
14	O	30	e	46	u	62	+
15	P	31	f	47	v	63	/

下面用一个具体的例子说明 base64 编码方法的具体过程。假设一个二进制文件中 3 个连续的字节分别为 00100011、01011100 和 10010001,那么将这 3B 合成一个 24 位的二进制数为 001000110101110010010001。然后将这个 24 位的二进制数每 6 位一组分为 4 部分,即 001000、110101、110010、010001。这 4 部分对应的十进制数分别为 8、53、50、17。利用 base64 编码中 6 位索引值与其可打印字符的映射表(见表 14-4),得到最终的编码字符 I、1、y、R。

为了进行 base64 编码,需要将原始数据分为多个组,每组 3B。如果原始数据的字节总数不是 3 的整数倍,那么最后一组有可能仅剩有 1B 或 2B。如果最后只剩 1B,则在后面补 4 位"0",形成 12 位二进制数值,再将其分成 2 个 6 位组。将这 2 个 6 位组映射为 2 个可打印 ASCII 字符,而后在后面填充两个字符"=",形成 4 个字符;如果最后只剩 2B,则在后面补两位的"0",形成 18 位二进制数值,再将其分成 3 个 6 位组。将这 3 个 6 位组映射为 3 个可打印

ASCII 字符，而后在后面填充 1 个字符"="，形成 4 个字符。例如，如果最后一组仅剩一个字节 00100011，那么首先用 0 补足为 001000110000，并分成 2 个 6 位组 001000 和 110000，其对应的字符分别为 I 和 w。用符号"="填充后最终的编码为 I、w、=、=。

经过 base64 编码后，文件仅包含表 14-4 中列出的 64 个可打印字符和等号"="字符。为了满足与 RFC 822 兼容和显示的需要，变换后的文件中每 76 个字符之后需要增加一个回车换行。当然，进行 base64 解码时，首先需要将添加的回车换行符过滤掉，然后才能进入正式的解码过程。

2. MIME 增加的头部字段

为了使邮件的接收者了解发送者使用 MIME 的方式，MIME 协议对 RFC 822 的邮件头部进行了扩展，增加的主要邮件头字段包括：

- MIME-Version：表明该邮件遵循 MIME 标准的版本号。目前的主要标准为 1.0。
- Content-Type：说明邮件体包含的数据类型，邮件的接收者利用该字段了解使用何种方式（或何种软件）处理该邮件的邮件体。MIME 定义了 7 种邮件体类型和一系列的子类型，这 7 种类型为 text（文本）、message（报文）、image（图像）、audio（音频）、video（视频）、application（应用）和 multipart（多部分）。类型与子类型之间通过斜杠"/"分开。例如，Content-Type：text/html 说明该邮件体含有一个文本文件，该文件为 html 格式，可以使用 IE 等浏览器软件打开。
- Content-Transfer-Encoding：指出邮件体的数据编码类型。常见的编码类型包括带引见符的可打印编码和基数 64 编码。

图 14-7 给出了一个使用 MIME 格式的电子邮件。其中 MIME-Version:1.0 表示使用的为 MIME 的 1.0 版本，Content Type:image/bmp 表示邮件体的内容为 bmp 图像，而 Content-Transfer-Encoding:base64 则表示邮件体按照 base64 方案编码。

```
Received: (qmail 36260 invoked from network); 28 Mar 2002 12:40:41 +0800
Received: from unknown (HELO xyz.edu.cn) (202.113..180.83)
  by abc.edu.cn with SMTP; 28 Mar 2002 12:40:41 +0800
Received: from teacher([202.113.27.53]) by (AIMC 2.9.5.2)
       with SMTP id jm223ca2fdd2; Thr, 28 Mar 2002 12:41:39 +0800
Date: Thu, 28 Mar 2002 12:41:58 +0800
From: alice@abc.edu.cn
To: bob@xyz.edu.cn
Subject: Nice Picture
X-mailer: FoxMail 4.0 beta 2 [cn]
MIME-Version:1.0
Content-Type:image/bmp
Content-Transfer-Encoding:base64                              MIME增加的邮件头
```

9j/4AAQSkZJRgABAQEASABIAAD/4QAYRXhpZgAASUkqAAgAAAAAAAAAAAAAAP/sABFEdWNreQAB
AAQAAAA8AAD/4QMZWE1QADovL25zLmFkb2JlLmNvbS94YXAvMS4wLwA8P3hwYWNrZXQgYmVnaW49
Iu+7vyIgaWQ9Ilc1TTBNcENNlaGlIenJlU3pOVGN6a2M5ZCI/PiA8eDp4bXBtZXRhIHhtbG5zOng9
ImFkb2JlOm5zOm1ldGEvIiB4OnhtcHRrPSJBZG9iZSBYTVAgQ29yZSA1LjMtYzAxMSA2Ni4xNDU2
…

base64编码后的邮件体

图 14-7 使用 MIME 格式的电子邮件

14.4 基于 Web 的电子邮件

随着 Web 应用的广泛应用，人们开始研究如何将 Web 服务与电子邮件服务结合起来，以提供更加方便、实用的电子邮件服务。1996 年 7 月，Hotmail 率先在全球推出了基于 Web 的电子邮件服务。在启动 Web 邮件一个月内，Hotmail 就拥有了 10 万个用户。18 个月后，Hotmail 的用户数超过了 1200 万个。Hotmail 的巨大成功显示了基于 Web 电子邮件系统的强大魅力。除 Hotmail 外，网易、新浪、搜狐、Google 等网站都提供基于 Web 的电子邮件服务。

图 14-8 为一个基于 Web 的电子邮件系统示意图。与图 14-1 显示的传统电子邮件系统相比，基于 Web 的电子邮件客户端使用 HTTP 发送和接收邮件，而电子邮件服务器之间则仍然使用传统的 SMTP。在 Web 电子邮件系统中，服务器具有双重功能：一方面，它具有传统电子邮件服务器的功能，支持 SMTP（有些也支持 POP3 或 IMAP），能够与其他 SMTP 邮件服务器（或传统的电子邮件客户端软件）交互邮件信息；另一方面，它具有 Web 服务器的功能，支持 HTTP，能够与 Web 浏览器（如 IE 等）交互邮件信息。

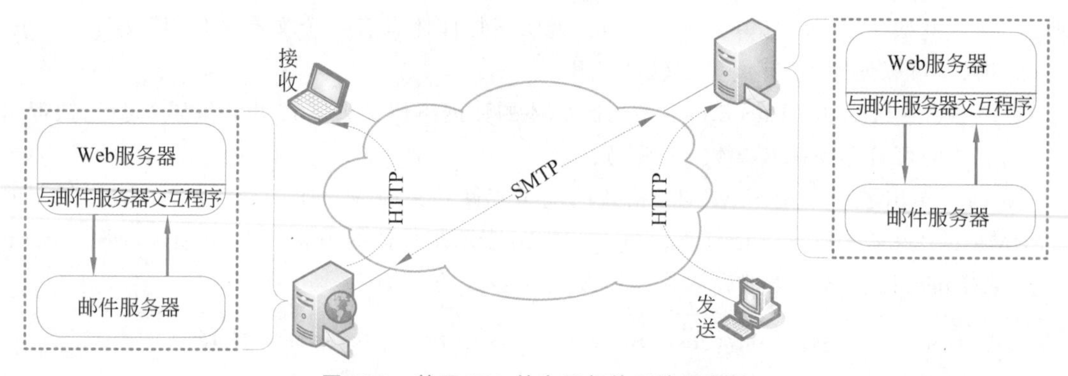

图 14-8　基于 Web 的电子邮件系统示意图

第 13 章介绍的 Web 页面保存在 Web 服务器中，当浏览器请求时，直接检索需要的 Web 页面并进行应答，这种 Web 页面称为静态 Web 页面。但是，Web 电子邮件系统中的 Web 服务器必须支持动态 Web 页面。当收到浏览器的请求后，Web 服务器需要按照请求的信息通过程序临时生成 Web 页面并进行应答。例如，当用户通过浏览器需要查看自己的收件箱时，浏览器利用 HTTP 的 GET 或 POST 等命令将该请求传递给 Web 服务器。Web 服务器解析该请求命令得到相应的参数，然后通过程序访问本地邮件服务器。在获得用户收件箱的内容后，动态形成 Web 页面并用该页面响应用户的请求。同样，当用户通过浏览器发送邮件时，浏览器利用 HTTP 的 POST 或 PUT 等命令将需要发送的邮件传递给 Web 服务器。当得到需要发送的邮件后，Web 服务器利用程序访问本地邮件服务器发送该邮件。一旦收到邮件服务器返回的发送成功或失败等状态信息，Web 服务器立即形成包含发送状态的 Web 页面，然后用该 Web 页面响应用户的请求。

至于 Web 服务器中运行的程序如何与电子邮件服务器交互，这里不做太多讨论。该程序可以通过标准的协议与邮件服务器交互（如该程序可以通过 IMAP 访问邮件服务器上的邮件列表），也可以通过自己专用的方法与邮件服务器交互。

在基于 Web 的电子邮件系统中，用户收发电子邮件只需使用通用的 Web 浏览器，这样用户可以在单位、家里、旅途、网吧等地随时随地访问自己的邮件。同时,多数基于 Web 的电子邮件系统为用户提供了良好的管理界面,用户不但可以容易地查看自己的邮件,而且可以方便地管理自己的邮件。由于 Web 邮件系统简单、实用,因此深受用户欢迎。

14.5 实验:编写简化的 SMTP 服务器并观察其通信过程

SMTP 和 POP3 是目前电子邮件应用系统中最重要的两个协议。深入了解 SMTP 和 POP3 的工作过程,对理解整个电子邮件服务系统具有重要的意义。本实验要求编写一个简化的 SMTP 邮件服务器,通过观察电子邮件应用程序(如 Outlook、Foxmail、邮件等)与 SMTP 邮件服务器的交互过程,加深对整个邮件服务系统的理解。

SMTP 协议下层使用 TCP 完成信息的传输,因此,编写简化的 SMTP 服务器需要使用流式 Socket。

14.5.1 流式 Socket

与数据报 Socket 不同,流式 Socket 编写的服务器程序和客户程序差异较大。编写服务器程序通常包括 Socket 创建、地址绑定、连接侦听与接收、数据发送和接收、Socket 关闭等步骤;编写客户程序通常包括 Socket 创建、地址绑定、建连请求、数据发送和接收、Socket 关闭等步骤。其中,编写客户程序时,地址绑定可以省略。

1. 创建 Socket

socket()函数用于创建一个 Socket,同时指定该 Socket 的运行方式。socket()函数的具体形式如下:

```
SOCKET WSAAPI socket
  [in] int    af,
  [in] int    type,
  [in] int    protocol
);
```

各参数的意义如下:

af:该 Socket 使用的地址类型。常用的地址类型有 IPv4 地址和 IPv6 地址两种。其中,常数 AF_INET 指定该 Socket 使用 IPv4 地址类型,常数 AF_INET6 指定该 Socket 使用 IPv6 地址类型。

type:该 Socket 的使用的服务类型。常用的服务类型有数据报式 Socket 和流式 Socket 两种。流式 Socket 使用传输层的 TCP 服务,需要使用 SOCK_STREAM 指定。

protocol:该 Socket 使用的具体协议。可以指定的协议与这个 Socket 使用的地址类型和服务类型相关。编写程序时可以将该参数设置为 0,让系统自动选择合适的协议。

如果 Socket 创建成功,socket()函数返回 Socket 描述符;如果 Socket 创建失败,socket()函数返回 INVALID_SOCKET。创建失败的具体原因可以通过调用 WSAGetLastError()函数获得。

创建流式 Socket 的例子如下:

```
//创建流式 Socket
SOCKET  MySock;
MySock=socket(AF_INET,SOCK_STREAM,0);
```

```
if(MySock==INVALID_SOCKET)
{
    …//错误处理
}

…
```

2. 绑定本地地址

创建后的Socket可以利用bind()函数绑定本地地址(IP地址+端口号)。服务器端一般都会利用该函数绑定本地地址,以便使客户方便地找到自己。而客户端既可以使用该函数绑定本地地址,也可以让系统自动为自己选择本地地址。由于客户主动发出的消息都带有自己的本地地址,服务器收到后很容易获取客户的地址并向该地址回送响应消息。

bind()函数的具体形式如下:

```
int WSAAPI bind(
  [in] SOCKET           s,
  [in] const sockaddr   * name,
  [in] int              namelen
);
```

各参数的意义如下:

s:已创建Socket的描述符。该Socket将与指定的本地地址进行绑定。

name:本地地址(IP地址+端口号)。

namelen:name给出的本地地址的长度。

如果绑定成功,则bind()函数返回0;否则,bind()函数返回SOCKET_ERROR。在错误返回时,具体错误原因可以通过调用WSAGetLastError()函数获得。

3. 客户程序的建连请求

在使用流式Socket时,客户端的Socket需要在发送数据之前调用connect()函数,请求与服务器端的Socket建立连接。connect()函数的定义如下:

```
int WSAAPI  connect(
  [in] SOCKET           s,
  [in] const sockaddr   * name,
  [in] intn             amelen
);
```

各参数的意义如下:

s:已经创建Socket的描述符。该Socket请求与远端Socket建立连接。

name:远端Socket的地址。本地Socket将请求与该参数指定的远端Socket建立连接。

namelen:name给出的远端Socket的地址长度。

如果连接成功,则connect()函数返回0;否则,connect()函数返回SOCKET_ERROR。在错误返回时,错误的具体原因可以通过调用WSAGetLastError()函数获得。

4. 服务器程序的连接侦听与接受

使用流式Socket的服务器在绑定本地地址后,需要通过listen()函数开始侦听客户端的连接请求。listen()函数的定义如下:

```
int WSAAPI listen(
  [in] SOCKET    s,
  [in] int       backlog
);
```

各参数的意义如下：

s：已经创建 Socket 的描述符。该 Socket 将侦听远端 Socket 的连接请求。

backlog：连接请求等待队列的最大长度，默认值为 5。

如果 listen()函数调用成功，则返回 0；否则，listen()函数返回 SOCKET_ERROR。在错误返回时，错误的具体原因可以通过调用 WSAGetLastError()函数获得。

当服务器使用 listen()函数进入侦听状态后，需要使用 accept()函数等待客户的请求，并在请求到来时进行接受处理。accept()函数是一个阻塞函数，调用 accept()函数后，只有远端客户的建连请求到来后，accept()函数才会返回。

accept()函数的定义如下：

```
SOCKET WSAAPI accept(
  [in] SOCKET       s,
  [out]sockaddr     * addr,
  [in,out] int      * addrlen
);
```

各参数的意义如下：

s：正在进行侦听的 Socket 的描述符。该函数对这个 Socket 上的连接请求做接受处理。

addr：请求连接的客户 Socket 地址。

addrlen：addr 给出的客户地址的长度。

如果 accept()函数成功返回，说明服务器端已经接收远端客户的请求，成功与客户端建立了连接。这种情况下，accept()函数的返回值指向一个新的 Socket 描述符。通过返回的新 Socket，服务器可以与该客户进行发送数据、接收数据等交互工作。如果 accept()函数发生错误，则返回 INVALID_SOCKET。在错误返回时，错误的具体原因可以通过调用 WSAGetLastError()函数获得。

使用 accept()函数完成一个连接请求的接受工作后，可以再次调用 accept()函数，等待和处理下一个客户端的连接请求。

5. 流式 Socket 的发送和接收

在流式 Socket 上，可以使用 send()函数发送数据，使用 recv()函数接收数据。由于流式 Socket 在收发数据之前已经建立连接，交互的 Socket 中已经存储了对方的 IP 地址和端口号，因此，在 send()和 recv()函数的参数中都不需要对方的 Socket 地址。

send()函数的定义如下：

```
int WSAAP Isend(
  [in] SOCKET         s,
  [in] const char     * buf,
  [in] int            len,
  [in] int            flags
);
```

各参数的意义如下：

s：已经存在的 Socket 描述符。本次通过该 Socket 发送数据。

buf：发送数据缓存区。

len：需要发送的数据长度。

flags：指定该函数的处理方式，一般置“0”即可。

如果没有发生错误,那么 send()函数返回已经发送的字节数,该返回值可能比 len 参数指定发送的字节数小;如果发生错误,send()函数返回 SOCKET_ERROR。在错误返回时,具体错误原因可以通过调用 WSAGetLastError()函数获得。

recv()函数的定义如下:

```
int WSAAP Irecv(
  [in]  SOCKET  s,
  [out] char    * buf,
  [in]  int     len,
  [in]  int     flags
);
```

各参数的意义如下:

s:已经存在的 Socket 描述符。本次通过该 Socket 接收数据。

buf:接收数据缓存区。

len:希望接收的数据长度。

flags:指定该函数的处理方式,一般置 0 即可。

如果没有发生错误,那么 recv()函数返回接收到的字节数,同时 buf 指向的缓冲区中保存着接收到的数据;如果发生错误,那么 recv()函数返回 SOCKET_ERROR。在错误返回时,具体错误原因可以通过调用 WSAGetLastError()函数获得。

6. 关闭 Socket

使用完 Socket 后,需要使用 closesocket()函数将其关闭,以释放 Socket 占用的系统资源。closesocket()函数非常简单,其函数定义如下:

```
int WSAAP Iclosesocket(
  [in] SOCKET s
);
```

参数的意义如下:

s:需要关闭 Socket 的描述符。

如果没有发生错误,那么 closesocket()函数返回 0;否则 closesocket()函数返回 SOCKET_ERROR。在错误返回时,具体错误原因可以通过调用 WSAGetLastError()函数获得。

14.5.2 简化 SMTP 服务器编程指导

为了观察电子邮件应用程序与 SMTP 邮件服务器的交互过程,可以利用 Socket 编写一个简化的 SMTP 服务器。为了简化程序的编写,完成的邮件服务器可以既不保存收到的邮件,也不转发收到的邮件,甚至不进行错误处理。简化的 SMTP 邮件服务器仅响应电子邮件应用程序发出的 SMTP 命令,并将命令的交互过程和收到的电子邮件显示到屏幕上。简化 SMTP 服务器的运行界面如图 14-9 所示。

SMTP 服务器在 TCP 的 25 端口守候,等待邮件应用程序发出命令,需要处理的 SMTP 命令和响应参见表 14-1 和表 14-2。需要注意的是,在使用 Windows 提供的 Socket 功能之前,需要调用 WSAStartup()函数加载和初始化 Winsock DLL;不再使用 Socket 功能时,需要调用 WSACleanup 通知系统,以便系统进行一些清理工作。WSAStartup()和 WSACleanup()的使用方法参见第 11 章的相关内容。

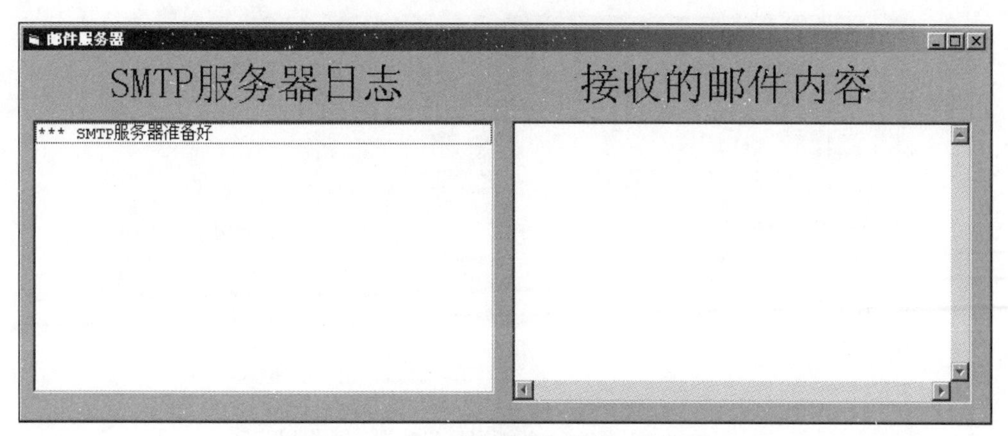

图 14-9 简化 SMTP 服务器的运行界面

14.5.3 观察 SMTP 协议的交互过程

为了观察 SMTP 客户与服务器的交互过程，首先需要在网络的一台主机上（如 192.168.0.64）启动编写的 SMTP 服务器。这个简化的 SMTP 服务器的初始运行界面如图 14-9 所示。然后，可以在网络的另一台主机上启动电子邮件应用程序（如 Outlook Express、Foxmail、邮件等），并创建一个 SMTP 服务器指向 192.168.0.64 的账号。由于仅关心 SMTP 客户与服务器的交互过程，因此，该账号的账号名、POP3 服务器的地址等都可以任意填写。

一旦账号创建完成，就可以撰写一封电子邮件，如图 14-10 所示。如果编写的简化 SMTP 服务器程序运行正确，在该邮件发送后就可以看到与图 14-11 类似的界面。界面左面的列表框显示了 SMTP 客户与服务器的命令交互过程，界面右面的文本框列出了收到的邮件正文。仔细观察 SMTP 服务器显示的信息，看能否理解它们表达的具体含义。

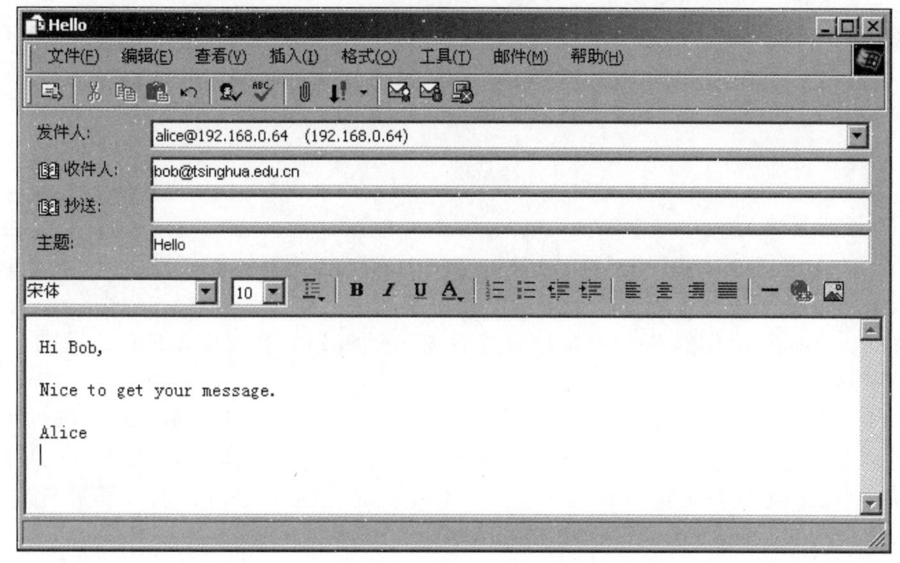

图 14-10 发送给简化 SMTP 服务器的邮件

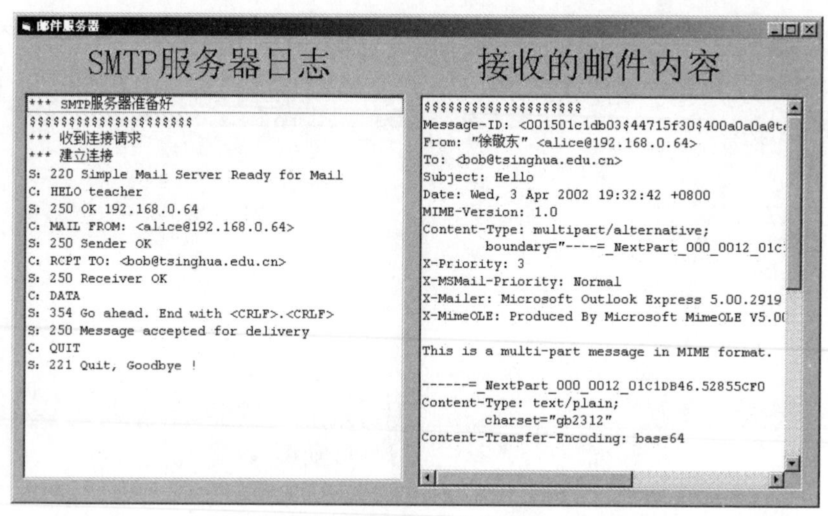

图 14-11 SMTP 服务器接收到邮件后的界面

练习与思考

一、填空题

(1) 在 TCP/IP 互联网中,电子邮件客户端程序向邮件服务器发送邮件使用________协议,电子邮件客户端程序查看邮件服务器中自己的邮箱使用________或________协议,邮件服务器之间相互传递邮件使用________协议。

(2) SMTP 服务器通常在________的________端口守候,而 POP3 服务器通常在________的________端口守候。

(3) 用户检索 POP3 邮件服务器的过程可以分成 3 个阶段:________、________和________。

二、单项选择题

(1) 电子邮件系统的核心是(　　)。

a) 电子邮箱　　b) 邮件服务器　　c) 邮件地址　　d) 邮件客户机软件

(2) 某用户在域名为 mail.nankai.edu.cn 的邮件服务器上申请了一个电子邮箱,邮箱名为 wang,那么该用户的电子邮件地址是(　　)。

a) mail.nankai.edu.cn@wang　　b) wang%mail.nankai.edu.cn

c) mail.nankai.edu.cn%wang　　d) wang@mail.nankai.edu.cn

三、动手与思考题

电子邮件是用户最常使用的互联网服务之一。掌握电子邮件的传输协议、学习电子邮件传输的报文格式对编写电子邮件相关应用的程序员和维护电子邮件系统的网络管理员都是必需和必要的。在编写简化的 SMTP 邮件服务器和观察 SMTP 协议交互过程的基础上,请练习和思考以下问题:

(1) 在传输多媒体信息时,电子邮件的报文格式通常符合多用途 Internet 邮件扩展协议 MIME 的相关规定。由于使用 MIME 协议的报文体通常进行了编码处理(如 base64 等),因此,收到的 MIME 邮件需要进行解码处理。对编写的简化 SMTP 邮件服务器进行改造,使其能够显示用户按照 base64 编码发送的 bmp 图片。

(2) 参照简化的 SMTP 服务器程序,编写一个简化的 POP3 服务器程序。利用这个简化的 POP3 服务器程序和电子邮件应用程序(如 Outlook Express),观察 POP3 客户与服务器的命令交互过程。

第15章 网络安全

自古以来人们就非常重视信息安全问题。信息安全在军事上表现得尤为突出。在战争期间，交战双方的作战计划、作战部署、作战命令、作战行动等都是军事机密，所以必须采用安全通信方式传递这些信息。与此同时，交战双方又千方百计地窃取、收集和破译对方的情报，以使战事向有利于自己的方向发展。人类的商业活动和社会活动充满了竞争，有竞争就有机密，有竞争就有情报。

在计算机网络支撑的信息时代，信息的安全防护变得更加困难。计算机网络不但需要保护传输中的敏感信息，而且需要区分信息的合法用户和非法用户、需要鉴别信息的可信性和完整性。在使用网络提供的各种服务的过程中，有些人可能无意识地非法访问并修改了某些敏感信息，致使网络服务中断；也有些人出于各种目的有意地窃取机密信息，破坏网络的正常工作。所有这些活动都是对网络正常运行的威胁。网络安全主要研究计算机网络的安全技术和安全机制，以确保网络免受各种威胁和攻击，做到正常而有序地工作。

15.1 网络安全的基本概念

网络安全是网络的一个薄弱环节，一直没有受到足够的重视。人们在当初设计TCP/IP互联网时并没有考虑它的安全问题，直到电子商务、电子政务等网络应用逐步发展之后，安全才受到越来越多的关注。安全是一个很广泛的题目，国际标准化组织(ISO)于1974年提出开放式系统互连参考模型(OSI RM)之后，又在1989年提出了网络安全体系结构(Security Architecture，SA)。

15.1.1 网络提供的安全服务

一个安全的网络应该为用户提供如下5项安全服务。

(1) 身份认证(authentication)：验证某个通信参与者的身份与其所申明的一致，确保该通信参与者不是冒名顶替。身份认证服务是其他安全服务(如授权、访问控制和审计)的前提。

(2) 访问控制(access control)：保证网络资源不被未经授权的用户访问和使用(如非法地读取、写入、删除和执行文件等)。访问控制和身份认证通常是紧密结合在一起的，在一个用户被授予访问某些资源的权限前，它必须首先通过身份认证。

(3) 数据保密(data confidentiality)：防止信息被未授权用户获知。

(4) 数据完整(data integrity)：确保收到的信息在传递的过程中没有被修改、插入和删除等。

(5) 不可否认(non repudiation)：防止通信参与者事后否认参与通信。不可否认既要防止数据的发送者否认曾经发送过数据，又要防止数据的接收者否认曾经收到过数据。

尽管网络提供商在网络安全方面做了大量的工作，但每个网络的安全服务都不是十全十美的。利用安全缺陷对网络实施攻击，是黑客(网络攻击者的代名词)常常使用的方法。

15.1.2 网络攻击

网络攻击可以从攻击者对网络系统的信息流干预进行说明。正常情况下，信息应该从信源平滑地到达信宿，中间不应出现任何异常情况，如图 15-1(a)所示。但是，作为一个网络攻击者，他可以采用以下几种方式对网络上的信息流进行干预，以威胁网络的安全。

(1) 中断(interruption)：攻击者破坏网络系统的资源，使之变成无效的或无用的，如图 15-1(b)所示。割断通信线路、瘫痪文件系统、破坏主机硬件等都属于中断攻击。

(2) 截取(interception)：攻击者非法访问网络系统的资源，如图 15-1(c)所示。窃听网络中传递的数据、非法复制网络中的文件和程序等都属于截取攻击。

(3) 修改(modification)：攻击者不但非法访问网络系统的资源，而且修改网络中的资源，如图 15-1(d)所示。修改一个正在网络中传输的报文内容、篡改数据文件中的值等都属于修改攻击。

(4) 假冒(fabrication)：攻击者假冒合法用户的身份，将伪造的信息非法插入网络，如图 15-1(e)所示。在网络中非法插入伪造的报文、在网络数据库中非法添加伪造的记录等都属于假冒攻击。

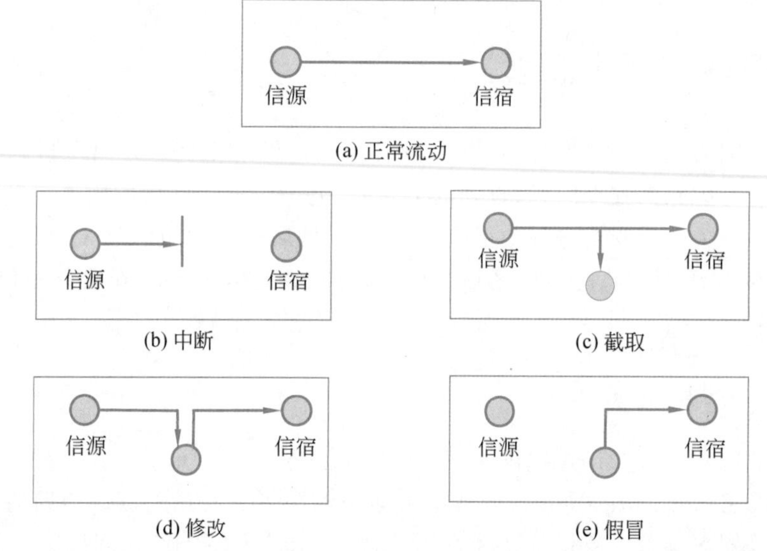

图 15-1 黑客对网络信息流的威胁

另一方面，网络攻击又可以分为被动攻击和主动攻击。

(1) 被动攻击：是在网络上进行监听，截取网络上传输的重要敏感信息。在共享式网络(如共享式的以太网)中，信息在各个结点都可以收听的共享信道上进行传输，因此，监听非常容易。例如，攻击者只要把监听设备连接到以太网，并将其网卡设置成接收所有帧的混杂模式，网络上传输的所有信息就会变成攻击者的囊中之物。通过分析监听到的信息，攻击者就可以得到他希望得到的东西，进而为下一次攻击做好准备。因此，被动攻击常常是主动攻击的前奏。例如，攻击者如果通过分析所获得的信息，获得了用户注册网络的账号和口令，那么他就可以利用该账号和口令假冒该用户堂而皇之地登录到网络，做他希望做的任何事情。

被动攻击很难被发现，因此，防止被动攻击的主要方法是加密传输的信息流。利用加密机制将口令等敏感信息转换成密文传输，即使这些信息被监听，攻击者也不知道这些密文的具体意义。

(2) 主动攻击：包括中断、修改和假冒等攻击方式，是攻击者利用网络本身的缺陷对网络实施的攻击。在有些情况下，主动攻击又以被动攻击获取的信息为基础。常见的主动攻击有IP欺骗和拒绝服务等。

所谓IP欺骗，是指攻击者在IP层假冒一个合法的主机。IP欺骗的原理本身很简单，攻击者只要用伪造的IP源地址生成IP数据包就可以进行IP欺骗。它的最主要目的是伪装成远程某主机的合法访问者，进而访问远程主机的资源。但是，有时IP欺骗又和其他攻击方法结合使用，用于隐瞒自己主机的真实IP地址。

拒绝服务攻击是一种中断方式的攻击，它针对某个特定目标发送大量的或异常的信息流，消耗目标主机的大量处理时间和资源，使其无法提供正常的服务，甚至瘫痪。著名的Ping O' Death、SYN flooding都属于拒绝服务攻击。当然，拒绝服务的攻击者往往也采用IP欺骗隐瞒自己的真实地址。

尽管被动攻击难以检测，但使用加密等安全技术能够阻止它们的成功实施。与此相反，要完全杜绝和防范主动攻击相当困难。目前，对付主动攻击的主要措施是及时检测出它们的存在，并迅速修复它们造成的破坏和影响。由于网络入侵检测具有威慑力量，因此，对于防范黑客的入侵具有一定的帮助。

15.2 数据加密和数字签名

在网络的安全机制中，数据加密和数字签名等都是以密码学为基础的。

15.2.1 数据加密

随着计算机技术和网络技术的发展，网络监视和网络窃听已不再是一件复杂的事情。黑客可以轻而易举地获取在网络中传输的数据信息。如果不希望黑客看到你传递的信息，就需要使用加密技术对传输的数据信息进行加密处理。在网络传输过程中，如果传输的是经加密处理后的数据信息，那么，即使黑客窃取了报文，由于不知道相应的解密方法和密钥，也无法将密文(加密后生成的数据信息)还原成明文(未经加密的数据信息)，从而保证了信息在传输过程中的安全。

最简单的加密方法是替代法。所谓替代法，就是将需要传输的数据信息使用另一种固定的数据代替。例如，数字字符0、1、2、3、4、5、6、7、8、9分别使用h、i、j、k、l、m、n、o、p、q代替，这样，如果要传输的信息为9628，那么加密后生成的密文和在信道上实际传输的就是qnjp。

理论上讲，加密可以分为加密密钥和加密算法两部分。加密密钥是在加密和解密过程中使用的一串数字；而加密算法则是作用于密钥和明文的一个数学函数。密文是明文和密钥相结合，经过加密算法运算的结果。在同一种加密算法下，密钥的位数越长，存在的密钥数越多，破译者破译越困难，安全性越好。在加密系统中，加密和解密算法是公开的，需要保密的是密钥。

目前，常用的加密技术主要有两种：常规密钥加密技术和公开密钥加密技术。

1. 常规密钥加密技术

常规密钥加密技术也称为对称密钥加密(symmetric cryptography)技术，是最早使用的加密技术之一。在这种技术中，加密方和解密方除必须保证使用同一种加密算法外，还需要共享同一个密钥。

图15-2为一个常规密钥加密系统的示意图。如果需要加密的信息为 X,加密方使用加密算法 E 和密钥 K 对其进行加密,那么加密方生成的密文为 $Y=E_K(X)$。当信息到达解密方后,解密方使用解密算法 D 和密钥 K 对 Y 进行解密,将密文还原成明文,即 $X=D_K(Y)$。需要注意的是,常规密钥加密方法不但要求加密方和解密方使用的 K 值相同,而且该值不能透露给第三方。如果对手获得了该 K 值,那么他就可以利用公式 $X=D_K(Y)$ 将密文还原成明文(注意,在加密系统中加密和解密算法是公开的),加密方和解密方没有什么秘密可言。

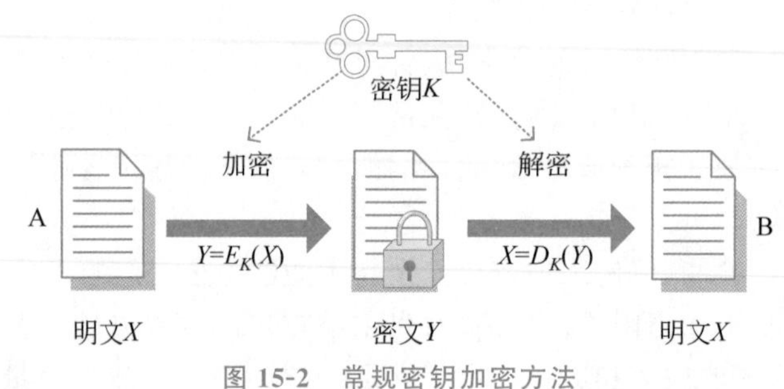

图15-2　常规密钥加密方法

常规密钥加密技术并非坚不可"破",入侵者用一台运算能力足够强大的计算机,凭借其"野蛮力量"对密钥逐个尝试就可以破译密文。但是,破译是需要时间的,只要选择的密钥个数足够多,破译的时间超过密文的有效期,加密就是有效的。

数据加密标准(Data Encryption Standard,DES)曾经是最著名、最常用的常规密钥加密算法。它由IBM公司研制,并被国际标准化组织(ISO)认定为数据加密的国际标准。DES的密钥长度为56位。由于密钥长度较短,现代的计算技术对其实施破译并不是一件难事,因此,逐渐被更安全的加密算法代替。

高级加密标准(Advanced Encryption Standard,AES)也称为Rijndael加密算法,是DES之后使用较多的常规密钥加密算法之一。AES可以使用128位、192位或256位的密钥长度对数据进行加密,因此,密文的安全性比DES更强。美国国家标准与技术研究所(NIST)的研究表明,如果破解56位密钥的DES需要1秒,那么破解128位密钥的AES需要149万亿年。

2. 公开密钥加密技术

公开密钥加密也称为公钥加密或非对称密钥加密(asymmetric cryptography)。公开密钥加密技术使用两个不同的密钥:一个用来加密信息,称为加密密钥;另一个用来解密信息,称为解密密钥。加密密钥与解密密钥是数学相关的,它们成对出现,但却不能由加密密钥计算出解密密钥,也不能由解密密钥计算出加密密钥。信息用某用户的加密密钥加密后得到的数据只能用该用户的解密密钥才能解密,因此,用户可以将自己的加密密钥像自己的姓名、电话、E-mail地址一样公开。如果其他用户希望与该用户通信,就可以使用该用户公开的加密密钥进行加密,这样,只有拥有解密密钥的用户自己才能解开此密文。当然,用户的解密密钥不能透露给自己不信任的任何人。所以,用户公开的加密密钥也称为公钥(public key),用户自己保存的解密密钥也称为私钥(private key)。

图15-3为一个公开密钥加密技术的示意图。如果需要加密的信息为 X,那么加密方A需要使用加密算法 E 和解密方B的公钥 PK_b 对其进行加密,生成的密文 $Y=E_{PK_b}(X)$。当信息到达解密方B后,解密方使用解密算法 D 和自己的私钥 RK_b 对 Y 进行解密,将密文还原成明文,即 $X=D_{RK_b}(Y)$。公开密钥加密方法使用对方的公开密钥对信息进行加密。由于用户

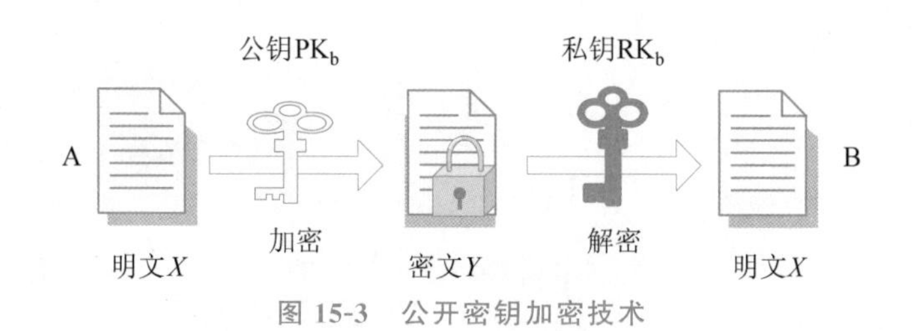

图 15-3 公开密钥加密技术

解密使用自己的私钥,因此,即使对手掌握了用户的公开密钥,也不能还原明文。但是,如果对手获得了一个用户的私钥,那么他就可以利用公式 $X=D_{RK_b}(Y)$ 将密文还原成明文(注意,在加密系统中加密和解密算法是公开的),加密的信息就没有什么秘密可言。

最著名的公开密钥加密算法是 RSA(RSA 是发明者 Rivest、Shamir 和 Adleman 名字首字母的组合)。RSA 是一个可以支持变长密钥的公开密钥加密算法,在它生成的一对相关密钥中,任何一个都可以用于加密,同时另一个用于解密。由于 RSA 的计算效率要比 DES 等慢,因此比较适合加密数据块长度较小的报文。

目前,绝大多数的安全产品和标准都采用了 RSA 算法,但随着计算机破译速度的不断提升,安全的 RSA 加密需要采用的密钥位数越来越长。密钥位数的增加带来的直接后果是计算机的处理负担加重,这对本来处理效率就较低的 RSA 更是雪上加霜。现在另一种公开密钥加密算法 ECC(Elliptic Curve Cryptography,椭圆曲线加密)崭露头角,成为 RSA 算法的主要竞争对手。ECC 算法的主要优越性表现在它使用非常少的位数就可以提供与 RSA 相同强度的安全性,从而减轻计算机的处理负担。

与常规密钥加密技术相比,公开密钥加密技术中用于解密的私钥不需要发往任何地方。公钥在传递和发布过程中即使被对手截获,对破译密文的作用也不是很大。但是,公开密钥加密技术使用的算法复杂,加密与解密速度都比较慢,被加密的数据块长度不宜太大。

3. 常规密钥加密技术和公开密钥加密技术的结合

常规密钥加密算法运算效率高,但密钥不易传递;公开密钥加密算法密钥传递简单,但运算效率低。两种技术结合,既可以克服常规密钥加密技术中密钥共享困难和公开密钥加密技术中加密所需时间较长的缺点,又能够充分利用常规密钥加密技术的高效性和公开密钥加密技术的灵活性,保证信息在传输过程中的安全性。

采用这种结合技术进行一次加密时,加密方首先随机生成一个密钥,并以该密钥和常规密钥加密技术为基础对数据进行加密。由于这个随机生成的密钥只在本次加密和解密会话中使用,因此被称为会话密钥(session key)。然后利用公开密钥加密技术对生成的会话密钥进行加密。其具体的实现方法和步骤如下(见图 15-4)。

(1) 需要发送信息时,发送方首先生成一个会话密钥,该会话密钥仅在本次加密中使用。

(2) 利用生成的会话密钥和常规密钥加密算法对要发送的信息加密。

(3) 发送方利用接收方提供的公开密钥对生成的会话密钥进行加密。

(4) 发送方把加密后的密文(包括加密后的数据和加密后的会话密钥)通过网络传送给接收方。

(5) 接收方使用公开密钥加密算法,利用自己的私钥将加密的会话密钥还原成明文。

(6) 接收方利用还原出的会话密钥,使用常规密钥加密算法解密被发送方加密的信息,还原出的明文即发送方发送的数据信息。

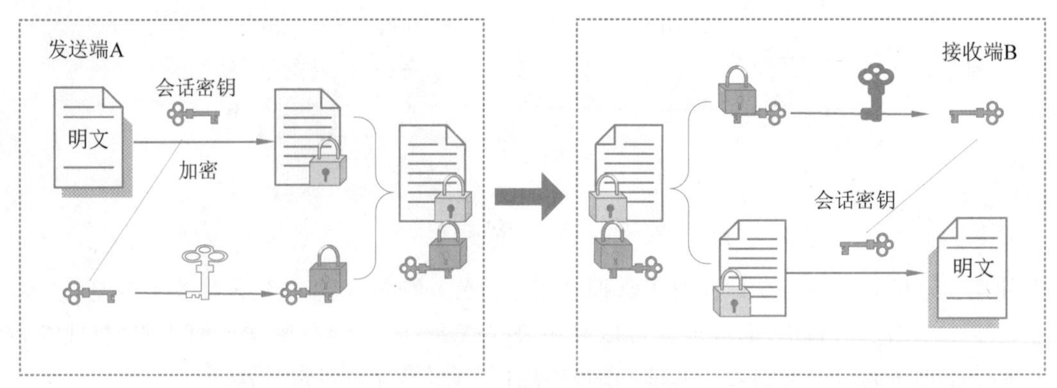

图 15-4 常规密钥加密技术和公开密钥加密技术结合使用

从以上步骤可以看出,信息在处理过程中使用了两层加密体制。在内层,利用常规密钥加密技术,每次传送信息都可以重新生成新的会话密钥,保证信息的安全性。在外层,利用公开密钥加密技术加密会话密钥,保证会话密钥传递的安全性。由于生成的会话密钥的位数通常不会太大,因此,可以保证公开密钥加密方法能够快速处理完毕。常规密钥加密技术和公开密钥加密技术的结合,可以保证信息的高效处理和安全传输。

15.2.2 数字签名

签名是保证文件或资料真实性的一种方法。在计算机网络中,通常使用数字签名技术模拟文件或资料中的亲笔签名。数字签名技术可以保证信息的完整性、真实性和不可否认性。

进行数字签名最常用的技术是公开密钥加密技术(如RSA)。在公开密钥加密技术中,由于生成的一对密钥一个用于加密,另一个用于解密,因此,当某一用户A使用自己的私钥“加密”了一条信息,如果其他人可以利用用户A公钥对其“解密”,那么就说明该信息是完整的(即信息没有在传递过程中被其他人修改过)。同时,由于只有用户A才能发出这样的消息,因此,可以确保该信息是由A发出的,并且A对所发的信息不能否认。由于使用自己的私钥对信息进行“加密”仅能够保证信息的完整性、真实性和不可否认性,并不能保证信息的机密性(因为公钥是公开的,所以任何获得公钥的用户都可以对该信息进行“解密”),因此,使用自己私钥对信息进行的操作通常被称为数字签名。

然而,公钥加密算法通常比较复杂,加密速度也很慢,不适合处理大数据块信息。在数字签名过程中,能否提取一个大数据块的信息,将一个大数据块映射到一个小信息块,然后对这个小信息块签名呢?这就是消息摘要(message digest)技术的初始想法。

1. 消息摘要

在数字签名中,为了解决公钥加密算法不适于处理大数据块的问题,一般需要将一个大数据块映射到一个小信息块,形成所谓的消息摘要。通过对信息摘要的签名,就可以保证整个信息的完整性、真实性和不可否认性。这个签名过程与现实生活中的亲笔签名非常类似。我们知道,现实生活中对文档或证件的亲笔签名常常出现在文档或证件的关键部分,而从大信息块中计算出的消息摘要就是该信息块的关键部分。

消息摘要可以利用单向散列函数(one way hash function)对要签名的数据进行运算生成。需要注意,单向散列函数对数据块进行运算并不是一种加密机制,它仅能提取数据块的某些关键信息。

单向散列函数具有如下3个主要特性：

(1) 单向散列函数能处理任意大小的信息，其生成的消息摘要数据块长度总是具有固定的大小，而且对同一个源数据反复执行该函数得到的消息摘要相同。

(2) 单向散列函数生成的消息摘要是不可预见的，产生的消息摘要的大小与原始数据信息块的大小没有任何联系，消息摘要看起来与原始数据也没有明显关系，而且原始数据信息的一个微小变化都会对新产生的消息摘要产生很大的影响。

(3) 单向散列函数具有不可逆性，没有办法通过生成的消息摘要重新生成原始数据信息。

由于单向散列函数具有以上特性，接收方在收到发送方的数据后，可以重新计算原始数据的消息摘要，并将该消息摘要与发送方发送来的消息摘要进行比较，如果相同，则说明该原始数据在传输过程中没有被篡改或变化。当然，必须对消息摘要进行签名，否则消息摘要也有可能被攻击者修改。

最广泛使用的消息摘要算法是MD5算法和SHA-1算法。MD5是由Rivest设计的，它可以将一个任意长度的输入数据进行数学处理，产生一个128位的消息摘要。SHA-1是由NIST认证的一种安全单向散列函数，它最初的基本版本能将任意长度的输入数据映射成一个160位的消息摘要。在随后的修订版本中，SHA-1产生的消息摘要长度分别增加到256位、384位和512位。

2. 完整的数字签名过程

如图15-5所示，数字签名的具体实现过程如下：

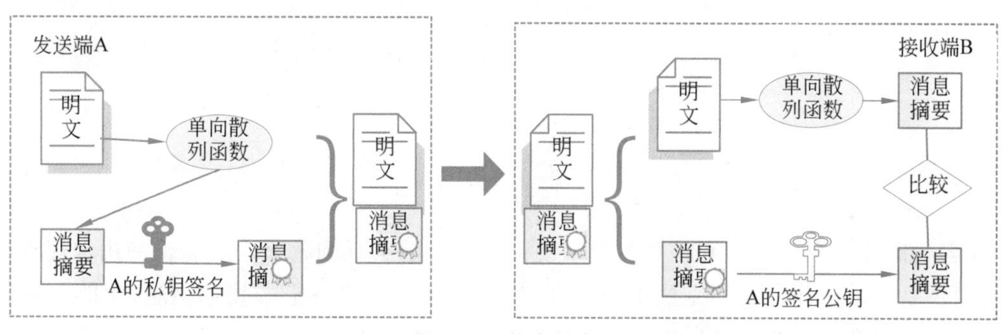

图15-5 数字签名

(1) 发送方使用单向散列函数对要发送的信息运算，生成消息摘要。

(2) 发送方使用自己的私钥，利用公开密钥加密算法对生成的消息摘要进行数字签名。

(3) 发送方通过网络将信息本身和已进行数字签名的消息摘要发送给接收方。

(4) 接收方使用与发送方相同的单向散列函数对收到的信息本身进行操作，重新生成消息摘要。

(5) 接收方使用发送方的公钥，利用公开密钥加密算法解密接收的消息信息摘要。

(6) 通过解密的信息摘要与重新生成的信息摘要进行比较，判别接收信息的完整性和真实性。

在传递过程中，对手可能能够截获并看到A发送给B的信息，但是如果他希望修改这些信息后再传给B，而又不被B察觉，则基本上不可能。这是因为A的私钥由其自己保存，不会暴露给任何第三方。对手只能修改截获的明文信息并重新形成消息摘要，但并不能对这个摘要进行签名。因此，如果对手修改了A传送给B的信息，B在签名的验证过程中就能够发现。

15.2.3 数据加密和数字签名的区别

尽管数字签名技术通常采用公开密钥加密算法实现,但是数字签名的作用与通常意义上的数据加密的作用是不同的。对在网络中传输的数据信息进行加密是为了保证数据信息传输的安全。即使黑客截获了该密文信息,由于没有相应的密钥,也就无法理解信息的内容。而数字签名不同,数字签名是为了证实某一信息确实由某一人发出,并且没有被网络中的其他人修改过,它对网络中是否有人看到该信息并不关心。数据加密使用接收者的公钥对数据进行运算,而数字签名则使用发送者自己的私钥对数据进行运算。数据加密和数字签名的区别如图 15-6 所示。

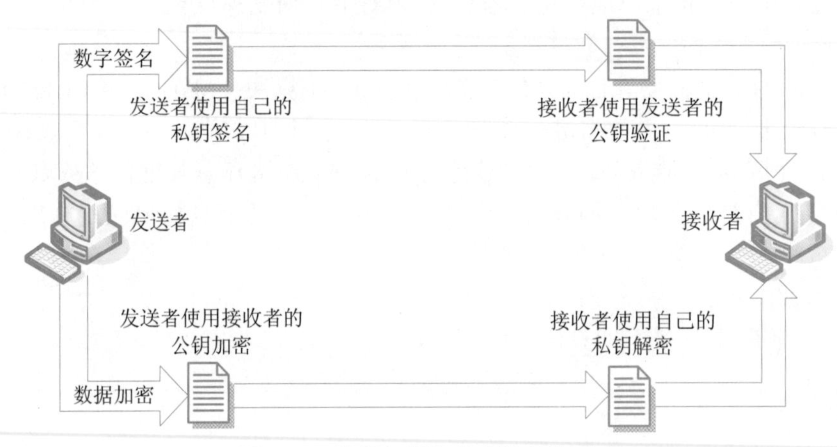

图 15-6 数据加密和数字签名的区别

15.2.4 密钥的分发

如何正确地发布和共享密钥是安全系统需要解决的关键问题之一。无论使用常规密钥加密技术,还是使用公开密钥加密技术,密钥的分发都需要采取一定的技术措施,才能保证信息安全。其中,常规密钥的分发通常采用密钥分发中心(Key Distribution Center,KDC)进行,而公开密钥的分发通常采用数字证书(digital certificate)技术。

1. 密钥分发中心

使用常规密钥加密方法时,加密方和解密方需要共享一个秘密密钥,该密钥不能透露给第三方。因此,如果 N 个用户之间相互进行加密通信,那么每个用户需要保存的密钥数为 $N-1$,系统中需要保存的密钥总数为 $N\times(N-1)$,如图 15-7 所示。

在小规模加密系统中,系统需要保存的密钥数量相对较少,密钥的发布和传递可以采取物理方法进行(如要求用户 B、C 和 D 到用户 A 所在的机房用 U 盘复制各自的密钥)。但是,在大规模加密系统中(如相互之间需要进行加密通信的用户数量达到 10 万个),不但系统中需要保存的密钥数量巨大(10 万个用户的系统需要保存的密钥总数大约为 100 亿个),而且通过物理方式发布和传递密钥也不现实。

为了解决大量用户之间共享秘密密钥的问题,网络中通常采用 KDC 分发秘密密钥,如图 15-8 所示。KDC 是一个安全系统中所有用户应该信任的权威中心,在使用 KDC 分发秘密密钥时,用户需要首先到 KDC 注册并获得一个与 KDC 进行加密通信的密钥,该密钥被称为

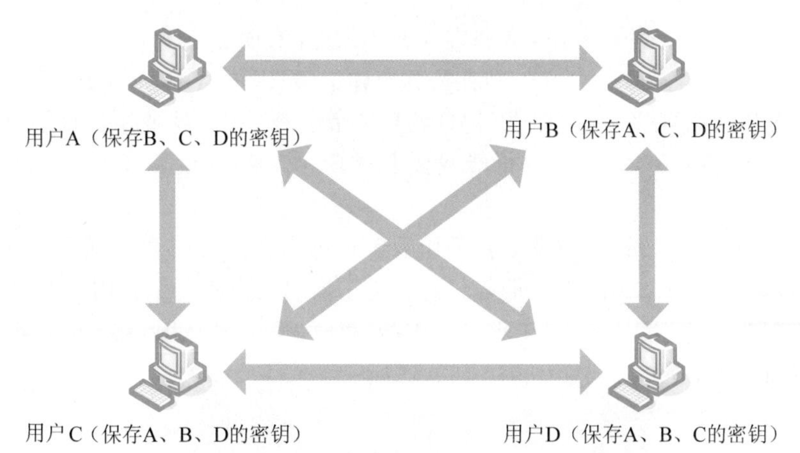

图 15-7 采用常规密钥加密技术时，用户需要保存的密钥数

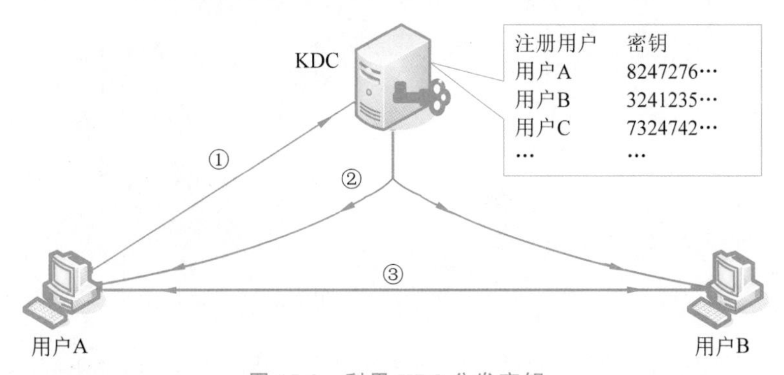

图 15-8 利用 KDC 分发密钥

永久密钥(permanent key)，用于 KDC 向注册用户分发会话密钥。换言之，KDC 保存了与其所有用户之间进行加密通信的秘密密钥，并使用该密钥分发会话密钥。

当用户在 KDC 注册后，用户之间进行加密通信的过程如下(假设用户 A 需要向用户 B 发送加密信息)。

① 用户 A 向 KDC 发送请求信息，希望 KDC 批准自己与用户 B 进行通信。该请求信息可以使用用户 A 与 KDC 之间共享的密钥进行加密。

② KDC 接收并解密用户 A 的请求信息。如果 KDC 确认用户 A 和 B 为自己的注册用户并且允许用户 A 和 B 之间进行加密通信，那么 KDC 随机生成 A 和 B 之间加密使用的会话密钥，然后将该会话密钥使用自己与用户 A 和用户 B 共享的密钥分别进行加密，再传递给用户 A 和用户 B。

③ 用户 A 和用户 B 接收 KDC 发送的信息，然后使用自己与 KDC 之间共享的密钥还原会话密钥。一旦得到会话密钥，用户 A 和用户 B 之间的加密通信就可以顺利开始。

KDC 为用户 A 和用户 B 生成的会话密钥只在一次通信过程中有效。当用户 A 和用户 B 的一次通信结束，他们将抛弃这次通话过程中使用的会话密钥。如果用户 A 和用户 B 需要再次通信，就需要请求 KDC 重新生成新的会话密钥。

2. 数字证书

使用公开密钥加密方法时，由于公钥不需要保密，因此，可以像邮件地址一样公布在 Web 网站、报纸和 BBS 等媒体上。当用户 A 需要向用户 B 发送加密信息时，他可以从这些公开媒体上找到用户 B 的公钥。在有些情况下，用户 A 可以向用户 B 发送公钥查询报文，要求用户

B使用自己的公钥进行应答。但是，这些方式并不安全，有时会受到假冒攻击。例如，对手C可以将自己的公钥以用户B的名义发布在公共媒体上，当用户A获得并使用了这个假冒B的公钥后，用户A传递给用户B的“加密”信息就会失密于对手C。即使用户A采用查询方式要求用户B回送自己的公钥，对手C也可能截获用户B的应答报文，将用户B的公钥替换成对手自己的公钥。

为了解决这种问题，公钥的分发通常采用数字证书方式进行。数字证书包括了用户的名称、用户拥有的公钥以及公钥的有效期等信息。为了证明用户对一个公钥的拥有，数字证书需要由可信任的第三方签名，如图15-9所示。该可信任的第三方是用户公钥的管理机构，通常被称为安全认证（Certification Authority，CA）中心。

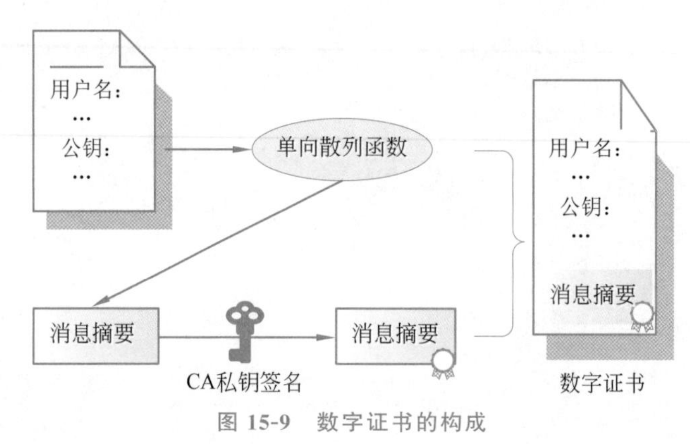

图15-9 数字证书的构成

在使用数字证书的系统中，用户的数字证书是由他们共同信任的CA中心签发的。同时，CA中心的公钥是周知的（即所有用户都可以安全地获得CA中心的公钥）。当用户A需要向用户B传送加密信息时，他可以通过多种渠道获得用户B的数字证书（如通过微博等公众媒体等）。如果该证书能够通过CA中心公钥的签名认证，就能够说明该证书的信息（特别是证书中的公钥信息）是完整的，没有被恶意修改过，用户A可以放心使用。

15.3 保证网络安全的几种具体措施

网络的任何一部分都可能存在安全问题，针对每一个安全隐患，需要采取具体的措施加以防范。在互联网上，目前最常用的安全技术包括防火墙技术、入侵检测技术、病毒防护技术、垃圾邮件处理技术、VPN技术、IPSec技术、安全套接层（Secure Socket Layer，SSL）技术等。这些技术从不同的层面对网络进行安全防护。本节主要对防火墙技术和安全套接层技术进行介绍。

15.3.1 防火墙

防火墙的概念起源于中世纪的城堡防卫系统。那时，人们在城堡的周围挖一条护城河以保护城堡的安全，每个进入城堡的人都要经过一个吊桥，接受城门守卫的检查。在网络中，人们借鉴了这种思想，设计了一种网络安全防护系统，即防火墙系统。

在不考虑安全的情况下，单位或组织一般通过一条（或少数几条）线路接入Internet，采用的接入设备既可以是路由器，也可以是NAT，如图15-10所示。接入设备所在的位置非常关键，它将整个互联网分成内部网络（Intranet）和外部网络（Internet）。由于内部网和外部网之间交换的信息都需经过接入设备，因此在接入设备中增加安全设施，对流经的网络流量进行监控和过滤，就可以减轻外部恶意程序对内部网络的威胁。防火墙就是这样一种安全设备，它部署在内部网络(Intranet)和外部网络(Internet)之间，认为内部网络是安全的和可信赖的，外部网络是不太安全的和不太可信的，如图15-11所示。通过检查和检测所有进出内部网的信息流，防火墙防止未经授权的通信进出被保护的内部网络。

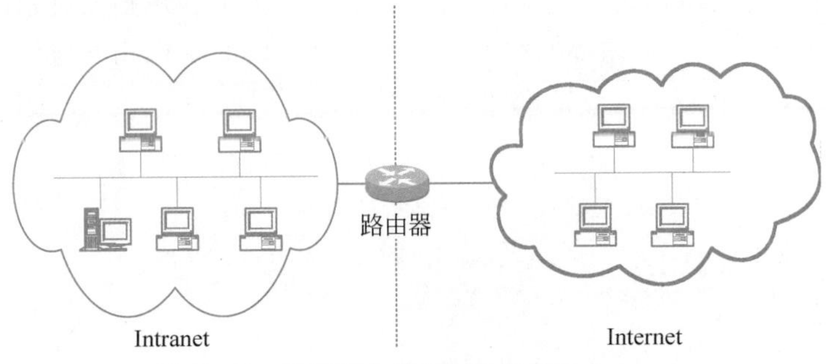

图 15-10　利用路由器(或 NAT)接入 Internet

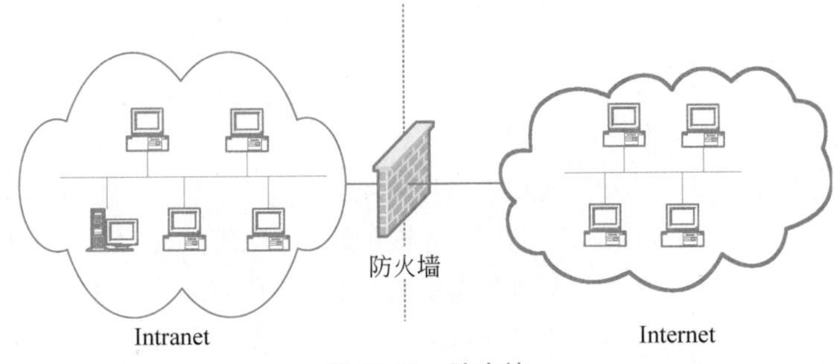

图 15-11　防火墙

从技术上讲，防火墙采用的技术主要有两种类型：一种为包过滤(packet filter)；另一种为应用网关(application level gateway)。这两种类型的防火墙相互补充和协作，能够为内部网络提供较安全的访问控制。

1. 包过滤

采用包过滤技术的防火墙检查每个流经的 IP 数据包，通过匹配这些 IP 数据包与设定的过滤规则是否相符，决定是转发还是丢弃。过滤规则主要依据数据包中 IP 头部和 TCP 头部的一些字段进行编写，主要包括：

(1) 源 IP 地址和目的 IP 地址。在很多情况下，由于内部网络只允许与外部网络的某些特定结点进行双向或单向通信，因此，防火墙可以根据 IP 数据包中源主机和目的主机 IP 地址判定是否转发一个数据包。

(2) IP 数据包协议字段。由于 IP 数据包的协议字段能够说明其携带数据的类型(如 TCP 数据、UDP 数据、ICMP 数据等)，因此，防火墙可以据此将可能危害内部网络的数据包(如回应请求与应答 ICMP 数据包)过滤掉，以保证网络安全。

(3) 源端口和目的端口号。由于一些常用的网络服务(如 Web、E-mail 等)通常使用固定的 TCP 或 UDP 端口号，因此，可以使用端口号判定整个数据包的性质，从而决定是否将其过滤。

(4) TCP 的 ACK 字段。TCP 的 ACK 表示 TCP 数据包是一个请求报文，还是一个响应报文。防火墙可以利用该字段判定一个 TCP 连接的方向，从而决定是否将其过滤。

包过滤防火墙通常有两种默认的数据包处理方式：一种为丢弃；另一种为转发。如果防火墙采用的默认处理方式为丢弃，那么不与设置规则匹配的所有数据包都将被丢弃；如果防火墙采用的默认处理方式为转发，那么不与设置规则匹配的所有数据包都将被转发。

假设某单位内部网络的IP地址段为202.113.25.xx，表15-1给出了为该单位防火墙配置的规则列表。该规则列表采用默认丢弃方式，如果一个IP数据包不与规则①、规则②、规则③或规则④匹配，那么防火墙将按照规则(*i*)将其丢弃。规则①和规则②表示防火墙信任外部208.18.36.xx网段的主机，允许内部网络的主机与这个网段的主机相互通信。规则③和规则④表示外部任意主机都可以通过TCP的80端口访问内部202.113.25.10主机，该主机为一个Web站点。

表15-1 防火墙的过滤规则示例表

规则编号	源IP地址	目的IP地址	源端口	目的端口	动作
①	202.113.25.xx	208.18.36.xx	x	x	允许
②	208.18.36.xx	202.113.25.xx	x	x	允许
③	xx.xx.xx.xx	202.113.25.10	x	80	允许
④	202.113.25.10	xx.xx.xx.xx	80	x	允许
(i)	xx.xx.xx.xx	xx.xx..xx.xx	x	xx	丢弃

注：默认采用丢弃方式；x表示任意。

过滤规则的编写工作非常复杂，稍有不慎就会引入安全漏洞。例如，如果单位允许内部用户访问Internet，但不允许Internet用户访问内部主机，那么最直观的想法就是增加两条过滤规则，由表15-1变成表15-2。其中，规则⑤表示无论目的IP地址为多少，只要源IP地址为内网的202.113.25.xx，防火墙就允许数据包通过。为了使外部主机的响应信息通过防火墙，需要增加过滤规则⑥，允许目的IP地址为202.113.25.xx的数据包通过。但这样的设置既允许内部网络访问外部网络，也允许外部网络访问内部网络，使防火墙丧失了过滤数据包的能力，与过滤规则的设置初衷相违背。实际上，防火墙应该拒绝外部Internet的主动请求报文，但允许对内部主机请求的响应报文通过，如图15-12所示。为了实现这个目标，防火墙需要具备状态的检测与记录能力，对通过的数据包进行动态监测和跟踪。例如，防火墙可以记录内部主机发起的TCP连接，并允许该连接上的后续TCP响应数据包通过。

表15-2 不正确的防火墙过滤规则示例表

规则编号	源IP地址	目的IP地址	源端口	目的端口	动作
①	202.113.25.xx	208.18.36.xx	x	x	允许
②	208.18.36.xx	202.113.25.xx	x	x	允许
③	xx.xx.xx.xx	202.113.25.10	x	80	允许
④	202.113.25.10	xx.xx.xx.xx	80	x	允许
⑤	202.113.25.xx	xx.xx.xx.xx	x	x	允许
⑥	xx.xx.xx.xx	202.113.25.xx	x	x	允许
(i)	xx.xx.xx.xx	xx.xx..xx.xx	x	xx	丢弃

注：默认操作采用丢弃方式；x表示任意。

包过滤防火墙只对数据包首部的信息进行监测，转发速度相对较快。为了解决用户配置

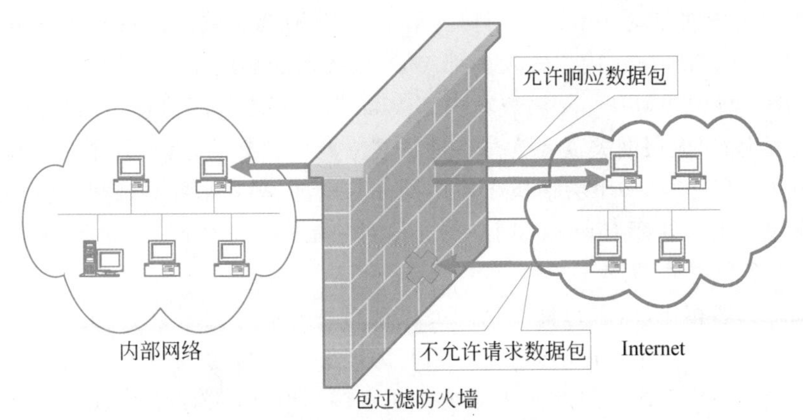

图 15-12 过滤外部 Internet 用户的主动请求

复杂、容易引入安全漏洞的问题，防火墙产品的开发以及生产厂家通常提供适应不同环境要求的多种过滤规则文件。用户通过加载这些文件或对这些文件的内容进行简单修改，就可以实现自己需要的过滤功能。

2. 应用网关

应用网关也称为应用代理，通常运行在内部网络的某些具有访问 Internet 权限的专用服务器上，为内部网络用户访问外部网络的一些特定服务（或为外部网络用户访问内部网络的一些特定服务）提供转接或控制。

图 15-13 描述了一个提供 Web 服务的应用网关。内部网络中的 Web 服务器可以向外部 Internet 授权用户提供 Web 服务，但 Internet 用户的请求并不能直接到达该 Web 服务器，需要经过 Web 应用网关的中转。外部 Internet 用户访问内部 Web 服务器的过程可以归纳如下。

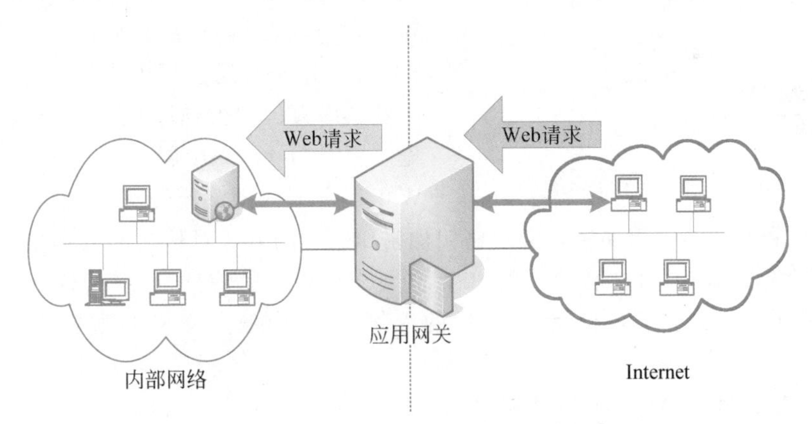

图 15-13 提供 Web 服务的应用网关示意图

（1）外部 Internet 用户与应用网关建立 TCP 连接，同时向应用网关发送使用 Web 服务的请求。

（2）应用网关对收到的请求进行认证，如果允许该 Internet 用户访问内部 Web 服务器，就转向（3），否则拒绝该请求后返回。

（3）应用网关作为客户端与内部的 Web 服务器建立 TCP 连接，将 Internet 用户的请求转发至内部 Web 服务器。

（4）内部 Web 服务器对 Internet 用户的请求进行响应，将响应信息发往应用网关。

（5）应用网关向 Internet 用户转发内部 Web 服务器的响应。

（6）应用网关将中转 Internet 用户与内部 Web 服务器之间的信息，直到传输完毕。

从工作过程上看，应用网关需要为每次通信建立两个独立的会话，一个会话位于应用网关与外部 Internet 用户之间，一个会话位于应用网关与内部 Web 服务器之间。应用网关在中间起到中转的作用。由于外部 Internet 用户的通信对象始终为应用网关，因此，应用网关隐藏了内部网络提供服务的基本情况。

与包过滤防火墙相比，由于每种应用网关只针对一种服务而设计，因此，相应的控制策略的设置比包过滤防火墙简单。同时，由于应用网关能够解读经过的所有应用层信息，因此，鉴别其是否属于授权用户也比包过滤防火墙更方便直接。但是，在实现上，由于应用网关需要为每次通信建立两个独立的会话，数据包也需要解析到应用层，因此，处理速度与包过滤防火墙相差很多。

15.3.2 SSL 协议

安全套接层（Secure Socket Layer，SSL）是目前应用最广泛的安全传输协议之一。它由 Netscape 公司于 1995 年提出，并被众多网络产品提供商采纳成为事实上的标准。SSL 运行在端系统的应用层与传输层之间，通过在 TCP 之上建立一个安全通道，为应用数据的传输提供安全保障，如图 15-14 所示。例如，当 SSL 为 Web 应用提供安全保障时，HTTP 的报文格式、Web 服务器和浏览器对 HTTP 报文的处理方式等都与普通的 Web 应用相同。所不同的是，Web 服务器和浏览器会将 HTTP 报文传递给 SSL 层，由 SSL 层进行安全处理后再交由 TCP 层发送出去；与此类似，TCP 层接收到的数据首先需要传递给 SSL 层，SSL 处理之后再交由 Web 服务器或浏览器处理。

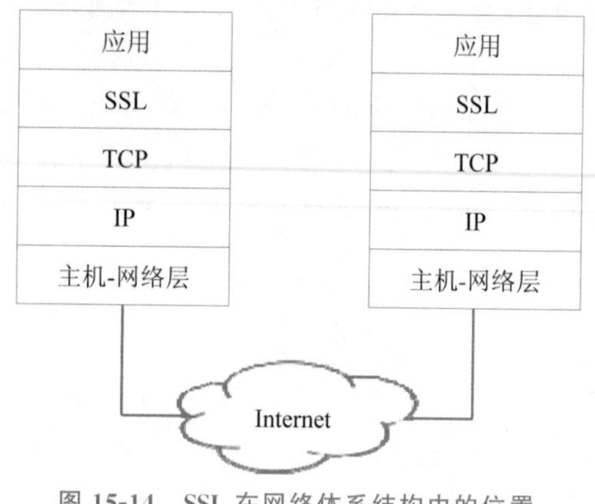

图 15-14　SSL 在网络体系结构中的位置

由于 SSL 利用公开密钥加密和常规密钥加密相结合的方式对传输的数据提供安全保障，因此，在应用数据正式传递之前，两端的 SSL 需要交换相关的信息，以进行认证、会话密钥协商等工作。图 15-15 显示了一个基于 SSL 的 Web 应用中信息交换的主要步骤，具体说明如下。

① Web 浏览器请求与 Web 服务器建立安全会话。

② Web 服务器将自己带有公钥的数字证书发送给浏览器，浏览器通过数字证书上的 CA 签名对 Web 服务器的身份进行认证。

③ Web 服务器与浏览器协商会话使用的加密算法及密钥的长度。

④ Web 浏览器产生会话使用的会话密钥，然后利用 Web 服务器的公钥加密后传递给 Web 服务器。

⑤ Web 服务器使用自己的私钥解密，还原出会话密钥。

⑥ Web 服务器和浏览器利用会话密钥及协商好的常规密钥加密算法实现数据安全传输。

尽管目前 SSL 多数应用于 Web 服务系统的安全防护，但是 SSL 的应用不限于此，它能够

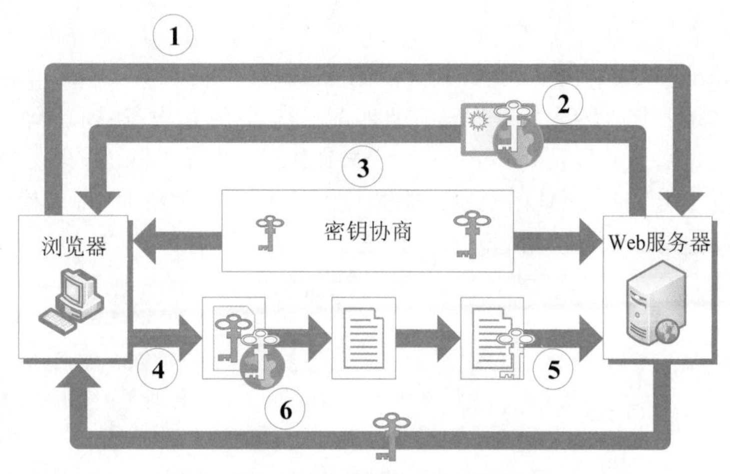

图 15-15 SSL 的工作过程

为所有以 TCP/IP 为基础的网络应用(如 FTP 应用)提供安全数据传输服务。

15.4 实验：包过滤防火墙的配置

路由器通常都带有一定的防火墙功能。在 Cisco 路由器中，可以使用访问控制列表(Access Control List，ACL)实现简单的数据包过滤。对于一些运行较高版本操作系统的 Cisco 路由器，还可以利用基于上下文的访问控制(Context Based Access Control，CBAC)功能对 Web、E-mail 等基于 TCP、UDP 的应用进行访问控制。

实际上，第 10 章的 NAT 实验部分已经使用了 Cisco 的标准访问控制列表，用于定义 NAT 内部网络使用的 IP 地址范围。本节将利用访问控制列表，实现一个简单的数据包过滤防火墙。

15.4.1 访问控制列表

访问控制列表(ACL)是应用在网络设备接口上的规则列表，这些规则列表用于告诉网络设备哪些数据包可以通过，哪些数据包需要拒绝。ACL 可以应用于网络接口的入站方向(检查从该接口接收的所有数据包)或出站方向(检查从该接口发出的所有数据包)。一个 ACL 可以包含多条规则，网络设备通常采用优先匹配原则。也就是说，当出站(或入站)的数据包到来时，网络设备按照顺序依次对 ACL 列表中的规则进行匹配。一旦匹配成功，网络设备立即执行匹配规则中指定的动作，不再进行后续规则的匹配。如果所有规则都没有匹配成功，那么不同厂家生产的网络设备会有不同的处理方式。Cisco 生产的网络设备采用丢弃的方式，即如果所有规则都没有匹配成功，那么 Cisco 网络设备将丢弃该数据包。ACL 中的规则一般按照加入的先后顺序进行排序，先加入的在前，后加入的在后。

在 Cisco 网络设备中，常用的访问控制列表有两种：一种是标准 ACL，另一种是扩展 ACL。

1. 标准 ACL

标准 ACL 是最简单的一种 ACL，它利用 IP 数据包中的源 IP 地址对过往的数据包进行控制。标准 ACL 规则的添加采用的命令如下：

```
access-list ListNum {permit|deny} SrcIPAddr SrcWildMask①
```

其中,ListNum 为 ACL 的列表号,取值范围为 1～99。相同 ListNum 的规则属于同一个 ACL,其先后顺序按照加入的先后顺序确定。匹配成功后,网络设备采取的动作有两种:一种是 permit(允许通过);另一种是 deny(丢弃)。SrcIPAddr 和 SrcWildMask 分别表示源起始 IP 地址和通配符,用于定义 IP 地址的范围。在指定一台特定的主机时,可以使用 host 关键词;如果要表示任意的主机,可以使用 any 代替。表 15-3 给出了标准 ACL 的几个典型示例。

表 15-3 标准 ACL 示例

命 令	含 义
access-list 16 permit 192.168.1.0 0.0.0.255	在标号为 16 的 ACL 中添加一条规则,该规则允许源 IP 地址为 192.168.1.xx 的数据包通过
access-list 16 deny host 192.168.2.5	在标号为 16 的 ACL 中添加一条规则,该规则丢弃源 IP 地址为 192.168.2.5 的数据包
access-list 16 permit any	在标号为 16 的 ACL 中添加一条规则,该规则允许任意的 IP 数据包通过

2. 扩展 ACL

扩展 ACL 是对标准 ACL 的扩充,可以按照源 IP 地址、目的 IP 地址、源端口、目的端口等条件进行 ACL 规则定义。添加扩展 ACL 规则的一般命令形式如下:

```
access-list ListNum {permit|deny} Protocol SrcIPAddr SrcPort DesIPAddr DesPort②
```

该命令由 ListNum、{permit|deny}、Protocol、SrcIPAddr、SrcPort、DesIPAddr 和 DesPort 7 部分组成,它们的含义如下:

(1) ListNum:ACL 号,取值范围为 101～199。拥有相同 ListNum 的规则属于同一个 ACL,其先后顺序按照加入的先后顺序确定。

(2) {permit|deny}:匹配成功后,网络设备采取的动作。其中,permit 为允许通过,deny 为丢弃。

(3) Protocol:指定该条规则适用的协议类型。协议类型可以是 ip、icmp、tcp 和 udp 等。

(4) SrcIPAddr:指定源 IP 地址范围。如果为连续的多个 IP 地址,那么可以采用"起始 IP 地址 通配符"的方式定义;如果只有一个 IP 地址,那么可以采用"host IP 地址"的方式定义;如果要表示任意的主机,那么可以使用 any 代替。

(5) SrcPort:指定源 TCP 或 UDP 端口范围。端口范围可以使用"操作符 端口号"的方式。其中,"eq 端口号"用于指定一个具体端口,"gt 端口号"用于指定大于某个数值的所有端口,"lt 端口号"用于指定小于某个数值的所有端口。

(6) DesIPAddr:指定目的 IP 地址范围。指定的方式与 SrcIPAddr 相同。

(7) DesPort:指定目的 TCP 或 UDP 端口范围。指定的方式与 SrcPort 相同。

表 15-4 给出了扩展 ACL 的几个典型示例。

① 本书仅给出 Cisco 标准 ACL 命令的常用格式,完整格式请参见 Cisco 的相关文档。

② 本书仅给出 Cisco 扩展 ACL 命令的常用格式,完整格式请参见 Cisco 的相关文档。

表 15-4 扩展 ACL 示例

命令	含义
access-list 106 deny udp 192.168.1.0 0.0.0.255 host 192.168.2.5 gt 1023	在标号为 106 的 ACL 列表中添加一条规则，该规则丢弃所有源 IP 地址为 192.168.1.xx，目的 IP 地址为 192.168.2.5，UDP 端口号大于 1023 的数据包
access-list 106 permit tcp any 192.168.1.0 0.0.0.255 any eq www	在标号为 106 的 ACL 列表中添加一条规则，该规则允许目的 IP 地址为 192.168.1.xx，TCP 端口号为 80 的数据包通过。常用的著名端口号可以使用规定的字符串代替，例如 www 代表 Web 服务的 80 端口，smtp 代表邮件服务的 25 端口
access-list 106 deny tcp any any eq 23	在标号为 106 的 ACL 列表中添加一条规则，该规则丢弃所有 TCP 端口号为 23 的数据包

3. 绑定访问控制列表至端口

一个 ACL 的规则添加完成后，需要通知网络设备在哪个接口的哪个方向上应用该规则。要完成这项任务，在端口配置方式下使用“ip access-group ListNum {in|out}”命令即可。其中，ListNum 为需要绑定的 ACL，in 表示在这个接口的入站方向应用该 ACL，out 表示在这个接口的出站方向应用该 ACL。

4. 删除 ACL

删除 ACL 可以使用“no access-list ListNum”命令。需要注意的是，应用该命令后将删除指定的整个 ACL，不能指定删除 ACL 中的某条特定规则。

15.4.2 访问控制列表实验过程

配置包过滤防火墙

访问控制列表实验包括标准访问控制列表实验和扩展访问列表实验。

1. 标准访问控制列表实验

本实验利用一个标准 ACL，将一个路由器配置为允许某个网络中的主机访问另一个网络。其实验步骤如下：

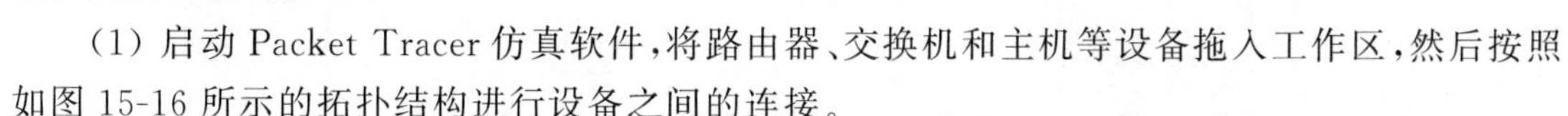

(1) 启动 Packet Tracer 仿真软件，将路由器、交换机和主机等设备拖入工作区，然后按照如图 15-16 所示的拓扑结构进行设备之间的连接。

(2) 按照图 15-16 给出的 IP 地址配置主机、路由器的 IP 地址，然后配置路由器 Router1 和 Router2 的路由表，使网络 A、网络 B 和网络 C 中的主机能够相互访问。

(3) 本实验的实现目标是网络 A 允许网络 B 中的主机访问，但不允许其他网络(如网络 C)中的主机访问。为了实现这种功能，可以在 Router1 的 Fa0/1 接口(绑定 IP 地址 202.113.28.1 的接口)上绑定一个标准 ACL，对进入 Fa0/1 接口的数据包进行检查和过滤，如图 15-17 所示，图中给出的配置命令由两部分组成：第一部分，在路由器的全局配置模式下建立一个标号为 6 的标准 ACL。该列表包含两条规则，access-list 6 permit 202.113.26.0 0.0.0.255 允许网络 B 中的主机发送的数据包通过，其后的 access-list 6 deny any 拒绝所有其他网络的数据包送来的数据包。注意，由于 Cisco 的 ACL 默认情况下拒绝所有的数据包，因此，access-list 6 deny any 这条规则也可以省略。第二部分，进入 Fa0/1 接口配置模式，利用“ip access-group 6 in”命令将 6 号 ACL 绑定在 Fa0/1 的入站上。

(4) 完成以上步骤后，可以利用网络 B 中的主机 ping 网络 A 中的主机，检查 Router1 是

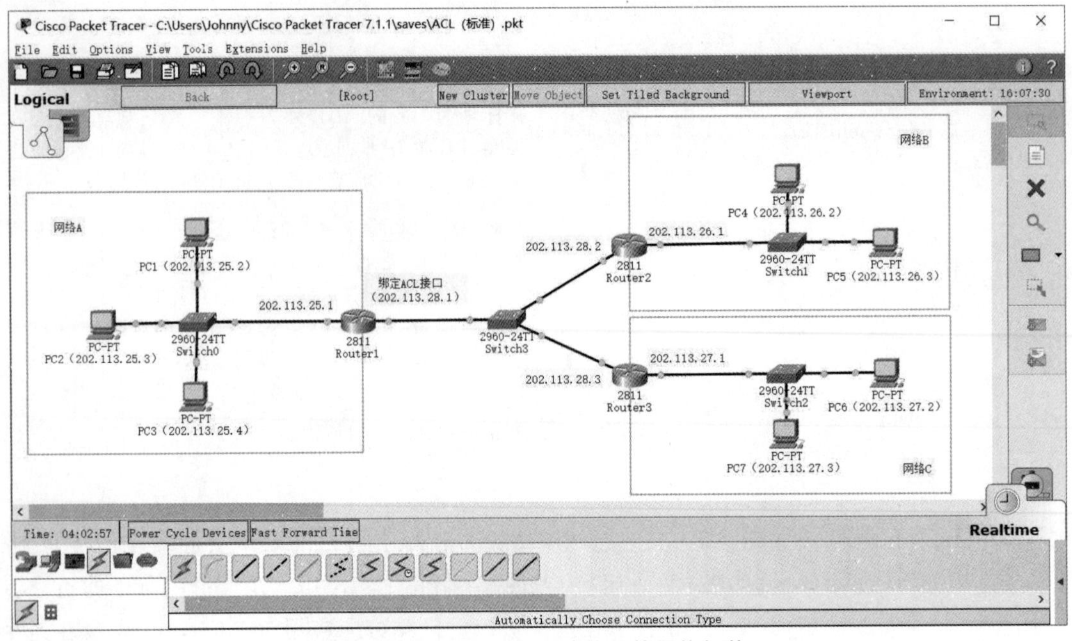

图 15-16　标准 ACL 实验使用的网络拓扑

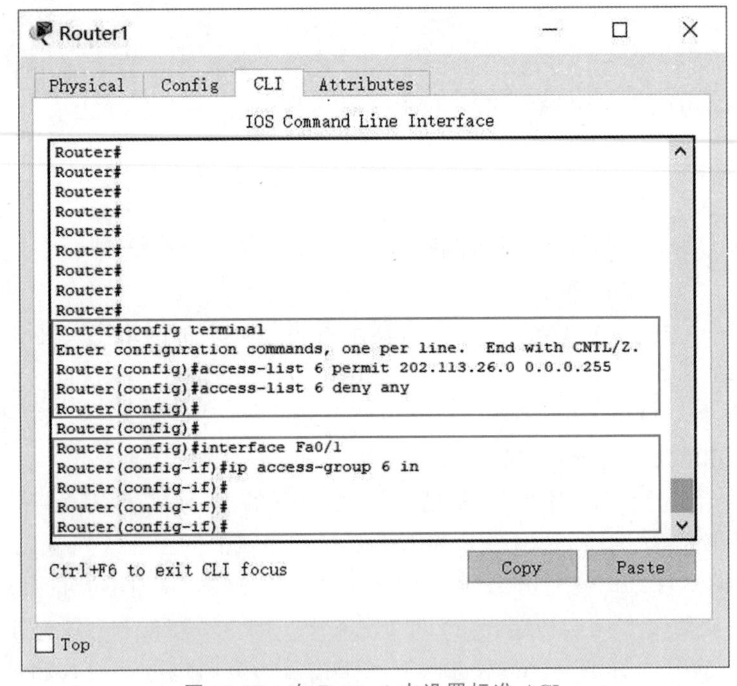

图 15-17　在 Router1 中设置标准 ACL

否阻止了网络 B 中的主机。同时,可以利用网络 C 中的主机 ping 网络 A 中的主机,检查 Router1 是否阻止了网络 C 中的主机。另外,还可以与没有绑定 ACL 时进行对比,理解标准 ACL 的功能和作用。

2. 扩展访问控制列表实验

本实验利用一个扩展 ACL,将一个路由器配置为拒绝某个网络中的某台主机访问另一个网络中的 Web 服务器。其实验步骤如下:

（1）与标准ACL实验类似，启动Packet Tracer仿真软件，将路由器、交换机和主机等设备拖入工作区，然后按照如图15-18所示的拓扑结构进行设备之间的连接。与图15-16不同，图15-18的网络A中配备了一台服务器，扮演本实验中的Web服务器。配置主机、路由器的IP地址，配置路由器Router1和Router2的路由表，使网络A、网络B和网络C中的主机能够相互访问。

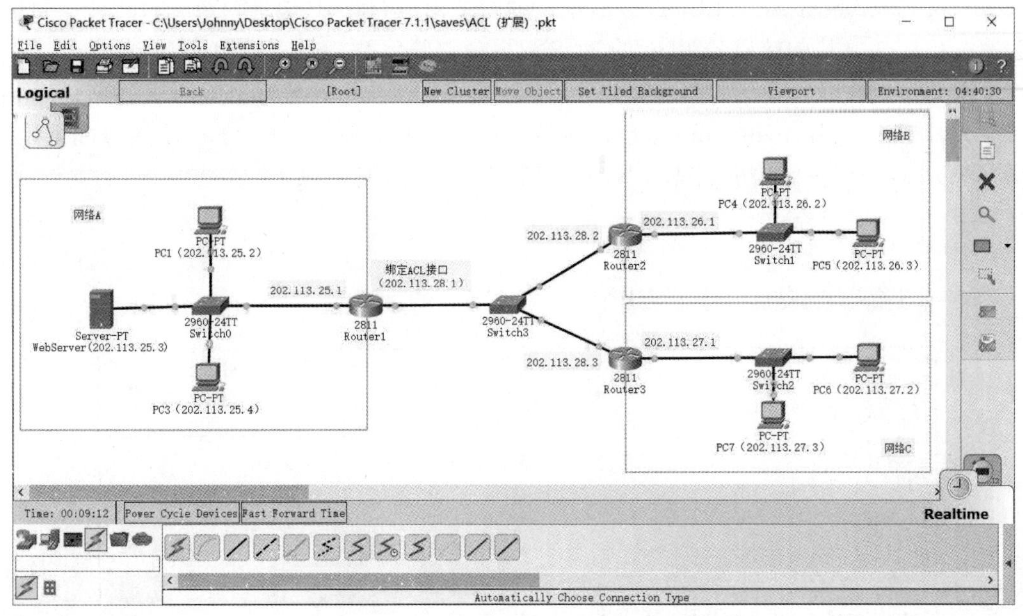

图15-18　扩展ACL实验使用的网络拓扑

（2）单击网络A区域中的WebServer图标，在打开的窗口中选择Services选项卡，可以看到这台服务器提供的所有服务，如图15-19所示。Packet Tracer提供的Web服务默认给出了几个简单的页面。如果愿意，可以对这些页面进行修改。保证图15-19中HTTP服务处于On状态，利用网络B和网络C主机的Web Browser浏览WebServer服务器上的网页，确保在配置扩展ACL前浏览成功。

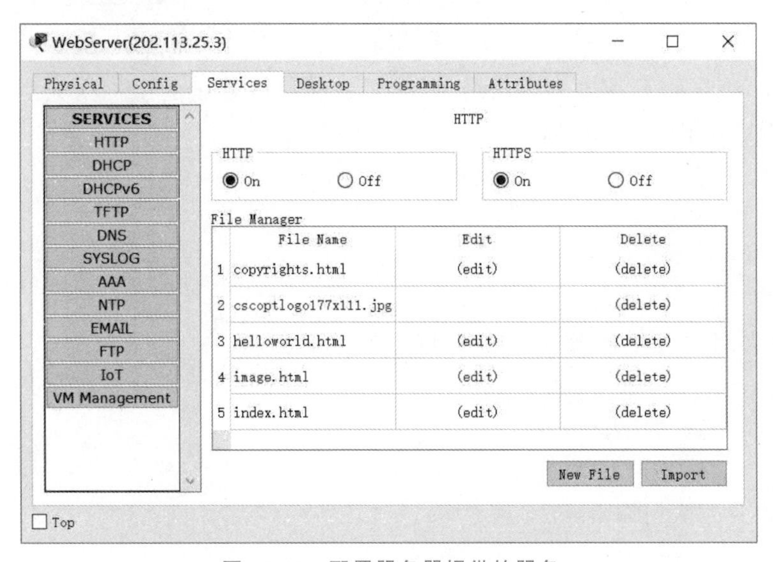

图15-19　配置服务器提供的服务

(3) 本实验的目标是通过添加扩展ACL,除PC4(IP地址为202.113.26.2)外,允许其他主机浏览WebServer服务器的Web页面。为了实现这种功能,需要在Router1的Fa0/1接口上绑定一个扩展ACL,对进入Fa0/1接口的数据包进行检查和过滤,如图15-20所示。与配置标准ACL类似,图15-20给出的配置命令也由两部分组成:第一部分,在路由器的全局配置模式下建立一个标号为106的扩展ACL。该列表包含两条规则,access-list 106 deny tcp host 202.113.26.2 host 202.113.25.3 eq www的含义为抛弃源IP地址为202.113.26.2、目的地址为202.113.25.3、目的端口号为80的TCP数据包。其后的access-list 106 permit ip any any允许所有的其他数据包通过。注意,由于Cisco的ACL默认情况下拒绝所有数据包,因此,access-list 106 permit ip any any这条规则不可省略。第二部分,进入Fa0/1接口配置模式,利用"ip access-group 106 in"将106号ACL绑定在Fa0/1的入站上。

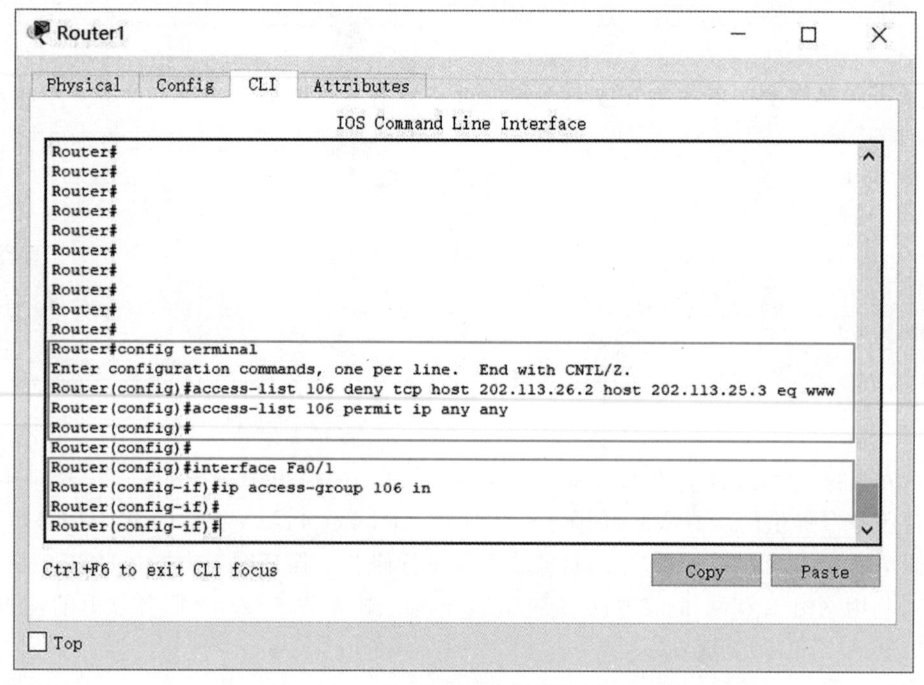

图15-20　在Router1中设置扩展ACL

(4) 完成以上步骤后,可以利用网络A、网络B和网络C中的主机浏览WebServer上的网页,测试是否达到了配置的目标。

练习与思考

一、填空题

(1) 网络为用户提供的安全服务应该包括:________、________、________、________和________。

(2) 黑客对信息流的干预方式可以分为________、________、________和________。

二、单项选择题

(1) 常用的公开密钥加密算法为(　　)。

a) DES　　　　b) SED　　　　c) RSA　　　　d) RAS

(2) 常用的常规密钥加密算法为(　　)。

a) DES　　　　b) SED　　　　c) RSA　　　　d) RAS

(3) 关于 RSA 加密技术的描述中,正确的是(　　)。

a) 加密方和解密方使用不同的算法,但共享同一个密钥

b) 加密方和解密方使用相同的算法,但使用不同的密钥

c) 加密方和解密方不但使用相同的算法,而且共享同一个密钥

d) 加密方和解密方不但使用不同的算法,而且使用不同的密钥

三、动手与思考题

网络安全在网络服务中占有重要的地位。SSL 通过将数据加密、数据签名等安全机制结合,保证数据的安全性。在内网的出入口,可以部署防火墙,检查和检测所有进出内网的信息流,以防止未经授权的通信通过。请查找和参阅相关资料和文档,练习和思考以下问题:

(1) IIS 集成了 SSL 功能。配置 SSL 需要:①创建证书申请;②把证书申请送交 CA 中心进行签名认证;③通过完成证书申请将签名后的证书导入 IIS;④配置 Web 网站的 SSL 功能。尽管 Windows 10 没有集成 CA 中心使用的软件,但是为了方便测试配置的网站,Windows 10 提供了创建自签名证书功能。这项功能创建完证书后无须提交 CA 中心,自己进行签名。在前面完成 Web 网站的创建和配置实验后,配置网站的 SSL 功能。在浏览器端利用 HTTPS 类型的 URL 启动 SSL 通信请求(如 https://www.abc.edu.cn),查看你配置的 SSL 是否可以正常工作。

(2) 为了保证内部网络的安全,网络管理员常常希望内网的用户能够自由地访问外网服务器(如内网 PC1 和 PC2 能够自由地访问外网 WebServer2),但不希望外网用户主动访问内部网络(如外网 PC4 和 PC6 访问内网 WebServer1),如图 15-21 所示。更概括地讲,这个问题就是网络管理员允许内网用户自由地向外网发起 TCP 连接,同时可以接收外网发回的 TCP 应答数据包。但是,网络管理员不允许外网的用户主动向内网发起 TCP 连接。查找和学习相关资料,在图 15-21 中配置相关的路由器,利用 ACL 列表实现这种功能。

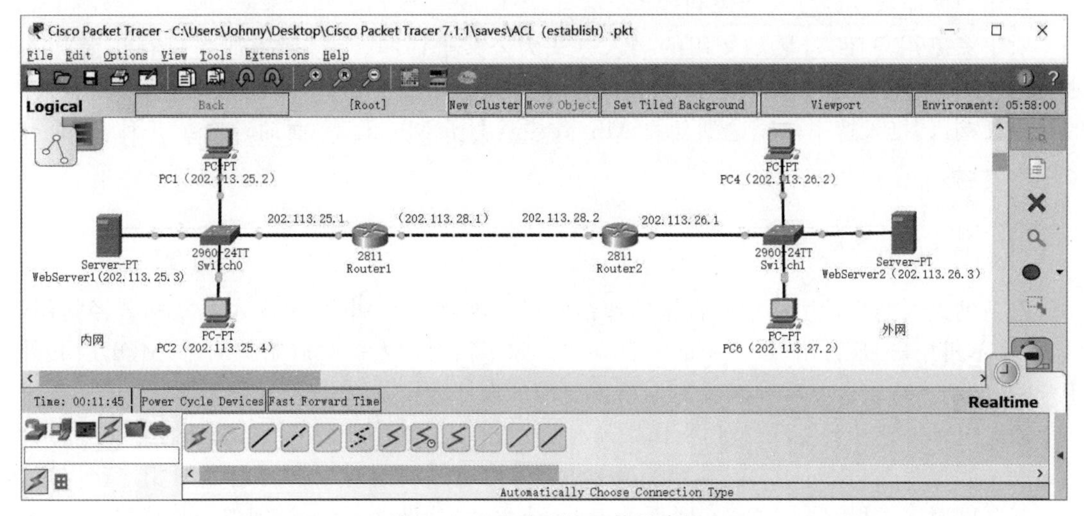

图 15-21　实验网络拓扑示意图

第 16 章　接入互联网

网络接入技术(特别是宽带网络接入技术)是目前互联网研究和应用的热点。它的主要研究内容是如何将远程的主机或计算机网络以合适的性能价格比接入互联网。由于网络接入通常需要借助某些广域网完成,因此,在接入之前,必须认真考虑接入性能、接入效率和接入费用等诸多问题。

16.1　常用的接入技术

将主机或计算机网络接入互联网的方法很多,无线网络(wireless network)、数字数据网(Digital Data Network,DDN)、公用电话网(Public Switch Telephone Network,PSTN)、非对称数字线路(Asymmetric Digital Subscriber Line,ADSL)、混合光纤/同轴电缆网(Hybrid Fiber Coaxial Cable,HFC)、无源光网络(Passive Optical Network,PON)、4G/5G 网等都可以作为接入互联网的手段。但是,这些网络通常都是经营性的网络,由电信或其他部门建设,用户必须支付一定的费用才可使用。因此,对于不同的网络用户和不同的网络应用,选择合适的接入方式非常关键。

DDN 专线方式速度快但费用昂贵,而公用电话网费用低廉但速度受到限制。选择哪种接入手段主要取决于以下 5 个因素:

- 用户对网络接入速度的要求。
- 接入主机或计算机网络与互联网之间的距离。
- 接入后网间的通信量。
- 用户希望运行的应用类型。
- 用户所能承受的接入费用和代价。

对于家庭用户而言,最早使用的接入方式为公共电话网接入,接入速率只有几十 kb/s。之后,人们开始使用 ADSL 接入方式,接入速率可以达到几 Mb/s。目前,家庭用户最常使用的是光纤接入,接入速率可以达到几百 Mb/s,甚至上千 Mb/s。下面简单介绍几种常用的网络接入方法。

16.1.1　借助电话网接入

电话网是人们日常生活中最常用的通信网络。因此,借助电话网接入互联网曾经是用户(特别是单机用户)最常用、最简单的一种办法。除了需要加入一对调制解调器(MODEM)外,用户端、电话局端以及互联网端基本上不需要增加额外的设备。

通过电话网连接到互联网如图 16-1 所示。用户端主机(或网络中的服务器)和互联网中的远程访问服务器(Remote Access Server,RAS)均通过调制解调器与电话网相连。用户在访问互联网时,通过拨号方式与互联网的 RAS 建立连接,借助 RAS 访问整个互联网。

电话线路是为传输音频信号而建设的,主机输出的数字信号不能直接在普通的电话线路上传输。调制解调器在通信的一端负责将主机输出的数字信号转换成普通电话线路能够传输

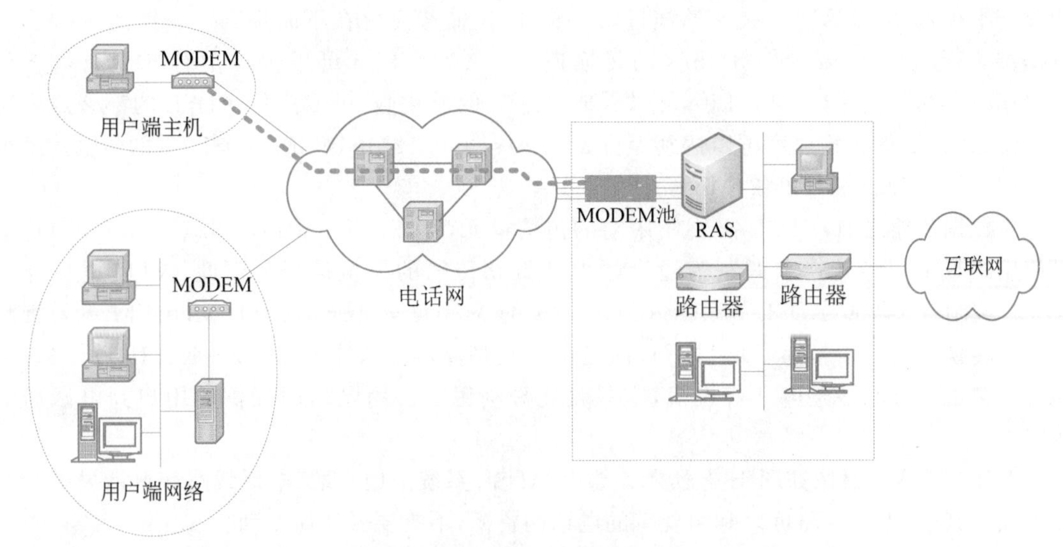

图 16-1 通过电话网连接到互联网的示意图

的声音信号，在另一端将从电话线路上接收的声音信号转换成主机能够处理的数字信号。

一条电话线在一个时刻只能支持一个用户接入，如果要支持多个用户同时接入，互联网端必须提供多条电话线路。例如，如果一个互联网希望能够支持100个用户同时与之建立连接，则必须提供100条电话线路。连接100条电话线就需要100台调制解调器。为了管理方便，通常在支持多个用户同时接入的互联网端使用一种称为MODEM池的设备，将多个MODEM装入一个机架式的箱子中，进行统一管理和配置。

用户端的设备可以是一台微机直接通过调制解调器与电话网连接，也可以是一个局域网利用代理服务器，通过调制解调器与电话网连接。但是，电话线路所支持的传输速率有限，一般比较适合于单机连接。

电话拨号线路的传输速率较低，目前较好线路的最高传输速率可以达到56kb/s，而质量较差的电话线路的传输速率可能会更低，因而电话拨号线路比较适合于小型单位和个人使用。电话拨号线路除速率的限制外，它的另一个特点是需要通过拨号建立连接，连接速度很慢。同时，由于技术等多方面因素的影响，在大量信息的传输过程中拨号连接有时会断开，因而不宜利用电话拨号线路提供诸如电子邮件、Web发布等信息服务。

16.1.2 利用 ADSL 接入

由于电话网的数据传输速率很低，利用电话网接入互联网已经不能适应传输大量多媒体信息的要求。因此，人们开始寻求其他的接入方法，以解决大容量的信息传输问题，非对称数字用户线路(ADSL)的成功应用就是其中之一。

ADSL使用比较复杂的调制解调技术，在普通的电话线路上进行高速的数据传输。在数据的传输方向上，ADSL分为上行和下行两个通道。下行通道的数据传输速率远远大于上行通道的数据传输速率，这就是所谓的“非对称”性。而ADSL的“非对称”特性正好符合人们下载信息量大而上载信息量小的特点。

但是，ADSL的数据传输速率是和线路的长度成反比的。传输距离越长，信号衰减越大，越不适合高速传输。所以，ADSL应用一般控制在5km的半径范围内(5km也是一般电话局的服务半径)。随着ADSL技术的演进,ADSL的传输速度也在不断提高。早期的ADSL可以提供上行1.5Mb/s,下行8Mb/s的传输速率。ADSL Lite可以提供上行512kb/s,下行1.5Mb/s的传输速率(ADSL Lite可以看成ADSL的简化版,可以降低ADSL的部署难度)。较新的ADSL2的传输速度可以达到上行3.5Mb/s,下行12Mb/s。而ADSL2+的传输速度可以达到上行3.5Mb/s,下行24Mb/s。

在数据传输之前,ADSL需要使用它的传输单元(ADSL Transmission Unit,ATU)将主机使用的数字信号转换和调制为适合于电话线路传输的模拟信号。因此,ATU也被称为ADSL调制解调器或ADSL MODEM。与传统的MODEM不同,ADSL MODEM不是将数字信号转换为语音信号(4kHz以下),而是调制在稍高的频段上(25kHz~1.1MHz)。ADSL信号不会也不可能穿越电话交换机,它只是充分利用了公用电话网提供的用户到电话局的线路。

ADSL接入示意图如图16-2所示。整个ADSL系统由用户端、电话线路和电话局端3部分组成。其中,电话线路可以利用现有的电话网资源,不需要做任何变动。

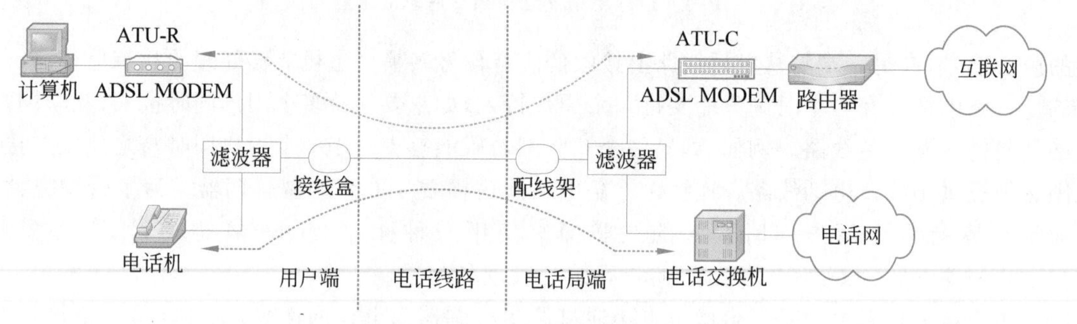

图16-2 ADSL接入示意图

为了提供ADSL接入服务,电话局需要增加相应的ADSL处理设备,其最主要的为局端ADSL MODEM。由于电话局需要为多个用户同时提供服务,因此,局端放置了大量的局端ADSL MODEM。局端ADSL MODEM也称为ATU-C(ADSL Transmission Unit-Central),它们通常被放入机架中,以便于管理和配置。

用户端由ADSL MODEM和滤波器组成,用户端ADSL MODEM又被称为ATU-R(ADSL Transmission Unit-Remote),它负责将数字信号转换成ADSL信号。

从图16-2中可以看到,用户端和电话局端都接入一个滤波器。滤波器的主要功能是分离音频信号和ADSL信号。这样,在一条电话线上可以同时提供电话和ADSL高速数据业务,两者互不干涉。

由于ADSL传输速率高,而且无须拨号,全天候连通,因此,ADSL不仅适用于将单台主机接入互联网,而且可以将一个局域网接入互联网。实际上,市场上销售的大多数ADSL MODEM不但具有调制解调的功能,而且具有网桥、路由器和NAT的功能。ADSL MODEM的网桥、路由器和NAT功能使单机接入和局域网接入都变得非常容易。

ADSL可以满足影视点播、网上游戏、远程教育、远程医疗诊断等多媒体网络应用的需要,而且数据信号和电话信号可以同时传输,互不影响。与其他竞争技术相比,ADSL需要的电话线资源分布广泛,具有使用费用低廉、无须重新布线和建设周期短的特点,尤其适合家庭和中小型企业的互联网接入需求。

16.1.3 使用 HFC 接入

除了电话网之外，另一种被广泛使用和迅速发展的网络是有线电视网（Cable TV 或 CATV）。传统的有线电视网使用同轴电缆作为传输介质，传输质量和传输带宽比电话网使用的两对铜线高很多。目前，大部分的有线电视网都经过了改造和升级，信号首先通过光纤传输到光纤结点（fiber node），再通过同轴电缆传输到有线电视网用户。这就是所谓的混合光纤/同轴电缆网（HFC）。利用 HFC，网络的覆盖面积可以扩大到整个大中型城市，信号的传输质量可以大幅提高。

但是，HFC 的主要目的是传播电视信号，信号的传输是单向的。单向的信息传输显然不适合于互联网的接入，必须将 HFC 改造成双向信息传输网络（如将同轴电缆上使用的单向放大器更换为双向放大器），才能使 HFC 成为真正的接入网络。

图 16-3 显示了一个简单的 HFC 网络结构示意图。其中头端（head end）设备将传入的各种信号（如电视信号、互联网信号等）进行多路复用，然后把它们转换成光信号导入光缆。因为一个方向上的信号需要一根光纤传输，所以，从头端到光纤结点的双向传输需要使用两根光纤完成。光纤结点将光信号转换成适合于在同轴电缆上传输的射频信号，然后在同轴电缆上传输。

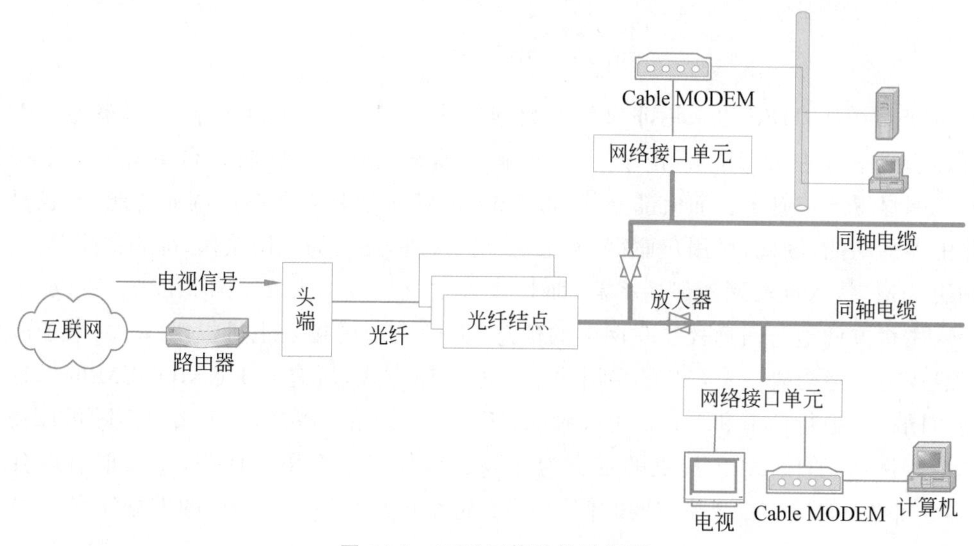

图 16-3 HFC 网络结构示意图

为了扩展同轴电缆的覆盖范围，HFC 使用双向放大器对传输的信号进行放大。网络接口单元（Network Interface Unit，NIU）是服务提供商网络和用户网络的分界点，NIU 以内的设施由 HFC 网络的提供者负责管理和建设，而 NIU 以外的设施由用户自己购买和使用。

HFC 传输的信号分为上行信号（upstream signal）和下行信号（downstream signal）。从头端向用户方向传输的信号为下行信号，从用户向头端方向传输的信号为上行信号。在中国，上行信号一般处于 5MHz～65MHz 的频带范围，下行信号利用 550MHz～750MHz 的频带进行传输，中间的 65MHz～550MHz 保留给原有的有线电视传输影像使用。

线缆调制解调器（Cable MODEM）是 HFC 中非常重要的一个设备，它的主要任务是将从主机接收到的信号调制成同轴电缆中传输的上行信号。同时，Cable MODEM 监听下行信号，并将收到的下行信号转换成主机可以识别的信号提交给主机。

尽管在同一条同轴电缆中传输,但由于频带范围不同,上行信号和下行信号的传输通道各自独立,逻辑上好像在两条线路上传输。HFC的传输模型如图16-4所示。HFC网中的每一个Cable MODEM(如图16-4中的Cable MODEM A、B和C)都共享相同的上行通道和下行通道。它们在相同的上行信道上发送信息,在相同的下行信道上接收信息。当一个Cable MODEM(如Cable MODEM A)向上行信道发送一个信息后,该信息首先被传送到头端设备。头端设备对收到的信息进行处理,在将信息转发到外部路由器和互联网的同时,还将该信息转发到下行信道。这样,不但外部的路由器和互联网能够接收到Cable MODEM A发送的信息,HFC网上的其他Cable MODEM(如Cable MODEM B和Cable MODEM C)都能在下行信道上接收到该信息。

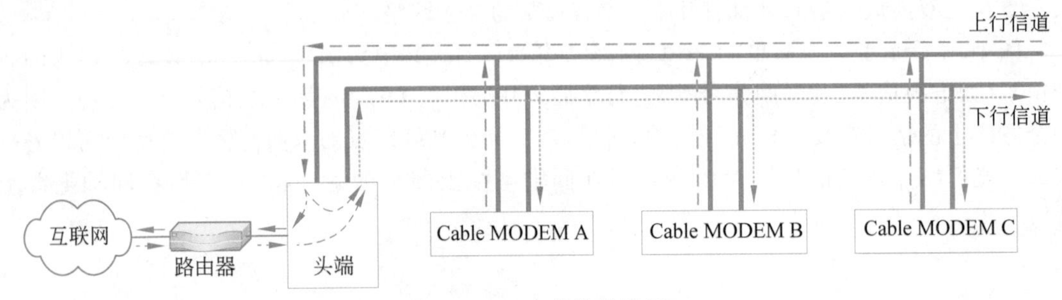

图16-4 HFC的传输模型

与ADSL相似,HFC也采用非对称的数据传输速率。一般的上行传输速率为10Mb/s,而下行传输速率可达42Mb/s。由于HFC的接入速率较高,因此,将一台主机或一个局域网接入互联网显得绰绰有余。而大部分Cable MODEM不但具有调制解调的功能,而且具有网桥和路由器的功能,因此,对用户而言,无论是单机接入,还是局域网接入,都非常简单。

利用HFC接入互联网不但速率高,而且接入主机可以全天24小时在线。所以,既可以利用接入主机方便地访问远程互联网上的信息,也可以利用接入主机提供Web、电子邮件等各种信息服务。但需要注意,HFC采用共享式的传输方式,所有Cable MODEM的发送和接收都使用同一个上行信道和下行信道,因此,HFC网上的用户越多,每个用户实际可以使用的带宽越窄。例如,如果HFC提供的带宽为40Mb/s,如果一个用户使用,那么他可以独享这40Mb/s的带宽;如果100个用户同时使用,那么每个用户平均可以利用的带宽仅有400kb/s。

16.1.4 利用无源光网络接入

随着网络应用的深入,多媒体等应用的带宽需求越来越大。以电话网络、ADSL和HFC为代表的网络接入技术已经不能适应高清视频传输等用户需求。光网络作为一种新的接入技术,能够满足高速、远距离的接入需求,越来越受到用户的欢迎。

光网络分为有源光网络(Active Optical Network,AON)和无源光网络(Passive Optical Network,PON)。AON在光传输过程中使用有源器件,光放大器等都需要电源供电,通常支持点到点的网络结构;PON在光传输过程中使用无源器件,光分路器等都无须电源供电,通常支持点到多点的网络结构。由于无源器件潜在故障点少,可以按照星状、树状等拓扑结构灵活组网,因此,PON在网络接入中得到了广泛的应用。

1. PON 网络的结构

典型的 PON 网络由光线路终端(Optical Line Terminal,OLT)、光网络单元(Optical Network Unit,ONU)、无源光分路器(Passive Optical Splitter,POS)通过光纤连接而成,如图 16-5 所示。

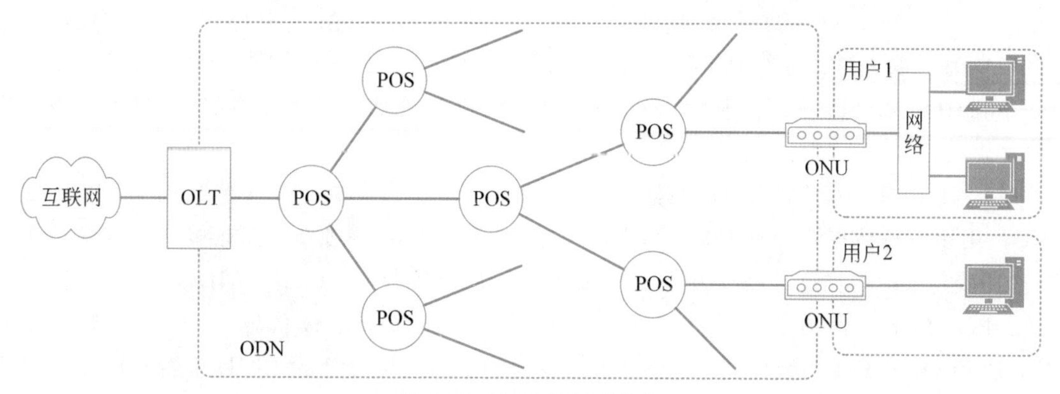

图 16-5 PON 的网络结构

OLT 通常放置在中心局端,一侧通过光口、RJ-45 等接口与 Internet 相连,另一侧通过光口与 PON 接入网相连。OLT 可以是二层功能的交换机或者三层功能的路由器,提供各路信道的集中和接入。OLT 控制各个信道的连接,完成光电转换,实时监控、管理和维护整个网络,是整个 PON 的核心设备。ONU 位于用户端,一侧通过光口与 PON 接入网相连,另一侧通过 RJ-45 等接口与用户的设备(如主机、以太网等)相连。ONU 具有数据帧收发、光电信号转换等功能。POS 用于分叉光路,分发下行的数据和集中上行的数据,将 PON 组成星状或树状等拓扑结构。

OLT 与 ONU 之间的光网络称为光分配网络(Optical Distribution Network,ODN)。ODN 中部署的 POS 等设备和器件都无须电源供电,这也是这种类型的光网络称为无源光网络的原因。

目前使用的 PON 有两种不同的技术标准,一种是 GPON(Gigabit-capable PON,千兆无源光网络),另一种是 EPON(Ethernet PON,以太无源光网络)。这两种标准各有千秋,且不相互兼容。它们的区别主要在使用的传输技术和数据链路层协议。GPON 与 ATM 网有很大渊源,它在单根光纤上传输上行和下行两路信号,既可以采用对称数据速率(如上行和下行速率均为 1.25Gb/s),也可以采用非对称数据速率(如上行 1.25Gb/s,下行 2.5Gb/s),传输距离 20km。在数据链路层,GPON 要求语音、数据等按照一个被称为 GTC 的格式进行封装;EPON 与以太网关系密切,它也在单根光纤上传输上行和下行两路信号,但只能采用对称数据速率(如上行和下行速率均为 1.25Gb/s),传输距离 20km。在数据链路层,EPON 按照以太网帧格式封装所有数据。本节以 EPON 为例,简单介绍 PON 网络的数据传输过程。

2. EPON 的工作原理

EPON 是以 PON 为基础的以太网,它以 PON 为传输介质,传输以太网帧。EPON 在单根光纤上传输上行(从 ONU 到 OLT)和下行(从 OLT 到 ONU)两路信号,上行信道的波长为 1310nm,下行信道的波长 1510nm,上行和下行信道传输的信息互不干扰。但是,由于 EPON 采用一个 OLT 对多个 ONU 的结构,因此,会产生多个 ONU 同时发送数据时竞争上行信道的问题。与传统共享式以太网使用的 CSMA/CD 不同,EPON 通过 OLT 为 ONU 分配"时隙"的方式,控制ONU对介质访问。"时隙"是一个个的小时间片,一个ONU只有在允许的时隙内才能发送数据。下面简单介绍EPON的数据通信过程。

(1) ONU向OLT注册:OLT启动之后会周期性地在PON一侧的接口上广播允许ONU接入的时隙信息。ONU加电后按照OLT广播的信息,在允许的时隙内主动发送注册请求。OLT收到ONU的注册信息后对ONU进行认证,如果允许该ONU接入,则虚拟化一个接口专门与该ONU进行通信,并将该虚拟接口用一个唯一的逻辑链路标识符(Logical Link Identifier,LLID)标识。从上层看,每个ONU都连接到了一个专有接口,只不过该专用接口是虚拟出来的。

(2) OLT向ONU的下行数据发送:EPON采用广播方式将下行数据从OLT发往ONU。由于下行数据全部从OLT发出,一点发送多点接收,因此,不存在多点同时发送竞争信道的问题。OLT将每个需要发送的以太帧前面加上接收ONU的LLID,依次在下行信道发送。POS将下行信道的光信号广播到不同的下行分叉上继续传输,广播给所有ONU。ONU收到OLT发送的数据后,首先判断该数据的LLID与自己的LLID是否相同。如果相同,则去掉LLID,继续处理;如果不同,则直接丢弃。在图16-6给出的例子中,OLT需要将两个以太帧送往ONU1,一个以太帧送往ONU2,一个以太帧送往ONU3。OLT按照这些帧的发送顺序,在以太帧前面分别加上各自目的ONU的LLID,依次从光纤接口送出。由于POS将收到的光信号不加区分地分路到下游的光纤上,因此,ONU1、ONU2和ONU3收到了从OLT发出的所有以太帧。按照帧前面的LLID,ONU1抛弃发给ONU1和ONU2的以太帧,将发给自己的两个以太帧保留并做进一步处理。同理,ONU2和ONU3也分别抛弃与自己LLID不同的帧,保留与自己LLID一致的帧。

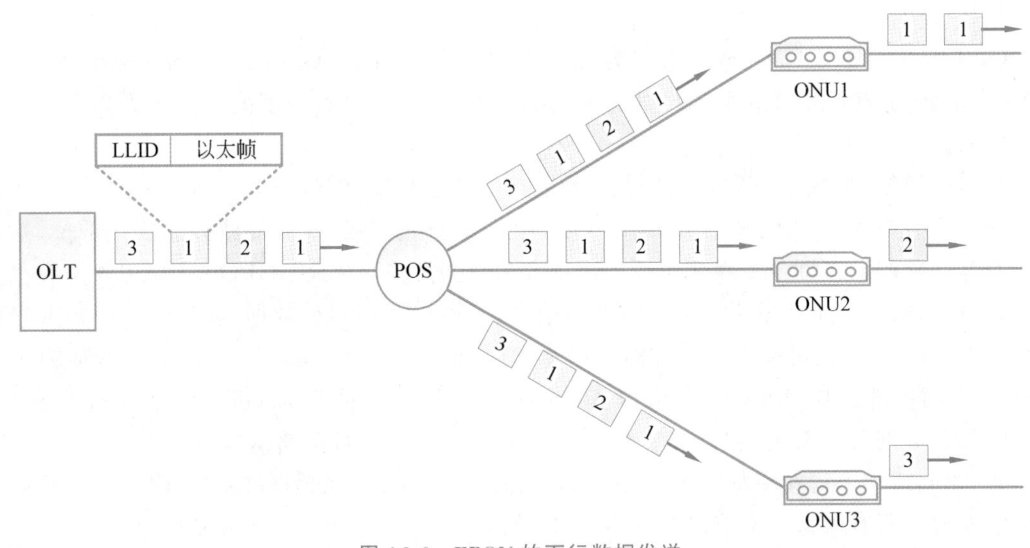

图16-6 EPON的下行数据发送

(3) ONU向OLT的上行数据发送:由于多个ONU需要向一个OLT发送数据,多点发送一点接收,因此,必须解决多点同时发送竞争信道的问题。EPON采用时隙的方式控制每个ONU的发送时刻。在EPON网络中,OLT与每个ONU之间都有严格的时间同步,OLT为每个ONU分配可以发送数据的时隙,ONU在允许自己发送的时隙中发送数据。POS将各个ONU发来的光信号耦合成一路,继续向OLT方向传播。由于各个ONU发送时刻都有严格的时间点控制，因此，POS将不同光纤进来的信号耦合到一根光纤后不会出现冲突问题。在图16-7给出的例子中，ONU1有两个以太帧需要发往OLT，ONU2和ONU3分别有一个以太帧需要发往OLT。按照OLT为每个ONU分配的允许发送的时隙，ONU1在时隙1的开始时刻发送1个以太帧，ONU2在时隙2的开始时刻发送1个以太帧，ONU1在时隙3的开始时刻再发送1个以太帧，ONU3在时隙4的开始时刻发送1个以太帧。POS将3路上行光信号耦合到连接OLT的光纤上。由于不同ONU发出的帧占用不同的时隙，因此，耦合形成的光信号不会产生冲突。按照帧前面的LLID，OLT就可以知道每个帧的源ONU，而后即可进一步处理每个收到的帧。

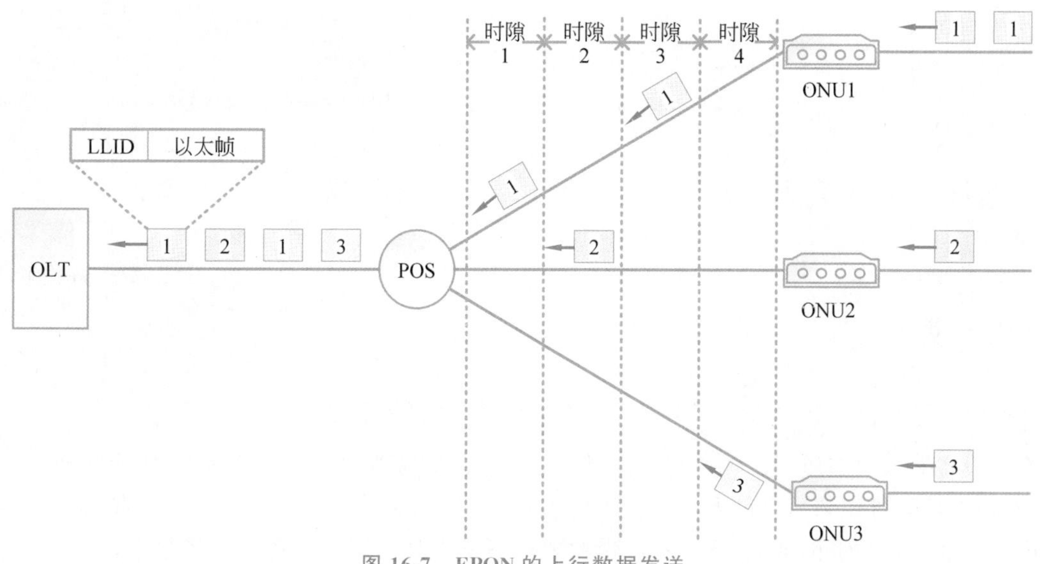

图16-7 EPON的上行数据发送

3. PON网络的应用场景

根据ONU部署的位置，可将EPON的应用场景分为光纤到户(Fiber To The Home，FTTH)、光纤到大楼(Fiber To The Building，FTTB)、光纤到路边(Fiber To The Curb，FTTC)等，如图16-8所示。可以看到，FTTH将ONU部署在用户房间，光纤端点离用户最近；FTTB将ONU部署在用户的大楼，光纤端点离用户稍近；FTTC将ONU部署在路边，光纤端点离用户稍远。ONU部署位置不同，用户接入性能就不同，同时需要的接入费用也不同。

(1) FTTH：FTTH应用场景适用于带宽要求高、接入费用不敏感的用户和小区。在使用FTTH组网时，一般采用从局端的OLT引出光缆到住宅小区，在住宅小区内一个相对中心位置放置POS，然后通过光纤连至用户家中的ONU。用户可以根据需求，通过ONU提供的以太网口连接家中的主机、交换机和无线路由等设备。在这种场景下，一个ONU通常为一个用户(家庭)提供服务。

(2) FTTB：FTTB应用场景适用于用户数量不多、带宽要求不高的单栋商业楼用户。在使用FTTB组网时，一般采用从局端OLT引出光缆到商务楼附近的光缆交接箱，在光缆交接箱中放置POS，再从交接箱引光缆至大楼。ONU放置在大楼交接间，通过连接以太网交换机为楼内用户提供宽带上网业务。在这种场景下，一个ONU通常可为20～30个用户提供服务。

(3) FTTC：FTTC是带宽与投资的折中，它将原有的铜质干线替换成光纤，保持入户的铜质配线不变。在使用FTTC组网时，ONU一般部署在路边的多功能机柜中，通过ONU与

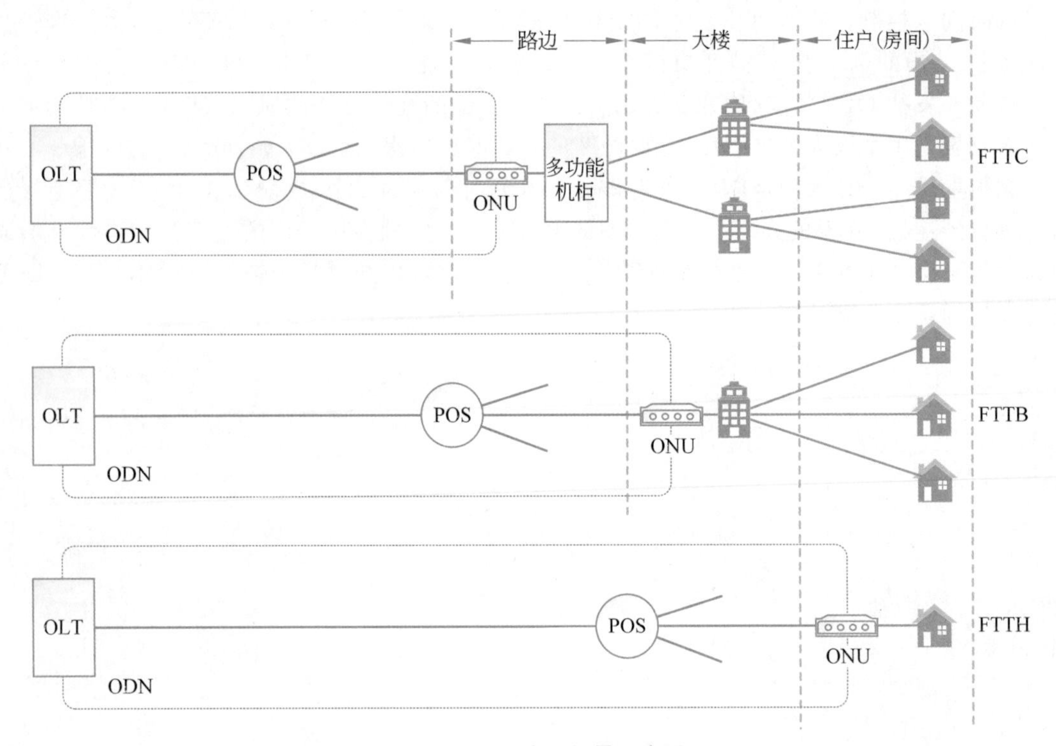

图 16-8 PON 应用场景示意图

原有的设备和入户铜质配线相连。也就是说，FTTC 从局端到路边多功能机柜采用 PON 技术，路边多功能机柜到用户仍采用原有的接入技术(如 ADSL)，这样既节省了投资，又在一定程度上提高了用户上网带宽，适用于对带宽要求不是太高的用户。在这种场景下，一个 ONU 通常可以为 200～300 个用户提供服务。

PON 采用光纤传输技术，传输距离远，带宽高。同时，PON 中的光分配网络中采用无源电子器件，潜在故障点少，安全可靠，组网模式灵活。因此，PON 网络在接入领域显示出广阔的应用前景，已经成为宽带接入的主力军。

16.1.5 通过数据通信线路接入

数据通信网是专门为数据信息传输建设的网络，如果需要传输性能更好、传输质量更高的接入方式，可以考虑数据线路接入。

数据通信网的种类很多，DDN、ATM 和帧中继等网络都属于数据通信网。这些数据通信网由电信部门建设和管理，用户可以租用。

通过数据通信线路接入互联网的示意图如图 16-9 所示。目前，大部分路由器都可以配备和加载各种接口模块(如 DDN 网接口模块、ATM 网接口模块和帧中继网接口模块)，通过配备有相应接口模块的路由器，用户的局域网和远程互联网就可以与数据通信网相连，并通过数据网交换信息。

利用数据通信线路接入，用户端的规模既可以小到一台微机，也可以大到一个企业网或校园网。但是，由于用户租用的数据通信网线路的带宽通常较宽，租用的通信费用十分昂贵，因此，如果只连接一台微机，则显得大材小用。因而，在这种接入形式中，用户端通常为一定规模的局域网。

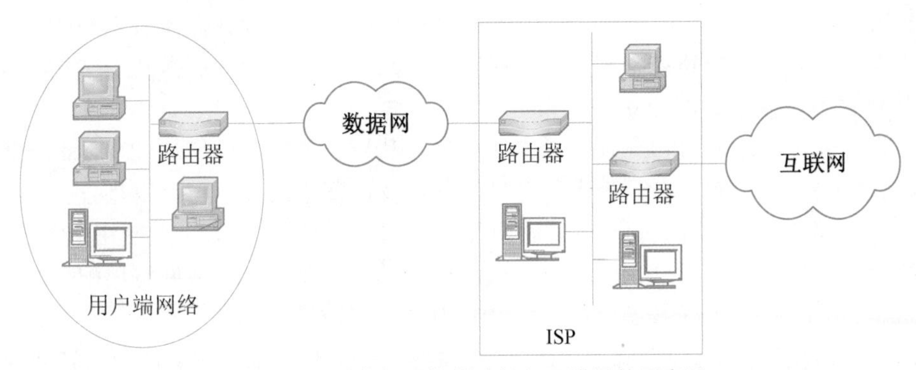

图 16-9 通过数据通信线路接入互联网的示意图

16.2 接入控制与 PPPoE

与使用家庭内部或单位内部的局域网不同，网络接入服务提供商通常需要对接入的用户进行控制，有时还需要按照一定的计费标准对用户的使用量进行计费。对于点到点的通信链路，由于接入控制系统能够比较容易地识别接入的用户，因此，实现技术比较直观。但是，由于以太网仅提供多点到多点的通信信道，本身并不提供用户信息，因此，如果不增加新的网络协议，那么很难按照以太网用户对其进行接入控制。

PPPoE(PPP over Ethernet)是一种以太网上使用的点到点协议，它通过为每个以太网用户建立一条点到点的会话连接，从而简化网络接入服务提供商的接入控制。

采用 PPPoE 技术时，网络服务提供商不但能通过同一个接入设备连接远程的多个用户主机，而且能提供类似点到点链路的接入控制和计费功能。由于其实现和维护成本低，因此，在网络服务接入领域得到了广泛的应用。

PPPoE 协议是以 PPP(Point-to-Point Protocol)为基础的。本节首先简单介绍 PPP 的主要功能，然后讨论 PPPoE 的基本工作过程。

16.2.1 PPP

PPP 是一种点到点链路上运行的链路层协议。与以太网协议相同，PPP 能将链路一端网络层传来的数据包(如 IP 数据包)进行封装，然后传递给另一端。在正式封装和传递网络层数据包之前，PPP 需要对链路层使用的参数、网络层使用的参数进行协商，同时还可以对链路两端的实体进行认证。图 16-10 显示了一个简化的 PPP 状态转换示意图。

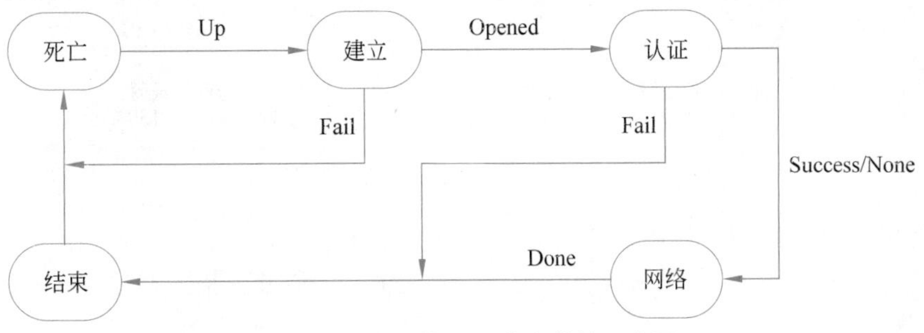

图 16-10 简化的 PPP 状态转换示意图

（1）死亡态（dead）：PPP总是以死亡态开始和结束。在物理链路未准备好时，PPP通常处于死亡态。一旦物理链路准备好（如检测到线路的载波、网络管理员强制线路状态良好等），PPP将从死亡态转换为链路建立态。

（2）链路建立态（establish）：在该状态中，PPP利用链路控制协议（LCP）协商链路配置选项（如通信使用的最大帧长度、是否进行身份认证以及认证协议等）。为了实现这一目标，链路一端发送LCP配置请求帧，该帧包含它希望使用的配置信息，然后另一端使用LCP配置确认帧对进行确认。协商成功后，PPP离开链路建立状态，进入身份认证或网络层配置状态。

（3）身份认证态（authentication）：在PPP中，身份认证是一种可选功能。如果链路建立过程中两端协商使用身份认证，那么PPP需要在身份认证状态中按照协商的认证协议进行身份认证。常用的认证协议包括密码认证协议（Password Authentication Protocol，PAP）、挑战握手认证协议（Challenge Handshake Authentication Protocol，CHAP）等。

（4）网络态（network）：进入网络态后，PPP首先使用网络控制协议（Network Control Protocol，NCP）配置链路两端的网络层模块。如果网络层使用的为IP，那么进入网络层配置状态后需要运行IP控制协议（IP Control Protocol，IPCP）配置链路两端的IP模块（如配置IP地址等），同时协商IP使用的一些参数（如IP数据包是否以压缩形式发送等）。一旦配置和协商成功，PPP将正式在链路两端封装和传递上层的IP数据包。

（5）结束态（terminate）：由于载波丢失、认证失败、线路质量下降、管理员强行关闭等原因，PPP可以在任意时刻结束链路的连接。进入结束态后，链路两端的设备通过发送结束请求和结束应答LCP数据包相互进行确认。同时，PPP通知上层的协议模块（如IP模块）以便进行合适的处理。当结束态的任务完成后，PPP返回死亡态。

借助电话网接入互联网基本上都采用了PPP，如图16-1所示。由于RAS设备能够识别每条接入的点到点链路，因此，网络接入服务提供商可以方便地对远程接入用户进行控制和计费。

16.2.2 PPPoE协议

制定PPPoE协议的主要目的是希望在以太网上为每个用户建立一条类似于点到点的通信链路，以方便对以太网用户进行控制。为此，整个PPPoE协议分成了发现（discovery）和PPP会话（PPP session）两个阶段。其中发现阶段在以太网用户与PPPoE服务器之间建立一条点到点的会话连接，PPP会话阶段利用这些点到点的会话连接传送PPP数据。

1. PPPoE协议的数据封装

为了在以太网上传递PPPoE协议的控制和数据信息，需要将它们封装在以太网帧中，如图16-11所示。

前导码 (7B)	帧前定界符 (1B)	目的地址 (6B)	源地址 (6B)	类型 (2B)	PPPoE有效载荷 （可变长度，46~1500B）	帧校验码 (4B)

图16-11　PPPoE协议数据的封装

在以太网数据帧中，与PPPoE相关的主要域的意义如下：

目的地址：在发现阶段，目的地址既可以是单播地址，也可以是广播地址；在PPP会话阶段，目的地址必须是单播地址。

源地址：源地址必须为发送数据源主机的MAC地址。

类型：在发现阶段，类型域的值为 0x8863；在 PPP 会话阶段，类型域的值为 0x8864。

PPPoE 有效载荷：PPPoE 有效载荷的数据格式如图 16-12 所示。其中，版本域指示该 PPPoE 有效载荷格式遵循的版本号。目前的版本号为 1；类型域和编码域用于说明该有效载荷的具体类型。目前类型域必须设置为 1，具体类型的区分使用编码域完成。会话 ID（session ID）域包含了 PPPoE 服务器在发现阶段为该点到点会话连接指定的“会话标识”；长度域指示后面所带的数据长度。

0		15
版本 (4b)	类型 (4b)	编码 (8b)
会话ID (16b)		
长度 (16b)		
数据 （可变长）		

图 16-12　PPPoE 有效载荷的数据格式

2. 发现阶段

发现阶段的主要任务是为以太网用户分配会话 ID，以便逻辑上建立一条到达 PPPoE 服务器的点到点会话连接。一个网络中通常可以安装多台 PPPoE 服务器，当用户发现多个 PPPoE 服务器可用时，可以选择并使用其中的一个。

图 16-13 显示了一个具有两个 PPPoE 服务器的网络示意图。

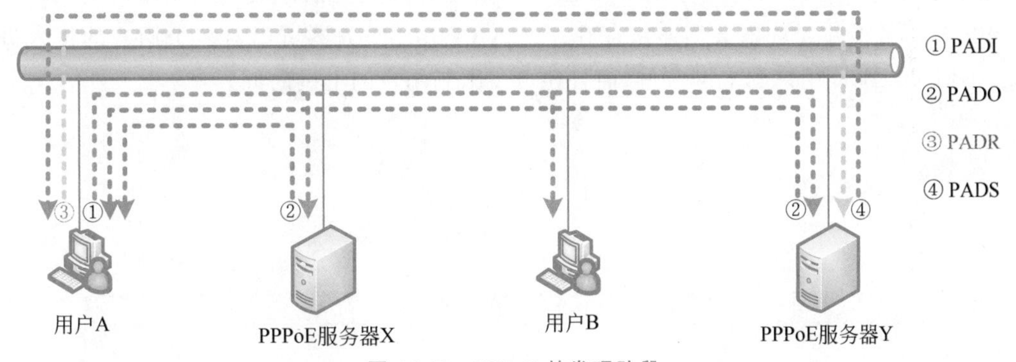

图 16-13　PPPoE 的发现阶段

当用户 A 希望开始一个 PPPoE 会话时，用户 A 与 PPPoE 服务器的信息交换过程如下：

(1) 主机广播 PADI（PPPoE Active Discovery Initiation）数据包。为了发现网络中存在的 PPPoE 服务器，用户 A 的主机广播一个 PADI 数据包。该数据包含有用户 A 希望得到的 PPPoE 服务，并希望 PPPoE 服务器进行应答。

(2) PPPoE 服务器回送 PADO（PPPoE Active Discovery Offer）数据包。由于用户 A 主机发送 PADI 数据包以广播方式发送，因此，PPPoE 服务器 X 和 PPPoE 服务器 Y 都能收到该信息。如果服务器 X 和服务器 Y 都能提供 PADI 数据包中要求的服务，那么它们分别使用 PADO 数据包对用户 A 进行响应。

(3) 主机发送 PADR（PPPoE Active Discovery Request）数据包。在主机收到一个或多个 PPPoE 响应的 PADO 数据包后，从中选择一个使用（如用户 A 可以选择使用 PPPoE 服务器 Y）。然后，主机向选择的 PPPoE 服务器以单播方式发送 PADR 数据包，要求该服务器为其分配会话 ID。

(4) PPPoE 服务器回送 PADS（PPPoE Active Discovery Session-confirmation）数据包。当接收到用户 A 的主机发送的 PADR 数据包后，PPPoE 服务器为用户 A 创建一个会话 ID，然后使用 PADS 数据包将该会话 ID 传递给用户 A。一旦用户 A 收到 PADS 数据包并解析出会话ID,用户A和PPPoE服务器之间就能够建立一条点到点的会话连接。

用户与PPPoE服务器之间的点到点会话连接链路是通过主机的MAC地址和会话ID标识的,因此,PPP会话阶段传输的数据包中必须包含该会话ID,以便主机和PPPoE服务器识别一个PPPoE数据属于哪个用户。

3. PPP 会话阶段

在用户获得PPPoE服务器为自己分配的会话ID后,PPPoE协议进入PPP会话阶段。PPP会话阶段包括PPP的LCP处理、NCP处理以及身份认证处理等过程。所有PPP数据包都必须封装在以太网帧中传递,而且帧的目的地址必须是单播地址。由于主机MAC地址与会话ID的结合才能使PPPoE确认一个以太网数据帧来自哪个用户,因此,在整个PPP会话阶段中,用户主机与PPPoE服务器之间传递的数据包中会话ID必须保持不变,而且该会话ID必须是发现阶段PPPoE服务器为其分配的会话ID。

4. PPPoE 的应用

目前,绝大多数的局域网接入和ADSL接入都采用了PPPoE方式。图16-14显示了一个利用PPPoE协议对以太网用户进行上网控制的示意图。如果以太网用户希望访问Internet,那么他们必须进行"虚拟"拨号与PPPoE服务器建立点到点会话连接。只有用户请求通过验证,PPPoE服务器才允许该会话连接存在。一台PPPoE服务器可以对多个用户的接入进行控制,不但可以统计用户的上网流量,而且还可以限制用户的上网时间。

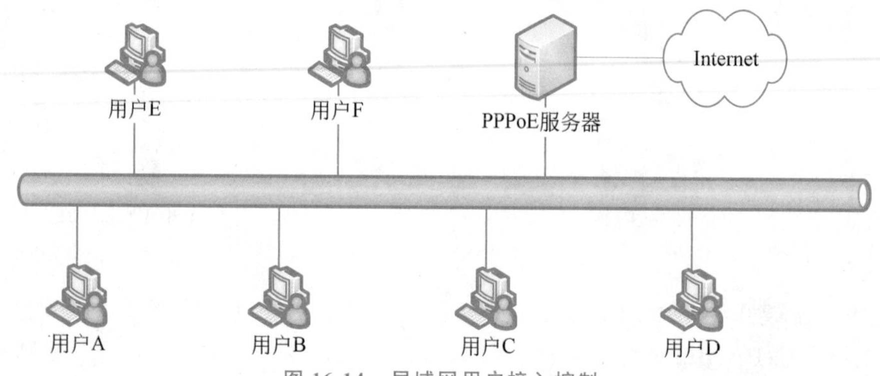

图16-14 局域网用户接入控制

ADSL接入是目前家庭用户常用的接入方式之一。图16-15为采用PPPoE方式对ADSL用户接入进行控制的示意图。在用户端,计算机通过以太网接口连接本地的ADSL调制解调器;在网络接入提供商端,ADSL调制解调器和PPPoE服务器等设备接入一个以太网。ADSL调制解调器具有网桥功能,能够完成以太网帧和ADSL线路信号的转换。用户发送的以太网帧经本地ADSL调制解调器转换后在ADSL线路上传输,局端ADSL调制解调器接收这些数据并将其还原成以太网帧。因此,从逻辑上看,图16-15显示的接入方式与图16-14类似,ADSL线路仅起到扩展距离的作用。用户主机上的数据帧可以到达局端的以太网,局端以太网上的数据帧可以到达用户的主机。

当ADSL用户希望访问Internet时,他们首先使用"虚拟"拨号方式与局端的PPPoE服务器建立点到点的会话连接。一旦通过身份认证,用户就可以顺利访问Internet。PPPoE服务器可以对这些用户的上网时间和上网流量等进行控制。

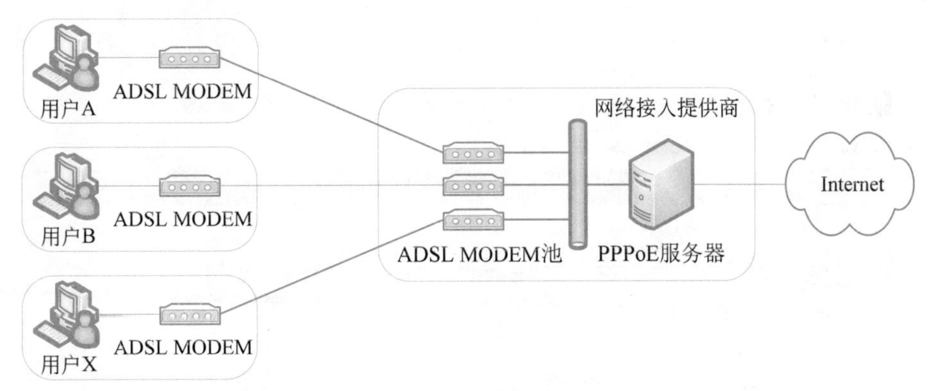

图 16-15 ADSL 用户接入控制

16.3 实验：在路由器上配置 PPPoE 服务器

企业或组织通常会通过路由器连入 Internet。因此，在路由器中配置 PPPoE 服务器，实现对内部用户的访问控制，部署起来更加容易。运行较新操作系统版本的 Cisco 路由器通常都支持 PPPoE 功能。本实验在 Packet Tracer 仿真环境下，利用 Cisco 路由器实现 PPPoE 的服务功能。

16.3.1 PPPoE 接入服务器的配置

在 Cisco 路由器上实现 PPPoE 服务器，其配置内容包括认证方式配置、IP 地址池配置、端口和虚拟模板配置、接口配置等。下面介绍其实验过程。

PPPoE 服务器的配置

1. 网络拓扑和基本配置

启动 Packet Tracer，按照图 16-16 连接网络。在该图中，PC0 和 PC1 作为内部网络的主机，通过 PPPoE 接入服务器 Router0 连入互联网。服务器 AAAServer 为认证服务器，用于认证接入用户的身份。路由器 Router1、服务器 WebServer 和主机 PC3 模拟外部网络，以便测试使用。按照图中标识的 IP 地址配置 PPPoE 接入服务器 Router0、路由器 Router1 和 AAAServer、WebServer、PC2 的 IP 地址，然后配置 PPPoE 接入服务器和路由器 Router1 的路由表，保证所连接的设备能够互通。本实验将 192.168.1.0 网段留给接入主机使用，因此，在配置路由器 Router1 时一定要增加达到 192.168.1.0 网段的路由。注意，因为 PPPoE 接入服务器会在 PC0 和 PC1 接入时自动为它们分配 IP 地址，所以在此可以不对 PC0 和 PC1 的 IP 地址进行配置。

2. 配置认证方法

为了对接入用户进行认证，接入用户的账户既可以由接入路由器管理，也可以由独立的认证服务器管理。在接入用户较少时，可以直接在路由器上利用“username”命令为接入用户建立账号和密码。在接入用户较多时，通常采用独立服务器的认证方式。本实验采用 AAA(authentication、authorization and accounting，认证、授权和计费)服务器对接入用户进行身份验证。

在 Cisco 路由器中，“aaa”命令是在全局配置模式下使用的命令，用于认证、授权和计费服务的相关设置。在本实验中，启动认证服务和选择认证方式的命令如图 16-17 所示。

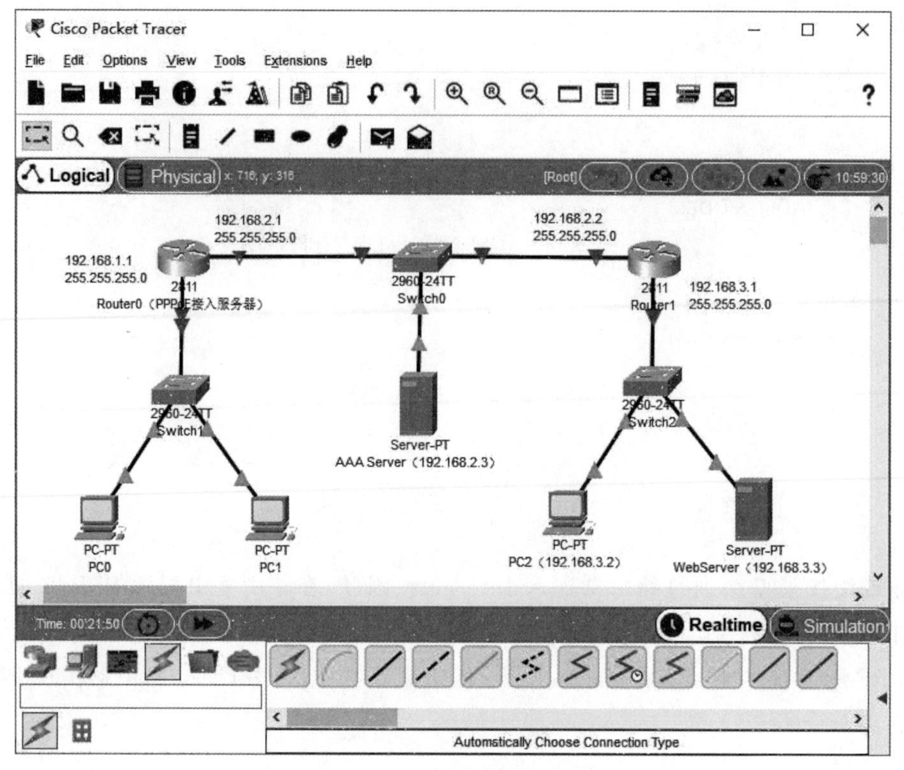

图 16-16 实验使用的拓扑结构

```
Router(config)#aaa new-model
Router(config)# aaa authentication ppp myPPPoE group radius
```

图 16-17 启动和配置认证协议

其中，“aaa new-model”命令用于启动路由器的认证、授权和计费服务，“aaa authentication ppp myPPPoE group radius”命令建立了一个标号为 myPPPoE 的认证方式。myPPPoE 可以对 ppp 进行认证，并且在认证时采取 RADIUS 协议。也就是说，用户登录 PPPoE 服务器时送来的用户名和密码将通过 RADIUS 协议提交给 AAA 服务器进行认证。

那么，PPPoE 服务器到哪里去找 AAA 服务器呢？这就要用路由器全局配置模式下的 radius-server 命令将 AAA 服务器的 IP 地址、RADIUS 服务使用的端口号、访问 RADIUS 服务需要的密码告知 PPPoE 服务器。图 16-18 利用 radius-server 命令通知 PPPoE 服务器，RADIUS 服务在 192.168.2.3 主机的 1645 端口守候，访问时使用的密码为 radius123。

```
Router(config)#radius-server host 192.168.2.3 auth-port 1645 key radius123
```

图 16-18 将 AAA 服务器的访问方法告知 PPPoE 服务器

3. 配置 AAA 服务器

AAA 服务器管理着接入用户的账号。当 PPPoE 服务器接收到用户接入的请求时，将用户发来的用户名和密码提交给 AAA 服务器，AAA 服务器对用户进行认证后将结果通知 PPPoE 服务器。

单击图 16-16 中的 AAAServer，在出现界面上选择 Services 页面，然后在 Services 页面的左侧服务列表中，单击 AAA，AAA 服务的配置界面将出现在屏幕上，如图 16-19 所示。

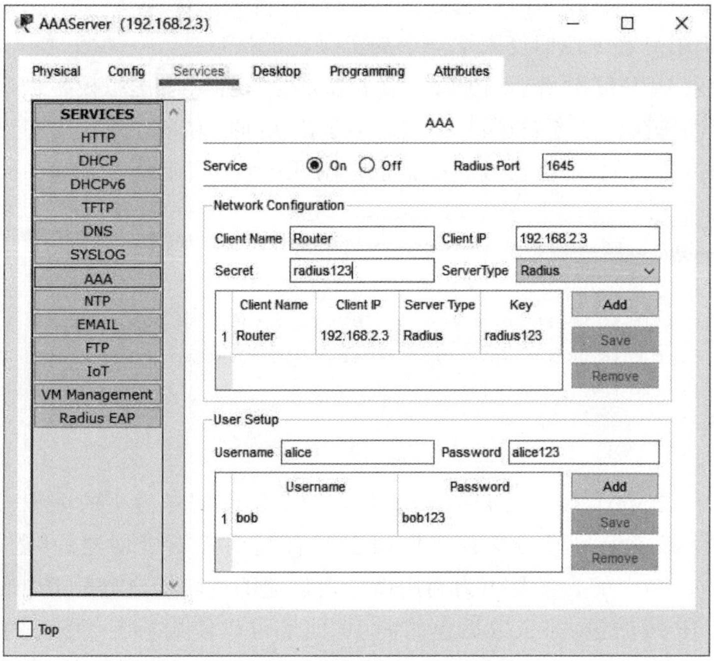

图 16-19　AAA 服务器配置界面

AAA 服务的配置分成 3 部分：服务配置、网络配置和用户配置。

(1) 服务配置：设置 AAA 服务是否启动，以及 RADIUS 服务使用的端口号。注意，这里设置的 RADIUS 端口号一定要和路由器中设置的端口号一致。

(2) 网络配置：设置哪些 PPPoE 服务器可以使用本 AAA 服务器。为了允许一个 PPPoE 服务器使用本 AAA 服务器，需要输入 PPPoE 服务器的名称、PPPoE 服务器的 IP 地址、PPPoE 服务器使用的口令和 PPPoE 希望使用的服务类型。而后，单击 add 按钮，该 PPPoE 服务器将出现在允许列表中。如果希望删除允许的 PPPoE 服务器，在列表中选中希望删除的 PPPoE 服务器，单击 Remove 按钮。

(3) 用户配置：设置哪些用户可以利用 PPPoE 服务器接入互联网。输入用户名和用户密码，单击 add 按钮，系统将添加一个用户。如果希望删除已经添加的用户，选中希望删除的用户，然后单击 Remove 按钮。

4. 配置地址池

在用户接入时，PPPoE 服务器需要为用户分配 IP 地址。因此，需要在配置 PPPoE 时建立一个地址池，用于指定分配给登录用户的 IP 地址范围。建立本地地址池可以在全局配置模式下使用“ip local pool PoolName StartIP EndIP”命令。其中，其中，PoolName 是一个用户选择的字符串，用于标识该 IP 地址池；StartIP 和 EndIP 分别表示该地址池的起始 IP 地址和终止 IP 地址。例如，“ip local pool myPool 192.168.1.100 192.168.1.200”命令定义了一个名字为 myPool 的本地 IP 地址池。该 myPool 地址池中的 IP 地址从 192.168.1.100 开始，至 192.168.1.200 结束。

5. 配置虚拟模板

网络设备中通常具有接口，通过接口连接网络或其他设备。网络接口可以进行配置。例如,在全局配置模式下,可以使用“interface fa0/0”命令进入 fa0/0 接口的配置模式,配置该接口的 IP 地址等参数。在使用 PPPoE 服务时,PPPoE 服务器会为每个请求接入的用户创建一个“逻辑”接口,让用户感觉他们连入了一个真实存在的接口。

每次用户请求 PPPoE 服务时,PPPoE 服务器都会按照一个虚拟模板创建新的逻辑接口。该虚拟模板规定了每次创建的新逻辑接口使用的 IP 地址、为对方分配的 IP 地址池等通用参数。与配置物理接口类似,虚拟模板的配置也采用“interfere”命令,如图 16-20 所示。

```
Router(config)#interface virtual-template 1
Router(config-if)#ip unnumbered fa0/0
Router(config-if)#peer default ip address pool myPool
Router(config-if)#ppp authentication chap myPPPoE
Router(config-if)#exit
```

图 16-20　虚拟模板的配置

在图 16-20 中,“interface virtual-template 1”命令创建编号为 1 的虚拟模板,并进入该模板的配置模式。为该模板配置的参数将作用于所有利用该模板创建的“逻辑”接口上。“ip unnumbered fa0/0”命令的含义是不为利用该模板创建的逻辑接口分配 IP 地址。如果该接口需要产生并发送 IP 数据包,那么数据包的源 IP 地址可以使用 fa0/0 接口的 IP 地址。“peer default ip address pool myPool”命令指出 PPPoE 服务器在为请求的用户分配 IP 地址时采用地址池 myPool 中的 IP 地址。“ppp authentication chap myPPPoE”命令表明该模板将使用 chap 协议进行认证,同时采用 myPPPoE 中规定的认证方式。

6. 创建 BBA 组

BBA(broadband access,宽带接入)组规定了网络接入使用的虚拟模板和其他一些接入参数。我们可以创建自己的 BBA 组,也可以使用路由器默认的 global 组。在与网络接口绑定时,不同的 BBA 组可以绑定到不同的网络连接上。在创建 BBA 组过程中,一定要说明该 BBA 组使用哪个虚拟模板,其他参数都可以按默认设置。例如,图 16-21 创建了一个名为 myBBAGroup 的 BBA 组,该组使用了虚拟模板 1。

```
Router(config)# bba-group pppoe myBBAGroup
Router(config-bba)#virtual-template 1
Router(config-bba)#exit
Router(config)#
```

图 16-21　创建 BBA 组

7. 配置物理接口

PPPoE 协议最终要运行在一个物理接口上,因此,需要在发送、接收 PPPoE 报文的接口上启动 PPPoE 功能,如图 16-22 所示。

```
Router(config)#interface fa0/0
Router(config-if)#pppoe enable group myBBAGroup
Router(config-if)#exit
```

图 16-22　在物理接口上配置 PPPoE 协议

在图16-22中，"interface fa0/0"命令进入以太网fa0/0接口的配置模式。"pppoe enable"命令允许在该接口上启动PPPoE协议，同时，指定使用名字为myBBAGroup的BBA组。

完成以上配置之后，PPPoE接入服务器就可以接受客户端的请求，对请求用户进行身份认证，并为验证通过的用户创建逻辑接口。之后PPPoE接入服务器就能在创建的逻辑接口上收发和处理PPPoE用户的数据包。

16.3.2 验证配置的PPPoE接入服务器

Packet Tracer仿真软件实现了一个PPPoE客户端，我们可以利用该客户端对配置的PPPoE接入服务器的正确性进行验证。

单击图16-16中PC0(或PC1)图标，在弹出的对话框中单击Desktop，这时系统将显示可以运行的应用程序，如图16-23所示。在图16-23中，运行PPPoE拨号程序PPPoE Dialer，PPPoE拨号对话框就会出现在屏幕上，如图16-24所示。输入已经在PPPoE接入服务器上建立的用户名和密码(如alice和alice123)，单击Connect按钮查看是否能够连接成功。

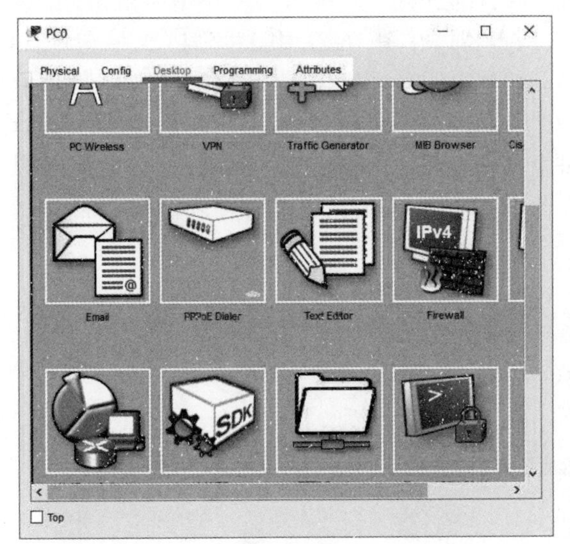

图16-23 Desktop页面中的PPPoE拨号程序

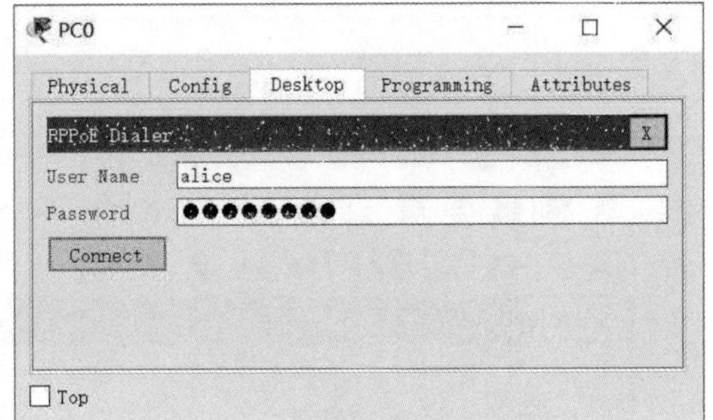

图16-24 PPPoE Dialer对话框

在成功连接以后，既可以在PC0(或PC1)上利用ping命令查看PPPoE用户与外部网络(如PC2)的连通性，也可以在PC0(或PC1)上利用浏览器查看WebServer上放置的网页。同时，还可以在PC0(或PC1)上利用ipconfig命令查看PPPoE服务器为请求用户分配的IP地址。

练习与思考

一、填空题

(1) ADSL的"非对称"性是指________。

(2) HFC中的上行信号是指________，下行信号是指________。

(3) 目前使用的PON有两种不同的技术标准：一种是________，另一种是________。

二、单项选择题

(1) 选择互联网接入方式时可以不考虑(　　)。

a) 用户对网络接入速度的要求　　b) 用户所能承受的接入费用和代价

c) 接入用户与互联网之间的距离　　d) 互联网上主机运行的操作系统类型

(2) ADSL 通常使用(　　)。

a) 电话线路进行信号传输　　b) ATM 网进行信号传输

c) DDN 网进行信号传输　　d) 有线电视网进行信号传输

(3) 目前,MODEM 的传输速率最高为(　　)。

a) 33.6kb/s　　b) 33.6Mb/s　　c) 56kb/s　　d) 56Mb/s

(4) 关于 EPON 网络的描述中,错误的是(　　)。

a) 上行信道和下行信道是分开的　　b) EPON 使用 CSMA/CD 技术

c) EPON 组网可以采用树型结构　　d) EPON 与以太网密切相关

三、动手与思考题

在家庭网络中,常常采用各个终端设备(如主机、智能电话等)连入一个小型路由器,由小型路由器统一接入互联网服务运营商的 PPPoE 服务器。在图 16-25 中,主机 PC0、笔记本计算机 Laptop0 和智能手机 Smartphone0 分别经有线和无线局域网连入 WRT300N 路由器,再由 WRT300N 路由器连入 PPPoE 服务器。这里,WRT300N 路由器既充当连入 PPPoE 接入服务器的客户端,又充当内部网络的 NAT 服务器。请在完成本章实验的基础上,查找相关资料,配置 WRT300N 路由器和 PPPoE 接入服务器,使家庭内部的用户能够顺利访问外部的互联网。

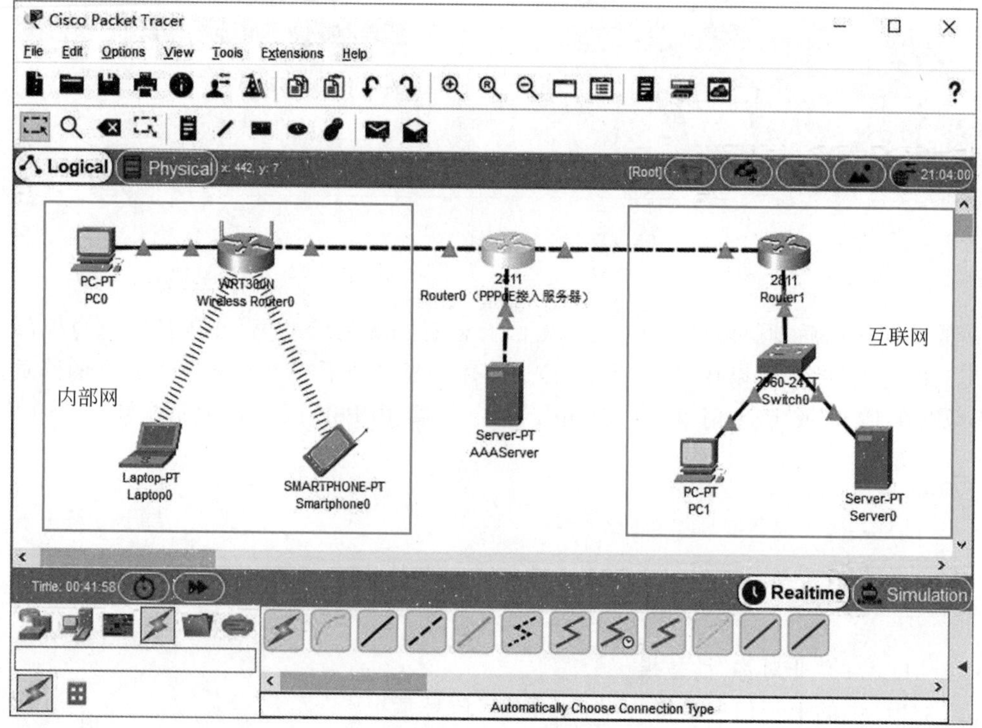

图 16-25　家庭网络接入

参考文献

[1] KUROSE J F,ROSS K W. 计算机网络：自顶向下方法[M]. 陈鸣,译. 6 版. 北京：机械工业出版社,2014.

[2] PETERSONL L,DAVLE B S. 计算机网络：系统方法[M]. 王勇,张龙飞,李明,等译. 5 版. 北京：机械工业出版社,2015.

[3] FOROUZAN B A. Data Communications and Networking[M]. 4th ed. 北京：机械工业出版社,2006.

[4] TANENBAUM A S. Computer Network[M]. 4th ed. New Jersey: Prentice Hall PTR,2003.

[5] FOROUZAN B A,MOSHARRAF F. Computer Networks: A Top-Down Approach[M]. New York: McGraw-Hill Companies,Inc,2012.

[6] 陈鸣. 计算机网络：原理与实践[M]. 北京：高等教育出版社,2013.

[7] ABOELELA E. 计算机网络实验教程[M]. 潘耘,译. 北京：机械工业出版社,2013.

[8] DAVIES J. 深入解析 IPv6 [M]. 王海霖,译. 3 版. 北京：人民邮电出版社,2014.

[9] 孙宇彤. LTE 教程：原理与实现[M]. 北京：电子工业出版社,2014.

[10] 罗文茂. 3G 技术原理与工程应用[M]. 北京：高等教育出版社,2012.

[11] 赵锦蓉. Internet 原理与技术[M]. 北京：清华大学出版社,2001.

[12] 王卫红. 计算机网络与互联网[M]. 北京：机械工业出版社,2008.

[13] 吴功宜. 计算机网络高级教程[M]. 北京：清华大学出版社. 2007.

[14] 徐敬东. 计算机网络[M]. 2 版. 北京：清华大学出版社. 2009.

[15] STEVENS W R. TCP/IP Illustrated: The Protocol[M]. 北京：人民邮电出版社,2016.

[16] STEVENS W R. TCP/IP Illustrated: The Implementation[M]. 北京：人民邮电出版社,2016.

[17] STEVENS W R. TCP/IP Illustrated: TCP for Transactions,HTTP,NNTP and the UNIX Domain Protocols[M]. 北京：人民邮电出版社,2016.

[18] STEVENS W R. UNIX Network Programming: Networking APIs: Sockets and XTI[M]. 2nd ed. 北京：清华大学出版社,1998.

[19] COMER D E. 用 TCP/IP 进行网际互联:原理、协议与结构[M]. 林瑶,蒋慧,杜蔚轩,等译. 4 版. 北京：电子工业出版社,2003.

[20] AMATO V. 思科网络技术学院教程：上册[M]. 韩江,马刚,译. 北京：人民邮件出版社. 2000.

[21] AMATO V. 思科网络技术学院教程：下册[M]. 韩江,马刚,译. 北京：人民邮件出版社. 2000.

[22] 胡胜红. 网络工程原理与实践教程[M]. 2 版. 北京：人民邮电出版社,2008.

[23] 张建忠. 计算机网络实验指导书[M]. 2 版. 北京：清华大学出版社,2008.

[24] 沈鑫剡. 计算机网络工程[M]. 北京：清华大学出版社,2013.

[25] 沈鑫剡. 计算机网络工程实验教程[M]. 北京：清华大学出版社,2017.

[26] 张力军. 计算机网络实验教程[M]. 北京：高等教育出版社,2005.

[27] 谢希仁. 计算机网络[M]. 6 版. 北京：电子工业出版社,2013.

[28] 徐明伟. 计算机网络原理实验教程[M]. 2 版. 北京：机械工业出版社,2013.

[29] 王盛邦. 计算机网络实验教程[M]. 北京：清华大学出版社,2012.

[30] 李霆,张军,万席锋. 全光园区网络架构与实现[M]. 北京：清华大学出版社,2022.

[31] COMER D E. 计算机网络与因特网[M].林生,范冰冰,张奇支,等译. 4 版. 北京：机械工业出版社,2009.

[32] STALLINGS W. Data and Computer Communications[M]. 6th ed. 北京：高等教育出版社,2001.

[33] STALLINGS W. Network Security Essentials: Applications and Standards[M]. 4th ed. 北京：清华大学出版社,2011.

[34] SUBRAMANIAN M. Network Management：Principles and Practice[M]. 北京：高等教育出版社，2000.

[35] LISKA A. The Practice of Network Security：Deployment Strategies for Production Environments[M]. Upper Saddle River，NJ：Prentice Hall，2003.

[36] GALLO M A. Computer Communications and Networking Technologies[M]. 北京：高等教育出版社，2000.

[37] PARKER T. Linux 系统管理[M]. 薛秦春，译. 北京：电子工业出版社，2000.

[38] MINASI M. Windows Server 2003 从入门到精通[M]. 马树奇，金燕，译. 北京：电子工业出版社，2007.

[39] 戴有炜. Windows Server 2003 网络专业指南[M]. 北京：清华大学出版社. 2004.

[40] 张伍荣. Windows Server 2003 服务器架设与管理：网管实战宝典[M]. 北京：清华大学出版社，2008.

[41] 丁奇. 大话移动通信[M]. 北京：人民邮电出版社，2011.

[42] 元泉. LTE 轻松进阶[M]. 北京：电子工业出版社，2012.

[43] ADELSTEIN T，LUBANOVIC B. Linux System Administration [M]. 南京：东南大学出版社，2008.

[44] 陈涛. 企业级 Linux 服务攻略[M]. 北京：清华大学出版社，2008.

[45] Internet Society.RFC Database [DB/OL]. 2019. http://www.rfc-editor.org/rfc.html.

[46] Microsoft Corporation. Microsoft Technet [DB/OL]. 2019. http://technet.microsoft.com/.

[47] Cisco Systems，Inc. Cisco Networking Academy [DB/OL]. 2019. https://www.netacad.com/.

[48] Microsoft Corporation. Windows App Development [DB/OL]. 2022. https://learn.microsoft.com/en-us/windows/win32/api/_winsock/.